Ansys 2024 土木工程有限元分析从入门到精通

胡仁喜　康士廷　等编著

机械工业出版社

本书以 Ansys 2024 为依托，对 Ansys 分析的基本思路、操作步骤、应用技巧进行了详细介绍，并结合典型工程应用实例详细讲述了 Ansys 的具体应用方法。

本书前 7 章为操作基础，详细介绍了 Ansys 分析全流程的基本步骤和方法，随后介绍了 APDL 语言及土木工程中常用的 Ansys 单元，后 5 章结合具体的工程实例，深入浅出地介绍了 Ansys 在隧道工程、边坡工程、水利工程、桥梁工程及房屋建筑工程中的应用。每个实例都先用 GUI 方式一步一步地介绍如何操作，让读者轻松地学会，随后提供详细的命令流。全书分 12 章，分别为 Ansys 2024 图形用户界面、建立实体模型、划分网格、施加载荷、求解、后处理、APDL 简介及土木工程常用的 Ansys 单元、Ansys 隧道工程应用实例分析、Ansys 边坡工程应用实例分析、Ansys 水利工程应用实例分析、Ansys 桥梁工程应用实例分析、Ansys 房屋建筑工程应用实例分析。

本书可作为理工科院校土木、力学和隧道等专业的本科生、研究生及教师学习 Ansys 软件的教材，也可作为从事土木建筑工程、水利工程等专业的科研人员学习使用 Ansys 的参考用书。

图书在版编目（CIP）数据

Ansys2024 土木工程有限元分析从入门到精通 / 胡仁喜等编著． -- 北京：机械工业出版社，2025．2．
ISBN 978-7-111-77393-1

Ⅰ．TU-39

中国国家版本馆 CIP 数据核字第 2025S2B196 号

机械工业出版社（北京市百万庄大街 22 号　邮政编码 100037）
策划编辑：李含杨　　　　　　责任编辑：李含杨
责任校对：樊钟英　张　薇　　责任印制：任维东
北京中兴印刷有限公司印刷
2025 年 2 月第 1 版第 1 次印刷
184mm×260mm・28.5 印张・666 千字
标准书号：ISBN 978-7-111-77393-1
定价：99.00 元

电话服务　　　　　　　　　　网络服务
客服电话：010-88361066　　机　工　官　网：www.cmpbook.com
　　　　　010-88379833　　机　工　官　博：weibo.com/cmp1952
　　　　　010-68326294　　金　书　网：www.golden-book.com
封底无防伪标均为盗版　　　机工教育服务网：www.cmpedu.com

前　言

　　Ansys 软件是美国 Ansys 公司开发的大型通用有限元分析（FEA）软件，能与多数计算机辅助设计软件接口，如 Creo、NASTRAN、Alogor、I-DEAS、Auto CAD 等实现数据共享和交换，它融结构、传热学、流体、电磁、声学和爆破分析等于一体，具有非常强大的预处理、后处理和计算分析能力，能够同时模拟结构、热、流体、电磁及多种物理场间的耦合效应。目前，它已经广泛应用于土木工程、机械制造、材料加工、航空航天、铁路运输、石油化工、核工业、轻工、电子、能源、汽车、生物医学、家用电器等各个领域，为各个领域的产品设计开发和前沿课题研究做出了很大贡献。

　　为了帮助读者迅速了解并掌握 Ansys 软件在土木工程中的应用技术，作者根据长期使用 Ansys 软件进行土木工程力学分析的经验和体会，以 Ansys 2024 为依据，编写了本书。

　　本书具备以下特点：

　　☑ **作者权威**

　　本书的作者都是高校从事计算机工程分析教学研究多年的一线人员，具有丰富的教学实践经验与教材编写经验，有一些执笔者是国内 Ansys 图书出版界知名的作者，前期出版的一些相关书籍经过市场检验很受读者欢迎。多年的教学工作使他们能够准确地把握学生的心理与实际需求。本书是作者总结多年的设计经验和教学的心得体会，经过多年的精心打磨编写出来的，力求全面、细致地展现 Ansys 软件在土木工程分析应用领域的各种功能和使用方法。

　　☑ **针对性强**

　　就本书而言，我们的目的是编写一本对土木工程专业具有针对性的基础应用学习书籍。对每个知识点，我们不求过于深入，只求读者通过学习，能够掌握一般工程分析所需的知识即可，并且在语言上力求做到浅显易懂，言简意赅。

　　☑ **实例丰富**

　　本书的实例无论是数量还是种类，都非常丰富。从数量上说，本书结合大量的土木工程分析实例，详细讲解了 Ansys 知识要点，从种类上说，全书包含五类大型工程应用实例，让读者在学习实例的过程中潜移默化地掌握 Ansys 软件的操作技巧。

　　☑ **突出提升技能**

　　本书从全面提升 Ansys 工程分析能力的角度出发，结合大量的实例来讲解如何利用 Ansys 软件进行有限元分析，使读者了解计算机辅助土木工程分析并能够独立地完成各种工程分析。

　　本书中的很多实例本身就是工程分析项目案例，经过作者精心提炼和改编，不仅保证读者能够学好知识点，更重要的是能够帮助读者掌握实际的操作技能，同时培养工程分析实践能力。

　　本书附有电子资料包，其中除了有每一个实例 GUI 实际操作步骤的视频，还给出了每个实例的命令流文件。读者可以直接调用。电子资料包可以登录网盘 https://pan.baidu.com/s/1JiaEdegQtIReQTEwK4eshA 下载，提取码为 swsw，也可以扫描下方二维码下载：

本书由石家庄三维书屋文化传播有限公司的胡仁喜和康士廷等编写。由于编者水平有限，书中不妥之处在所难免，欢迎读者加入学习交流QQ群（670173826），或者登录网站www.sjzswsw.com 或发邮件至714491436@qq.com，提出宝贵意见。

编著者

目　录

前言

第1章　Ansys 2024 图形用户界面 ··· 1
1.1　Ansys 2024 图形用户界面的组成 ·· 2
1.2　启动图形用户界面 ·· 3
1.3　菜单栏 ·· 4
1.3.1　文件菜单 ·· 4
1.3.2　选取菜单 ·· 6
1.3.3　列表菜单 ·· 9
1.3.4　绘图菜单 ·· 12
1.3.5　绘图控制菜单 ··· 13
1.3.6　工作平面菜单 ··· 20
1.3.7　参量菜单 ·· 22
1.3.8　宏菜单 ··· 24
1.3.9　菜单控制菜单 ··· 26
1.4　输入窗口 ·· 26
1.5　主菜单 ·· 27
1.5.1　优选项 ··· 27
1.5.2　预处理器 ·· 28
1.5.3　求解器 ··· 32
1.5.4　通用后处理器 ··· 35
1.5.5　时间历程后处理器 ··· 38
1.5.6　进程编辑器 ·· 39
1.6　输出窗口 ·· 40
1.7　工具条 ·· 41
1.8　图形窗口 ·· 41
1.8.1　图形显示 ·· 42
1.8.2　多窗口绘图 ·· 43
1.8.3　增强图形显示 ··· 46

第2章　建立实体模型 ·· 47
2.1　坐标系简介 ··· 48
2.1.1　总体坐标系和局部坐标系 ·· 48

有限元分析从入门到精通
Ansys 2024 土木工程

  2.1.2 显示坐标系 ····· 50
  2.1.3 节点坐标系 ····· 50
  2.1.4 单元坐标系 ····· 51
  2.1.5 结果坐标系 ····· 52
 2.2 自顶向下建模（体素） ····· 52
  2.2.1 创建面体素 ····· 52
  2.2.2 创建实体体素 ····· 53
 2.3 自底向上建模 ····· 54
  2.3.1 关键点 ····· 54
  2.3.2 硬点 ····· 56
  2.3.3 线 ····· 57
  2.3.4 面 ····· 59
  2.3.5 体 ····· 60
 2.4 工作平面的使用 ····· 62
  2.4.1 定义一个新的工作平面 ····· 62
  2.4.2 控制工作平面的显示和样式 ····· 63
  2.4.3 移动工作平面 ····· 63
  2.4.4 旋转工作平面 ····· 64
  2.4.5 还原一个已定义的工作平面 ····· 64
  2.4.6 工作平面的高级用途 ····· 64
 2.5 使用布尔操作修正几何模型 ····· 66
  2.5.1 布尔运算的设置 ····· 66
  2.5.2 布尔运算后的图元编号 ····· 67
  2.5.3 交运算 ····· 67
  2.5.4 两两相交 ····· 68
  2.5.5 相加 ····· 68
  2.5.6 相减 ····· 69
  2.5.7 利用工作平面进行减运算 ····· 70
  2.5.8 搭接 ····· 70
  2.5.9 分割 ····· 71
  2.5.10 粘接（或合并） ····· 71
 2.6 移动、复制和缩放几何模型 ····· 71
  2.6.1 按照样本生成图元 ····· 72
  2.6.2 由对称映像生成图元 ····· 72
  2.6.3 将样本图元转到另外一个坐标系 ····· 73
  2.6.4 实体模型图元的缩放 ····· 73
 2.7 实例——悬臂梁的实体建模 ····· 74

2.7.1　GUI 方式 …………………………………………………………………… 75
2.7.2　命令流方式 ………………………………………………………………… 80

第 3 章　划分网格 …………………………………………………………………… 81

3.1　有限元网格概述 ……………………………………………………………………… 82
3.2　设定单元属性 ………………………………………………………………………… 82
 3.2.1　生成单元属性表 ……………………………………………………………… 83
 3.2.2　分配单元属性 ………………………………………………………………… 83
3.3　网格划分控制 ………………………………………………………………………… 85
 3.3.1　Ansys 网格划分工具 ………………………………………………………… 85
 3.3.2　映射网格默认尺寸 …………………………………………………………… 88
 3.3.3　局部网格划分控制 …………………………………………………………… 89
 3.3.4　内部网格划分控制 …………………………………………………………… 89
 3.3.5　生成过渡棱锥单元 …………………………………………………………… 91
3.4　自由网格划分和映射网格划分控制 ………………………………………………… 92
 3.4.1　自由网格划分控制 …………………………………………………………… 92
 3.4.2　映射网格划分控制 …………………………………………………………… 93
3.5　延伸和扫掠生成有限元模型 ………………………………………………………… 96
 3.5.1　延伸生成网格 ………………………………………………………………… 96
 3.5.2　扫掠生成网格 ………………………………………………………………… 98
3.6　修正有限元模型 ……………………………………………………………………… 101
 3.6.1　局部细化网格 ………………………………………………………………… 101
 3.6.2　移动和复制节点和单元 ……………………………………………………… 103
 3.6.3　控制面、线和单元的法向 …………………………………………………… 104
 3.6.4　修改单元属性 ………………………………………………………………… 105
3.7　编号控制 ……………………………………………………………………………… 105
 3.7.1　合并重复项 …………………………………………………………………… 106
 3.7.2　编号压缩 ……………………………………………………………………… 107
 3.7.3　设定起始编号 ………………………………………………………………… 107
 3.7.4　编号偏差 ……………………………………………………………………… 108

第 4 章　施加载荷 …………………………………………………………………… 109

4.1　载荷概述 ……………………………………………………………………………… 110
 4.1.1　什么是载荷 …………………………………………………………………… 110
 4.1.2　载荷步、子步和平衡迭代 …………………………………………………… 111
 4.1.3　时间参数 ……………………………………………………………………… 112

4.1.4 阶跃载荷与坡道载荷 ·············· 112
 4.2 施加载荷的方式 ························· 113
  4.2.1 实体模型载荷与有限单元载荷 ····· 113
  4.2.2 如何施加载荷 ························ 114
  4.2.3 利用表格施加载荷 ··················· 119
  4.2.4 轴对称载荷与反作用力 ············· 121
  4.2.5 利用函数施加载荷和边界条件 ····· 122
 4.3 设定载荷步选项 ························· 124
  4.3.1 通用选项 ······························ 124
  4.3.2 非线性选项 ··························· 127
  4.3.3 动力学分析选项 ······················ 128
  4.3.4 输出控制 ······························ 129
  4.3.5 毕-萨（Biot-Savart）选项 ········ 130
  4.3.6 谱分析选项 ··························· 130
  4.3.7 创建多载荷步文件 ··················· 130
 4.4 实例——悬臂梁的载荷和约束施加 ···· 132
  4.4.1 GUI 方式 ······························ 132
  4.4.2 命令流方式 ··························· 133

第 5 章 求解 134

 5.1 求解概述 ································· 135
  5.1.1 使用直接求解法 ······················ 135
  5.1.2 使用稀疏矩阵直接解法 ············· 136
  5.1.3 使用雅可比共轭梯度法 ············· 136
  5.1.4 使用不完全分解共轭梯度法 ······· 136
  5.1.5 使用预条件共轭梯度法 ············· 137
  5.1.6 使用自动迭代解法选项 ············· 138
  5.1.7 使用分块解法 ························ 138
  5.1.8 获得解答 ······························ 138
 5.2 利用特定的求解控制器指定求解类型 ···139
  5.2.1 使用简化求解菜单选项 ············· 139
  5.2.2 使用求解控制对话框 ··············· 140
 5.3 多载荷步求解 ··························· 141
  5.3.1 使用多重求解法 ···················· 141
  5.3.2 使用载荷步文件法 ·················· 142
  5.3.3 使用数组参数法（矩阵参数法） ·· 143
 5.4 重新启动分析 ··························· 144

5.4.1　重新启动一个分析 ··· 145
　　5.4.2　多载荷步文件的重新启动分析 ··· 148
5.5　实例——悬臂梁模型求解 ·· 150

第 6 章　后处理 ·· 152

6.1　后处理概述 ·· 153
　　6.1.1　后处理器简介 ··· 153
　　6.1.2　结果文件 ··· 154
　　6.1.3　可用数据类型 ··· 154
6.2　通用后处理器（POST1） ·· 154
　　6.2.1　读入结果数据库 ·· 155
　　6.2.2　列表显示结果 ··· 157
　　6.2.3　图像显示结果 ··· 163
　　6.2.4　在路径上映射结果 ··· 169
6.3　时间历程后处理器（POST26） ·· 174
　　6.3.1　定义和存储变量 ·· 175
　　6.3.2　检查变量 ··· 177
　　6.3.3　其他功能 ··· 179
6.4　实例——悬臂梁计算结果后处理 ··· 180
　　6.4.1　GUI 方式 ··· 180
　　6.4.2　命令流方式 ·· 183

第 7 章　APDL 简介及土木工程常用的 Ansys 单元 ··· 184

7.1　APDL 简介 ·· 185
　　7.1.1　APDL 概述 ··· 185
　　7.1.2　参数定义 ··· 185
　　7.1.3　流程控制 ··· 186
　　7.1.4　宏 ·· 187
　　7.1.5　函数和表达式 ··· 189
　　7.1.6　APDL 应用实例 ·· 189
7.2　土木工程常用的 Ansys 单元 ·· 192
　　7.2.1　杆（LINK）单元 ··· 192
　　7.2.2　弹簧（COMBIN）单元 ··· 198
　　7.2.3　梁（BEAM）单元 ·· 200
　　7.2.4　平面（PLANE）单元 ·· 208
　　7.2.5　壳（SHELL）单元 ··· 213

　　7.2.6　质量（MASS21）单元 ……………………………………………………………… 217
　　7.2.7　实体（SOLID）单元 ………………………………………………………………… 217

第8章　Ansys 隧道工程应用实例分析 ………………………………………………………… 220
8.1　隧道工程概述 …………………………………………………………………………… 221
　　8.1.1　隧道工程设计模型 …………………………………………………………………… 221
　　8.1.2　隧道结构的数值计算方法 …………………………………………………………… 223
　　8.1.3　隧道荷载 ……………………………………………………………………………… 224
8.2　隧道施工过程 Ansys 模拟的实现 ……………………………………………………… 224
　　8.2.1　单元生死 ……………………………………………………………………………… 224
　　8.2.2　DP 材料模型 ………………………………………………………………………… 229
8.3　Ansys 隧道结构受力实例分析 ………………………………………………………… 232
　　8.3.1　Ansys 隧道结构受力分析步骤 ……………………………………………………… 232
　　8.3.2　实例描述 ……………………………………………………………………………… 236
　　8.3.3　GUI 操作方法 ………………………………………………………………………… 237
　　8.3.4　命令流方式 …………………………………………………………………………… 256
8.4　Ansys 隧道开挖模拟实例分析 ………………………………………………………… 256
　　8.4.1　实例描述 ……………………………………………………………………………… 256
　　8.4.2　Ansys 模拟施工步骤 ………………………………………………………………… 257
　　8.4.3　GUI 操作方法 ………………………………………………………………………… 258
　　8.4.4　命令流方式 …………………………………………………………………………… 298

第9章　Ansys 边坡工程应用实例分析 ………………………………………………………… 299
9.1　边坡工程概述 …………………………………………………………………………… 300
　　9.1.1　边坡工程 ……………………………………………………………………………… 300
　　9.1.2　边坡变形破坏基本原理 ……………………………………………………………… 300
　　9.1.3　影响边坡稳定性的因素 ……………………………………………………………… 301
　　9.1.4　边坡稳定性的分析方法 ……………………………………………………………… 301
9.2　Ansys 边坡稳定性分析步骤 …………………………………………………………… 303
　　9.2.1　创建物理环境 ………………………………………………………………………… 303
　　9.2.2　建立模型和划分网格 ………………………………………………………………… 305
　　9.2.3　施加约束和荷载 ……………………………………………………………………… 305
　　9.2.4　求解 …………………………………………………………………………………… 305
　　9.2.5　后处理 ………………………………………………………………………………… 306
　　9.2.6　补充说明 ……………………………………………………………………………… 306
9.3　Ansys 边坡稳定性实例分析 …………………………………………………………… 306
　　9.3.1　实例描述 ……………………………………………………………………………… 306

目 录

	9.3.2	GUI 操作方法	307
	9.3.3	计算结果分析	330
	9.3.4	命令流方式	330

第 10 章　Ansys 水利工程应用实例分析 — 331

- 10.1 水利工程概述 — 332
- 10.2 Ansys 重力坝抗震性能分析步骤 — 332
  - 10.2.1 创建物理环境 — 333
  - 10.2.2 建立模型和划分网格 — 334
  - 10.2.3 施加约束和荷载 — 335
  - 10.2.4 求解 — 336
  - 10.2.5 后处理 — 337
- 10.3 Ansys 重力坝抗震性能实例分析 — 338
  - 10.3.1 实例介绍 — 338
  - 10.3.2 GUI 操作方法 — 338
  - 10.3.3 命令流方式 — 363

第 11 章　Ansys 桥梁工程应用实例分析 — 364

- 11.1 桥梁分析概述 — 365
- 11.2 典型桥梁分析模拟过程 — 365
  - 11.2.1 创建物理环境 — 365
  - 11.2.2 建模、指定特性、分网 — 369
  - 11.2.3 施加边界条件和荷载 — 371
  - 11.2.4 求解 — 373
  - 11.2.5 后处理 — 379
- 11.3 钢桁架桥静力受力分析 — 382
  - 11.3.1 问题描述 — 382
  - 11.3.2 GUI 操作方法 — 383
  - 11.3.3 命令流方式 — 398
- 11.4 钢桁架桥模态分析 — 398
  - 11.4.1 问题描述 — 398
  - 11.4.2 GUI 操作方法 — 398
  - 11.4.3 命令流方式 — 402

第 12 章　Ansys 房屋建筑工程应用实例分析 — 403

- 12.1 房屋建筑结构分析概述 — 404

12.2 房屋建筑结构分析模拟过程···404
　12.2.1 创建物理环境···404
　12.2.2 建模、指定特性、分网···408
　12.2.3 施加边界条件和荷载···408
　12.2.4 求解···409
　12.2.5 后处理···417
12.3 两跨三层框架结构地震响应分析··419
　12.3.1 问题描述···419
　12.3.2 GUI 操作方法···419
　12.3.3 命令流方式···433
12.4 框架结构模拟建模···433
　12.4.1 问题描述···433
　12.4.2 GUI 操作方法···433
　12.4.3 命令流方式···441

第 1 章 Ansys 2024 图形用户界面

本章导读

Ansys 功能强大，操作复杂，对一个新手来说，图形用户界面（GUI）是最常用的界面，绝大多数操作是在图形用户界面上进行的。它提供用户和 Ansys 程序之间的交互。所以，熟悉图形用户界面是很有必要的。

学习要点

- Ansys 2024 图形用户界面的组成
- 启动图形用户界面
- 主菜单
- 图形窗口

1.1 Ansys 2024 图形用户界面的组成

图形用户界面使用命令的内部驱动机制，使每一个 GUI（图形用户界面）操作对应了一个或若干个命令。操作对应的命令保存在日志文件（Jobname.log）中。所以，图形用户界面可以使用户在对命令了解很少或几乎不了解的情况下完成 Ansys 分析。Ansys 提供的图形用户界面还具有直观、分类科学的优点，方便用户学习和应用。

标准图形用户界面如图 1-1 所示，包括以下几个部分。

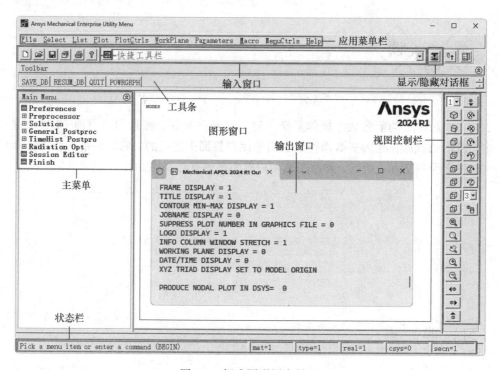

图 1-1 标准图形用户界面

1. 应用菜单栏

包括文件操作（File）、选择功能（Select）、数据列表（List）、图形显示（Plot）、视图环境控制（PlotCtrls）、工作平面（Workplane）、参数（Parameters）、宏命令（Macro）、菜单控制（MenuCtrls）和帮助（Help）10 个菜单，囊括了 Ansys 的绝大部分系统环境配置功能。在 Ansys 运行的任何时候均可以访问该菜单。

2. 快捷工具栏

对于常用的新建、打开、保存数据文件、视图旋转、抓图软件、报告生成器和帮助操作，提供了方便快捷方式。

3. 输入窗口

Ansys 提供了 4 种输入方式：常用的有 GUI（图形用户界面）输入、命令输入、使用工具条和调用批处理文件,在这个窗口中可以输入 Ansys 的各种命令。在输入命令过程中,Ansys 将自动匹配待选命令的输入格式。

4. 显示 / 隐藏对话框

在对 Ansys 进行操作的过程中,会弹出很多对话框,重叠的对话框会被隐藏。单击输入窗口右侧第一个按钮,便可以迅速显示隐藏的对话框。

5. 工具条

包括一些常用的 Ansys 命令和函数,是执行命令的快捷方式。用户可以根据需要对工具条中的快捷命令进行编辑、修改和删除等操作,最多可设置 100 个命令按钮。

6. 图形窗口

用于显示 Ansys 的分析模型、网格、求解收敛过程、计算结果云图、等值线、动画等图形信息。

7. 主菜单

主菜单涵盖了 Ansys 分析过程的绝大部分菜单命令,按照 Ansys 分析过程进行排列,依次是优选项(Preference)、预处理器(Preprocessor)、求解器(Solution)、通用后处理器(General Postproc)、时间历程后处理器(TimeHist Postpro)、辐射选项(Radiation Opt)、进程编辑器(Session Editor)和完成(Finish)。

8. 视图控制栏

用户可以利用这些快捷方式方便地进行视图操作,如前视、后视、俯视、旋转任意角度、放大或缩小、移动图形等,调整到用户满意的视图角度。

9. 输出窗口

该窗口的主要功能是同步显示 Ansys 对已进行的菜单操作或已输入命令的反馈信息,用户输入命令或菜单操作的出错信息和警告信息等。关闭此窗口,Ansys 将强行退出。

10. 状态栏

这个位置显示 Ansys 的一些当前信息,如当前所在的模块、材料属性、单元实常数及系统坐标等。

1.2 启动图形用户界面

有两种启动 Ansys 的方式,即命令方式和菜单方式。由于命令方式复杂且不直观,所以不予以介绍。

有两种 Ansys 菜单运行方式,即交互方式和批处理方式。

选择"开始"→"所有程序"→"Ansys 2024",可以看到如下一些选项:

◆ Ansys Client Licensing Settings:Ansys 客户许可,包括 Client ANSLIC_ADMIN Utility (客户端认证管理)和 User License Preferences(使用者参数认证)。

◆ Aqwa 2024:水动力学有限元分析模块。

◆ Animate 2024:播放视频剪辑。

◆ ANS_ADMIN 2024：运行 Ansys 的设置信息。可以在这里配置 Ansys 程序，添加或删除某些许可证号。

1.3 菜单栏

菜单栏（Utility Menu）包含了 Ansys 全部的公用函数，如文件控制、选取、图形控制、参数设置等。它采用下拉菜单结构。该菜单具有非模态性质（即以非独占形式存在），允许在任何时刻（即在任何处理器下）进行访问，这使得它使用起来更为方便和友好。

每一个菜单都有一个下拉菜单，在下拉菜单中，要么包含了折叠子菜单（以"→"符号表示），要么执行某个动作，有如下 3 种动作：

◆ 立刻执行一个函数或命令。
◆ 打开一个对话框（以"…"指示）。
◆ 打开一个选取菜单（以"+"指示）。

可以利用快捷键打开菜单栏，如可以按 Alt+F 键打开 File 菜单。

菜单栏有 10 个内容，下面对其中的重要部分进行简要说明（按 Ansys 本身的顺序排列）。

1.3.1 文件菜单

File（文件）菜单包含了与文件和数据库有关的操作，如清空数据库、存盘、恢复等。有些菜单只能在 Ansys 开始时才能使用，如果在后面使用，会清除已经进行的操作，所以要小心使用它们。除非确有把握，否则不要使用 Clear & Start New 菜单操作。

1. 设置工程名和标题

通常，工程名都是在启动对话框中定义的，但也可以在文件菜单中重新定义。

◆ File → Clear & Start New 命令用于清除当前的分析过程，并开始一个新的分析。新的分析以当前工程名进行。它相当于退出 Ansys 后，再以 Run Interactive 方式重新进入 Ansys 图形用户界面。

◆ File → Change Jobname 命令用于设置新的工程名，后续操作将以新设置的工程名作为文件名。打开的对话框如图 1-2 所示。在该对话框中输入新的工程名。

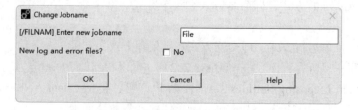

图 1-2 "Change Jobname"对话框

◆ New log and error files 选项用于设置是否使用新的记录和错误信息文件，如果选中 Yes

复选框，则原来的记录和错误信息文件将关闭，但并不删除，相当于退出 Ansys 并重新开始一个工程。取消选中 Yes 复选框时，表示不追加记录和错误信息到先前的文件中。尽管是使用先前的记录文件，但数据库文件已经改变了名字。

◆ File → Change Directory 命令用于设置新的工作目录，后续操作将在新设置的工作目录内进行。打开的"浏览文件夹"对话框如图 1-3 所示。在该对话框中选择工作目录。Ansys 不支持中文，这里目录要选择英文目录。

当完成了实体模型建立操作，但不敢确定分网操作是否正确时，就可以在建模完成后保存数据库，并设置新的工程名。这样，即使分网过程中出现不可恢复或恢复很复杂的操作，也可以用原来保存的数据库重新分网。对这种情况，也可以用保存文件来获得。

◆ File → Change Title 命令用于在图形窗口中定义主标题。可以用"%"号来强制进行参数替换。

例如，首先定义一个时间字符串参量 TM，然后在定义主标题中强制替换：

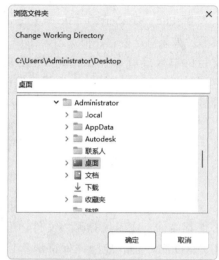

图 1-3 "浏览文件夹"对话框

TM='3:05'
/TITLE,TEMPERATURE CONTOURS AT TIME=%TM%

其中，/TITLE 是该菜单操作的对应命令。
这样在图形窗口中显示的将是

TEMPERATURE CONTOURS AT TIME=3:05。

2. 保存文件

要养成经常保存文件的习惯。

◆ File → Save as Jobname.db 命令用于将数据库保存为当前工程名。对应的命令是 SAVE，对应的工具条快捷按钮为 Toolbar → SAVE_DB。

◆ File → Save as 另存为，打开"Save DataBase"对话框，可以选择路径或更改名称，另存文件。

◆ File → Write db log file 命令用于把数据库内的输入数据写到一个记录文件中，从数据库写入的记录文件和操作过程的记录可能并不一致。

3. 读入文件

有多种方式可以读入文件，包括读入数据库、读入命令记录和输入其他软件生成的模型文件。

◆ File → Resume Jobname.db 和 Resume from 命令用于恢复一个工程。前者恢复的是当前正在使用的工程，而后者恢复的是用户选择的工程。但是，只有那些存在数据库文件（.db）的工程才能恢复，这种恢复也就是把数据库读入并在 Ansys 中解释执行。

◆ File → Read Input From 命令用于读入并执行整个命令序列，如记录文件。当只有记录文件（LOG）而没有数据库文件时（由于数据库文件通常很大，而命令记录文件很小，所以通常用记录文件进行交流），就有必要用到该命令。如果对命令很熟悉，甚至可以选择喜欢的编辑器来编辑输入文件，然后用该函数读入。它相当于用批处理方式执行某个记录文件。

◆ File → Import 和 File → Export 命令用于提供与其他软件的接口，如从 Creo 中输入几何模型。如果对这些软件很熟悉，在其中创建几何模型可能会比在 Ansys 中建模方便一些。Ansys 支持的输入接口有 IGES、CATIA、SAT、Creo、UG、PARA 等，其输出接口为 IGES。但是，它们需要 License 支持，而且需要保证其输入输出版本之间的兼容。否则，可能不会识别，文件传输错误。

◆ File → Report Generator 命令用于生成文件的报告，报告可以是图像形式的，也可以是文件形式的，这大大提高了 Ansys 分析之间的信息交流。

4. 退出 Ansys

File → Exit 命令用于退出 Ansys。执行该命令，将打开退出对话框，询问在退出前是否保存文件，或者保存哪些文件。但是，使用 /EXIT 命令前，应当先保存那些以后需要的文件，因为该命令不会有提示信息。在工具条上，QUIT 命令也是用于退出 Ansys 的快捷命令，如图 1-4 所示。

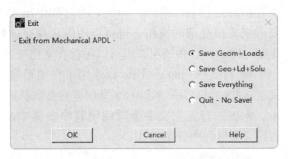

图 1-4　用 QUIT 命令退出 Ansys

1.3.2　选取菜单

Select（选取）菜单包含了选取数据子集和创建组件部件的命令。

1. 选择图元

Select → Entities 命令用于在图形窗口上选择图元。执行该命令时，打开如图 1-5 所示的对话框。该对话框是经常使用的，所以详细介绍。

1）选取类型表示要选取的图元，包括节点、单元、体、面、线和关键点。每次只能选择一种图元类型。

2）选取标准表示通过什么方式来选取，包括如下一些选取标准：

◆ By Num/Pick：通过在输入窗口中输入图元号，或者在图形窗口中直接选取。

◆ Attached to：通过与其他类型图元相关联来选取，而其他类型图元应该是已选取好的。

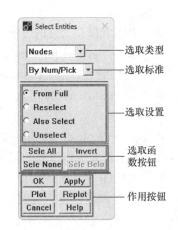

图 1-5　"Select Entities"对话框

◆ By Location：通过定义笛卡儿坐标系的 X、Y、Z 轴来构成一个选择区域，并选取其中的图元，可以一次定义一个坐标，单击"Apply"按钮后，再定义其他坐标内的区域。

◆ By Attribute：通过属性选取图元。可以通过图元或与图元相连的单元的材料号、单元类型号、实常数号、单元坐标系号、分割数目、分割间距比等属性来选取图元。需要设置这些号的最小值、最大值以及增量。

◆ Exterior：选取已选图元的边界，如单元的边界为节点、面的边界为线。如果已经选择了某个面，那么执行该命令就能选取该面边界上的线。

◆ By Result：选取结果值在一定范围内的节点或单元。执行该命令前，必须把所要的结果保存在单元中。

对单元而言，还可以通过单元名称（By Elem Name）选取，或者选取生活单元（Live Elem's），或者选取与指定单元相邻的单元。对单元图元类型，除了上述基本方式，有的还有其独有的选取标准。

3）选取设置选项用于设置选取的方式，有如下几种方式：

◆ From Full：从整个模型中选取一个新的图元集合。

◆ Reselect：从已选取好的图元集合中再次选取。

◆ Also Select：把新选取的图元加到已存在的图元集合中。

◆ Unselect：从当前选取的图元中去掉一部分图元。

4）选取函数按钮是一个即时作用按钮，也就是说，一旦单击该按钮，选取已经发生。也许在图形窗口中看不出来，用 /Replot 命令来重画，这时就可以看出其发生了作用。其中有 4 个按钮：

◆ Sele All：全选该类型下的所有图元。

◆ Sele None：撤销该类型下的所有图元的选取。

◆ Invert：反向选择。不选择当前已选取的图元集合，而选取当前没有选取的图元集合。

◆ Sele Belo：选取已选取图元以下的所有图元。例如，如果当前已经选取了某个面，则单击该按钮后，将选取所有属于该面的点和线。

选取设置选项和选取函数按钮说明见表 1-1。

表 1-1 选取设置选项和选取函数按钮说明

名称	说明	解释
From Full	从整个实体集中选择一个活动子集	Select：全集 → 非活动子集、选择的活动子集
Reselect	从选中的子集中再选一个子集，缩小子集的选择范围	Reselect：当前子集 → 重新选择的子集
Also Select	在当前子集中添加另外一个不同的子集	Also Select：当前子集 → 另外选定的子集

（续）

名称	说明	解释
Unselect	从当前子集中减去一部分，与 Reselect 的选择相反	当前子集 —Unselect→ 未选择的子集
Sele All	恢复选择整个全集	当前子集 —Select All→ 全集
Sele None	选择空集	当前子集 —Select None→ 非活动子集
Invert	选择当前子集的补集	当前子集 —Invert→ 活动子集、非活动子集

5）作用按钮与多数对话框中的按钮意义一样。不过在该对话框中，多了 Plot 和 Replot 按钮，可以很方便地显示选择结果，只有那些选取的图元才出现在图形窗口中。使用这项功能时，通常需要单击"Apply"按钮而不是"OK"按钮。

需要注意的是，尽管一个图元可能属于另一个项目的图元，但这并不影响选择。例如，当选择了线集合 SL，这些线可能不包含关键点 K1，如果执行线的显示，则看不到关键点 K1，但执行关键点的显示时，K1 依然会出现，表示它仍在关键点的选择集合之中。

2. 组件和部件

Select → Comp/Assembly 菜单用于对组件和部件进行操作。简单地说，组件就是选取的某类图元的集合，部件则是组件的集合。部件可以包含部件和组件，而组件只能包含某类图元。可以创建、编辑、列表和选择组件和部件。通过该子菜单，就可以定义某些选取集合，以后就能直接通过名字对该集合进行选取，或者进行其他操作。

3. 全部选择

Select → Everything 子菜单用于选择模型所有项目下的所有图元，对应的命令是 ALLSEL,ALL。若要选择某个项目所有图元，选择 Select → Entities 命令，在打开的对话框中单击"Sele All"按钮。

Select → Everything Below 命令用于选择某种类型以及包含于该类型下的所有图元，对应的命令为 ALLSEL,BELOW。

例如，ALLSEL,BELOW,LINE 命令用于选择所有线及所有关键点，而 ALLSEL,BELOW,NODE 命令用于选取所有节点及其下的体、面、线和关键点。

需要注意的是，在许多情况下，需要在整个模型中进行选取或其他操作，而程序仍保留着上次选取的集合。所以，要时刻明白当前操作的对象是整个模型或其中的子集。当用户不是很清楚时，一个稍嫌麻烦的好方法是，每次选取子集并完成对应的操作后，使用 Select → Everything 命令恢复全选。

1.3.3 列表菜单

List（列表）菜单用于列出存在于数据库的所有数据，还可以列出程序不同区域的状态信息和存在于系统中的文件内容。它将打开一个新的文本窗口，其中显示想要查看的内容。许多情况下，需要用列表菜单来查看信息。图1-6所示为列表显示记录文件的结果。

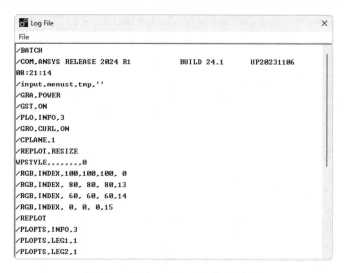

图1-6 列表显示记录文件的结果

1. 文件和状态列表

List → File → Log File 命令用于查看记录文件的内容。当然，也可以用其他编辑器打开文件。

List → File → Error File 命令用于列出错误信息文件的内容。

List → Status 命令用于列出各个处理器下的状态。可以获得与模型有关的所有信息。这是一个很有用的操作，对应的命令为 *STATUS，可以列表的内容包括：

◆ Global Status：列出系统信息。

◆ Graphics：列出窗口设置信息。

◆ Working Plane：列出工作平面信息，如工作平面类型、捕捉设置等。

◆ Parameters：列出参量信息。可以列出所有参量的类型和维数，但对数组参量，要查看其元素值时，则需要指定参量名列表。

◆ P-Method：列出 P 方法的设置选项，包括阶数、收敛设置等。该操作只能在预处理器 /PREP7 或求解器 /SOLU 下才能使用。

◆ Preprocessor：列出预处理器下的某些信息。该菜单操作只有在预处理器下才能使用。

◆ Solution：列出求解器下的某些信息。该操作只有进入求解器后才能使用。

◆ General Postproc：列出后处理器下的某些信息。该操作只有进入通用后处理器后才能使用。

◆ TimeHist Postpro：列出时间历程后处理器下的某些信息。该操作只有进入时间历程后处理器后才能使用。

◆ Design Opt：列出优化设计的设置选项。该操作只有进入优化处理器 /Opt 才能使用。

◆ Run-Time Stats：列出运行状态信息，包括运行时间、文件大小的估计信息。只有在运行时间状态处理器下才能使用该菜单操作。

◆ Radiation Matrix：列出辐射矩阵信息。

◆ Configuration：列出整体的配置信息。它只能在开始级下使用。

2. 图元列表

List → Keypoints 命令用于列出关键点的详细信息，可以只列出关键点的位置，也可以列出坐标位置和属性，但它只列出当前选择的关键点。所以，为了查看某些关键点的信息，首先需要用 Utility → Select 命令选择好关键点，然后再应用该命令操作（特别是关键点很多时）。列表显示的关键点信息如图 1-7 所示。

图 1-7　列表显示的关键点信息

◆ List → Lines：用于列出线的信息，如组成线的关键点、线段长度等。

◆ List → Areas：用于列出面的信息。

◆ List → Volumes：用于列出体的信息。

◆ List → Elements：用于列出单元的信息。

◆ List → Nodes：用于列出节点信息。在打开的对话框中，可以选择是否列出节点在柱坐标中的位置，选择列表的排序方式，如以节点号排序、以 X 坐标值排序等。

◆ List → Components：用于列出部件或组件的内容。对组件，将列出其包含的图元；对部件，将列出其包含的组件或其他部件。

3. 模型查询选取器

List → Picked Entities 是一个非常有用的命令，执行该命令将打开一个选取对话框，称为模型查询选取器。可以从模型上直接选取感兴趣的图元，并查看相关信息，也能够提供简单的集合/载荷信息。当用户在一个已存在的模型上操作，或者想要施加与模型数据相关的力和载荷时，该功能特别有用。

模型查询选取器如图 1-8 所示。在该选取器中，选取指示包括 Pick（选取）和 Unpick（撤销选取），可以在图形窗口中右击，在选取和撤销之间进行切换。

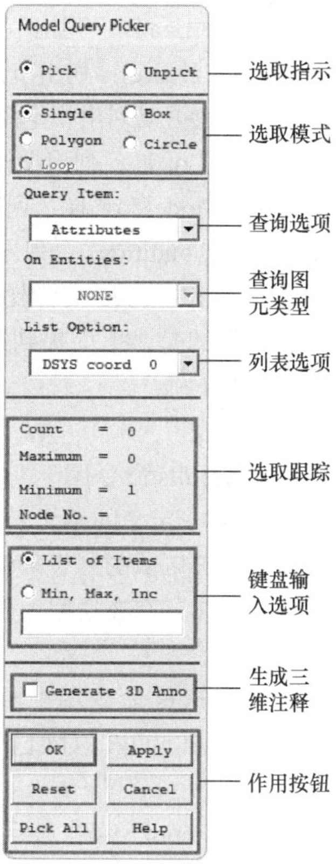

通过选取模式，可以设置是单选图元，还是矩形框、圆形或其他区域来选取包含于其中的图元。当只选取极为少量图元时，建议采用单选；当图元较多并具有一定规则时，就应当采用区域包含方式来选取。

查询选项和列表选项包括属性、距离、面积及其上的各种载荷、初始条件等，可以通过它来显示你感兴趣的项目。

可通过查询图元类型中的下拉列表选择要查询的图元类型，如 Nodes（节点）、Lines（线）、Elements（单元）等。

选取跟踪是对选取情况的描述，如已经选取的数目、最大最小选取数目、当前选取的图元号。通过该选取跟踪来确认选区是否正确。

键盘输入选项决定是直接输入图元号，还是通过迭代输入。迭代输入时，需要输入其最小值、最大值和增长值。当要输入多个有一定规律的图元号时，用该方法是合适的。这时，需要先设置好键盘输入的含义，然后在文本框中输入数据。

以上方法都是通过产生一个新对话框来显示信息，也可以直接在图形窗口上显示对应信息，这就需要打开三维注释（Generate 3D Anno）功能。由于其具有三维功能，所以旋转视角后，它也能够保持在图元中的适当位置，便于查看。

图 1-8　Model Query Picker
（模型查询选取器）

也可以像其他三维注释一样，修改查询注释。菜单路径为 Utility Menu：PlotCtrls → Annotate → Create 3D Annotation。

4. 属性列表

List → Properties 命令用于列出单元类型、实常数设置、材料属性等。

对某些 BEAM 单元，可以列出其截面属性。

对层单元，列出层属性。

对非线性材料属性，列出非线性数据表。

可以对所有项目进行列表，也可以只对某些项目的属性列表。

5. 载荷列表

List → Loads 命令用于列出施加到模型的载荷方向、大小。这些载荷包括：

◆ DOF Constraints：自由度约束，可以列出全部或指定节点、关键点、线、面上的自由度约束。
◆ Force：集中力，可以列出全部或指定节点或关键点上的集中力。
◆ Surface Loads：列出节点、单元、线、面上的表面载荷。
◆ Body Surface：列出节点、单元、线、面、体、关键点上的体载荷。可以列出所有图元上的体载荷，也可以列出指定图元上的体载荷。
◆ Inertia Loads：列出惯性载荷。
◆ Solid Model Loads：列出所有实体模型的载荷。
◆ Initial Conditions：列出节点上的初始条件。
◆ Elem Init Condt's：列出单元上定义的初始条件。

需要注意的是，上面提到的"所有"，是依赖于当前的选取状态的。这种列表有助于查看载荷施加是否正确。

6. 结果列表

List→Results 命令用于列出求解所得的结果（如节点位移、单元变形等）、求解状态（如残差、载荷步）、定义的单元表、轨线数据等。

通过感兴趣区域的列表来确定求解是否正确。

该列表操作只有在通用后处理器中把结果数据读入数据库后才能进行。

7. 其他列表

List→Others 命令用于对其他不便于归类的选项进行列表显示，但这并不意味着这些列表选项不重要。可以对如下项目进行列表，这些列表后面都将用到，这里不详细叙述其含义。

◆ Local Coord Sys：显示定义的所有坐标系。
◆ Master DOF：主自由度。在缩减分析时，需要用它来列出主自由度。
◆ Gap Conditions：缝隙条件。
◆ Coupled Sets：列出耦合自由度设置。
◆ Constraints Eqns：列出约束方程的设置。
◆ Parameters 和 Named Parameters：列出所有参量或某个参量的定义及值。
◆ Components：列出部件或组件的内容。
◆ Database Summary：列出数据库的摘要信息。
◆ Superelem Data：列出超单元的数据信息。

1.3.4 绘图菜单

Plot（绘图）菜单用于绘制关键点、线、面、体、节点、单元和其他可以以图形显示的数据。绘图操作与列表操作有很多对应之处，所以这里简要叙述。

◆ Plot→Replot 命令用于更新图形窗口。许多命令执行之后，并不能自动更新显示，所以需要该操作来更新图形显示。由于其经常使用，所以用命令方式也许更快捷。可以在任何时候输入"/Repl"命令重新绘制。

◆ Keypoint、Lines、Areas、Volumes、Nodes、Elements 命令用于绘制单独的关键点、线、面、体、节点和单元。

◆ Specified Entites 命令用于绘制指定图元号范围内的单元,这有利于对模型进行局部观察。也可以首先用 Select 选取,然后用上面的方法绘制。不过,用 Specified Entites 命令更为简单。

◆ Materials 命令用于以图形方式显示材料属性随温度的变化。这种图形显示是曲线图,在设置材料的温度特性时,也有必要利用该功能来显示设置是否正确。

◆ Data Tables 命令用于对非线性材料属性进行图示化显示。

◆ Array Parameters 命令用于对数组参量进行图形显示,这时需要设置图形显示的纵横坐标。对 Array 数组,用直方图显示;对 Table 形数组,则用曲线图显示。

◆ Result 命令用于绘制结果图。可以绘制变形图、等值线图、矢量图、轨线图、流线图、通量图和三维动画等。

◆ Multi-plots 命令是一个多窗口绘图命令。在建模或其他图形显示操作中,多窗口显示有很多好处。

例如,在建模中,一个窗口显示主视图,一个窗口显示俯视图,一个窗口显示左视图,这样就能够方便观察建模的结果。在使用该菜单操作前,需要用绘图控制设置好窗口及每个窗口的显示内容。

◆ Components 命令用于绘制组件或部件,当设置好组件或部件后,用该操作可以方便地显示模型的某个部分。

1.3.5 绘图控制菜单

PlotCtrls(绘图控制)菜单包含对视图、格式和其他图形显示特征的控制。许多情况下,绘图控制对于输出正确、合理、美观的图形具有重要作用。

1. 观察设置

执行 PlotCtrls → Pan,Zoom,Rotate 命令,弹出"Pan-Zoom-Rotate"选择对话框,如图 1-9 所示。

Window 表示要控制的窗口。多窗口时,需要用该下拉列表设置控制哪一个窗口。

视角方向代表查看模型的方向,通常,查看的模型是以其质心为焦点的。可以从模型的上(Top)、下(Bot)、前(Front)后(Back)、左(Left)右(Right)方向查看模型,Iso 代表从较近的右上方查看,坐标为(1,1,1);Obliq 代表从较远的右上方看,坐标为(1,2,3);WP 代表从当前工作平面上查看。只需要单击对应按钮,

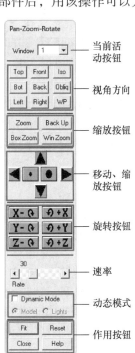

图 1-9 "Pan-Zoom-Rotate"选择对话框

就可以切换到某个观察方向了。对三维绘图来说，选择适当的查看方向，与选取适当的工作平面具有同等重要的意义。

为了对视角进行更多控制，可以用 PlotCtrl → View Settings 命令进行设置。

缩放选项通过定义一个方框来确定显示的区域。其中，Zoom 按钮用于通过中心及其边缘来确定显示区域；Box Zoom 按钮用于通过两个方框的两个角来确定方框大小，而不是通过中心；Win Zoom 按钮也是通过方框的中心及其边缘来确定显示区域的大小，但与 Box Zoom 不同，它只能按当前窗口的宽高比进行缩放；Back Up 按钮用于返回上一个显示区域。

在移动、缩放按钮中，点号·或●代表缩放，三角▶代表移动。

旋转按钮代表围绕某个坐标旋转，正号+表示以坐标的正向为转轴。

速率滑动条代表操作的程度。速率越大，每次操作缩放、移动或旋转的程度越大，速率的大小依赖于当前显示需要的精度。

动态模式（Dynamic Mode）表示可以在图形窗口中动态地移动、缩放和旋转模型，其中有两个选项：

◆ Model：在 2D 图形设置下，只能使用这种模式。在图形窗口中，按下左键并拖动就可以移动模型，按下右键并拖动就可以旋转模型，按下中键（对鼠标两键，用 Shitg+ 右键）左右拖动表示旋转，按下中键上下拖动表示缩放。

◆ Lights：该模式只能在三维设备下使用。它可以控制光源的位置、强度以及模型的反光率；按下左键并拖动鼠标沿 X 方向移动时，可以增加或减少模型的反光率；按下左键并拖动鼠标沿 Y 方向移动时，将改变入射光源的强度。按下右键并拖动鼠标沿 X 方向移动时，将使得入射光源在 X 方向旋转；按下右键并拖动鼠标沿 X 方向移动时，将使得入射光源在 Y 方向旋转；按下右键并拖动鼠标沿 Y 方向移动时，将使得入射光源在 X 方向旋转。按下中键并拖动鼠标沿 X 方向移动时，将使得入射光源在 Z 方向旋转；按下中键并拖动鼠标沿 Y 方向移动时，将改变背景光的强度。

可以使用动态模式方便地得到需要的视角和大小，但可能不够精确。

可以不打开 Pan、Zoom、Rotate 对话框直接进行动态缩放、移动和旋转。操作方法是：按住 Ctrl 键不放，图形窗口上将出现动态图标，然后就可以按住鼠标左键、中键、右键进行缩放、移动或旋转操作。

2. 数字显示控制

PlotCtrls → Numbering 命令用于设置在图形窗口上显示的数字信息。它也是经常使用的一个命令，执行该命令打开的对话框如图 1-10 所示。

该对话框用于设置是否在图形窗口中显示图元号，包括关键点（KP）号、线（LINE）号、面（AREA）号、体（VOLU）号和节点（NODE）号。

对单元，可以设置显示的多项数字信息，如单元号、材料号、单元类型号、实常数号、单元坐标系号等，依据需要在 "Elem/Attrib numbering" 下拉列表中进行选择。

TABN 选项用于显示表格边界条件。当设置了表格边界条件，并打开该选项时，则表格名将显示在图形上。

SVAL 选项用于在后处理中显示应力值或表面载荷值。

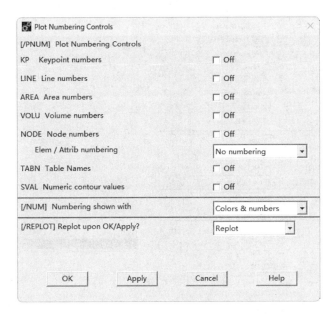

图 1-10 "Plot Numbering Controls"对话框

NUM 选项用于控制是否显示颜色和数字，有 4 种方式：
◆ Colors & numbers：既用颜色又用数字标识不同的图元。
◆ Colors Only：只用颜色标识不同图元。
◆ Numbers Only：只用数字标识不同图元。
◆ No Color/numbers：不标识不同图元。在这种情况下，即使设置了要显示图元号，图形中也不会显示。

通常，当需要对某些具体图元进行操作时，打开该图元数字显示，便于通过图元号进行选取。例如，想对某个面加表面载荷，但又不知道该面的面号时，就打开面（AREA）号的显示。但要注意，不要打开过多的图元数字显示，否则图形窗口会很凌乱。

3. 符号控制

PlotCtrls → Symbols 菜单用于决定在图形窗口中是否出现某些符号，包括边界条件符号（/PBC）、表面载荷符号（/PSF）、体载荷符号（/PBF），以及坐标系、线和面的方向线等符号（/PSYMB）。这些符号在需要的时候能提供明确的指示，但当不需要时，它们可能使图形窗口看起来很凌乱，所以在不需要时最好关闭它们。

"Symbols"对话框如图 1-11 所示。

该对话框对应了多个命令，每个命令都有丰富的含义，对于更好地建模和显示输出具有重要意义。

4. 样式控制

PlotCtrls → Style 子菜单用于控制绘图样式，如图 1-12 所示。在每个样式控制中都可以指定这种控制所适用的窗口号。

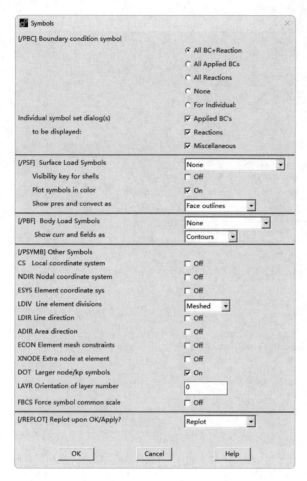

图 1-11 "Symbols"对话框

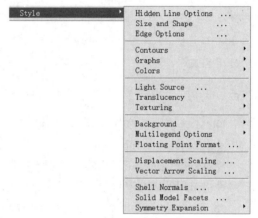

图 1-12 "Style"子菜单

Hidden Line Options 命令用于设置隐藏线选项,其中有 3 个主要选项,即显示类型、表面阴影类型和是否使用增强图形功能(PowerGraphics)。显示类型包括如下几种:

◆ BASIC 型(Non-Hidden):没有隐藏,也就是说,可以透过截面看到实体内部的线或面。

◆ SECT 型(Section):平面视图,只显示截面。截面要么垂直于视线,要么位于工作平面上。

◆ HIDC 型(Centroid Hidden):基于图元质心类别的质心隐藏显示。在这种显示模式下,物体不存在透视,只能看到物体表面。

◆ HIDD 型(Face Hidden):面隐藏显示。与 HIDC 型类似,但它是基于面质心的。

◆ HIDP 型(Precise Hidden):精确显示不可见部分。与 HIDD 型相同,只是其显示计算更为精确。

◆ CAP 型(Capped Hidden):SECT 型和 HIDD 型的组合,也就是说,在截面之前存在透视,在截面之后则不存在。

◆ ZBUF 型(Z-buffered):类似于 HIDD 型,但截面后物体的边线还能看得出来。

◆ ZCAP 型（Capped Z-buffered）：ZBUF 型和 SECT 型的组合。
◆ ZQSL 型（Q-Slice Z-buffered）：类似于 SECT 型，但截面后物体的边线看不出来。
◆ HQSL 型（Q-Slice Precise）：类似于 ZQSL 型，但计算更精确。

Size and Shape 命令用于控制图形显示的尺寸和形状，其对话框如图 1-13 所示。主要用于控制收缩（Shrink）和扭曲（Distortion），通常情况下，不需要设置收缩和扭曲，但对细长体结构（如流管等），用该选项能够更好地观察模型。此外，还可以控制每个单元边上的显示。例如，设置"/EFACET"为"2"，当在单元显示时，如果通过 Utility Menu：PlotCtrls → Numbering 命令设置显示单元号，则在每个单元边上显示两个面号。

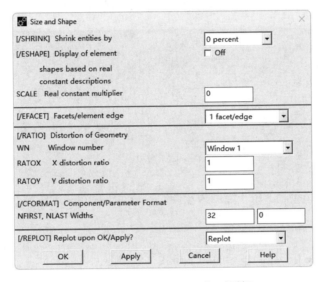

图 1-13 "Size and Shape"对话框

Contours 命令用于控制等值线显示，包括控制等值线的数目、所用值的范围及间隔、非均匀等值线设置、矢量模式下等值线标号的样式等。

Graphs 命令用于控制曲线图。当绘制轨线图或其他二维曲线图时，这是很有用的，它可以用来设置曲线的粗细，修改曲线图上的网格，设置坐标和图上的文字等。

Colors 命令用于设置图形显示的颜色。可以设置整个图形窗口的显示颜色，以及曲线图、等值线图、边界、实体、组件等颜色。在这里，还可以自定义颜色表。但通常情况下，用系统默认的颜色设置就可以了。还可以选择 Utility Menu：PlotCtrls → Style → Color → Reverse Video 命令反白显示，当要对屏幕做硬复制，并且打印输出并非彩色时，原来的黑底并不适合，这时需要首先把背景设置为黑色，然后用该命令使其变成白底。

Light Source 命令用于光源控制，Tanslucency 命令用于半透明控制，Texturing 命令用于纹理控制，都是为了增强显示效果的。

Background 命令用于设置背景。通常用彩色或者带有纹理的背景增加图形的表现力，但在某些情况下，则需要使图形变得更为简单朴素，这依赖于用户的需要。

MultiLegend Options 命令用于设置当存在多个图例时，这些图例的位置和内容。"Text Legend"对话框如图1-14所示。其中,WN代表图例应用于哪一个窗口,Class代表图例的类型,Log用于设置图例在整个图形中的相对位置。

Displacement Scaling命令用于设置位移显示时的缩放因子。对绝大多数分析而言,物体的位移(特别是形变)都不大,与原始尺寸相比,形变通常在0.1%以下。如果真实显示形变的话,根本看不出来,该选项就是用来设置形变缩放的。它在后处理的Main Menu → General Postproc → Plot Results → Deformed Shape命令中尤其有用。

Floating Point Format命令用于设置浮点数的图形显示格式,该格式只影响浮点数的显示,而不会影响其内在的值。可以选择3种格式的浮点数,即G格式、F格式和E格式。G格式设置如图1-15所示,可以为显示浮点数设置字长和小数点的位数。

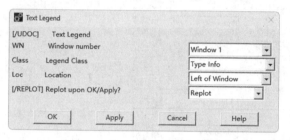

图1-14 "Text Legend"对话框

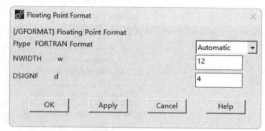

图1-15 G格式设置

Vector Arrow Scaling命令用于绘制矢量图时,确定矢量箭头的长度是依赖于值的大小,还是使用统一的长度。

5. 字体控制

Font Controls命令用于控制显示的文字形式,包括图例上的字体、图元上的字体、曲线图和注释字体。不但可以控制字体类型,还可以控制字体的大小和样式。

遗憾的是,Ansys目前还不支持中文字体,支持的字号大小也为数较少。

6. 窗口控制

Windows Controls命令用于控制窗口显示,包括如下内容:

Windows Layout用于设置窗口布局,主要是设置某个窗口的位置,可以设置为Ansys预先定义好的位置,如上半部分、右下部分等;也可以将其放置在指定位置,只需要在打开的对话框的Window Geometry下拉列表中选中Picked单选按钮,单击OK按钮后,再在图形窗口上单击两个点作为矩形框的两个角点,这两个角点决定的矩形框就是当前窗口。

Window Options用于控制窗口的显示内容,包括是否显示图例、如何显示图例、是否显示标题、是否显示Windows边框、是否自动调整窗口尺寸、是否显示坐标指示,以及Ansys产品标志如何显示等。

Window On或Off用于打开或关闭某个图形窗口。

还可以在窗口控制中创建、显示和删除图形窗口,可以把一个窗口的内容复制到另一个窗口中。

7. 动画显示

PlotCtrls → Animate命令用于控制或创建动画。可以创建的动画包括形状和变形、物理量随时间或频率的变化显示、Q切片的等值线图或矢量图、等值面显示、粒子轨迹等。但是，不是所有的动画显示都能在任何情况下运行，如物理量随时间变化就只能在瞬态分析时可用，随频率变化只能在谐波分析时可用，粒子轨迹图只能在流体和电磁场分析中可用。

8. 注释

PlotCtrls → Annotate 命令用于控制、创建、显示和删除注释。可以创建二维注释，也可以创建三维注释。三维注释使其在各个方向上都可以看见。

注释有多种，包括文字、箭头、符号、图形等。"Annotation 3D"对话框如图1-16所示。

注释类型包括 Text（文本）、Lines（线）、Areas（面）、Symbols（符号）、Arrows（箭头）和 Options（选项）。可以只应用一种，也可以综合应用各种注释方式来对同一位置或同一项目进行注释。

位置方式用于设置注释定位在什么图元上。可以定位注释在节点、单元、关键点、线、面和体图元上，也可以通过坐标位置来定位注释的位置，或者锁定注释在当前视图上。如果选定的位置方式是坐标方式，就要求从输入窗口输入注释符号放置的坐标，当使用 On Node 时，就可以通过选取节点或输入节点来设置注释位置。

符号样式用来选取想要的符号。包括线、空心箭头、实心圆、实心箭头和星号。当在注释类型中选择其他类型时，该符号样式中的选项是不同的。

符号尺寸用来设置符号的大小。拖动滑动条到想要的大小，这是相对大小，可以尝试变化来获得想要的值。

宽度指的是线宽，只对线和空心箭头有效。

作用按钮用于控制是否撤销当前注释（Undo），是否刷新显示（Refresh），或者关闭该对话框（Close），或者寻求帮助（Help）。

当在注释类型中选择"Options"选项时，对话框如图1-17所示。在该对话框中，可以复制（Copy）、移动（Move）、尺寸重设（Resize）、删除（Delete 和 Box Delete）注释。Delete All 按钮用于删除所有注释，Save 和 Restore 按钮用于保存或恢复注释的设置及注释内容。

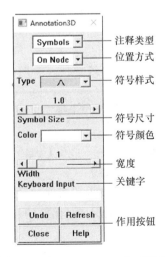

图1-16 "Annotation 3D"对话框

图1-17 注释类型为"Options"的对话框

9. 设备选项

PlotCtrls → Device Options 子菜单中有一个重要选项 /DEVI，它用于控制是否打开矢量模式。当矢量模式打开时，物体只以线框方式显示；当矢量模式关闭、光栅模式打开时，物体将以光照样式显示。

10. 图形输出

Ansys 提供了 3 种图形输出功能，即重定向输出、硬复制和输出图元文件。

PlotCtrls → Redirect Plots 命令用于重定向输出。当为 GUI 方式时，默认情况下，图形输出到屏幕上。可以利用重定向功能使其输出到文件中。输出的文件类型有很多种，如 JPEG、TIFF、GRPH、PSCR 和 HPGL 等。当在批处理方式下运行时，多采用该方式。

PlotCtrls → Hard Copy → To Printer 命令用于把图形硬复制输出到打印机。它提供了图形打印功能。

PlotCtrls → Hard Copy → To File 命令用于把图形硬复制输出到文件。在 GUI 方式下，用该方式能够方便地把图形输出到文件，并且能够控制输出图形的格式和模式。在这种方式下，支持的文件格式有 BMP、Postscript、TIFF 和 JPEG。

PlotCtrls → Captrue Image 命令用于获取当前窗口的快照，然后保存或打印；PlotCtrls → Restore Image 命令用于恢复图像。结合使用这两个命令，可以把不同结果同时显示，以方便比较。

PlotCtrls → Write Metatile 命令用于把当前窗体内容作为图元文件输出，它只能在 Win32 图形设备下使用。

1.3.6 工作平面菜单

WorkPlane（工作平面）菜单用于打开、关闭、移动、旋转工作平面，或者对工作平面进行其他操作，还可以对坐标系进行操作。图形窗口上的所有操作都是基于工作平面的，对三维模型来说，工作平面相当于一个截面，用户的操作可以只是在该截面上（面命令、线命令等），也可以针对该截面及其纵深。

1. 工作平面属性

WorkPlane → WP Settings 命令用于设置工作平面的属性。执行该命令，打开"WP Settings"对话框，这是经常使用的一个对话框，如图 1-18 所示。

坐标形式代表了工作平面所用的坐标系，可以选择 Cartesian（直角坐标系）或 Polar（极坐标系）。

显示选项用于确定工作平面的显示方式。可以显示栅格和坐标三元素（坐标原点、X、Y 轴方向），也可以只显示栅格（GridOnly）或坐标三元素（Triad Only）。

捕捉模式决定是否打开捕捉。当打开时，可以设置捕捉的精度（即捕捉增量 Snap Incr 或 Snap Arg），这时只能在坐标平面上选取从原点开始的、坐标值为捕捉增量倍数的点。需要注意的是，捕捉增量只对选取有效，对键盘输入是没有意义的。

当在显示选项中设置要显示栅格时，可以用栅格设置来设置栅格密度。通过设置栅格最小值（Minimum）、最大值（Maximum）和栅格间隙（Spacing）来决定栅格密度。通常情况下，不需要把栅格设置到整个模型，只要在感兴趣的区域产生栅格就可以了。

容差（Tolerances）的意义是，如果选取的点正好不在工作平面，而在工作平面附近，为了在工作平面上选取该点，必须要移动工作平面。此时，通过设置适当的容差，就可以在工作平面附近完成选取。当设置容差为 σ 时，容差平面就是工作平面向两个方向的偏移，这时所有容差平面间的点都被看成是在工作平面上，可以被选取，如图 1-19 所示。

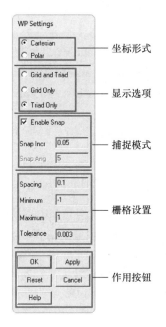

图 1-18 "WP Settings"对话框

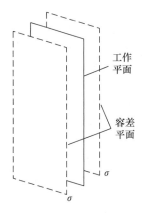

图 1-19 容差的意义

WorkPlane → Show WP Status 命令用于显示工作平面的设置情况。

WorkPlane → Display Working Plane 是一个开关命令，用于打开或关闭工作平面的显示。

2. 工作平面的定位

使用 Workplane → Offset WP by Increment、Offset WP to 或 Align WP With 命令，可以把工作平面设置到某个方向和位置。

Offset WP by Increment 命令用于直接设置工作平面原点相对于当前平面原点的偏移、方向相对于当前平面方向的旋转。可以直接输入偏移和旋转的大小，也可以通过其按钮进行。

Offset WP to 命令用于偏移工作平面原点到某个指定的位置，可以把原点移动到全局坐标系或当前坐标系原点，也可以设置工作平面原点到指定的坐标点、关键点或节点。当指定多个点时，原点将位于这些点的中心位置。

Align WP With 命令可以通过 3 个点构成的平面来确定工作平面，其中第一个点为工作平面的原点。也可以让工作平面垂直于某条线，也可以设置工作平面与某坐标系一致。此时，不但其原点在坐标系原点，平面方向也与坐标方向一致，而 Offset WP to 命令则只改变原点，不改变方向。

3. 坐标系

坐标系在 Ansys 建模、加载、求解和结果处理中有着重要作用。Ansys 区分了很多坐标系，如结果坐标系、显示坐标系、节点坐标系、单元坐标系等。这些坐标系可以使用全局坐标系，也可以使用局部坐标系。

WorkPlane → Local Coordinate Systems 命令提供了对局部坐标系的创建和删除。局部坐标系是用户自己定义的坐标系，能够方便用户建模。可以创建直角坐标系、柱坐标系、球坐标系、椭球坐标系和环面坐标系。局部坐标号一定要大于 10，一旦创建了一个坐标系，它立刻成为活动坐标系。

可以设置某个坐标系为活动坐标系（选择 Utility Menu：WorkPlane → Change Active CS to 命令），也可以设置某个坐标系为显示坐标系（选择 Utility Menu：WorkPlane → Change Display CS to 命令），还可以显示所有定义的坐标系状态（选择 Utility Menu：List → Other → Local Coord Sys 命令）。

不管位于什么处理器中，除非做出明确改变，否则当前坐标系将一直保持为活动。

1.3.7 参量菜单

Parameters（参量）菜单用于定义、编辑或删除标量、矢量和数组参量。对那些经常要用到的数据或符号以及从 Ansys 中要获取的数据，都需要定义参量，参量是 Ansys 参数设计语言（APDL）的基础。

如果已经大量采用 Parameters 菜单来创建模型、获取数据或输入数据，那么你的 Ansys 水平应该不错了，这时使用命令输入方式也许能更快速有效地建模。

1. 标量参量

执行 Parameters → Scalar Parameters 命令，将打开"Scalar Parameters"对话框，如图 1-20 所示。

用户只需要在"Selection"文本框中输入要定义的参量名及其值就可以定义一个参量。重新输入该变量及其值就可以修改它，也可以在"Items"列表框中选择参量，然后在"Selection"文本框中修改值。要删除一个标量有两种方法，一是单击"Delete"按钮，二是输入某个参量名，但不对其赋值。如果在"Selection"文本框中输入"GRAV="，按 Enter 键之后，将删除 GRAV 参量。

Parameters → Get Scalar Data 命令用于获取 Ansys 内部的数据，如节点号、面积、程序设置值、计算结果等。要对程序运行过程进行控制或优化等操作时，就需要从 Ansys 程序内部获取值，以进行与程序内部过程的交互。

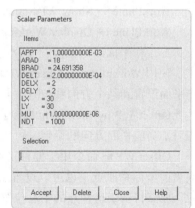

图 1-20 "Scalar Parameters"对话框

2. 数组参量

Parameters → Array Parameters 命令用于对数组参量进行定义、修改或删除，与标量参量的操作相似。但是，标量参量可以不事先定义而直接使用，数组参量则必须事先定义，包括定义其维数。

Ansys 除了提供通常的数组 ARRAY，还提供了一种称为表数组的参量 TABLE。表数组包含整数或实数元素，它们以表格方式排列，基本上与 ARRAY 数组相同，但有以下 3 点重要区别：

◆ 表数组能够通过线性插值方式计算出两个元素值之间的任何值。

◆ 一个表包含了 0 行和 0 列，作为索引值；与 ARRAY 不同的是，该索引参量可以为实数，但这些实数必须定义。如果不定义，则默认对其赋予极小值（7.888609052e–31），并且要以增长方式排列。

◆ 一个页的索引值位于每页的（0,0）位置。

简单地说，表数组就是在 0 行和 0 列加入了索引的普通数组。其元素的定义也像普通数组一样，通过整数的行列下标值可以在任何一页中修改，但该修改将应用到所有页。

Ansys 提供了大量对数组元素赋值的命令，包括直接对元素赋值（Parameters → Array Parameters → Define/Edit）、把矢量赋给数组（Parameters → Array Parameters → Fill）、从文件数据赋值（Parameters → Array Parameters → Get Array Data）。

Parameters → Array Operations 命令能够对数组进行数学操作，包括矢量和矩阵的数学运算、一些通用函数操作和矩阵的傅里叶变换等。

3. 函数的定义和载入

Parameters → Functions → Define/Edit… 命令用于定义和编辑函数，并将其保存到文件中。

Parameters → Functions → Read from file 命令用于将函数文件读入 Ansys 中，与上面的命令配合使用。在加载方面具有简化的作用，因为该方式允许定义复杂的载荷函数。

例如，当某个平面载荷是距离的函数，而所有坐标系为直角坐标系时，就需要得到任意一点到原点的距离。如果不自定义函数，就会有很多重复输入，但函数定义则能够相对简化，其步骤为：

1）执行 Parameters → Functions → Define/Edit… 命令，打开"Function Editor"对话框。在该对话框中输入或通过单击按钮，使"Result="文本框中的内容为："SQRT({X}^2+{Y}^2)*PCONST"，如图 1-21 所示。需要注意的是，尽管可以用输入的方法得到表达式，但当不确定基本自变量时，还是建议采用单击按钮和选择变量的方式来输入。例如，对结构分析来说，基本自变量为时间 TIME、位置（X、Y、Z）和温度 TEMP，所以在定义一个压力载荷时，就只能使用以上 5 个基本自变量，尽管在定义函数时也可以定义其他的方程自变量（Equation Variable），但在实际使用时，这些自变量必须事先赋值，如图 1-22 所示的"PCONST"变量。也可以定义分段函数，这时需要定义每段函数的分段变量及范围。用于分段的变量必须在整个分段范围内是连续的。

2）执行 File → Save 命令，在打开的对话框中设置自定义函数的文件名。假设本函数保存的文件名为 PLANEPRE.FUNC。

3）执行 Parameters → Functions → Read from file 命令，从文件中读入函数，作为载荷边界条件读入程序中。在打开的对话框中输入如图 1-22 所示的内容。

4）单击"OK"按钮，就可以把函数所表达的压力载荷施加到选定的区域。

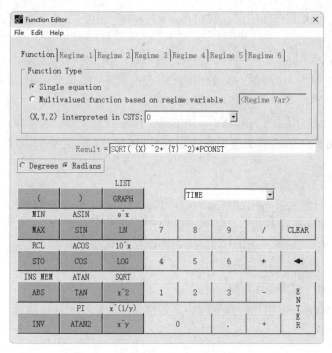

图 1-21 定义函数

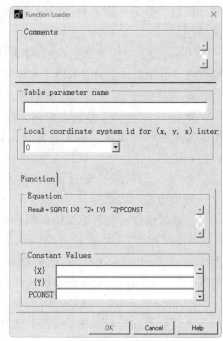

图 1-22 函数载入

4. 参量存储和恢复

为了在多个工程中共享参量，需要保存或读取参量。

Parameters → Save Parameters 命令用于保存参量。参量文件是一个 ASCII 文件，其扩展名默认为 parm。参量文件中包含了大量 APDL 命令 *SET。所以，也可以用文本编辑器对其进行编辑。以下是一个参量文件：

```
/NOPR
*SET,A                    ,  10.00000000000
*SET,B                    ,  254.0000000000
*SET,C                    , 'string'
*SET,_RETURN              ,  0.000000000000E+00
*SET,_STATUS              ,  1.000000000000
*SET,_ZX                  , ' '
/GO
```

其中，/NOPR 用于禁止随后命令的输出，/GO 用于打开随后命令的输出。在 GUI 方式下，使用 /NOPR 指令，后续输入的操作就不会在输出窗口上显示。

Parameters → Restore Parameters 命令用于读取参量文件到数据库中。

1.3.8 宏菜单

Macro（宏）菜单用于创建、编辑、删除或者运行宏或数据块，也可用缩略词（对应于工具条上的快捷按钮）进行修改。

宏是包含一系列命令集合的文件，这些命令序列通常能完成特定功能。可以把多个宏包含在一个文件中，该文件称为宏库文件，这时每个宏就称为数据块。

一旦创建了宏，该宏事实上相当于一个新的 Ansys 命令。如果使用默认的宏扩展名，并且宏文件在 Ansys 宏搜索路径之内，则可以像使用其他 Ansys 命令一样直接使用宏。

1. 创建宏

Macro → Create Macro 命令用于创建宏。这种方式可以创建最多包含 18 条命令的宏。如果宏比较简短，采用这种方式创建是方便的；但如果宏很长，则使用其他文本编辑器更好一些。这时，只需要把命令序列加入文件中即可。

宏文件名可以是任意与 Ansys 不冲突的文件，扩展名也可以是任意合法的扩展名，但使用 MAC 作为扩展名时，就可以像其他 Ansys 命令一样执行。

宏库文件可以使用任何合法的扩展名。

2. 执行宏

Macro → Execute Macro 命令用于执行宏文件。

Macro → Execute Data Block 命令用于执行宏文件中的数据块。

为了执行一个不在宏搜索路径内的宏文件或库文件，需要选择 Macro → Macro Search Path 命令以使 Ansys 能搜索到它。

3. 缩略词

Macro → Edit Abbreviations 命令用于编辑缩略词，以修改工具条。默认的缩略词（即工具条上的按钮）有 5 个，即 SAVE_DB、RESUM_DB、QUIT、POWEGRPH 和 E_CAE，如图 1-23 所示。

可以在输入窗口中直接输入缩略词定义，也可以在如图 1-23 所示的对话框的"Selection"文本框中输入。但要注意，使用命令方式输入时，需要更新才能添加缩略词到工具条上（更新命令为 Utility Menu：MenuCtrl → Update Toolbar）。输入缩略词的语法为：

图 1-23 "Edit Toolbar/Abbreviations"对话框

*ABBR,abbr,string

其中，abbr 是缩略词名，也就是显示在工具条按钮上的名称，abbr 是不超过 8 位的字符串。String 是想要执行的命令或宏，如果 string 是宏，则该宏一定要位于宏搜索路径之中；如果 string 是选取菜单或对话框，则需要加入"Fnc_"标志，表示其代表的是菜单函数。例如，

*ABBR,QUIT,Fnc_/EXIT

string 可以包含多达 60 个字符，但它不能包含字符"$"和如下命令：C**、/COM、/GOPR、/NOPR、/QUIT、/UI 或者 *END。

工具条可以嵌套，也就是说，某个按钮可能对应一个打开工具条的命令，这样尽管每个工具条上最多可以有 100 个按钮，但理论上可以定义无限多个按钮（缩略词）。

需要注意的是，缩略词不能自动保存，必须选择 Macro → Save Abbr 命令来保存缩略词，

并且退出 Ansys 后重新进入时，需要选择 Macro → Restore Abbr 命令对其重新加载。

1.3.9 菜单控制菜单

MenuCtrls（菜单控制）决定哪些菜单是可见的，是否使用机械工具条（Mechanical Toolbar），以及创建、编辑或删除工具条上的快捷按钮，决定输出哪些信息。

可以创建自己喜欢的界面布局，然后选择 MenuCtrls → Save Menu Layout 命令保存它，下次启动时，将显示保存的布局。

MenuCtrls → Message Controls 命令用于控制显示和程序运行，执行该命令打开的对话框如图 1-24 所示。

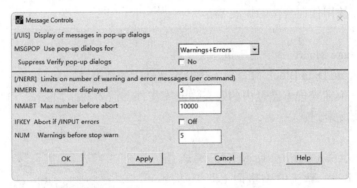

图 1-24 "Message Controls" 对话框

其中，"NMERR" 文本框用于设置每个命令的最大显示警告和错误信息个数。当某个命令的警告和错误个数超过 NMABT 值时，程序将退出。

1.4 输入窗口

输入窗口（Input Window）主要用于直接输入命令或其他数据，输入窗口包含 4 个部分，如图 1-25 所示。

- ◆ 文本框：用于输入命令。
- ◆ 提示区：在文本框与历史记录框之间，提示当前需要进行的操作，要经常注意提示区的内容，以便能够按顺序正确输入或进行其他操作（如选取）。

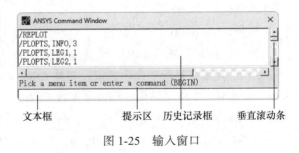

图 1-25 输入窗口

- ◆ 历史记录框：包含所有以前输入的命令。在该框中单击某选项就会把该命令复制到文本框，双击则会自动执行该命令。Ansys 提供了用键盘上的上下箭头来选择历史记录的功能，用上下箭头可以选择命令。

◆ 垂直滚动条：方便选取历史记录框内的内容。

1.5 主菜单

主菜单（Main Menu）包含了不同处理器下的基本 Ansys 操作。它基于操作的顺序排列，同样，应该在完成一个处理器下的操作后再进入下一个处理器。当然，也可以随时进入任何一个处理器，然后退出再进入，但这不是一个好习惯，应该先做好详细规划，然后按部就班地进行。这样才能使程序更具可读性，并降低程序运行的代价。

主菜单中的所有函数都是模态的，完成一个函数之后才能进行另外的操作，而菜单栏则是非模态的。例如，如果用户在工作平面上创建关键点，那么不能同时创建线、面或体，但可以利用菜单栏定义标量参量。

主菜单的每个命令都有一个子菜单（用"→"号指示），或者执行一项操作。主菜单不支持快捷键。默认主菜单提供了以下菜单主题，如图 1-26 所示。

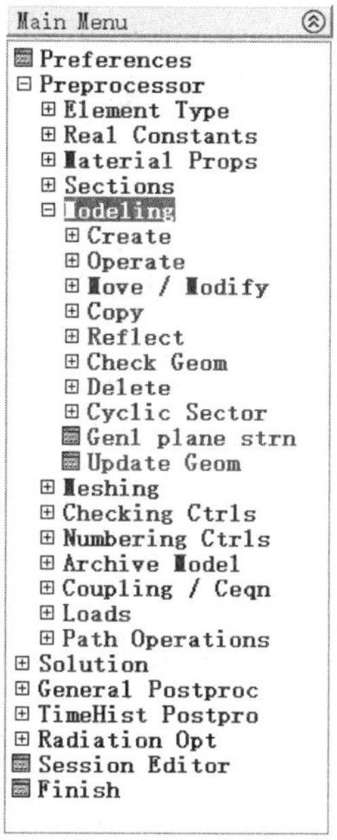

◆ Preferences（优选项）：打开一个对话框，用户可以选择学科及某个学科的有限元方法。默认为所有的学科，这不是一个好的默认，因为通常分析学科是一个或几个，所以尽管这一步稍微有点麻烦，但它为以后的操作带来了较大方便。

◆ Preprocessor（预处理器）：包含 PREP7 操作，如建模、分网和加载等，但在这里，把加载作为求解器中的内容。求解器中的加载菜单与预处理器中的加载菜单相同，两者都对应了相同的命令，并无差别。以后涉及加载时，将只列出求解器中的菜单路径。

◆ Solution（求解器）：包含 Solution 操作，如分析类型选项、加载、载荷步选项、求解控制和求解等。

◆ General Postproc（通用后处理器）：包含了 POST1 后处理操作，如结果的图形显示和列表。

◆ TimeHist Postpro（时间历程后处理器）：包含了 POST26 的操作，如对结果变量的定义、列表或图形显示。

图 1-26 主菜单

◆ Radiation Opt（辐射选项）：包含了 AUX12 操作，如定义辐射率、完成热分析的其他设置、写辐射矩阵、计算视角因子等。

◆ Session Editor（进程编辑器）：用于查看在保存或恢复之后的所有操作记录。

◆ Finish（结束）：退出当前处理器，回到开始级。

1.5.1 优选项

Preferences（优选项）用于选择分析任务涉及的学科，以及在该学科中所用的方法，"Preferences for GUI Filtering"对话框如图 1-27 所示。该步骤不是必须的,可以不选,但会导致在以后分析中面临一大堆选择项目。所以,让优选项过滤掉不需要的选项是明智的做法。尽管默认的是所有学科,但这些学科并不是都能现时使用。例如,不可以把流体动力学(FLOTRAN)单元和其他某些单元同时使用。

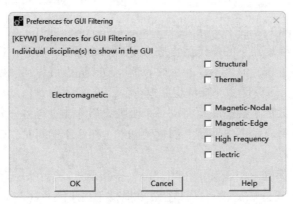

图 1-27 "Preferences for GUI Filtering"对话框

1.5.2 预处理器

Preprocessor(预处理器),提供了建模、分网和加载的函数。选择 Main Menu → Preprocessor 命令或者在命令输入窗口中输入"/PREP7",都将进入预处理器。不同的是,命令方式并不打开预处理菜单。

预处理器的主要功能包括单元定义、实体建模和分网。

1. 单元定义

Element Type 用于定义、编辑或删除单元。如果单元需要设置选项,用该方法比用命令方法更为直观方便。

不可以把单元从一种类型转换到另一种类型,或者为单元添加或删除自由度。单元的转换可以在如下情况下进行:隐式单元和显式单元之间、热单元和结构单元之间、磁单元转换到热单元、电单元转换到结构单元、流体单元转换到结构单元。其他形式的转换都是不合法的。

Ansys 单元库中包含了 100 多种不同单元,单元是根据不同的号和前缀来识别的。不同前缀代表不同单元种类,不同的号代表该种类中的具体单元形式,如 BEAM4、PLANE7、SOLID96 等。Ansys 中有如下一些种类的单元:BEAM、COMBIN、CONTAC、FLUID、HYPER、INFIN、LINK、MASS、MATRIX、PIPE、PLANE、SHELL、SOLID、SOURC、SURF、TARGE、USER、INTER 和 VISCO。

具体选择何种单元,由以下一些因素决定:

◆ 分析学科:如结构、流体、电磁等。

◆ 分析物体的几何性质:是否可以近似为二维。

◆ 分析的精度:是否线性。

例如，MASS21 是一个点单元，有 3 个平移自由度和 3 个转动自由度，能够模拟三维空间，而 FLUID79 用于器皿内的流体运动，它只有两个自由度 UX、UY，所以它只能模拟二维运动。

可以通过 Help → HelpTopic → Elements 命令来查看哪种单元适合当前的分析。但是，这种适合并不是绝对的，可能有多种单元都适合分析任务。

必须定义单元类型。一旦定义了某个单元，就定义了其单元类型号，后续操作将通过单元类型号来引用该单元。这种类型号与单元之间的对应关系称为单元类型表，单元类型表可以通过菜单命令来显示和指定：Main Menu → Preprocessor → Modeling → Create → Elements → Elem Attributes。

单元只包含了基本的几何信息和自由度信息。而在分析中，单元事实上代表了物体，所以还可能具有其他一些几何和物理信息。这种单元本身不能描述的信息用实常数（Real Constants）来描述。如 Beam 单元的截面积（AREA）、Mass 单元的质量（MASSX、MASSY、MASSZ）等，但不是所有的单元都需要实常数，如 PLANE42 单元在默认选项下就不需要实常数。某些单元只有在某些选项设置下才需要实常数，如 PLANE42 单元，设置其 Keyopt(3)=3，就需要平面单元的厚度信息。

Material Props 用于定义单元的材料属性。每个分析任务都针对具体的实体，这些实体都具有物理特性，所以大部分单元类型都需要材料属性。材料属性可以分为：

◆ 线性材料和非线性材料。
◆ 各向同性、正交各向异性和非弹性材料。
◆ 与温度相关和与温度无关材料。

2. 实体建模

Main Menu → Preprocessor → Modeling → Create 命令用于创建模型（可以创建实体模型，也可以直接创建有限元模型，这里只介绍创建实体模型）。Ansys 中有两种基本的实体建模方法。

◆ 自底向上建模：首先创建关键点，它是实体建模的顶点；然后把关键点连接成线、面和体。所有关键点都是以笛卡儿直角坐标系上的坐标值定义的。但是，不是必须按顺序创建。例如，可以直接连接关键点为面。

◆ 自顶向下建模：利用 Ansys 提供的几何原形创建模型，这些原型是完全定义好了的面或体。创建原型时，程序自动创建较低级的实体。

使用自底向上还是自顶向下的建模方法取决于习惯和问题的复杂程度，通常情况是同时使用两种方式才能高效建模。

Preprocessor → Modeling → Operate 命令用于模型操作，包括拉伸、缩放和布尔运算。布尔运算对于创建复杂形体很有用。可用的布尔运算包括相加（add）、相减（subtract）、相交（intersect）、分割（divide）、粘接（glue）、搭接（overlap）等，不仅适用于简单原型的图元，也适用于从 CAD 系统输入的其他复杂几何模型。在默认情况下，布尔运算完成后输入的图元将被删除，被删除的图元编号变成空号，这些空号将被赋给新创建的图元。

尽管布尔运算很方便，但很耗时，也可以直接对模型进行拖动和旋转。例如，拉伸（Extrude）或旋转一个面，就能创建一个体。对存在相同部分的复杂模型，可以使用复制（copy）

和镜像（reflect）。

Preprocessor → Modeling → Move/Modify 命令用于移动或修改实体模型图元。

Preprocessor → Modeling → Copy 命令用于复制实体模型图元。

Preprocessor → Modeling → Reflect 命令用于镜像实体模型图元。

Preprocessor → Modeling → Delete 命令用于删除实体模型图元。

Preprocessor → Modeling → Check Geom 命令用于检查实体模型图元，如选取短线段、检查退化、检查节点或关键点之间的距离。

在修改和删除模型之前，如果较低级的实体与较高级的实体相关联（如点与线相关联），则除非删除高级实体，否则不能删除低级实体。所以，如果不能删除单元和单元载荷，则不能删除与其相关联的体；如果不能删除面，则不能删除与其相关联的线。模型图元的级别见表1-2。

表1-2 模型图元的级别

级别	单元和单元载荷
最高级 ↓ 最低级	节点和节点载荷
	体和实体模型体载荷
	面和实体模型表面载荷
	线和实体模型线载荷
	关键点和实体模型点载荷

3. 分网

一般情况下，由于形体的复杂性和材料的多样性，需要多种单元。所以，在分网前，定义单元属性是很有必要的。

Preprocessor → MeshTool 命令是分网工具。它将常用分网选项集中到一个对话框中，如图1-28所示。该对话框能够帮助完成绝大多数的分网工作。但是，如果要用到更高级的分网操作，则需要使用 -Mexhing- 子菜单。单元属性用于设置全部或某个图元的单元属性，首先在下拉列表中选择想设置的图元，单击"Set"按钮；然后在选取对话框中选取该图元的全部（单击"Pick All"按钮）或部分，设置其单元类型、实常数、材料属性、单元坐标系。

使用智能网格选项，可以方便地由程序自动分网，省去分网控制的麻烦。只需要拖动滑块就可以控制分网的精度，其中1为最精细，10为最粗糙，默认精度为6。

但是，智能网格选项只适用于自由网格，不宜在映射网格中采用。自由网格和映射网格的区别如图1-29所示。

局部网格控制提供了更多更细致的单元尺寸设置。可以设置全部（Global）、面（Areas）、线（Lines）、层（Layer）、关键点（Keypts）的网格密度。对面而言，需要设置单元边长；对线来说，可以设置线上的单元数，也可以用Clear按钮来清除设置；对线单元来说，可以把一条线的网格设置复制到另外几条线上，把线上的间隔比进行转换（Flip）；对层单元来说，还可以设置层网格。在某些需要特别注意的关键点上，可以直接设置其网格尺寸（Keypts），以设置关键点附近网格单元的边长。

Ansys 2024 图形用户界面

图 1-28 "Mesh Tool" 选择对话框

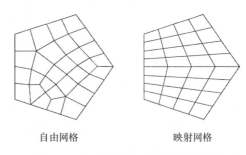

图 1-29 自由网格和映射网格的区别

一旦完成了网格属性和网格尺寸设置，就可以进行分网操作了，其步骤是：

1）选择对什么图元分网，可以对线、面、体和关键点进行分网。

2）选择网格单元的形状（如图1-28所示的"Shape"选项：对面而言，为三角形或四边形；对体而言，为四面体或六面体；对线和关键点，该选择是不可选的）。

3）确定是自由（Free）分网、映射（Mapped）分网还是扫掠（Sweep）分网。对面用映射分网时，如果形体是三面体或四面体，则在下拉列表中选择 3 or 4 sided 选项；如果形体是其他不规则图形，则在下拉列表中选择 pick corners 选项。对体分网时，四面体网格只能是自由分网，六面体网格则既可以为映射分网，也可以为扫掠分网。当为扫掠分网时，在下拉列表中选择 Auto Src/Trg 选项，将自动决定扫掠的起点和终点位置，否则需要用户指定。

4）选择好上述选项之后，单击 Mesh 或 Sweep（对 Sweep 体分网）按钮，选择要分网的图元，就可以完成分网了。注意，应根据输入窗口的指示来选取面、体或关键点。

对某些网格要求较高的地方，如应力集中区，需要用 Refine 按钮来细化网格。首先选择想要细化的部分；然后确定细化的程度，1 细化程度最小，10 细化程度最大。

要对分网进行更多控制，可以使用 -Meshing- 级联菜单。该菜单中主要包括如下命令：

◆ Size Controls：网格尺寸控制。

◆ Mesher Opts：分网器选项。

◆ Concatenate：线面的连接。

- Mesh：分网操作。
- Modify Mesh：修改网格。
- Check Mesh：网格检查。
- Clear：清除网格。

4. 其他预处理操作

Preprocessor → Checking Ctrls 命令用于对模型和形状进行检查。利用该菜单可以控制实体模型（关键点、线、面和体）和有限元模型（节点和面）之间的联系，控制后续操作中的单元形状和参数等。

Preprocessor → Numbering Ctrls 命令用于对图元号和实常数号等进行操作，包括号的压缩和合并、号的起始值设置、偏移值设置等。例如，当对面 1 和面 6 进行了操作，形成了一个新面时，则面号 1 和面号 6 就会空出来。这时，用压缩面号（Compress Numbers）操作能够对面进行重新编号，原来的 2 号变为 1 号，3 号变为 2 号，依次类推。

Preprocessor → Archive Model 命令用于输入输出模型的几何形状、材料属性、载荷或其他数据，也可以只输入输出其中的某一部分。实体模型和载荷的文件扩展名为 IGES，其他数据则是命令序列，文件格式为文本。

Preprocessor → Coupling/Ceqn 命令用于添加、修改或删除耦合约束，设置约束方程。

Preprocessor → FLOTRAN Set Up 命令用于设置流体力学选项，包括流体属性、流动环境、湍流和多组分运输、求解控制等选项。在 Solution 中也有相同的菜单。

Preprocessor → Loads 命令用于载荷的施加、修改和删除。将在 Main Menu → Solution 菜单中介绍。

Preprocessor → Physics 命令用于对单元信息进行读出、写入、删除或列表操作。当对同一个模型进行多学科分析而又不同时，对其分析（如对管路模型分析其结构和 CFD 时）就需要用到该操作。

1.5.3 求解器

Solution（求解器）包含了与求解器相关的命令，包括分析选项、加载、载荷步设置、求解控制和求解。启动后，执行 Main Menu → Solution 命令，打开"Solution"菜单，如图 1-30 所示。这是一个缩略菜单，用于静态或完全瞬态分析。可以选择最下方的 Unabridged Menu 命令打开完整的求解器菜单，在完整求解器菜单中选择 Abridged Menu 命令又可以使其恢复为缩略方式。

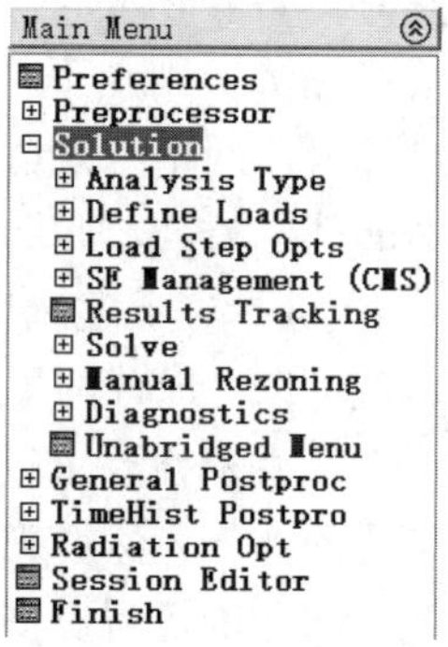

在完整求解器菜单中，大致有如下几类操作：分析类型和分析选项、载荷和载荷步选项、求解。

1. 分析类型和分析选项

Main Menu → Solution → Analysis Type → New Analysis 命令用于开始一次新的分析。在此用户需要决定分析类型。Ansys 提供了如下几种类型的分

图 1-30 "Solution"菜单

析：静态分析、模态分析、谐分析、瞬态分析、功率谱分析、屈曲分析和子结构分析。选择何种分析类型，要根据所研究的内容、载荷条件和要计算的响应来决定。例如，要计算固有频率，就必须使用模态分析。一旦选定分析类型后，应当设置分析选项，其菜单路径为 Main Menu → Solution → Analysis Type → Analysis Option，不同的分析类型有不同分析选项。

Solution → Restart 命令用于进行重启动分析。有两种重启动分析，即单点和多点。绝大多数情况下，都应当开始一个新的分析。对静态、谐波、子结构和瞬态分析，可使用一般重启动分析，以在结束点或中断点继续求解。多点重启动分析可以在任何点处开始分析，只适用于静态或完全瞬态结构分析。重启动分析不能改变分析类型和分析选项。

执行 Solution → Analysis Type → Sol's Control 命令，打开"Solution Controls"对话框。这是一个标签对话框，包含 5 个选项卡。该对话框只适用于静态和全瞬态分析，它把大多数求解控制选项集成在一起。其中，包括 Basic 选项卡中的分析类型、时间设置、输出项目，Transient 选项卡中的完全瞬态选项、载荷形式、积分参数，Sol's Option 选项卡中的求解方法和重启动控制，Nonlinear 选项卡中的非线性选项、平衡迭代、蠕变，Advanced NL 选项卡中的终止条件准则和弧长法选项等。当进行静态和全瞬态分析时，使用该对话框很方便。

对某些分析类型，不可能有如下分析选项：

◆ ExpasionPass：模态扩展分析。只能用于模态分析、子结构分析、屈曲分析、使用模态叠加法的瞬态和谐分析。

◆ Model Cyclic Sym：模态循环对称分析。在分析类型为模态分析时才能使用。

◆ Master DOFs：主自由度的定义、修改和删除。只能用于缩减谐响应分析、缩减瞬态分析、缩减屈曲分析和子结构分析。

◆ Dynamic Gap Cond：间隙条件设置。只能用于缩减或模态叠加法的瞬态分析中。

2. 载荷和载荷步选项

◆ DOF 约束（Constraints）：用于固定自由度为确定值，如在结构分析中指定位移或对称边条，在热分析中指定温度和热能量的平行边条。

◆ 集中载荷（Forces）：用于模型的节点或关键点，如结构分析中的力和力矩，热分析中的热流率、磁场分析中的电流段。

◆ 表面载荷（Surface Loads）：用于表面的分布载荷，如结构分析中的压强，热分析中的对流和热能量。

◆ 体载荷（Body Loads）：是一个体积或场载荷，如结构分析中的温度，热分析中的热生成率，磁场分析中的电流密度。

◆ 惯性载荷（Inertia Loads）：是与惯性（质量矩阵）有关的载荷，如重力加速度、角速度和角加速度，主要用于结构分析中。

◆ 耦合场载荷（Coupled-field Loads）：是上述载荷的特殊情况。从一个学科分析的结果成为另一个学科分析中的载荷，如磁场分析中产生的磁力能够成为结构中的载荷。

这 6 种载荷包括了边界条件、外部或内部的广义函数。在不同的学科中，载荷有不同的含义。

◆ 在结构（Structural）中为位移、力、压强、温度等。

- 在热（Thermal）中为温度、热流率、对流、热生成率、无限远面等。
- 在磁（Magnetic）中为磁动势、磁通量、磁电流段、流源密度、无限远面等。
- 在电（Electric）中为电位、电流、电荷、电荷密度、无限远面等。
- 在流体（Fluid）中为速度、压强等。

Solution → Settings 命令用于设置载荷的施加选项，如表面载荷的梯度和节点函数设置。新施加载荷的方式如图 1-31 所示。其中，最重要的是设置载荷的添加方式，如改写、叠加和忽略。当在同一位置施加载荷时，如果该位置存在同类型载荷，则其要么重新设置载荷，要么与以前的载荷相加，要么忽略它。默认情况下是改写。

在该菜单中，还有 Smooth Data（数据平滑）命令，用于对噪声数据进行预定阶数的平滑，并用图形方式显示结果。这时，首先需要用 *Dim 定义两个数组矢量，对其赋值后才能平滑。

Solution → Apply 命令用于施加载荷，包括结构、热、磁、电、流体学科的载荷选项和初始条件。只有选择了单元，这些选项才能成为活动的选项。

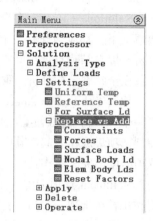

图 1-31　新施加载荷的方式

初始条件用来定义节点处各个自由度的初始值，对结构分析而言，还可以定义其初始的速度。初始条件只对稳态和全瞬态分析有效。在定义初始自由度值时，要注意避免这些值发生冲突。例如，在刚性结构分析中，对一些节点定义了速度，而对另外节点定义了初始条件。

Solution → Delete 命令用于删除载荷和载荷步（LS）文件。

Solution → Operate 命令用于载荷操作，包括有限元载荷的缩放、实体模型载荷与有限元载荷的转换、载荷步文件的删除等。

Solution → Load Step Opts 命令用于设置载荷步选项。

一个载荷步就是载荷的一个布局，包括空间和时间上的布局，两个不同布局之间用载荷步来区分。一个载荷步只可能有两种时间状况，即阶跃形式和斜坡形式。如果有其他形式的载荷，则需要离散为这两种形式，并以不同载荷步近似表达。

- 子步是一个载荷步内的计算点，在不同分析中有不同用途。
- 在非线性静态或稳态分析中，使用子步以获得精确解。
- 在瞬态分析中，使用子步以得到较小的积分步长。
- 在谐响应分析中，使用子步来得到不同频率下的解。

平衡迭代用于非线性分析，是在一个给定的子步上进行的额外计算，其目的是为了收敛。在非线性分析中，平衡迭代作为一种迭代校正，具有重要作用。

载荷步、子步和平衡迭代之间的区别如图 1-32 所示。

在载荷步选项菜单中包含输出控制（Output Ctrls）、求

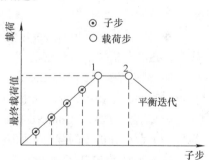

图 1-32　载荷步、子步和平衡迭代之间的区别

解控制（Solution Ctrls）、时间/频率（Time/Frequency）设置、非线性（Nonlinear）设置、频谱（Spectrm）设置等。

进行载荷设置有 3 种方式，即多步直接设置、利用载荷文件、使用载荷数组参量。其中，Solution → Load Step Opts → From LS File 命令用于读出载荷文件，Solution → Load Step Opts → Write LS File 命令用于写入载荷文件。在 Ansys 中，载荷文件是以 Jobname.snn 来定义的，其中 nn 代表载荷步号。

3. 求解

Solution → Solve → Current LS 命令用于指示 Ansys 求解当前载荷步。

Solution → Solve → From LS File 命令用于指示 Ansys 读取载荷文件中的载荷和载荷选项来求解，可以指定多个载荷步文件。

Solution → Solve → Partial Sou 命令用于指示 Ansys 只进行分析序列中的某一步，如只需要组集刚度矩阵或三角化矩阵。当只需要对某一步重复分析，而不需要重复整个分析过程时，使用该命令效率很高。

多数情况下，使用 Current LS 命令就可以了。

Solution → Flotran Setup 和 Run Flotran 命令用于设置流体动力学选项和运行流体动力学计算程序。

1.5.4 通用后处理器

当一个分析运行完成后，需要检查分析是否正确，获得并输出有用结果时，就需要后处理器来完成。

后处理器分为通用后处理器和时间历程后处理器，前者用于查看某个载荷步或子步的数据，即在某一时间点或频率点上，对整个模型进行显示或列表；后者则用于查看某一空间点上的值随时间的变化情况。为了查看整个模型在时间上的变化，可以使用动画技术。

在命令窗口中，输入"/POST1"进入通用后处理器，输入"/POST26"进入时间历程后处理器。

求解阶段计算的两类结果数据是基本数据和导出数据。基本数据是节点解数据的一部分，指节点上的自由度解。导出数据是由基本数据计算得到的，包括节点上基本数据以外的解数据。不同学科分析中的基本数据和导出数据见表 1-3。在后处理操作中，需要确定要处理的数据是节点解数据还是单元解数据。

表 1-3 基本数据和导出数据

学科	基本数据	导出数据
结构分析	位移	应力、应变、反作用力等
热分析	温度	热流量、热流梯度等
流场分析	速度、压强	压强梯度、热流量等
电场分析	标量电势	电场、电流密度等
磁场分析	磁势	磁能量、磁流密度等

通用后处理器包含了以下一些功能，即结果读取、结果显示、结果计算、解的定义和修改等。

1. 结果读取

General Postproc → Data & File Opts 命令用于定义从哪个结果文件中读入数据和读入哪些数据。如果不指定，则从当前分析结果文件中读入所有数据，其文件名为当前工程名，扩展名以 R 开头。不同学科有不同扩展名，结构分析的扩展名为 RST，流体动力学分析的扩展名为 RFL，热分析的扩展名为 RTH，电磁场分析的扩展名为 RMG。

General Postproc → Read Results 命令用于从结果文件中读取结果数据到数据库，如图 1-33 所示。Ansys 求解后，结果并不自动读入数据库，需要对其进行操作和后处理。正如前面提到的，通用后处理器只能处理某个载荷步或载荷子步的结果，所以只能读入某个载荷步或子步的数据。

图 1-33 "Read Results" 命令

- First Set：读入第一子步数据。
- Next Set：读入下一子步数据。
- Previous Set：读入前一子步数据。
- Last Set：读入最后一子步数据。
- By Load Step：通过指定载荷步及其子步来读入数据。
- By Time/Freq：通过指定时间或频率点读入数据，具体读入时间或频率的值由所进行的分析决定。当指定的时间或频率点位于分析序列的中间某点时，程序自动用内插法设置该时间点或频率点的值。
- By Set Number：直接读入指定步的结果数据。

General Postproc → Options for Outp 命令用于控制输出选项。

2. 结果显示

在通用后处理器中，有 3 种结果显示，即图形显示、列表显示和查询显示。

General Postproc → Plot Result 命令用于以图形显示结果。Ansys 提供了丰富的图形显示功能，包括变形显示（Deformed Shape）、等值线图（Contour Plot）、矢量图（Vector Plot）、轨线图（Plot Path Item）、流动轨迹图（Flow Trace）和浇混图（Concrete Plot）。

- 绘制这些图形之前，必须先定义好所要绘制的内容，如是角节上的值、中节点的值，还是单元上的值。

确定对什么结果项目感兴趣，是压强、应力、速度还是变形等。有的图形能够显示整个模型的值，如等值线图，而有的只能显示其中某个或某些点处的值，如流动轨迹图。

- 在 Utility Menu：Plot → Result 菜单中也有相应的图形绘制功能。

General Postproc → List Results 命令用于对结果进行列表显示，可以显示节点解数据（Nodal Solution）、单元解数据（Element Solution），也可以列出反作用力（Reaction Sou）或节点载荷（Nodal Loads）值，还可以列出单元表数据（Elem Table Data）、矢量数据（Vector Data）、轨线上的项目值（Path Items）等。可以节点或单元的升序排列（Unsorted Node 和 Unsorted Elems），也可以某一解的升序或降序排列（Sorted Node 和 Sorted Elems）。

◆ 在 Utility Menu：List → Results 菜单中也有相应的列表显示功能，但用菜单的列表命令显得按部就班一些，也更符合习惯用法。

Query Results 命令用于显示结果查询，可直接在模型上显示结果数据。例如，为了显示某点的速度，选取 Query Result → Subgrid Solu 命令，在打开对话框中选择速度选项，然后在模型中选取要查看的点，解数据即出现在模型上。也可以使用三维注释功能，使得在三维模型的各个方向都能看到结果数据。要使用该功能，只要选择"查询选取"对话框中的"generate 3D Anno"复选框即可。

3. 结果计算

General Postproc → Nodal Calcs 命令用于计算选定单元的合力、总的惯性力矩，或者对其他一些变量进行选定单元的表面积分。可以指定力矩的主轴，如果不指定，则默认以结果坐标系（RSYS）的轴为主轴。

General Postproc → Element Table 命令用于单元表的定义、修改、删除和其他一些数学运算。

在 Ansys 中，单元表有两个功能：①它是在结果数据中进行数学运算的工作空间；②可以通过它得到一些不能直接得到的与单元相关的数据，如某些导出数据。

事实上，单元表相当于一个电子表格，每一行代表了单元，每一列代表了该单元的项目，如单元体积、重心、平均应力等。定义单元表时，要注意以下几点：

◆ General Postproc → Element Table → Define Table 命令只用于对选定单元进行列表。也就是说，只有那些选定单元的数据才能复制到单元表中。通过选定不同单元，可以填充不同的表格行。

◆ 相同的顺序号组合可以代表不同单元形式的不同数据。所以，如果模型有单元形式的组合，注意选择同种形式的单元。

◆ 读入结果文件后，或改变数据后，Ansys 程序不会自动更新单元表。

◆ 用 Define Table 命令来选择单元上要定义的数据项，如压强、应力等，然后使用 Plot Elem Table 命令来显示该数据项的结果，也可以用 List Elem Table 命令对数据项进行列表。

Ansys 提供了如下单元表的运算操作，这些运算是对单元上的数据项进行操作。

◆ Sum of Each Item：列求和。对单元表中的某一列或几个列求和，并显示结果。

◆ Add Items：行相加。两个列中的对应行相加，可以指定加权因子及其相加常数。

◆ Multiply：行相乘。两个列中的对应行相乘，可以指定乘数因子。

◆ Find Maximum 和 Find Minimum：两个列中的对应行各乘以一个因子，然后比较并列出其最大或最小值。

◆ Exponentiate：对两个列先指数化后相乘。

◆ Cross Product：对两个列矢量取叉积。

◆ Dot Product：对两个列矢量取点积。

◆ Abs Value Option：设置操作单元表时，在加、减、乘和求极值操作之前，是否先对列取绝对值。

◆ Erase Table：删除整个单元表。

General Postproc → Path Operation 命令用于轨线操作。所谓轨线，就是模型上的一系列点，这些点上的某个结果项及其变化是用户关心的。轨线操作就是对轨线进行定义、修改和删除，并把关心的数据项（称为"轨线变量"）映射到轨线上来；然后就可以对轨线标量进行列表或图形显示了。这种显示通常是以到第一个点的距离为横坐标。

General Postproc → Fatigue 命令用于对结构进行疲劳计算。

General Postproc → Safety Factor 命令用于计算结构的安全系数，它把计算的应力结果转换为安全系数或安全裕度，然后进行图形或列表显示。

4. 解的定义和修改

General Postproc → Submodeling 命令用于对子模型数据进行修改和显示。

General Postproc → Nodal Results 命令用于定义和修改节点解。

General Postproc → Elem Results 命令用于定义和修改单元解。

General Postproc → Elem Tabl Data 命令用于定义或修改单元表格数据。

首先选取想修改的节点或单元，然后选取要修改的数据项，如应力、压强等，最后输入其值。对某些项（如应力项），如果存在 3 个方向的值，则可能需要输入 3 个方向的数据。即使不进行求解（Solution）运算，也可以定义或修改解结果，并像运算得到结果一样进行显示操作。

General Postproc → Reset 命令用于重置通用后处理器的默认设置。该函数将删除所有单元表、轨线、疲劳数据和载荷组指针，所以要小心使用该函数。

1.5.5 时间历程后处理器

TimeHist Postpro（时间历程后处理器）可以用来观察某点结果随时间或频率的变化，如图 1-34 所示，包含图形显示、列表、微积分操作、响应频谱等功能。一个典型的应用是在瞬态分析中绘制结果项与时间的关系，或者在非线性结构中绘制力与变形的关系。在 Ansys 中，该处理器为 POST26。

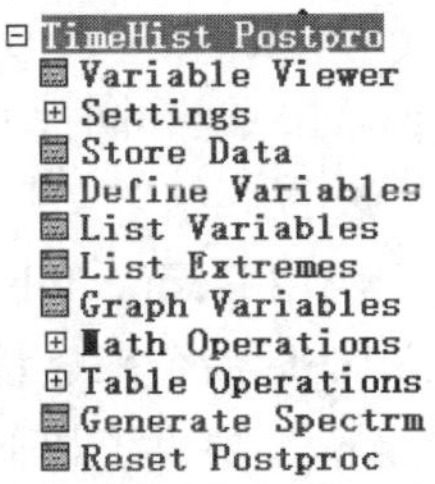

所有的 POST26 操作都是基于变量的，此时变量代表了与时间（或频率）相对应的结果项数据。每个变量都被赋予一个参考号，该参考号大于等于 2，参考号 1 赋给了时间（或频率）。显示、列表或数学运算都是通过变量参考号进行的。

图 1-34 TimeHist Postpro

TimeHist Postpro → Settings 命令用于设置文件和读取的数据范围。默认情况下，最多可以定义 10 个变量，但可以通过 Settings → Files 命令来设置多达 200 个变量。默认情况下，POST26 使用 POST1 中的结果文件，但可以使用 Settings → Files 命令来指定新的时间历程处理结果文件。

Settings → Data 命令用于设置读取的数据范围及其增量。默认情况下，读取所有数据。

TimeHist Postpro → Store Data 命令用于存储变量。定义变量时，就建立了指向结果文件中某个数据指针，但并不意味着已经把数据提取到了数据库中。存储变量则是把数据从结果文件复制到数据库中。有 3 种存储变量的方式。

◆ MERGE：添加新定义的变量到以前存储的变量中。也就是说，数据库中将增加更多列。

◆ NEW：替代以前存储的变量，删除以前计算的变量，存储新定义的变量。当改变了时间范围或其增量时，应当用此方式。因为以前存储的变量与当前的时间范围不一致了，即以前定义的变量与当前的时间点并不存在对应关系了，显然这些变量也就没有意义了。

◆ APPEND：追加数据到以前存储的变量。当要从两个文件中连接同一个变量时，这种方式是很有用的。当然，首先需要选择 Main Menu → TimeHist Postpro → Settings → Files 命令来设置结果文件名。

TimeHist Postpro → Define Variable 命令用来定义 POST26 变量，可以定义节点解数据、单元解数据和节点反作用力数据。

TimeHist Postpro → List Variables 命令用于列表方式显示变量值。

TimeHist Postpro → List Extremes 命令用于列出变量的极大值、极小值及对应的时间点。对复数而言，它只考虑其实部。

TimeHist Postpro → Graph Variables 命令用于以图形显示变量随时间/频率的变化。对复数而言，默认情况下显示负值，可以通过 TimeHist Postpro → Setting → Graph 命令进行修改，以显示实部、虚部或相位角。

TimeHist Postpro → Math Operations 命令用于对定义的变量进行数学运算。例如，在瞬态分析时定义了位移变量，将其对时间求导就得到速度变量，再次求导就得到加速度变量。其他一些数学运算，包括加、乘、除、绝对值、方根、指数、常用对数、自然对数、微分、积分、复数的变换和求最大值、最小值等。

TimeHist Postpro → Table Operations 命令用于变量和数组及数组之间的赋值。首先设置一个矢量数组，然后把它的值赋给变量，也可以把 POST26 变量值赋给该矢量值数组，还可以直接对变量赋值（Table Operations → Fill Data），此时可以对变量的元素逐个赋值。如果要赋的值是线性变化的，则可以设置其初始值及变化增量。

TimeHist Postpro → Generate Spectrm 命令允许在给定的位移时间历程中生成位移、速度、加速度反应谱，频谱分析中的反应谱可用于计算整个结构的响应。该操作通常用于单自由度系统的瞬态分析，它需要两个变量，一个是含有反应谱的频率值，另一个是含有位移的时间历程。频率值不仅代表反应谱曲线的横坐标，也代表用于产生反应谱的单自由度激励的频率。

TimeHist Postpro → Reset PostProc 命令用于重置后处理器，这将删除所有定义的变量及设置的选项。

退出 POST26 时，将删除其中的变量、设置选项和操作结果。由于这些不是数据库的内容，故不能保存。然而，这些命令保存在 LOG 文件中。所以，当退出 POST26 再重新进入时，要重新定义变量。

1.5.6 进程编辑器

Session Editor（进程编辑器）记录了在保存或恢复操作之后的所有命令。单击该命令，将打开一个对话框，在其中可以查看操作或编辑命令，如图 1-35 所示。

对话框上方的选项具有如下功能：

◆ OK：输入显示在窗口中的操作序列，此选项用于输入修改后的命令。

◆ Save：将显示在窗口中的命令保存为分开的文件。其文件名为jobname？？？.cmds，其中序号依次递增。可以用 /INPUT 命令输入已经存盘的文件。

◆ Cancel：放弃当前对话框的内容，回到 Ansys 主界面中。

◆ Help：显示帮助。

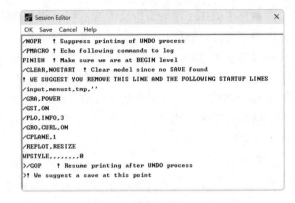

图 1-35 "Session Editor" 对话框

1.6 输出窗口

输出窗口（Output Window）接受所有来自程序的文本输出：命令响应、注解、警告、错误，以及其他信息。初始时，该窗口可能位于其他窗口之下。

输出窗口的信息能够指导用户进行正确操作。典型的输出窗口如图 1-36 所示。

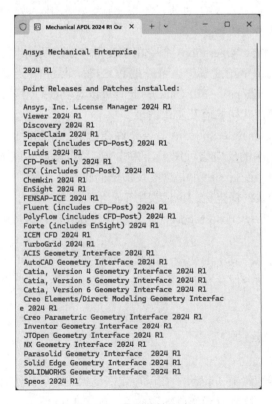

图 1-36 典型的输出窗口

1.7 工具条

工具条（Toolbar）中包含需要经常使用的命令或函数。工具条上的每个按钮对应一个命令、菜单函数或宏。可以通过定义缩写来添加按钮。Ansys 提供的默认工具条如图 1-37 所示。

图 1-37 默认工具条

要添加按钮到工具条，只需要创建缩略词到工具条，一个缩略词是一个 Ansys 命令或 GUI 函数的别名。有两个途径可以打开创建缩略词对话框。

◆ 选择 Utility Menu：MenuCtrls → Edit Toolbar 命令。
◆ 选择 Utility Menu：Macro → Edit Abbreviations 命令。

工具条上能够立即反映出在该对话框中所做的修改。

在输入窗口中输入"*ABBR"也可以创建缩略词，但使用该方法时，需要选择 Utility Menu：MenuCtrls → Update Toolbar 命令更新工具条。

缩略词在工具条上的放置顺序由缩略词的定义顺序决定，不能在 GUI 中修改，但可以把缩略词集保存为一个文件，编辑这个文件，就可以改变其次序。其菜单路径为 Utility Menu：MenuCtrls → Save Toolbar 或 Utility Menu：Macro → Save Abbr。

由于有的命令或菜单函数对应不同的处理器，所以在一个处理器下单击其他处理器的缩略词按钮时，会打开"无法识别的命令"警告。

1.8 图形窗口

图形窗口（Graphics Window）是图形用户界面操作的主窗口，用于显示绘制的图形，包括实体模型、有限元网格和分析结果，它也是图形选取的场所。

Ansys 能够利用图形和图片描述模型的细节，这些图形可以在显示器上查看、存入文件，或者打印输出。

Ansys 提供了两种图形模式，即交互式图形和外部图形。前者指能够直接在屏幕终端查看的图形，后者指输出到文件中的图形，可以控制一个图形或图片是输出到屏幕还是输出到文件。通常，在批处理命令中，是将图形输出到文件。

本节主要介绍图形窗口，并简单介绍如何把图形输出到外部文件。

可以改变图形窗口的大小，但保持其宽高比为 4∶3，这样在视觉上会显得好一些。

图形窗口的标题显示刚完成的命令。当打开多个图形窗口时，这一点很有用。

在 PREP7 模块中，标题中还将显示如下信息：

◆ 当前有限元类型（type）属性指示。
◆ 当前材料（mat）属性指示。
◆ 当前实常数（real）设置属性指示。
◆ 当前坐标系（csys）参考号。

1.8.1 图形显示

通常,显示一个图形需要两个步骤:

1)选择 Utility Menu:PlotCtrls 命令设置图形控制选项。

2)选择 Utility Menu:Plot 命令绘图。可以绘制的图形有很多,包括几何显示,如节点、关键点、线和面等;结果显示,如变形图、等值线图和结果动画等;曲线图显示,如应力应变曲线、时间历程曲线和轨线图等。

在显示之前,或者在绘图建模之前,有必要理解图形的显示模式。在图形窗口中,有两种显示模式,即直接模式和 XOR 模式。只能在预处理器中才能切换这两种模式,在其他处理器中,直接模式是无效的。图 1-38 所示为用于计算无限长圆柱体的模型,可以通过纹理等控制来使模型更真实美观。

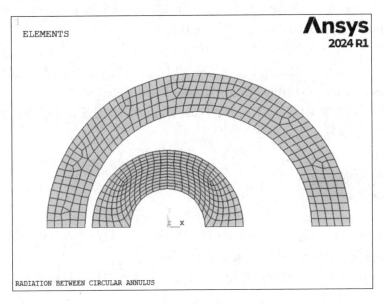

图 1-38 用于计算无限长圆柱体的模型

1. 直接模式

GUI 在默认情况下,一旦创建了新图元,模型会立即显示到图形窗口中,这就称为直接模式。然而,如果在图形窗口中有菜单或对话框的话,移动菜单或对话框将把图形上的显示破坏掉,而且改变了图形窗口大小。例如,将图形窗口缩小为图标,然后再恢复时,直接模式显示的图形将不会显示,除非进行其他绘图操作,如用 /REPLOT 命令重新绘制。

直接模式自动对用户的图形绘制和修改命令进行显示。需要注意的是,它只是一个临时性显示,所以:

1)当图形窗口被其他窗口覆盖,或者图形最小化之后,图形将被破坏。

2)窗口的缩放依赖于最近的绘图命令,如果新的实体位于窗口之外,将不能完全显示新的实体。为了显示完整的新的实体,需要一个绘图指令。

3）数字或者符号（如关键点的序号或者边界符号）以直接模式绘制，所以它们符合上述两条规则，除非在 PlotCtrls 中明确指出要打开这些数字或符号。

4）当定义了一个模型但又不需要立即显示时，可以用下面的操作关闭直接显示模式。

- 选择 Utility Menu：PlotCtrls → Erase Options → Immediate Disply 命令。
- 在输入窗口中输入"IMMED"命令。

5）当不用 GUI 而交互运行 Ansys 时，默认情况下，直接模式是关闭的。

2. XOR 模式

该模式用来在不改变当前已存在的显示的情况下，迅速绘制或擦除图形，也用来显示工作平面。

使用 XOR 模式的好处是它产生一个即时显示，该显示不会影响窗口中的已有图形；缺点是当在同一个位置两次创建图形时，它将擦除原来的显示。例如，当在已有面上再画一个面时，即使用 /Replot 命令重画图形，也不能得到该面的显示。但是，在直接模式下，当打开了面号（Utility Menu：PlotCtrls → Numbering）时，可以立刻看到新绘制的图形。

3. 矢量模式和光栅模式

矢量模式和光栅模式对图形显示有较大影响。矢量模式只显示图形的线框，光栅模式则显示图形实体；矢量模式用于透视，光栅模式用于立体显示。一般情况下都采用光栅模式，但在图形查询选取等情况下，用矢量模式是很方便的。

选择 Utility Menu：PlotCtrls → Device Options 命令，然后选择 vector mode 复选框，使其变为 On 或 Off，可以在矢量模式和光栅模式间切换。

1.8.2 多窗口绘图

Ansys 提供了多窗口绘图，使建模时能够从各个角度观察图形，在后处理时能够方便地比较结果。进行多窗口操作的步骤如下：

1）定义窗口布局。
2）选择想要在窗口中显示的内容。
3）如果要显示单元和图形，选择用于绘图的单元和图形显示类型。
4）执行多窗口绘图操作，显示图形。

1. 定义窗口布局

所谓窗口布局，即窗口外观，包括窗口的数目、每个窗口的位置及大小。

Utility Menu：PlotCtrls → Multiwindow Layout 命令用于定义窗口布局，对应的命令是 /WINDOW。

在打开的对话框中，包括如下一些窗口布局设置。

- One Window：单窗口。
- Two（Left-Right）：两个窗口，左右排列。
- Two（Top-Bottom）：两个窗口，上下排列。
- Three（2Top/Bot）：三个窗口，两个上面，一个下面。

- Three（Top/2Bot）：三个窗口，两个下面，一个上面。
- Four（2Top/2Bot）：四个窗口，两个上面，两个下面。

在该对话框中，Display upon OK/Apply 选项的设置比较重要。其下拉列表框中有如下一些选项：

- No Redisplay：单击 OK 按钮或 Apply 按钮后，并不更新图形窗口。
- Replot：重新绘制所有图形窗口的图形。
- Multi-Plots：多重绘图，实现窗口之间的不同绘图模式时，通常使用该选项。例如，在一个窗口内绘制矢量图，在另一个窗口内绘制等值线图。还可以选择 Utility Menu：PlotCtrls → Windows Controls → Window Layout 命令定义窗口布局，打开的对话框如图 1-39 所示。

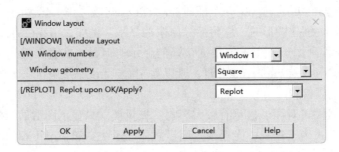

图 1-39 "Window Layout" 对话框

首先选择想要设置的窗口号 wn，然后设置其位置和大小 Window geometry，对应的命令是 /WINDOW。这种设置将覆盖 Multiwindow Layout 设置。具体地说，如果定义了 3 个窗口，两个在上，一个在下，则在上的窗口为 1 和 2，在下的窗口为 3。如果用 /WINDOW 命令设置窗口 3 在右半部分，则它将覆盖窗口 2。

在该对话框中，如果在"Window geometry"下拉列表中选择"Picked"选项，则可以用鼠标选取窗口的位置和大小，也可以从输入窗口中输入其位置。在输入时，以整个图形窗口的中心作为原点。例如，对原始尺寸来说，设置（–1.0,1.67,1.1）表示原始窗口的全屏幕。Utility Menu：PlotCtrls → Style → Colors → Window Colors 命令用于设置每个窗口的背景色。

2. 设置显示类型

一旦完成了窗口布局设置，就要选择每个窗口要显示的类型。每个窗口可以显示模型图元、曲线图或其他图形。

Utility Menu：PlotCtrls → Multi-Plot Controls 命令用于设置每个窗口显示的内容。

在打开的对话框中，首先选择要设置的窗口号（Edit Window），但绘制曲线图时，不用设置该选项。因为程序默认的是绘制模型（实体模型和有限元模型）的所有项目，包括关键点、线、面、体、节点和单元。在单元选项中，可以设置当前的绘图是单元，还是 POST1 中的变形、节点解、单元解，或者单元表数据的等值线图、矢量图。

这些绘图设置与单个窗口的绘图设置相同。例如，绘制等值线图或矢量图打开的对话框与在通用后处理器中打开的对话框是一样的。

为了绘制曲线图，应当将 Display Type 设置为 Graph Plots，这样就可以绘制所有的曲线图，包括材料属性图、轨线图、线性应力和数组变量的列矢量图等。对应的命令为 /GCMD。

完成这些设置后，还可以对所有窗口进行通用设置，菜单路径为 Utility Menu：PlotCtrls → Style。图形的通用设置，也就是设置颜色、字体、样式等。

尽管多窗口绘图可以绘制不同类型的图形，但其最主要的用途是在三维建模过程中。在图形用户交互建模过程中，可以设置4个窗口，其中一个显示前视图（正视图），一个显示顶视图（俯视图），一个显示左视图，另一个则显示 Iso 立体视图。这样，就可以很方便地理解图形并建模。

3. 绘图显示

设置好窗口后，选择 Utility Menu：Plot → Multi-Plot 命令，就可以进行多窗口绘图显示了，对应的命令是 GPLOT。

以下是一个多窗口绘图的命令及显示结果（假设已经进行了计算），完整的命令序列（可以在命令窗口内逐行输入）为：

```
/POST1
SET,LAST                ! 读入数据到数据库
/WIND,1,LEFT            ! 创建两个窗口，左右排列
/WIND,2,RIGHT
/TRIAD,OFF              ! 关闭全局坐标显示
/PLOPTS,INFO,0          ! 关闭图例
/GTYPE,ALL,KEYP,0       ! 关闭关键点、线、面、体和节点的显示
/GTYPE,ALL,LINE,0
/GTYPE,ALL,AREA,0
/GTYPE,ALL,VOLU,0
/GTYPE,ALL,NODE,0
/GTYPE,ALL,ELEM,1       ! 在所有窗口中都使用单元显示
/GCMD,1,PLDI,2          ! 在窗口1中绘制变形图，2代表了绘制未变形边界
/GCMD,2,PLVE,U          ! 在窗口2中绘制位移矢量图
GPLOT                   ! 执行绘制命令
```

显示结果如图1-40所示。

4. 图形窗口的操作

定义了图形窗口，在完成绘图操作之前或之后，可以对窗口及其内容进行复制、删除、激活或关闭。

Utility Menu：PlotCtrls → Window Controls → Window On or Off 命令用于激活或关闭窗口，对应的命令是 /WINDOW,wn,ON 或 /WINDOW,wn,OFF，其中 wn 是窗口号。

Utility Menu：PlotCtrls → Window Controls → Delete Window 命令用于删除窗口，对应的命令是 /WINDOW,wn,DELE。

Utility Menu：PlotCtrls → Window

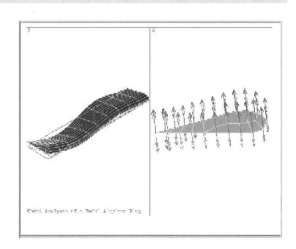

图1-40　多窗口绘图显示结果

Controls→Copy Windows 命令用于把一个窗口的显示设置复制到另一个窗口中。

Utility Menu：PlotCtrls→Erase Options→Erase between Plots 命令是一个开关操作。如果不选中该选项，则在屏幕显示之间不会进行屏幕擦除，这使得新的显示在原有显示上重叠。有时，这种重叠是有意义的，但多数情况下，它只能使屏幕看起来很乱。其对应的命令是/NOERASET 和/ERASE。

5. 捕获图像

捕获图像能够得到一个图像快照，用户通过对该图像的存盘或恢复，可以比较不同视角、不同结果或其他有明显差异的图像。其菜单路径为 Utility Menu：PlotCtrls→Capture Image。

1.8.3　增强图形显示

Ansys 提供了两种图形显示方式。

◆ 全模式显示方式：菜单路径为 Toolbar→POWRGRPH。在打开的对话框中选择 OFF，对应的命令为 GRAPHICS,FULL。

◆ 增强图形显示方式：菜单路径为 Toolbar→POWRGRPH。在打开的对话框中选择 ON，对应的命令为 GRAPHICS,POWER。

默认情况下，除存在电路单元，所有其他分析都使用增强图形显示方式。通常情况下，能用增强图形显示时，尽量使用它，因为它的显示速度比全模式显示方式快很多。但是，有一些操作只支持增强图形显示方式，有一些绘图操作只支持全模式方式。除了显示速度快这个优点，增强图形显示方式还有很多优点：

◆ 对具有中节点的单元绘制二次表面。当设置多个显示小平面（Utility Menu：PlotCtrls→Style→Size and Shape）时，用该方法能够绘制各种曲率的图形，指定的小平面越多（1~4），绘制的单元表面就越光滑。

◆ 对材料类型和实常数不连续的单元，它能够显示不连续结果。

◆ 壳单元的结果可同时在顶层和底层显示。

◆ 可用 QUERY 命令在图形用户界面方式下查询结果。

使用增强图形显示方式的缺点如下：

◆ 不支持电路单元。

◆ 当被绘制的结果数据不能被增强图形显示方式支持时，结果将用全模式绘制出来。

◆ 在绘制结果数据时，它只支持结果坐标系下的结果，而不支持基于单元坐标系的绘制。

◆ 当结果数据要求平均时，增强图形显示方式只用于绘制或列表模型的外表面，而全模式显示方式则对整个外表面和内表面的结果都进行平均。

◆ 使用增强图形显示方式时，图形显示的最大值可能和列表输出的最大值不同，因为图形显示非连续处不进行结果平均，而列表输出则在非连续处进行了结果平均。

POWERGRAPHIC 还有其他一些使用上的限制，它不能支持如下命令：/CTYPE、DSYS、/EDGE、/ESHAPE、*GET、/PNUM、/PSYMB、RSYS、SHELL 和*VGET。另外，有些命令不管增强图形显示方式是否打开，都使用全模式显示方式显示，如/PBF、PRETAB、PRSECT 等。

第 2 章 建立实体模型

本章导读

　　有限元分析的最终目的是还原一个实际工程系统的数学行为特征,换句话说,分析必须是针对一个物理原型的准确的数学模型。由节点和单元构成的有限元模型与结构系统的几何外形是基本一致的,广义上讲,模型包括所有的节点、单元、材料属性、实常数、边界条件,以及用来表现这个物理系统的特征,所有这些特征都反映在有限元网格及其设定上面。

　　本章介绍建立有限元模型的两种方法,输入法和创建法。其中,创建法可以自顶向下,也可自底向上。

学习要点

◆ 自顶向下建模
◆ 自底向上建模
◆ 工作平面的使用
◆ 移动、复制和缩放几何模型

2.1 坐标系简介

Ansys 有多种坐标系供选择：
1）总体坐标系和局部坐标系：用于定位几何形状参数（节点、关键点等）和空间位置。
2）显示坐标系：用于几何形状参数的列表和显示。
3）节点坐标系：用于定义每个节点的自由度和节点结果数据的方向。
4）单元坐标系：用于确定材料特性主轴和单元结果数据的方向。
5）结果坐标系：用于列表、显示或在通用后处理操作中将节点和单元结果转换到一个特定的坐标系中。

2.1.1 总体坐标系和局部坐标系

总体坐标系和局部坐标系用来定位几何体。默认地，当定义一个节点或关键点时，其坐标系为总体笛卡儿坐标系。对有些模型，定义为不是总体笛卡儿坐标系的另外坐标系可能更方便。Ansys 程序允许用任意预定义的 3 种（总体）坐标系的任意一种来输入几何数据，或者在任何其他定义的（局部）坐标系中进行此项工作。

1. 总体坐标系

总体坐标系被认为是一个绝对的参考系。Ansys 程序提供了 3 种总体坐标系，即笛卡儿坐标系、柱坐标系和球坐标系，这 3 种坐标系都是右手系，而且具有共同的原点。

图 2-1a 所示为笛卡儿坐标系；图 2-1b 所示为一类圆柱坐标系（其 Z 轴同笛卡儿坐标系的 Z 轴一致），坐标系统标号是 1；图 2-1c 所示为球坐标系，坐标系统标号是 2；图 2-1d 所示为二类圆柱坐标系（Z 轴与笛卡儿坐标系的 Y 轴一致），坐标系统标号是 3。

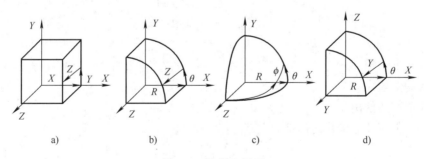

图 2-1　总体坐标系

2. 局部坐标系

在许多情况下，必须要建立自己的坐标系。其原点与总体坐标系的原点偏移一定距离，或者其方位不同于先前定义的总体坐标系，图 2-2 所示为一个局部坐标系的示例，它是通过用于局部、节点或工作平面坐标系旋转的欧拉旋转角来定义的。可以按以下方式定义局部坐标系：

1）按总体笛卡儿坐标定义局部坐标系：

命令：LOCAL。
GUI：Utility Menu → WorkPlane → Local Coordinate Systems → Create Local CS → At Specified Loc +。

2）通过已有节点定义局部坐标系：

命令：CS
GUI：Utility Menu → WorkPlane → Local Coordinate Systems → Create Local CS → By 3 Nodes +。

3）通过已有关键点定义局部坐标系：

命令：CSKP。
GUI：Utility Menu → WorkPlane → Local Coordinate Systems → Create Local CS → By 3 Keypoints +。

4）以当前定义的工作平面的原点为中心定义局部坐标系：

命令：CSWPLA。
GUI：Utility Menu → WorkPlane → Local Coordinate Systems → Create Local CS → At WP Origin。

图 2-1 中 X,Y,Z 表示总体坐标系，然后通过旋转该总体坐标系来建立局部坐标系。图 2-2a 所示为将总体坐标系绕 Z 轴旋转一个角度得到 $X_1,Y_1,Z(Z_1)$；图 2-2b 所示为将 $X_1,Y_1,Z(Z_1)$ 绕 X_1 轴旋转一个角度得到 $X_1(X_2),Y_2,Z_2$。

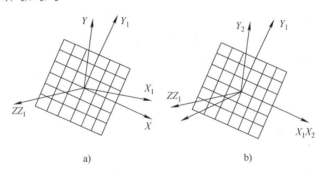

图 2-2 一个局部坐标系的示例

当定义了一个局部坐标系后，它就会被激活。当创建了局部坐标系后，分配给它一个坐标系号（必须是 11 或更大），可以在 Ansys 程序中的任何阶段建立或删除局部坐标系。若要删除一个局部坐标系，可以利用下面方法：

命令：CSDELE。
GUI：Utility Menu → WorkPlane → Local Coordinate Systems → Delete Local CS。

若要查看所有的总体坐标系和局部坐标系，可以使用下面的方法：

命令：CSLIST。
GUI：Utility Menu → List → Other → Local Coord Sys。

与 3 个预定义的总体坐标系类似，局部坐标系可以是笛卡儿坐标系、柱坐标系或球坐标系。局部坐标系可以是圆的，也可以是椭圆的。另外，还可以建立环形局部坐标系，如图 2-3 所示。

图 2-3a 所示为局部笛卡儿坐标系；图 2-3b 所示为局部圆柱坐标系；图 2-3c 所示为局部球坐标系；图 2-3d 所示为局部环坐标系。

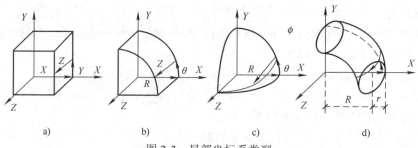

图 2-3 局部坐标系类型

3. 坐标系的激活

可以定义多个坐标系,但某一时刻只能有一个坐标系被激活。激活坐标系的方法如下:首先自动激活总体笛卡儿坐标系,当定义一个新的局部坐标系时,这个新的坐标系就会自动被激活。如果要激活一个与总体坐标系或以前定义的坐标系,可用下列方法:

命令:CSYS。
GUI:Utility Menu → WorkPlane → Change Active CS to → Global Cartesian。
Utility Menu → WorkPlane → Change Active CS to → Global Cylindrical。
Utility Menu → WorkPlane → Change Active CS to → Global Spherical。
Utility Menu → WorkPlane → Change Active CS to → Specified Coord Sys。
Utility Menu → WorkPlane → Change Active CS to → Working Plane。

在 Ansys 程序运行的任何阶段都可以激活某个坐标系,若没有明确地改变激活的坐标系,当前激活的坐标系将一直保持不变。

在定义节点或关键点时,不管哪个坐标系是激活的,程序都将坐标标为 X、Y 和 Z,如果激活的不是笛卡儿坐标系,应将 X、Y 和 Z 理解为柱坐标中的 R、θ、Z 或球坐标系中的 R、θ、ϕ。

2.1.2 显示坐标系

在默认情况下,即使是在坐标系中定义的节点和关键点,其列表都显示它们在总体笛卡儿坐标系中的坐标,可以用下列方法改变显示坐标系:

命令:DSYS。
GUI:Utility Menu → WorkPlane → Change Display CS to → Global Cartesian。
Utility Menu → WorkPlane → Change Display CS to → Global Cylindrical。
Utility Menu → WorkPlane → Change Display CS to → Global Spherical。
Utility Menu → WorkPlane → Change Display CS to → Specified Coord Sys。

改变显示坐标系也会影响图形显示。除非有特殊的需要,一般在用 NPLOT、EPLOT 命令显示图形时,应将显示坐标系重置为总体笛卡儿坐标系。DSYS 命令对 LPLOT、APLOT 和 VPLOT 命令无影响。

2.1.3 节点坐标系

总体坐标系和局部坐标系用于几何体的定位,而节点坐标系则用于定义节点自由度的方

建立实体模型

向。每个节点都有自己的节点坐标系,默认情况下,它总是平行于总体笛卡儿坐标系(与定义节点的激活坐标系无关)。可用下列方法将任意节点坐标系旋转到所需方向,如图2-4所示。

1)将节点坐标系旋转到激活坐标系的方向,即节点坐标系的 X 轴转成平行于激活坐标系的 X 轴或 R 轴,节点坐标系的 Y 轴旋转到平行于激活坐标系的 Y 或 θ 轴,节点坐标系的 Z 轴转成平行于激活坐标系的 Z 或 ϕ 轴。

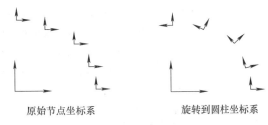

原始节点坐标系　　　　旋转到圆柱坐标系

图 2-4 节点坐标系的旋转

命令:NROTAT。
GUI:Main Menu → Preprocessor → Modeling → Create → Nodes → Rotate Node CS → To Active CS。
Main Menu → Preprocessor → Modeling → Move/Modify → Rotate Node CS → To Active CS。

2)按给定的旋转角旋转节点坐标系(因为通常不易得到旋转角,因此 NROTAT 命令可能更有用),在生成节点时可以定义旋转角,或者对已有节点制定旋转角(NMODIF 命令)。

命令:N。
GUI:Main Menu → Preprocessor → Modeling → Create → Nodes → In Active CS。
命令:NMODIF。
GUI:Main Menu → Preprocessor → Modeling → Create → Nodes → Rotate Node CS → By Angles。
Main Menu → Preprocessor → Modeling → Move/Modify → Rotate Node CS → By Angles。

可以用下列方法列出节点坐标系相对于总体笛卡儿坐标系旋转的角度:

命令:NANG。
GUI:Main Menu → Preprocessor → Modeling → Create → Nodes → Rotate Node CS → By Vectors。
Main Menu → Preprocessor → Modeling → Move/Modify → Rotate Node CS → By Vectors。
命令:NLIST。
GUI:Utility Menu → List → Nodes。
Main Menu → General postproc → List Results → Sorted Listing → Sort Nodes。

2.1.4 单元坐标系

每个单元都有自己的坐标系,单元坐标系用于规定正交材料特性的方向,施加压力和显示结果(如应力应变)的输出方向。所有的单元坐标系都是正交右手系。

大多数单元坐标系的默认方向遵循以下规则:

1)线单元的 X 轴通常从该单元的节点 I 指向节点 J。

2)壳单元的 X 轴通常也取节点 I 到节点 J 的方向,Z 轴过节点 I 且与壳面垂直,其正方向由单元的节点 I、J 和 K 按右手法则确定,Y 轴垂直于 X 轴和 Z 轴。

3)对二维和三维实体单元,单元坐标系总是平行于总体笛卡儿坐标系。

并非所有的单元坐标系都符合上述规则,对于特定单元坐标系的默认方向,可参考 Ansys 帮助文档单元说明部分。许多单元类型都有选项(KEYOPTS,在 DT 或 KETOPT 命令中输入),这些选项用于修改单元坐标系的默认方向。对面单元和体单元而言,可用下列命令将单元坐标的方向调整到已定义的局部坐标系上:

命令：ESYS。
GUI：Main Menu → Preprocessor → Meshing → Mesh Attributes → Default Attribs。
Main Menu → Preprocessor → Modeling → Create → Elements → Elem Attributes。

如果既用了 KEYOPT 命令又用了 ESYS 命令，则 KEYOPT 命令的定义有效。对某些单元而言，通过输入角度可相对先前的方向做进一步旋转，如 SHELL63 单元中的实常数 THETA。

2.1.5 结果坐标系

在求解过程中，计算的结果数据有位移（UX、UY、ROTS 等）、梯度（TGX、TGY 等）、应力（SX、SY、SZ 等）、应变（EPPLX、EPPLXY 等）等，这些数据存储在数据库和结果文件中，要么是在节点坐标系（初始或节点数据），要么是在单元坐标系（导出或单元数据）。但是，结果数据通常是旋转到激活的坐标系（默认为总体坐标系）中来进行云图显示、列表显示和单元数据存储（ETABLE 命令）等操作。

可以将活动的结果坐标系转到另一个坐标系（如总体坐标系或一个局部坐标系），或者转到在求解时所用的坐标系（如节点和单元坐标系）下。如果列表、显示或操作这些结果数据，则它们将首先被旋转到结果坐标系下。利用下列方法可改变结果坐标系：

命令：RSYS。
GUI：Main Menu → General Postproc → Options for Outp。
Utility Menu → List → Results → Options。

2.2 自顶向下建模（体素）

几何体素是用单个 Ansys 命令创建的常用实体模型（如球、正棱柱等）。因为体素是高级图元，不用先定义任何关键点而形成，所以称利用体素进行建模的方法为自顶向下建模。当生成一个体素时，Ansys 程序会自动生成所有属于该体素的必要的低级图元。

2.2.1 创建面体素

创建面体素的命令及 GUI 菜单路径见表 2-1。

表 2-1 创建面体素的命令及 GUI 菜单路径

用法	命令	GUI 菜单路径
在工作平面上创建矩形面	RECTNG	Main Menu → Preprocessor → Modeling → Create → Areas → Rectangle → By Dimensions
通过角点生成矩形面	BLC4	Main Menu → Preprocessor → Modeling → Create → Areas → Rectangle → By 2 Corners
通过中心和角点生成矩形面	BLC5	Main Menu → Preprocessor → Modeling → Create → Areas → Rectangle → By Centre & Corners

（续）

用法	命令	GUI 菜单路径
在工作平面上生成以其原点为圆心的环形面	PCIRC	Main Menu → Preprocessor → Modeling → Create → Areas → Circle → By Dimensions
在工作平面上生成环形面	CYL4	Main Menu→Preprocessor→Modeling→Create→Areas→Circle→Annulus 或→ Partial Annulus 或→ Solid Circle
通过端点生成环形面	CYL5	Main Menu→Preprocessor→Modeling→Create Areas→→Circle→By End Points
以工作平面原点为中心创建正多边形	RPOLY	Main Menu → Preprocessor → Modeling → Create → Areas → Polygon → By Circumscr Rad 或→ By Inscribed Rad 或→ By Side Length
在工作平面的任意位置创建正多边形	RPR4	Main Menu→Preprocessor→Modeling→Create→Areas→Polygon→Hexagon 或→ Octagon 或→ Pentagon 或→ Septagon 或→ Square 或→ Triangle
基于工作平面坐标对生成任意多边形	POLY	该命令没有相应 GUI 菜单路径

2.2.2 创建实体体素

创建实体体素的命令及 GUI 菜单路径见表 2-2。

表 2-2 创建实体体素的命令及 GUI 菜单路径

用法	命令	GUI 菜单路径
在工作平面上创建长方体	BLOCK	Main Menu → Preprocessor → Modeling → Create → Volumes → Block → By Dimensions
通过角点生成长方体	BLC4	Main Menu → Preprocessor → Modeling → Create → Volumes → Block → By 2 Corners & Z
通过中心和角点生成长方体	BLC5	Main Menu → Preprocessor → Modeling → Create → Volumes → Block → By Centr,Cornr,Z
以工作平面原点为圆心生成圆柱体	CYLIND	Main Menu→Preprocessor→Modeling→Create→Volumes→Cylinder→By Dimensions
在工作平面的任意位置创建圆柱体	CYL4	Main Menu → Preprocessor → Modeling → Create → Volumes → Cylinder → Hollow Cylinder 或→ Partial Cylinder 或→ Solid Cylinder
通过端点创建圆柱体	CYL5	Main Menu→Preprocessor→Modeling→Create→Volumes→Cylinder→By End Pts & Z
以工作平面的原点为中心创建正棱柱体	RPRISM	Main Menu → Preprocessor → Modeling → Create → Volumes → Prism → By Circumscr Rad 或→ By Inscribed Rad 或→ By Side Length
在工作平面的任意位置创建正棱柱体	RPR4	Main Menu → Preprocessor → Modeling → Create → Volumes → Prism → Hexagonal 或 → Octagonal or → Pentagonal 或 → Septagonal 或 → Square or → Triangular
基于工作平面坐标对创建任意多棱柱体	PRISM	该命令没有相应 GUI 菜单路径
以工作平面原点为中心创建球体	SPHERE	Main Menu → Preprocessor → Modeling → Create → Volumes → Sphere → By Dimensions
在工作平面的任意位置创建球体	SPH4	Main Menu→Preprocessor→Modeling→Create→Volumes→Sphere→Hollow Sphere 或→ Solid Sphere

（续）

用法	命令	GUI 菜单路径
通过直径的端点生成球体	SPH5	Main Menu→Preprocessor→Modeling→Create→Volumes→Sphere→By End Points
以工作平面原点为中心生成圆锥体	CONE	Main Menu→Preprocessor→Modeling→Create→Volumes→Cone→By Dimensions
在工作平面的任意位置创建圆锥体	CON4	Main Menu→Preprocessor→Modeling→Create→Volumes→Cone→By Picking
生成环体	TORUS	Main Menu→Preprocessor→Modeling→Create→Volumes→Torus

图 2-5 所示为环形体素和环形扇区体素。

图 2-6 所示为空心圆球体素和圆台体素。

环形体素　　　　环形扇区体素　　　　　　空心圆球体素　　　　圆台体素

图 2-5　环形体素和环形扇区体素　　　　图 2-6　空心圆球体素和圆台体素

2.3　自底向上建模

无论是使用自底向上还是自顶向下的方法构造实体模型，均由关键点（keypoints）、线（lines）、面（areas）和体（volumes）组成，如图 2-7 所示。

顶点为关键点，边为线，表面为面，而整个物体内部为体。这些图元的底层次关系是，最高级的体图元以次高级的面图元为边界，面图元又以线图元为边界，线图元则以关键点图元为端点。

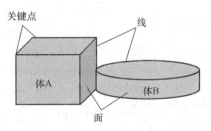

图 2-7　基本实体模型图元

2.3.1　关键点

用自底向上的方法构造模型时，首先需要定义最低级的图元——关键点。关键点是在当前激活的坐标系内定义的。不必总是按从低级到高级的办法定义所有的图元来生成高级图元，可以直接在它们的顶点由关键点来直接定义面和体。中间的图元需要时可自动生成。例如，定义一个长方体，可用 8 个角的关键点来定义，Ansys 程序会自动地生成该长方形中所有的面和线。

可以直接定义关键点，也可以从已有的关键点生成新的关键点。定义好关键点后，可以对它进行查看、选择和删除等操作。

1. 定义关键点

定义关键点的命令及 GUI 菜单路径见表 2-3。

表 2-3　定义关键点的命令及 GUI 菜单路径

用法	命令	GUI 菜单路径
在当前坐标系下	K	Main Menu → Preprocessor → Modeling → Create → Keypoints → In Active CS Main Menu → Preprocessor → Modeling → Create → Keypoints → On Working Plane
在线上的指定位置	KL	Main Menu → Preprocessor → Modeling → Create → Keypoints → On Line Main Menu → Preprocessor → Modeling → Create → Keypoints → On Line w/Ratio

2. 从已有的关键点生成关键点

从已有的关键点生成关键点的命令及 GUI 菜单路径见表 2-4。

表 2-4　从已有的关键点生成关键点的命令及 GUI 菜单路径

用法	命令	GUI 菜单路径
在两个关键点之间创建一个新的关键点	KBETW	Main Menu → Preprocessor → Modeling → Create → Keypoints → KP between KPs
在两个关键点之间填充多个关键点	KFILL	Main Menu → Preprocessor → Modeling → Create → Keypoints → Fill between KPs
在三点定义的圆弧中心定义关键点	KCENTER	Main Menu → Preprocessor → Modeling → Create → Keypoints → KP at Center
由一种模式的关键点生成另外的关键点	KGEN	Main Menu → Preprocessor → Modeling → Copy → Keypoints
从已给定模型的关键点生成一定比例的关键点	KSCALE	该命令没有菜单模式
通过映像产生关键点	KSYMM	Main Menu → Preprocessor → Modeling → Reflect → Keypoints
将一种模式的关键点转到另外一个坐标系中	KTRAN	Main Menu → Preprocessor → Modeling → Move/Modify → Transfer Coord → Keypoints
给未定义的关键点定义一个默认位置	SOURCE	该命令没有菜单模式
计算并移动一个关键点到一个交点上	KMOVE	Main Menu → Preprocessor → Modeling → Move/Modify → Keypoint → To Intersect
在已有节点处定义一个关键点	KNODE	Main Menu → Preprocessor → Modeling → Create → Keypoints → On Node
计算两关键点之间的距离	KDIST	Main Menu → Preprocessor → Modeling → Check Geom → KP distances
修改关键点的坐标系	KMODIF	MainMenu → Preprocessor → Modeling → Move/Modify → Keypoints → Set of KPs MainMenu → Preprocessor → Modeling → Move/Modify → Keypoints → Single KP
将一种模式的关键点转到另外一个坐标系中	KTRAN	Main Menu → Preprocessor → Modeling → Move/Modify → Transfer Coord → Keypoints

3. 查看、选择和删除关键点

查看、选择和删除关键点的命令及 GUI 菜单路径见表 2-5。

表 2-5　查看、选择和删除关键点的命令及 GUI 菜单路径

用法	命令	GUI 菜单路径
列表显示关键点	KLIST	Utility Menu → List → Keypoint → Coordinates +Attributes Utility Menu → List → Keypoint → Coordinates Only Utility Menu → List → Keypoint → Hard Points
选择关键点	KSEL	Utility Menu → Select → Entities
屏幕显示关键点	KPLOT	Utility Menu → Plot → Keypoints → Keypoints Utility Menu → Plot → Specified Entities → Keypoints
删除关键点	KDELE	Main Menu → Preprocessor → Modeling → Delete → Keypoints

2.3.2　硬点

硬点实际上是一种特殊的关键点，它表示网格必须通过的点。硬点不会改变模型的几何形状和拓扑结构，大多数关键点命令，如 FK、KLIST 和 KSEL 等都适用于硬点，而且它还有自己的命令集和 GUI 菜单路径。

如果发出更新图元几何形状的命令，如布尔操作或简化命令，任何与图元相连的硬点都将自动删除；不能用复制、移动或修改关键点的命令操作硬点；当使用硬点时，不支持映射网格划分。

1. 定义硬点

定义硬点的命令及 GUI 菜单路径见表 2-6。

表 2-6　定义硬点的命令及 GUI 菜单路径

用法	命令	GUI 菜单路径
在线上定义硬点	HPTCREATE LINE	Main Menu → Preprocessor → Modeling → Create → Keypoints → Hard PT on line → Hard PT by ratio Main Menu → Preprocessor → Modeling → Create → Keypoints → Hard PT on line → Hard PT by coordinates Main Menu → Preprocessor → Modeling → Create → Keypoints → Hard PT on line → Hard PT by picking
在面上定义硬点	HPTCREATE AREA	Main Menu → Preprocessor → Modeling → Create → Keypoints → Hard PT on area → Hard PT by coordinates Main Menu → Preprocessor → Modeling → Create → Keypoints → Hard PT on area → Hard PT by picking

2. 选择硬点

选择硬点的命令及 GUI 菜单路径见表 2-7。

3. 查看和删除硬点

查看和删除硬点的命令及 GUI 菜单路径见表 2-8。

建立实体模型

表 2-7 选择硬点的命令及 GUI 菜单路径

用法	命令	GUI 菜单路径
硬点	KSEL	Utility Menu → Select → Entities
附在线上的硬点	LSEL	Utility Menu → Select → Entities
附在面上的硬点	ASEL	Utility Menu → Select → Entities

表 2-8 查看和删除硬点的命令及 GUI 菜单路径

用法	命令	GUI 菜单路径
列表显示硬点	KLIST	Utility Menu → List → Keypoint → Hard Points
列表显示线及附属的硬点	LLIST	该命令没有相应 GUI 路径
列表显示面及附属的硬点	ALIST	该命令没有相应 GUI 菜单路径
屏幕显示硬点	KPLOT	Utility Menu → Plot → Keypoints → Hard Points
删除硬点	HPTDELETE	Main Menu → Preprocessor → Modeling → Delete → Hard Points

2.3.3 线

线主要用于表示实体的边。像关键点一样，线是在当前激活的坐标系内定义的。并不总是需要明确地定义所有的线，因为 Ansys 程序在定义面和体时，会自动生成相关的线。只有在生成线单元（如梁）或想通过线来定义面时，才需要专门定义线。

1. 定义线

定义线的命令及 GUI 菜单路径见表 2-9。

表 2-9 定义线的命令及 GUI 菜单路径

用法	命令	GUI 菜单路径
在指定的关键点之间创建直线（与坐标系有关）	L	Main Menu → Preprocessor → Modeling → Create → Lines → Lines → In Active Coord
通过 3 个关键点创建弧线（或者通过两个关键点和指定半径创建弧线）	LARC	Main Menu → Preprocessor → Modeling → Create → Lines → Arcs → By End KPs & Rad Main Menu → Preprocessor → Modeling → Create → Lines → Arcs → Through 3 KPs
创建多义线	BSPLIN	Main Menu → Preprocessor → Modeling → Create → Lines → Splines → Spline thru KPs Main Menu → Preprocessor → Modeling → Create → Lines → Splines → Spline thru Locs Main Menu → Preprocessor → Modeling → Create → Lines → Splines → With Options → Spline thru KPs Main Menu → Preprocessor → Modeling → Create → Lines → Splines → With Options → Spline thru Locs
创建圆弧线	CIRCLE	Main Menu → Preprocessor → Modeling → Create → Lines → Arcs → By Cent & Radius Main Menu → Preprocessor → Modeling → Create → Lines → Arcs → Full Circle

（续）

用法	命令	GUI 菜单路径
创建分段式多义线	SPLINE	Main Menu → Preprocessor → Modeling → Create → Lines → Splines → Segmented Spline Main Menu → Preprocessor → Modeling → Create → Lines → Splines → With Options → Segmented Spline
创建与另一条直线成一定角度的直线	LANG	Main Menu → Preprocessor → Modeling → Create → Lines → Lines → At angle to Line Main Menu → Preprocessor → Modeling → Create → Lines → Lines → Normal to Line
创建与另外两条直线成一定角度的直线	L2ANG	Main Menu → Preprocessor → Modeling → Create → Lines → Lines → Angle to 2 Lines Main Menu → Preprocessor → Modeling → Create → Lines → Lines → Norm to 2 Lines
创建一条与已有线共终点且相切的线	LTAN	Main Menu → Preprocessor → Modeling → Create → Lines → Lines → Tan to Lines
生成一条与两条线相切的线	L2TAN	Main Menu → Preprocessor → Modeling → Create → Lines → Lines → Tan to 2 Lines
生成一个面上两关键点之间最短的线	LAREA	Main Menu → Preprocessor → Modeling → Create → Lines → Lines → Overlaid on Area
通过一个关键点按一定路径延伸成线	LDRAG	Main Menu → Preprocessor → Modeling → Operate → Extrude → Keypoints → Along Lines
使一个关键点按一条轴旋转生成线	LROTAT	Main Menu → Preprocessor → Modeling → Operate → Extrude → Keypoints → About Axis
在两相交线之间生成倒角线	LFILLT	Main Menu → Preprocessor → Modeling → Create → Lines → Line Fillet
生成与激活坐标系无关的直线	LSTR	Main Menu → Preprocessor → Create → Lines , Lines → Straight Line

2. 从已有线生成新线

从已有的线生成新线的命令及 GUI 菜单路径见表 2-10。

表 2-10 从已有的线生成新线的命令及 GUI 菜单路径

用法	命令	GUI 菜单路径
通过已有线生成新线	LGEN	Main Menu → Preprocessor → Modeling → Copy → Lines Main Menu → Preprocessor → Modeling → Move/Modify → Lines
从已有线对称映像生成新线	LSYMM	Main Menu → Preprocessor → Modeling → Reflect → Lines
将已有线转到另一个坐标系	LTRAN	Main Menu → Preprocessor → Modeling → Move/Modify → Transfer Coord → Lines

3. 修改线

修改线的命令及 GUI 菜单路径见表 2-11。

4. 查看和删除线

查看和删除线的命令及 GUI 菜单路径见表 2-12。

表 2-11　修改线的命令及 GUI 菜单路径

用法	命令	GUI 菜单路径
将一条线分成更小的线段	LDIV	Main Menu → Preprocessor → Modeling → Operate → Booleans → Divide → Line into 2 Ln's Main Menu → Preprocessor → Modeling → Operate → Booleans → Divide → Line into N Ln's Main Menu → Preprocessor → Modeling → Operate → Booleans → Divide → Lines w/ Options
将一条线与另一条线合并	LCOMB	Main Menu → Preprocessor → Modeling → Operate → Booleans → Add → Lines
将线的一端延长	LEXTND	Main Menu → Preprocessor → Modeling → Operate → Extend Line

表 2-12　查看和删除线的命令及 GUI 菜单路径

用法	命令	GUI 菜单路径
列表显示线	LLIST	Utility Menu → List → Lines Utility Menu → List → Picked Entities → Lines
屏幕显示线	LPLOT	Utility Menu → Plot → Lines Utility Menu → Plot → Specified Entities → Lines
选择线	LSEL	Utility Menu → Select → Entities
删除线	LDELE	Main Menu → Preprocessor → Modeling → Delete → Line and Below Main Menu → Preprocessor → Modeling → Delete → Lines Only

2.3.4　面

平面可以表示二维实体（如平板和轴对称实体）。曲面和平面都可以表示三维的面，如壳、三维实体的面等。与线类似，只有用到面单元，或者由面生成体时，才需要专门定义面。生成面的命令将自动生成依附于该面的线和关键点，同样，面也可以在定义体时自动生成。

1. 定义面

定义面的命令及 GUI 菜单路径见表 2-13。

表 2-13　定义面的命令及 GUI 菜单路径

用法	命令	GUI 菜单路径
通过顶点定义一个面（即通过关键点）	A	Main Menu → Preprocessor → Modeling → Create → Areas → Arbitrary → Through KPs
通过其边界线定义一个面	AL	Main Menu → Preprocessor → Modeling → Create → Areas → Arbitrary → By Lines
沿一条路径拖动一条线生成面	ADRAG	Main Menu → Preprocessor → Modeling → Operate → Extrude → Lines → Along Lines
沿一轴线旋转一条线生成面	AROTAT	Main Menu → Preprocessor → Modeling → Operate → Extrude → Lines → About Axis

（续）

用法	命令	GUI 菜单路径
在两面之间生成倒角面	AFILLT	Main Menu → Preprocessor → Modeling → Create → Areas → Area Fillet
通过引导线生成光滑曲面	ASKIN	Main Menu → Preprocessor → Modeling → Create → Areas → Arbitrary → By Skinning
通过偏移一个面生成新的面	AOFFST	Main Menu → Preprocessor → Modeling → Create → Areas → Arbitrary → By Offset

2. 通过已有面生成新的面

通过已有面生成新的面的命令及 GUI 菜单路径见表 2-14。

表 2-14 通过已有面生成新的面的命令及 GUI 菜单路径

用法	命令	GUI 菜单路径
通过已有面生成另外的面	AGEN	Main Menu → Preprocessor → Modeling → Copy → Areas Main Menu → Preprocessor → Modeling → Move/Modify → Areas → Areas
通过对称映像生成面	ARSYM	Main Menu → Preprocessor → Modeling → Reflect → Areas
将面转到另外的坐标系下	ATRAN	Main Menu → Preprocessor → Modeling → Move/Modify → Transfer Coord → Areas
复制一个面的部分	ASUB	Main Menu → Preprocessor → Modeling → Create → Areas → Arbitrary → Overlaid on Area

3. 查看、选择和删除面

查看、选择和删除面的命令及 GUI 菜单路径见表 2-15。

表 2-15 查看、选择和删除面的命令及 GUI 菜单路径

用法	命令	GUI 菜单路径
列表显示面	ALIST	Utility Menu → List → Areas Utility Menu → List → Picked Entities → Areas
屏幕显示面	APLOT	Utility Menu → Plot → Areas Utility Menu → Plot → Specified Entities → Areas
选择面	ASEL	Utility Menu → Select → Entities
删除面	ADELE	Main Menu → Preprocessor → Modeling → Delete → Area and Below Main Menu → Preprocessor → Modeling → Delete → Areas Only

2.3.5 体

体用于描述三维实体，仅当需要用体单元时才必须建立体，生成体的命令将自动生成低级的图元。

1. 定义体

定义体的命令及 GUI 菜单路径见表 2-16。

其中，VOFFST 和 VEXT 操作如图 2-8 所示。

建立实体模型

表 2-16 定义体的命令及 GUI 菜单路径

用法	命令	GUI 菜单路径
通过顶点定义体（即通过关键点）	V	Main Menu→Preprocessor→Modeling→Create→Volumes→Arbitrary→Through KPs
通过边界定义体（即用一系列的面来定义）	VA	Main Menu→Preprocessor→Modeling→Create→Volumes→Arbitrary→By Areas
将面沿某个路径拖拉生成体	VDRAG	Main Menu → Preprocessor → Operate → Extrude → Areas → Along Lines
将面沿某根轴旋转生成体	VROTAT	Main Menu→Preprocessor→Modeling→Operate→Extrude→Areas→About Axis
将面沿其法向偏移生成体	VOFFST	Main Menu→Preprocessor→Modeling→Operate→Extrude→Areas→Along Normal
在当前坐标系下对面进行拖拉和缩放生成体	VEXT	Main Menu→Preprocessor→Modeling→Operate→Extrude→Areas→By XYZ Offset

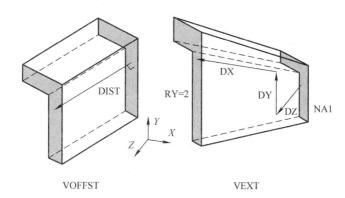

图 2-8 VOFFST 和 VEXT 操作

2. 通过已有的体生成新的体

通过已有的体生成新的体的命令及 GUI 菜单路径见表 2-17。

表 2-17 通过已有的体生成新的体的命令及 GUI 菜单路径

用法	命令	GUI 菜单路径
由一种模式的体生成另外的体	VGEN	Main Menu → Preprocessor → Modeling → Copy → Volumes Main Menu → Preprocessor → Modeling → Move/Modify → Volumes
通过对称映像生成体	VSYMM	Main Menu → Preprocessor → Modeling → Reflect → Volumes
将体转到另外的坐标系	VTRAN	Main Menu → Preprocessor → Modeling → Move/Modify → Transfer Coord → Volumes

3. 查看、选择和删除体

查看、选择和删除体的命令及 GUI 菜单路径见表 2-18。

表 2-18 查看、选择和删除体的命令及 GUI 菜单路径

用法	命令	GUI 菜单路径
列表显示体	VLIST	Utility Menu → List → Picked Entities → Volumes Utility Menu → List → Volumes
屏幕显示体	VPLOT	Utility Menu → Plot → Specified Entities → Volumes Utility Menu → Plot → Volumes
选择体	VSEL	Utility Menu → Select → Entities
删除体	VDELE	Main Menu → Preprocessor → Modeling → Delete → Volume and Below Main Menu → Preprocessor → Modeling → Delete → Volumes Only

2.4 工作平面的使用

尽管光标在屏幕上只表现为一个点，但它实际上代表的是空间中垂直于屏幕的一条线。为了能用光标拾取一个点，首先必须定义一个假想的平面，当该平面与光标所代表的垂线相交时，能唯一地确定空间中的一个点，这个假想的平面就是工作平面。从另一种角度想象光标与工作平面的关系，可以描述为光标就像一个点在工作平面上来回游荡，工作平面因此就如同在上面写字的平板一样，工作平面可以不平行于显示屏，如图 2-9 所示。

工作平面是一个无限平面，有原点、二维坐标系、捕捉增量和显示栅格。在同一时刻只能定义一个工作平面（当定义一个新的工作平面时就会删除已有的工作平面）。工作平面是与坐标系独立使用的。例如，工作平面与激活的坐标系可以有不同的原点和旋转方向。

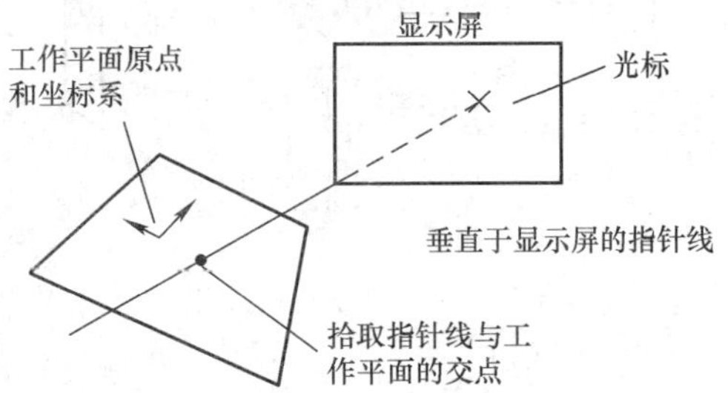

进入 Ansys 程序时，有一个默认的工作平面，即总体笛卡儿坐标系的 X-Y 平面。工作平面的 X、Y 轴分别取为总体笛卡儿坐标系的 X 轴和 Y 轴。

图 2-9 显示屏、光标、工作平面及拾取点之间的关系

2.4.1 定义一个新的工作平面

可以用下列方法定义一个新的工作平面。

1）由三点定义一个工作平面：

命令：WPLANE。
GUI：Utility Menu → WorkPlane → Align WP with → XYZ Locations。

2）由三个节点定义一个工作平面：

命令：NWPLAN。
GUI：Utility Menu → WorkPlane → Align WP with → Nodes。

3）由三个关键点定义一个工作平面：

命令：KWPLAN。
GUI：Utility Menu → WorkPlane → Align WP with → Keypoints。

4）通过一指定线上的点并垂直于该直线的平面定义工作平面：

命令：LWPLAN。
GUI：Utility Menu → WorkPlane → Align WP with → Plane Normal to Line。

5）通过现有坐标系的 X-Y（或 R-θ）平面定义工作平面：

命令：WPCSYS。
GUI：Utility Menu → WorkPlane → Align WP with → Active Coord Sys。
Utility Menu → WorkPlane → Align WP with → Global Cartesian。
Utility Menu → WorkPlane → Align WP with → Specified Coord Sys。

2.4.2 控制工作平面的显示和样式

为获得工作平面的状态（即位置、方向、增量）可采用下面的方法：

命令：WPSTYL,STAT。
GUI：Utility Menu → List → Status → Working Plane。

将工作平面重置为默认状态下的位置和样式，利用命令 WPSTYL，DEFA。

2.4.3 移动工作平面

可以将工作平面移动到与原位置平行的新的位置，方法如下：

1）将工作平面的原点移动到关键点：

命令：KWPAVE。
GUI：Utility Menu → WorkPlane → Offset WP to → Keypoints。

2）将工作平面的原点移动到节点：

命令：NWPAVE。
GUI：Utility Menu → WorkPlane → Offset WP to → Nodes。

3）将工作平面的原点移动到指定点：

命令：WPAVE。
GUI：Utility Menu → WorkPlane → Offset WP to → Global Origin。
Utility Menu → WorkPlane → Offset WP to → Origin of Active CS。
Utility Menu → WorkPlane → Offset WP to → XYZ Locations。

4）偏移工作平面：

命令：WPOFFS。
GUI：Utility Menu → WorkPlane → Offset WP by Increments。

2.4.4 旋转工作平面

可以将工作平面旋转到一个新的方向，可以在工作平面内旋转 X、Y 轴，也可以使整个工作平面都旋转到一个新的位置。如果不清楚旋转角度，利用前面的方法可以很容易地在正确的方向上创建一个新的工作平面。旋转工作平面的方法如下：

命令：WPROTA。
GUI：Utility Menu → WorkPlane → Offset WP by Increments。

2.4.5 还原一个已定义的工作平面

尽管实际上不能存储一个工作平面，但可以在工作平面的原点创建一个局部坐标系，然后利用这个局部坐标系还原一个已定义的工作平面。

在工作平面的原点创建局部坐标系的方法如下：

命令：CSWPLA。
GUI：Utility Menu → WorkPlane → Local Coordinate Systems → Create Local CS → At WP Origin。

利用局部坐标系还原一个已定义的工作平面的方法如下：

命令：WPCSYS。
GUI：Utility Menu → WorkPlane → Align WP with → Active Coord Sys。
Utility Menu → WorkPlane → Align WP with → Global Cartesian。
Utility Menu → WorkPlane → Align WP with → Specified Coord Sys。

2.4.6 工作平面的高级用途

用 WPSTYL 命令或前面讨论的 GUI 方法可以增强工作平面的功能，使其具有捕捉增量、显示栅格、恢复容差和坐标类型的功能；然后，就可以迫使坐标系随工作平面的移动而移动。方法如下：

命令：CSYS。
GUI：Utility Menu → WorkPlane → Change Active CS to → Global Cartesian。
Utility Menu → WorkPlane → Change Active CS to → Global Cylindrical。
Utility Menu → WorkPlane → Change Active CS to → Global Spherical。
Utility Menu → WorkPlane → Change Active CS to → Specified Coordinate Sys。
Utility Menu → WorkPlane → Change Active CS to → Working Plane。
Utility Menu → WorkPlane → Offset WP to → Global Origin。

1. 捕捉增量

如果没有捕捉增量功能，在工作平面上将光标定位到已定义的点上将是一件非常困难的事情。为了能精确地拾取，可以用 WPSTYL 命令或相应的 GUI 建立捕捉增量功能。一旦建立了捕捉增量（snap increment），拾取点（picked location）将定位在工作平面上最近的点，数学上表示如下，当光标在区域（assigned location）时：

$N*SNAP - SNAP/2 \leqslant X < N*SNAP + SNAP/2$

对任意整数 N，拾取点的 X 坐标为：$X_P = N*SNAP$

在工作平面坐标系中的 X、Y 坐标均可建立捕捉增量，捕捉增量也可以看成是个方框，拾取到方框的点将定位于方框的中心，如图 2-10 所示。

2. 显示栅格

可以在屏幕上建立栅格以帮助用户观察工作平面上的位置。栅格的间距、状况和边界可由 WPSTYL 命令来设定（栅格与捕捉点无任何关系）。发出不带参量的 WPSTYL 命令控制栅格在屏幕上的打开和关闭。

3. 恢复容差

需拾取的图元可能不在工作平面上，而在工作平面的附近，这时通过 WPSTYL 命令和 GUI 菜单路径指定恢复容差，在此容差内的图元将被认为是在工作平面上的。这种容差就如同在恢复拾取时给了工作平面一个厚度。

4. 坐标系类型

Ansys 系统有两种可选的工作平面，即笛卡儿坐标系工作平面和极坐标系工作平面。通常采用笛卡儿坐标系工作平面，但当几何体容易在极坐标系（r, θ）系中表述时可能会用到极坐标系工作平面。图 2-11 所示为用 WPSTYL 命令激活的极坐标系工作平面的栅格。在极坐标系工作平面中的拾取操作与在笛卡儿坐标系工作平面中的是一致的。对捕捉参数进行定位的栅格点的标定是通过指定待捕捉点之间的径向距离（SNAP ON WPSTYL）和角度（SNAPANG）来实现的。

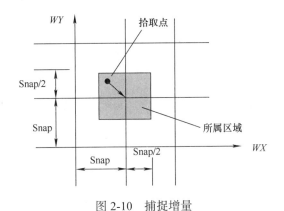

图 2-10 捕捉增量　　　　图 2-11 极坐标系工作平面的栅格

5. 工作平面的轨迹

如果采用与坐标系会合在一起的工作平面定义几何体，可能会发现工作平面是完全与坐标系分离的。例如，当改变或移动工作平面时，坐标系并不反映新工作平面类型或位置的变化。这可能使用户结合使用拾取（靠工作平面）和键盘输入体如关键点（用激活的坐标系）变得无效。例如：将工作平面从默认位置移开，然后想在新的工作平面的原点用键盘输入定义一个关键点（即 K,1205,0,0）会发现关键点落在坐标系的原点而不是工作平面的原点。

如果想强迫激活的坐标系在建模时跟着工作平面一起移动，可以在采用 CSYS 命令或相应的 GUI 菜单路径时利用一个选项来自动完成。命令：CSYS,WP 或 CSYS4，或者 GUI：Utility

Menu → WorkPlane → Change Active CS to → Working Plane，将迫使激活的坐标系与工作平面有相同的类型（如笛卡儿）和相同的位置。那么，尽管用户离开了激活的坐标系 WP 或 4，在移动工作平面时，坐标系将随其一起移动。如果改变所用工作平面的类型，坐标系也将相应更新。例如，当将工作平面从笛卡儿转为极坐标系时，激活的坐标系也将从笛卡儿坐标系转到柱坐标系。

如果重新来看上面讨论的例子，假如想在自己移动工作平面之后将一个关键点放置在工作平面的原点，但这次在移动工作平面之前激活跟踪工作平面，命令：CSYS、WP 或 GUI：Utility Menu → WorkPlane → Change Active CS to → Working Plane，然后像前面一样移动工作平面。现在，当使用键盘定义关键点（即 K,1205,0,0）时，这个关键点将被放在工作平面的原点，因为坐标系与工作平面的方位一致。

2.5 使用布尔操作修正几何模型

在布尔运算中，对一组数据可用诸如交、并、减等逻辑运算处理，Ansys 程序也允许对实体模型进行同样的操作，这样修改实体模型就更加容易。

无论是自顶向下还是自底向上构造的实体模型，都可以对它进行布尔运算。需注意的是，凡是通过连接生成的图元对布尔运算无效，对退化的图元也不能进行某些布尔运算。通常，完成布尔运算之后，紧接着就是实体模型的加载和单元属性的定义，如果用布尔运算修改了已有的模型，需注意重新进行单元属性和加载的定义。

2.5.1 布尔运算的设置

对两个或多个图元进行布尔运算时，可以通过以下的方式确定是否保留原始图元，如图 2-12 所示。

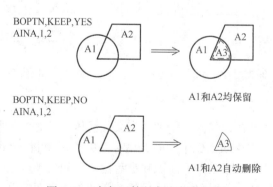

图 2-12 布尔运算的保留操作示例

命令：BOPTN。
GUI：Main Menu → Preprocessor → Modeling → Operate → Booleans → Settings。

建立实体模型 >>>

一般来说，对依附于高级图元的低级图元进行布尔运算是允许的，但不能对已划分网格的图元进行布尔运算，必须在执行布尔运算之前将网格清除。

2.5.2 布尔运算后的图元编号

Ansys 的编号程序会对布尔运算输出的图元依据其拓扑结构和几何形状进行编号。例如，面的拓扑信息包括定义的边数、组成面的线数（即三边形面或四边形面）、面中的任何原始线（在布尔运算之前存在的线）的线号、任意原始关键点的关键点号等。面的几何信息包括形心的坐标、端点和其他相对于一些任意的参考坐标系的控制点。控制点是由 NURBS 定义的描述模型的参数。

编号程序首先给输出图元分配按其拓扑结构唯一识别的编号（以下一个有效数字开始），任何剩余图元按几何编号。但需注意的是，按几何编号的图元顺序可能会与优化设计的顺序不一致，特别是在多重循环中几何位置发生改变的情况下。

2.5.3 交运算

布尔交运算的命令及 GUI 菜单路径见表 2-19。

表 2-19 布尔交运算的命令及 GUI 菜单路径

用法	命令	GUI 菜单路径
线相交	LINL	Main Menu → Preprocessor → Modeling → Operate → Booleans → Intersect → Common → Lines
面相交	AINA	Main Menu → Preprocessor → Modeling → Operate → Booleans → Intersect → Common → Areas
体相交	VINV	Main Menu → Preprocessor → Modeling → Operate → Booleans → Intersect → Common → Volumes
线和面相交	LINA	Main Menu → Preprocessor → Modeling → Operate → Booleans → Intersect → Line with Area
面和体相交	AINV	Main Menu → Preprocessor → Modeling → Operate → Booleans → Intersect → Area with Volume
线和体相交	LINV	Main Menu → Preprocessor → Modeling → Operate → Booleans → Intersect → Line with Volume

图 2-13 ~ 图 2-17 所示为一些图元相交的示例。

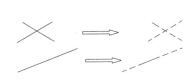

图 2-13 线与线相交

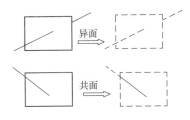

图 2-14 线与面相交

图 2-15 面与面相交

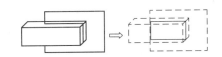

图 2-16 面与体相交

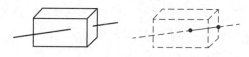

图 2-17　线与体相交

2.5.4　两两相交

两两相交是由图元集叠加而形成的一个新的图元集。也就是说，两两相交表示至少任意两个原图元的相交区域。例如，线集的两两相交可能是一个关键点（或关键点的集合），或是一条线（或线的集合）。

布尔两两相交运算的命令及 GUI 菜单路径见表 2-20。

表 2-20　布尔两两相交运算的命令及 GUI 菜单路径

用法	命令	GUI 菜单路径
线两两相交	LINP	Main Menu → Preprocessor → Modeling → Operate → Booleans → Intersect → Pairwise → Lines
面两两相交	AINP	Main Menu → Preprocessor → Modeling → Operate → Booleans → Intersect → Pairwise → Areas
体两两相交	VINP	Main Menu → Preprocessor → Modeling → Operate → Booleans → Intersect → Pairwise → Volumes

图 2-18 和图 2-19 所示为一些两两相交的示例。

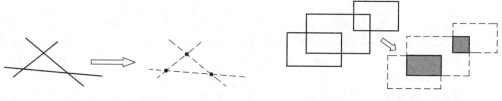

图 2-18　线的两两相交　　　　　　图 2-19　面的两两相交

2.5.5　相加

相加运算的结果是得到一个包含各个原始图元所有部分的新图元，这样形成的新图元是一个单一的整体，没有接缝。在 Ansys 程序中，只能对三维实体或二维共面的面进行相加运算，面相加可以包含面内的孔，即内环。

相加运算形成的图元在网格划分时通常不如搭接形成的图元。

布尔相加运算的命令及 GUI 菜单路径见表 2-21。

表 2-21　布尔相加运算的命令及 GUI 菜单路径

用法	命令	GUI 菜单路径
面相加	AADD	Main Menu → Preprocessor → Modeling → Operate → Booleans → Add → Areas
体相加	VADD	Main Menu → Preprocessor → Modeling → Operate → Booleans → Add → Volumes

2.5.6 相减

如果从某个图元（E1）减去另一个图元（E2），其结果可能有两种情况：一种情况是生成一个新图元 E3（E1–E2=E3），E3 和 E1 有同样的维数，且与 E2 无搭接部分；另一种情况是 E1 与 E2 的搭接部分是一个低维的实体，其结果是将 E1 分成两个或多个新的实体（E1–E2=E3,E4）。布尔相减运算的命令及 GUI 菜单路径见表 2-22。

表 2-22 布尔相减运算的命令及 GUI 菜单路径

用法	命令	GUI 菜单路径
线减去线	LSBL	Main Menu → Preprocessor → Modeling → Operate → Booleans → Subtract → Lines Main Menu → Preprocessor → Modeling → Operate → Booleans → Subtract → With Options → Lines Main Menu → Preprocessor → Modeling → Operate → Booleans → Divide → Line by Line Main Menu → Preprocessor → Modeling → Operate → Booleans → Divide → With Options → Line by Line
面减去面	ASBA	Main Menu → Preprocessor → Modeling → Operate → Booleans → Subtract → Areas Main Menu → Preprocessor → Modeling → Operate → Booleans → Subtract → With Options → Areas Main Menu → Preprocessor → Modeling → Operate → Booleans → Divide → Area by Area Main Menu → Preprocessor → Modeling → Operate → Booleans → Divide → With Options → Area by Area
体减去体	VSBV	Main Menu → Preprocessor → Modeling → Operate → Booleans → Subtract → Volumes Main Menu → Preprocessor → Modeling → Operate → Booleans → Subtract → With Options → Volumes
线减去面	LSBA	Main Menu → Preprocessor → Modeling → Operate → Booleans → Divide → Line by Area Main Menu → Preprocessor → Modeling → Operate → Booleans → Divide → With Options → Line by Area
线减去体	LSBV	Main Menu → Preprocessor → Modeling → Operate → Booleans → Divide → Line by Volume Main Menu → Preprocessor → Modeling → Operate → Booleans → Divide → With Options → Line by Volume
体减去面	ASBV	Main Menu → Preprocessor → Modeling → Operate → Booleans → Divide → Area by Volume Main Menu → Preprocessor → Modeling → Operate → Booleans → Divide → With Options → Area by Volume
面减去线	ASBL	Main Menu → Preprocessor → Modeling → Operate → Booleans → Divide → Area by Line Main Menu → Preprocessor → Modeling → Operate → Booleans → Divide → With Options → Area by Line
体减去面	VSBA	Main Menu → Preprocessor → Modeling → Operate → Booleans → Divide → Volume by Area Main Menu → Preprocessor → Modeling → Operate → Booleans → Divide → With Options → Volume by Area
线减去面	LSBA	Main Menu → Preprocessor → Modeling → Operate → Booleans → Divide → Line by Area Main Menu → Preprocessor → Modeling → Operate → Booleans → Divide → With Options → Line by Area
线减去体	LSBV	Main Menu → Preprocessor → Modeling → Operate → Booleans → Divide → Line by Volume Main Menu → Preprocessor → Modeling → Operate → Booleans → Divide → With Options → Line by Volume
体减去面	ASBV	Main Menu → Preprocessor → Modeling → Operate → Booleans → Divide → Area by Volume Main Menu → Preprocessor → Modeling → Operate → Booleans → Divide → With Options → Area by Volume

图 2-20 和图 2-21 所示为一些相减的示例。

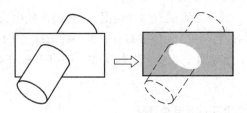

图 2-20　ASBV 面减去体

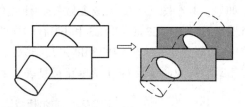

图 2-21　ASBV 多个面减去一个体

2.5.7　利用工作平面进行减运算

工作平面可以用来进行减运算，将一个图元分成两个或多个图元。可以对线、面或体利用命令或相应的 GUI 菜单路径用工作平面进行减运算。对于以下的每个减运算命令，SEPO 用来确定生成的图元有公共边界，或者独立但恰好重合的边界，KEEP 用来确定保留或删除图元，而不管 BOPTN 命令（GUI：Main Menu → Preprocessor → Modeling → Operate → Booleans → Settings）的设置如何。

利用工作平面进行减运算的命令及 GUI 菜单路径见表 2-23。

表 2-23　利用工作平面进行减运算的命令及 GUI 菜单路径

用法	命令	GUI 菜单路径
利用工作平面减去线	LSBW	Main Menu → Preprocessor → Modeling → Operate → Booleans → Divide → Line by WrkPlane Main Menu → Preprocessor → Modeling → Operate → Booleans → Divide → With Options → Line by WrkPlane
利用工作平面减去面	ASBW	Main Menu → Preprocessor → Operate → Booleans → Divide → Area by WrkPlane Main Menu → Preprocessor → Modeling → Operate → Booleans → Divide → With Options → Area by WrkPlane
利用工作平面减去体	VSBW	Main Menu → Preprocessor → Modeling → Operate → Booleans → Divide → Volu by WrkPlane Main Menu → Preprocessor → Modeling → Operate → Booleans → Divide → With Options → Volu by WrkPlane

2.5.8　搭接

搭接运算用于连接两个或多个图元，以生成 3 个或更多新的图元集合。搭接运算除了在搭接域周围生成了多个边界，与加运算非常类似。也就是说，搭接运算生成的是多个相对简单的区域，加运算生成的是一个相对复杂的区域。因而，搭接运算生成的图元比加运算生成的图元更容易划分网格。

搭接区域必须与原始图元有相同的维数。

布尔搭接运算的命令及 GUI 菜单路径见表 2-24。

表 2-24　布尔搭接运算的命令及 GUI 菜单路径

用法	命令	GUI 菜单路径
线的搭接	LOVLAP	Main Menu → Preprocessor → Modeling → Operate → Booleans → Overlap → Lines
面的搭接	AOVLAP	Main Menu → Preprocessor → Modeling → Operate → Booleans → Overlap → Areas
体的搭接	VOVLAP	Main Menu → Preprocessor → Modeling → Operate → Booleans → Overlap → Volumes

2.5.9　分割

分割运算用于连接两个或多个图元，以生成 3 个或更多的新图元。如果分割区域与原始图元有相同的维数，那么分割结果与搭接结果相同。但是，分割运算与搭接运算不同的是，没有参加分割运算的图元将不被删除。

布尔分割运算的命令及 GUI 菜单路径见表 2-25。

表 2-25　布尔分割运算的命令及 GUI 菜单路径

用法	命令	GUI 菜单路径
线分割	LPTN	Main Menu → Preprocessor → Modeling → Operate → Booleans → Partition → Lines
面分割	APTN	Main Menu → Preprocessor → Modeling → Operate → Booleans → Partition → Areas
体分割	VPTN	Main Menu → Preprocessor → Modeling → Operate → Booleans → Partition → Volumes

2.5.10　粘接（或合并）

粘接运算与搭接运算类似，只是图元之间仅在公共边界处相关，且公共边界的维数低于原始图元的维数。这些图元之间在执行粘接运算后仍然相互独立，只是在边界上连接。

布尔粘接运算的命令及 GUI 菜单路径见表 2-26。

表 2-26　布尔粘接运算的命令及 GUI 菜单路径

用法	命令	GUI 菜单路径
线的粘接	LGLUE	Main Menu → Preprocessor → Modeling → Operate → Booleans → Glue → Lines
面的粘接	AGLUE	Main Menu → Preprocessor → Modeling → Operate → Booleans → Glue → Areas
体的粘接	VGLUE	Main Menu → Preprocessor → Modeling → Operate → Booleans → Glue → Volumes

2.6　移动、复制和缩放几何模型

如果模型中相对复杂的图元重复出现，则仅需对重复部分构造一次，然后在所需的位置按所需的方位复制生成即可。例如，在一个平板上开几个细长的孔，只需生成一个孔，然后再复制该孔即可完成，如图 2-22 所示。

生成几何体素时，其位置和方向由当前工作平面决定。因为对生成的每一个新体素都重新定义工作平面很不方便，允许体素在错误的位置生成，然后将该体素移动到正确的位置，可能使操作更简便。当然，这种操作并不局限于几何体素，任何实体模型图元都可以复制或移动。

对实体图元进行移动和复制的命令有 xGEN、xSYM（M）和 xTRAN（相应的有 GUI 菜单路径）。

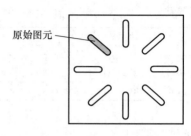

图 2-22　复制孔

其中，xGEN 和 xTRAN 命令对复制的图元进行移动和旋转可能最为有用。另外需注意，复制一个高级图元将会自动把它所有附带的低级图元都一起复制，而且如果复制图元的单元（NO-ELEM=0 或相应的 GUI 菜单路径），则所有的单元及其附属的低级图元都将被复制。在 xGEN、xSYM（M）和 xTRAN 命令中，设置 IMOVE=1，即可实现移动操作。

2.6.1　按照样本生成图元

1）从关键点的样本生成另外的关键点：

命令：KGEN。
GUI：Main Menu → Preprocessor → Modeling → Copy → Keypoints。

2）从线的样本生成另外的线：

命令：LGEN。
GUI：Main Menu → Preprocessor → Modeling → Copy → Lines。
　　　Main Menu → Preprocessor → Modeling → Move/Modify → Lines。

3）从面的样本生成另外的面：

命令：AGEN。
GUI：Main Menu → Preprocessor → Modeling → Copy → Areas。
　　　Main Menu → Preprocessor → Modeling → Move/Modify → Areas → Areas。

4）从体的样本生成另外的体：

命令：VGEN。
GUI：Main Menu → Preprocessor → Modeling → Copy → Volumes。
　　　Main Menu → Preprocessor → Modeling → Move/Modify → Volumes。

2.6.2　由对称映像生成图元

1）生成关键点的映像集：

命令：KSYMM。
GUI：Main Menu → Preprocessor → Modeling → Reflect → Keypoints。

2）样本线通过对称映像生成线：

命令：LSYMM。
GUI：Main Menu → Preprocessor → Modeling → Reflect → Lines。

3）样本面通过对称映像生成面：

命令：ARSYM。
GUI：Main Menu → Preprocessor → Modeling → Reflect → Areas。

4）样本体通过对称映像生成体：

命令：VSYMM。
GUI：Main Menu → Preprocessor → Modeling → Reflect → Volumes。

2.6.3　将样本图元转到另外一个坐标系

1）将样本关键点转到另外一个坐标系：

命令：KTRAN。
GUI：Main Menu → Preprocessor → Modeling → Move/Modify → Transfer Coord → Keypoints。

2）将样本线转到另外一个坐标系：

命令：LTRAN。
GUI：Main Menu → Preprocessor → Modeling → Move/Modify → Transfer Coord → Lines。

3）将样本面转到另外一个坐标系：

命令：ATRAN。
GUI：Main Menu → Preprocessor → Modeling → Move/Modify → Transfer Coord → Areas。

4）将样本体转到另外一个坐标系：

命令：VTRAN。
GUI：Main Menu → Preprocessor → Modeling → Move/Modify → Transfer Coord → Volumes。

2.6.4　实体模型图元的缩放

对已定义的图元可以进行放大或缩小。xSCALE 命令族可用来将激活的坐标系下的单个或多个图元按照一定的比例进行缩放，如图 2-23 所示。

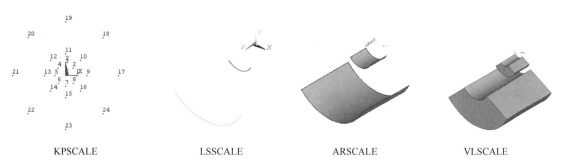

图 2-23　将图元按一定的比例进行缩放

4个比例命令每个都是将比例因子用到关键点坐标 X、Y、Z 上。如果是柱坐标系，X、Y 和 Z 分别代表 R、θ 和 Z，其中 θ 是偏转角；如果是球坐标系，X、Y 和 Z 分别表示 R、θ 和 φ，其中 θ 和 φ 都是偏转角。

1）从样本关键点（也划分网格）生成一定比例的关键点：

命令：KPSCALE。
GUI：Main Menu → Preprocessor → Modeling → Operate → Scale → Keypoints。

2）从样本线生成一定比例的线：

命令：LSSCALE。
GUI：Main Menu → Preprocessor → Modeling → Operate → Scale → Lines。

3）从样本面生成一定比例的面：

命令：ARSCALE。
GUI：Main Menu → Preprocessor → Modeling → Operate → Scale → Areas。

4）从样本体生成一定比例的体：

命令：VLSCALE。
GUI：Main Menu → Preprocessor → Modeling → Operate → Scale → Volumes。

2.7 实例——悬臂梁的实体建模

如图 2-24a 所示，一长度为 L，宽度为 w，高度为 h 的悬臂梁结构自由端受力 F 作用而弯曲，其有限元模型如图 2-24b 所示。采用壳体单元（SHELL99），共有 4 层，每层有指定的材料特性和厚度。其拉压破坏和剪切破坏应力分别为 σ_{xf}、σ_{yf}、σ_{zf} 和 σ_{xyf}。

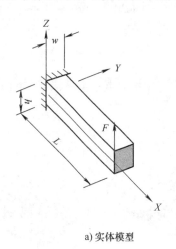

a) 实体模型　　　　　　　　　b) 有限元模型

图 2-24　悬臂梁

悬臂梁尺寸及材料特性如下（采用英制单位）：

$E = 30 \times 10^6 \text{psi}$, $v = 0$, $\sigma_{xf} = 25000\text{psi}^{\ominus}$, $\sigma_{xyf} = 500\text{psi}$。
$\sigma_{yf} = 3000\text{psi}$, $\sigma_{zf} = 5000\text{psi}$。
$L = 10.0\text{in}$, $w = 1.0\text{in}$, $h = 2.0\text{in}$, $F_1 = 10000\text{lbf}^{\ominus}$。

对本例，将按照建立几何模型、划分网格、加载、求解和后处理查看结果的顺序在本章和以后的几章中依次介绍，以使读者对 Ansys 的分析过程有一个初步的认识和了解。本节只介绍建立几何模型部分。

2.7.1 GUI 方式

1. 建立模型

1）定义工作文件名：Utility Menu → File → Change Jobname，弹出如图 2-25 所示的"Change Jobname"对话框。在"Enter new jobname"文本框中输入"Beam"，并将"New log and error files?"复选框选为"Yes"，单击"OK"按钮。

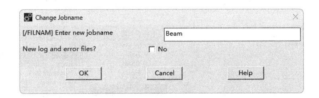

图 2-25 "Change Jobname" 对话框

2）定义分析标题：Utility Menu → File → Change Title，在弹出的对话框（见图 2-26）中输入"TRANSVERSE SHEAR STRESSES IN A CANTILEVER BEAM"，单击"OK"按钮。

图 2-26 "Change Title" 对话框

3）关闭三角坐标符号：Utility Menu → PlotCtrls → Window Controls → Window Options，弹出如图 2-27 所示的"Window Options"对话框。在"Location of triad"下拉列表中选择"Not shown"，单击"OK"按钮。

4）选择单元类型：Main Menu → Preprocessor → Element Type → Add/Edit/Delete，弹出如图 2-28 所示的"Element Types"对话框。单击"Add"按钮，弹出如图 2-29 所示的"Library of Element Types"对话框。在列表框中分别选择"Structural"→"Shell"和"3D 8node 281"，单击"OK"按钮。

⊖ 1psi=6895Pa。

⊜ 1lbf=4.44822N。

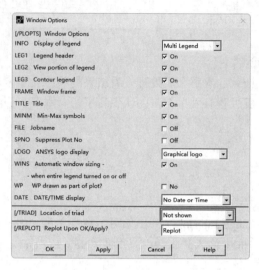

图 2-27 "Window Options"对话框

图 2-28 "Element Types"对话框

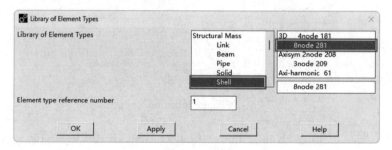

图 2-29 "Library of Element Types"对话框

5）设置单元属性：单击"Element Types"对话框上的"Options"按钮，弹出如图 2-30 所示的"SHELL281 element type options"对话框。在"Storage of layer data K8"下拉列表中选择"All layers + Middle"选项，单击"OK"按钮，然后单击"Element Types"对话框中的"Close"按钮，关闭该对话框。

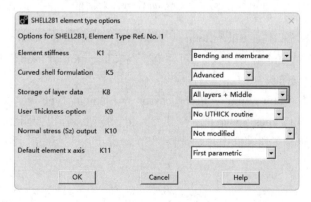

图 2-30 "SHELL281 element type options"对话框

6）设置材料属性：Main Menu → Preprocessor → Material Props → Material Models，弹出如图 2-31 所示的"Define Material Model Behavior"窗口。在"Material Model Available"列表框中选择"Structural"→"Linear"→"Elastic"→"Isotropic"，弹出如图 2-32 所示的"Linear Isotropic Properties for Material Number 1"对话框。在"EX"文本框中输入"3e6"，在"PRXY"文本框中输入"0"，单击"OK"按钮，然后在菜单栏上选择 Material → Exit 选项，完成材料属性的设置。

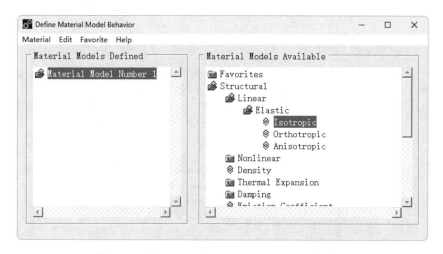

图 2-31 "Define Material Model Behavior"窗口

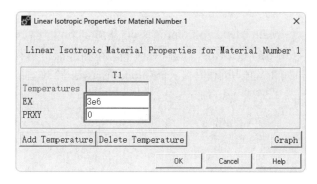

图 2-32 "Linear Isotropic Properties for Material Number 1"对话框

7）划分层单元，Main Menu → Preprocessor → Sections → Shell → Lay-up >Add / Edit，弹出如图 2-33 所示的"Create and Modify Shell Sections"对话框。单击"Add Layer"按钮添加层，分别创建"Thickness"为"0.5"、"Integration Pts"为"5"的 4 层，单击"OK"按钮。

8）创建两个单元节点：Main Menu → Preprocessor → Modeling → Create → Nodes → In Active CS，弹出如图 2-34 所示的"Create Nodes in Active Coordinate System"对话框。在"Node Number"文本框中输入"1"，单击"Apply"按钮，又弹出此对话框。在"Node Number"文本框中输入"3"，在"X, Y, Z Location in active CS"文本框中分别输入"0，1，0"，单击"OK"按钮。

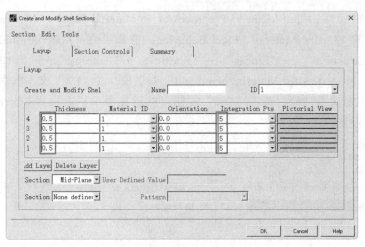

图 2-33 "Create and Modify Shell Sections"对话框

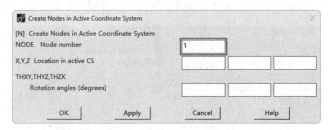

图 2-34 "Create Nodes in Active Coordiante System"对话框

9）创建第三个节点：Main Menu → Preprocessor → Modeling → Create → Nodes → Fill between Nds，弹出一个"Fill between Nds"选择对话框。在图形窗口选择编号为 1 和 3 的节点，单击"OK"按钮，弹出如图 2-35 所示的"Create Nodes Between 2 Nodes"对话框。单击"OK"按钮节点生成图形显示（1）如图 2-36 所示。

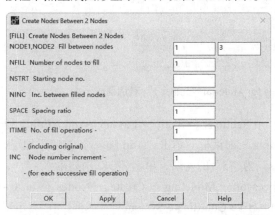

图 2-35 "Create Nodes Between 2 Nodes"对话框

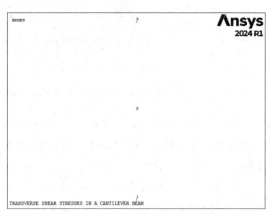

图 2-36 节点生成图形显示（1）

10）复制其他节点：Main Menu → Preprocessor → Modeling → Copy → Nodes → Copy，弹出一个"Copy nodes"选择对话框。单击"Pick All"按钮，弹出如图 2-37 所示的"Copy nodes"对话框。在"Total number of copies"文本框中输入"11",在"X-offset in active CS"文本框中输入"1",单击"OK"按钮,节点生成图形显示(2)如图2-38所示。

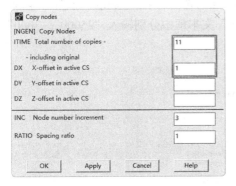

图2-37 "Copy nodes"对话框　　图2-38 节点生成图形显示(2)

11)连接节点生成单元:Main Menu → Preprocessor → Modeling → Create → Elements → Auto Numbered → Thru Nodes,弹出一个"Elements from Nodes"选择对话框。依次选择图形窗口中编号为1、7、9、3、4、8、6、2的节点,单击"OK"按钮。

12)复制生成其他单元:Main Menu → Preprocessor → Modeling → Copy → Elements → Auto Numbered,弹出一个"Copy Elems Auto-Num"选择对话框。选择图形上刚刚生成的单元,单击"OK"按钮,弹出如图2-39所示的"Copy Elements (Automatically-Numbered)"对话框。在"Total number of copies"文本框中输入"5",在"Node number Increment"文本框中输入"6",在"X-offset in active"文本框中输入"2",单击"OK"按钮,生成的有限元模型如图2-40所示。

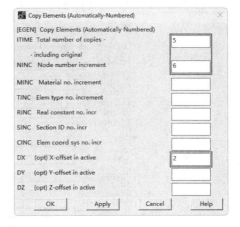

图2-39 "Copy Elements(Automatically-Numbered)"对话框

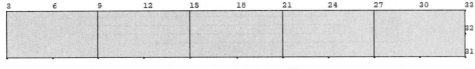

图2-40 生成的有限元模型

13)保存有限元模型:在菜单栏上选择File → Save as选项,弹出一个对话框。在"Save database to"文本框中输入"beamfea.db",单击"OK"按钮。

2. 设置破坏准则。Main Menu → Solution → Load Step Opts → Other → Change Mat Props → Material Models,弹出如图2-41所示的"Define Material Model Behavior"窗口。在"Material

Models Available"列表框中选择"Structural"→"Nonlinear"→"Inelastic"→"Non-metal Plasticity"→"Failure Criteria",弹出如图2-42所示的"Failure Criteria Table for Material Number 1"对话框。在"Criteria 3"下拉列表中选择"Tsai-Wu"选项,在"Temps"文本框输入"0",在"xTenStrs""yTenStrs""zTenStrs"和"xyShStrs"文本框中分别输入"25000""3000""5000""500"。单击"OK"按钮。

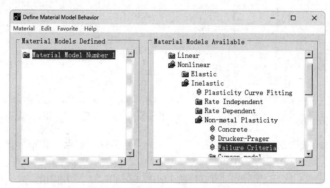

图2-41 "Define Material Model Behavior"窗口

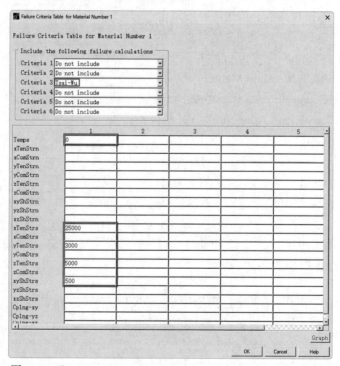

图2-42 "Failure Criteria Table for Material Number 1"对话框

2.7.2 命令流方式

略,见随书电子资料文档。

第 3 章 划分网格

划分网格是进行有限元分析的基础,它要求考虑的问题较多,需要的工作量较大,所划分的网格形式对计算精度和计算规模将产生直接影响,因此需要学习并掌握正确合理的网格划分方法。

- ◆ 设定单元属性
- ◆ 网格划分控制
- ◆ 自由网格划分和映射网格划分控制
- ◆ 延伸和扫掠生成有限元模型
- ◆ 修正有限元模型
- ◆ 编号控制

3.1 有限元网格概述

生成节点和单元的网格划分过程包括 3 个步骤：

1）定义单元属性。

2）定义网格生成控制（非必须，因为默认的网格生成控制对多数模型生成都是合适的。如果没有指定网格生成控制，程序会用 DSIZE 命令使用默认设置生成网格。当然，也可以手动控制生成质量更好的自由网格）。Ansys 程序提供了大量的网格生成控制，可按需要选择。

3）生成网格。在对模型进行网格划分之前，甚至在建立模型之前，要明确是采用自由网格还是采用映射网格来分析。自由网格对单元形状无限制，并且没有特定的准则，而映射网格则对包含的单元形状有限制，而且必须满足特定的规则。映射面网格只包含四边形或三角形单元，映射体网格只包含六面体单元。另外，映射网格具有规则的排列形状，如果想要这种网格类型，所生成的几何模型必须具有一系列相当规则的体或面。自由网格和映射网格如图 3-1 所示。

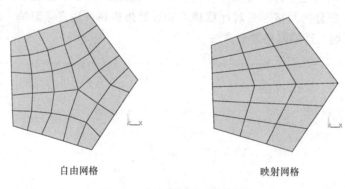

图 3-1　自由网格和映射网格

可用 MSHESKEY 命令或相应的 GUI 菜单路径选择自由网格或映射网格。注意，所用网格控制将随自由网格或映射网格划分而不同。

3.2 设定单元属性

在生成节点和单元网格之前，必须定义合适的单元属性，主要包括如下几项：

- 单元类型（如 BEAM3，SHELL61 等）。
- 实常数（如厚度和横截面积）。
- 材料性质（如杨氏模量、热传导系数等）。
- 单元坐标系。
- 截面号（只对 BEAM188、BEAM189 单元有效）。

3.2.1 生成单元属性表

为了定义单元属性，首先必须建立一些单元属性表。典型的单元属性表包括单元类型（命令 ET 或 GUI 菜单路径：Main Menu → Preprocessor → Element Type → Add/Edit/Delete）、实常数（命令 R 或 GUI 菜单路径：Main Menu → Preprocessor → Real Constants、材料性质（命令 MP 和 TB 或 GUI 菜单路径：Main Menu → Preprocessor → Material Props → material option）。

利用 LOCAL、CLOCAL 等命令可以组成坐标系表（GUI 菜单路径：Utility Menu → WorkPlane → Local Coordinate Systems → Create Local CS → option）。这个表用来给单元分配单元坐标系。

并非所有的单元类型都可用这种方式来分配单元坐标系。

对于用 BEAM188、BEAM189 单元划分的梁网格，可利用命令 SECTYPE 和 SECDATA（GUI 菜单路径：Main Menu → Preprocessor → Sections）创建截面号表格。

方向关键点是线的属性而不是单元的属性，不能创建方向关键点表格。

可以用命令 ETLIST 来显示单元类型，RLIST 来显示实常数，MPLIST 来显示材料属性，上述操作对应的 GUI 菜单路径是：Utility Menu → List → Properties → property type。另外，还可以用命令 CSLIST（GUI 菜单路径：Utility Menu → List → Other → Local Coord Sys）来显示坐标系，命令 SLIST（GUI 菜单路径：Main Menu → Preprocessor → Sections → List Sections）来显示截面号。

3.2.2 分配单元属性

一旦建立了单元属性表，通过指向表中合适的条目，即可对模型的不同部分分配单元属性。指针就是参考号码集，包括材料（MAT）号、实常数（REAL）号、单元类型（TYPE）号、坐标系（ESYS）号，以及使用 BEAM188 和 BEAM189 单元时的截面号（SECNUM）。可以直接给所选的实体模型图元分配单元属性，或者定义默认的属性在生成单元的网格划分中使用。

如前面所提到的，当给梁划分网格时，给线分配的方向关键点是线的属性而不是单元属性，所以必须是直接分配给所选线，而不能定义默认的方向关键点以备后面划分网格时直接使用。

1. 直接给实体模型图元分配单元属性

当给实体模型分配单元属性时，允许对模型的每个区域预置单元属性，从而避免在网格划分过程中重置单元属性。清除实体模型的节点和单元不会删除直接分配给图元的属性。

利用表 3-1 中的命令和相应的 GUI 菜单路径可直接给实体模型分配单元属性。

表 3-1 直接给实体模型图元分配单元属性

用法	命令	GUI 菜单路径
给关键点分配属性	KATT	Main Menu → Preprocessor → Meshing → Mesh Attributes → All Keypoints（Picked KPs）
给线分配属性	LATT	Main Menu → Preprocessor → Meshing → Mesh Attributes → All Lines（Picked Lines）
给面分配属性	AATT	Main Menu → Preprocessor → Meshing → Mesh Attributes → All Areas（Picked Areas）
给体分配属性	VATT	Main Menu → Preprocessor → Meshing → Mesh Attributes → All Volumes（Picked Volumes）

2. 分配默认属性

可以通过指向属性表的不同条目来分配默认的属性，在开始划分网格时，Ansys 程序会自动将默认属性分配给模型。直接分配给模型的单元属性将取代上述默认属性，而且当清除实体模型图元的节点和单元时，其默认的单元属性也将被删除。

可利用如下方式分配默认的单元属性：

> 命令：TYPE,REAL,MAT,ESYS,SECNUM。
> GUI：Main Menu → Preprocessor → Meshing → Mesh Attributes → Default Attributes。
> Main Menu → Preprocessor → Modeling → Create → Elements → Elem Attributes。

3. 自动选择维数正确的单元类型

有一些情况下，Ansys 程序能对网格划分或拖拉操作选择正确的单元类型。当选择明显正确时，不必人为地转换单元类型。

特殊地，当未将单元属性（xATT）直接分配给实体模型时，或者默认的单元属性（TYPE）对于要执行的操作维数不对时，而且已定义的单元属性表中只有一个维数正确的单元，Ansys 程序会自动利用该种单元类型执行这个操作。

受此影响的网格划分和拖拉操作命令有 KMESH、LMESH、AMESH、VMESH、FVMESH、VOFFST、VEXT、VDRAG、VROTAT、VSWEEP。

4. 在节点处定义不同的厚度

可以利用 RTHICK 命令对壳单元在节点处定义不同的厚度：

壳单元可以模拟复杂的厚度分布，以 SHELL63 为例，允许给每个单元的四个角点指定不同的厚度，单元内部的厚度假定是在 4 个角点厚度之间光滑变化。给一群单元指定复杂的厚度变化是有一定难度的，特别是当每一个单元都需要单独指定其角点厚度时，在这种情况下，利用命令 RTHICH 能大大简化模型定义。

下面用一个实例来详细说明该过程。该实例的模型为 10×10 的矩形板，用 0.5×0.5 的方形 SHELL63 单元划分网格。现在 Ansys 程序里输入如下命令流：

```
/TITLE,RTHICK Example
/PREP7
ET,1,63
RECT,,10,,10
ESHAPE,2
ESIZE,,20
AMESH,1
EPLO
```

得到初始的网格如图 3-2 所示。

假定板厚按下述公式变化：$h = 0.5 + 0.2x + 0.02y^2$，为了模拟该厚度变化，创建一组参数给节点设定相应的厚度值。换句话说，数组里面的第 N 个数对应于第 N 个节点的厚度，命令流如下：

```
MXNODE = NDINQR(0,14)
*DIM,THICK,,MXNODE
```

```
*DO,NODE,1,MXNODE
  *IF,NSEL(NODE),EQ,1,THEN
    THICK(node) = 0.5 + 0.2*NX(NODE) + 0.02*NY(NODE)**2
  *ENDIF
*ENDDO
NODE = $MXNODE
```

最后，利用 RTHICK 函数将这组表示厚度的参数分配到单元上，如图 3-3 所示。

```
RTHICK,THICK(1),1,2,3,4
/ESHAPE,1.0  $ /USER,1  $ /DIST,1,7
/VIEW,1,–0.75,–0.28,0.6  $ /ANG,1,–1
/FOC,1,5.3,5.3,0.27  $ EPLO
```

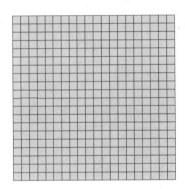

图 3-2　初始的网格

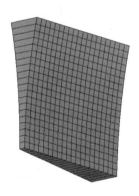

图 3-3　不同厚度的壳单元

3.3　网格划分控制

网格划分控制能建立用在实体模型划分网格的因素，如单元形状、中间节点位置、单元大小等。此步骤使整个分析中最重要的步骤之一，因为此阶段得到的有限元网格将对分析的准确性和经济性起决定作用。

3.3.1　Ansys 网格划分工具

Ansys 网格划分工具（GUI 菜单路径：Main Menu → Preprocessor → Meshing → MeshTool）提供了最常用的网格划分控制和最常用的网格划分操作的便捷途径。其功能主要包括：

◆ 控制 SmartSizing 水平。
◆ 设置单元尺寸控制。
◆ 指定单元形状。
◆ 指定网格划分类型（自由或映射）。

- 对实体模型图元划分网格。
- 清除网格。
- 细化网格。

1. 单元形状

Ansys 程序允许在同一个划分区域出现多种单元形状，如同一区域的面单元可以是四边形，也可以是三角形，但建议尽量不要在同一个模型中混用六面体和四面体单元。

下面简单介绍一下四边形单元形状的退化，如图 3-4 所示。在划分网格时，应该尽量避免使用退化单元。

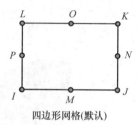
四边形网格(默认)

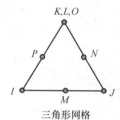
三角形网格

图 3-4 四边形单元形状的退化

用下列方法指定单元形状：

命令：MSHAPE,MSHKEY,Dimension。
GUI：Main Menu → Preprocessor → Meshing → MeshTool(Mesher Opts)。
Main Menu → Preprocessor → Meshing → Mesh → Volumes → Mapped → 4 to 6 sided。

如果正在使用 MSHAPE 命令，维数（2D 或 3D）的值表明待划分的网格模型的维数，KEY 值（0 或 1）表示划分网格的形状：

KEY=0，如果 Dimension=2D，Ansys 将用四边形单元划分网格；如果 Dimension=3D，Ansys 将用六面体单元划分网格。

KEY=1，如果 Dimension=2D，Ansys 将用三角形单元划分网格；如果 Dimension=3D，Ansys 将用四面体单元划分网格。

在有些情况下，MSHAPE 命令及合适的网格划分命令（AMESH、VMESH 或相应的 GUI 菜单路径：Main Menu → Preprocessor → Meshing → Mesh → meshing option）是对模型划分网格的全部所需。每个单元的大小由指定的默认单元大小（AMRTSIZE 或 DSIZE）确定。例如，图 3-5 所示的左侧模型用 VMESH 命令生成右侧的网格。

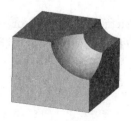 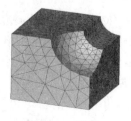

图 3-5 默认单元尺寸

划分网格 >>>

2. 选择自由或映射网格划分

除了指定单元形状,还需指定对模型进行网格划分的类型(自由划分或映射划分),方法如下:

命令:MSHKEY。
GUI:Main Menu → Preprocessor → Meshing → MeshTool。
　　　Main Menu → Preprocessor → Meshing → Mesher Opts。

单元形状(MSHAPE)和网格划分类型(MSHKEY)的设置共同影响网格的生成,表 3-2 列出了 Ansys 程序支持的单元形状和网格划分类型。

表 3-2　Ansys 程序支持的单元形状和网格划分类型

单元形状	自由划分	映射划分	既可以映射划分又可以自由划分
四边形	Yes	Yes	Yes
三角形	Yes	Yes	Yes
六面体	No	Yes	No
四面体	Yes	No	No

3. 控制单元中间节点的位置

当使用二次单元划分网格时,可以控制中间节点的位置,有两种选择:

1)边界区域单元在中间节点沿着边界线或面的弯曲方向,这是默认设置。

2)设置所有单元的中间节点且单元边是直的,此选项允许沿曲线进行粗糙的网格划分,但模型的弯曲并不与之相配。

可用如下方法控制中间节点的位置:

命令:MSHMID。
GUI:Main Menu → Preprocessor → Meshing → Mesher Opts。

4. 划分自由网格时的单元尺寸控制(SmartSizing)

默认的,DESIZE 命令方法控制单元大小在自由网格划分中的使用,但一般推荐使用 SmartSizing。为打开 SmartSizing,只要在 SMRTSIZE 命令中指定单元大小即可。

Ansys 里面有两种 SmartSizing 控制:基本的控制和高级的控制。

1)基本的控制。利用基本的控制,可以简单地指定网格划分的粗细程度,从 1(细网格)到 10(粗网格),程序会自动设置一系列独立的控制值用来生成想要的大小,方法如下:

命令:SMRTSIZE。
GUI:Main Menu → Preprocessor → Meshing → MeshTool。

图 3-6 所示为对同一模型利用不同的 SmartSizing 设置生成的网格。

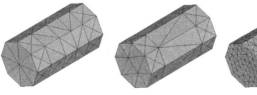

Level = 6(默认)　　　Level = 0(粗糙)　　　Level = 10(精细)

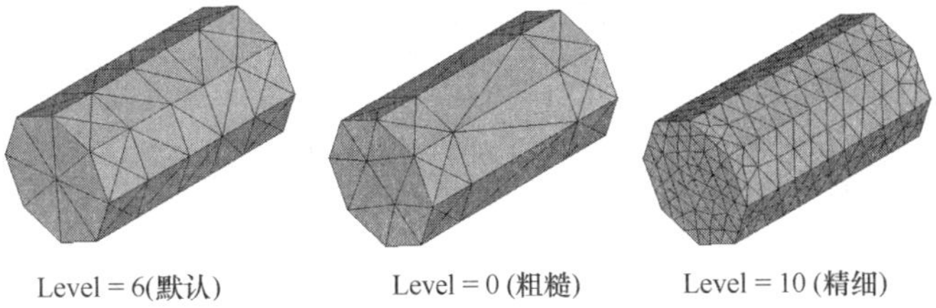

图 3-6　对同一模型利用不同的 SmartSizing 设置生成的网格

2）高级的控制。Ansys 还允许使用高级方法专门设置人工控制网格质量，方法如下：

命令：SMRTSIZE and ESIZE。
GUI：Main Menu → Preprocessor → Meshing → Size Cntrls → SmartSize → Adv Opts。

3.3.2 映射网格默认尺寸

DESIZE 命令（GUI 菜单路径：Main Menu → Preprocessor → Meshing → Size Cntrls → ManualSize → Global → Other）常用来控制映射网格划分的单元尺寸，同时也用于自由网格划分的默认设置。但是，对于自由网格划分，建议使用 SmartSizing（SMRTSIZE）。

对于较大的模型，通过 DESIZE 命令查看默认的网格尺寸是明智的，可通过显示线的分割来观察将要划分的网格情况。查看网格划分的步骤如下：

- ◆ 建立实体模型。
- ◆ 选择单元类型。
- ◆ 选择容许的单元形状（MSHAPE）。
- ◆ 选择网格划分类型（自由或映射）（MSHKEY）。
- ◆ 输入 LESIZE，ALL（通过 DESIZE 规定调整线的分割数）。
- ◆ 显示线（LPLOT）。

如果觉得网格太粗糙，可通过改变单元尺寸或线上的单元份数来加密网格，方法如下：

选择 GUI 菜单路径：Main Menu → Preprocessor → Meshing → Size Cntrls → ManualSize → Layers → Picked Lines，弹出"Elements Sizes on Picked Lines"选择对话框。在图形窗口选择相应线段，如图 3-7 所示。单击"OK"按钮，弹出"Area Layer-Mesh Controls on Picked Lines"对话框，如图 3-8 所示。在"SIZE Element edge length"文本框中输入具体数值（它表示单元的尺寸），或者是在"NDIV No of line divisions"文本框中输入正整数（它表示所选择的线段上的单元份数），单击"OK"按钮，预览改进的网格，如图 3-9 所示。

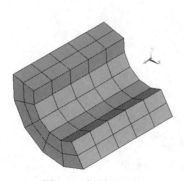

图 3-7 粗糙的网格

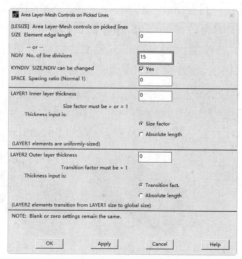

图 3-8 "Area Layer-Mesh Controls on Picked Lines"对话框

划分网格

图 3-9 预览改进的网格

3.3.3 局部网格划分控制

在许多情况下，对结构的物理性质来说，采用默认单元尺寸生成的网格并不合适，如有应力集中或奇异的模型。在这个情况下，需要直接给实体模型图元分配单元属性，见表 3-3。

表 3-3 直接给实体模型图元分配单元属性

用法	命令	GUI 菜单路径
控制每条线划分的单元数	ESIZE	Main Menu → Preprocessor → Meshing → Size Cntrls → ManualSize → Global → Size
控制关键点附近的单元尺寸	KESIZE	Main Menu → Preprocessor → Meshing → Size Cntrls → ManualSize → Keypoints → All KPs（Picked KPs / Clr Size）
控制给定线上的单元数	LESIZE	Main Menu → Preprocessor → Meshing → Size Cntrls → ManualSize → Lines → All Lines（Picked Lines / Clr Size）

上述所有定义尺寸的方法都可以一起使用，但应遵循一定的优先级别：

1）用 DESIZE 定义单元尺寸时，对任何给定线，沿线定义的单元尺寸优先级如下：用 LESIZE 指定的为最高级，KESIZE 次之，ESIZE 再次之，DESIZE 为最低级。

2）用 SMRTSIZE 定义单元尺寸时，优先级如下：LESIZE 为最高级，KESIZE 次之，SMRTSIZE 为最低级。

3.3.4 内部网格划分控制

前面关于网格尺寸的讨论集中在实体模型边界的外部单元尺寸的定义（LESIZE、ESIZE 等），但也可以在面的内部（即非边界处）没有可以引导网格划分的尺寸线处控制网格划分，方法如下：

命令：MOPT。
GUI：Main Menu → Preprocessor → Meshing → Size Cntrls → ManualSize → Global → Area Cntrls。

1. 控制网格的扩展

MOPT 命令中的 Lab=EXPND 选项可以用来引导在一个面的边界处将网格划分较细，而内部较粗，如图 3-10 所示。

在图 3-10 中，左侧网格是由 ESIZE 命令（GUI 菜单路径：Main Menu → Preprocessor → Meshing → Size Cntrls → ManualSize → Global → Size）对面进行设定生成的，右侧网格是利用 MOPT 命令的扩展功能（Lab=EXPND）生成的，其区别显而易见。

2. 控制网格过渡

图 3-10 中的网格还可以进一步改善，MOPT 命令中的 Lab=TRANS 选项可以用来控制网格从细到粗的过渡，如图 3-11 所示。

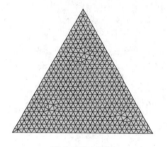
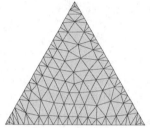
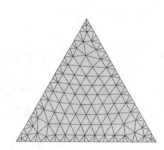

图 3-10　网格扩展　　　　　　图 3-11　控制网格过渡（MOPT,EXPND,1.5）

3. 控制 Ansys 的网格划分器

可用 MOPT 命令控制表面网格划分器（三角形和四边形）和四面体网格划分器，使 Ansys 执行网格划分操作（AMESH、VMESH）。

命令：MOPT。

GUI：Main Menu → Preprocessor → Meshing → Mesher Opts。

弹出 "Mesher Options" 对话框，如图 3-12 所示。在该对话框中，"AMESH" 的下拉列表对应三角形表面网格划分，包括 Program chooses（默认）、main、Alternate 和 Alternate 2 四个选项；"QMESH" 对应四边形表面网格划分，包括 Program chooses（默认）、main 和 Alternate，其中 main 又称为 Q-Morph（quad-morphing）网格划分器，多数情况下它能得到高质量的单元，如图 3-13 所示。另外，Q-Morph 网格划分器要求面的边界线的分割总数是偶数，否则将产生三角形单元；"VMESH" 对应四面体网格划分，包括 Program chooses（默认）、Alternate 和 main3。

4. 控制四面体单元的改进

Ansys 程序允许对四面体单元做进一步改进，方法如下：

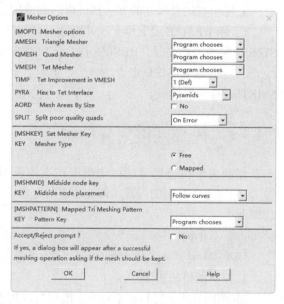

图 3-12　"Mesher Options" 对话框

命令：MOPT,TIMP,Value。
GUI：Main Menu → Preprocessor → Meshing → Mesher Opts。

弹出"Mesher Options"对话框，如图 3-12 所示。在该对话框中，"TIMP"的下拉列表表示四面体单元改进的程度，从 1 到 6，1 表示提供最小的改进，5 表示对线性四面体单元提供最大的改进，6 表示对二次四面体单元提供最大的改进。

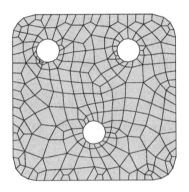 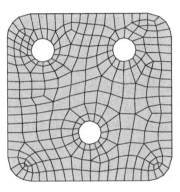

Alternate 网格划分器　　　　　　　　Q-Morph 网格划分器

图 3-13　网格划分器

3.3.5　生成过渡棱锥单元

Ansys 程序在下列情况下会生成过渡的棱锥单元：

1）准备对体用四面体单元划分网格，待划分的体直接与已用六面体单元划分网格的体相连。

2）准备用四面体单元划分网格，而目标体上至少有一个面已经用四边形网格划分。

图 3-14 所示为一个过渡网格示例。

当对体用四面体单元进行网格划分时，为生成过渡棱锥单元，应事先满足的条件为：

1）设定单元属性时，需确定给体分配的单元类型可以退化为棱锥形状，这种单元包括 SOLID90、SOLID96、SOLID122 和 SOLID186。Ansys 对除此以外的任何单元都不支持过渡的棱锥单元。

2）设置网格划分时，激活过渡单元表面使三维单元退化。激活过渡单元（默认）的方法如下：

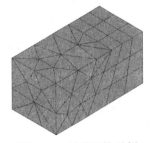

图 3-14　过渡网格示例

命令：MOPT,PYRA,ON。
GUI：Main Menu → Preprocessor → Meshing → Mesher Opts。

生成退化三维单元的方法如下：

命令：MSHAPE,1,3D。
GUI：Main Menu → Preprocessor → Meshing → Mesher Opts。

3.4 自由网格划分和映射网格划分控制

3.4.1 自由网格划分控制

自由网格划分对实体模型无特殊要求。任何几何模型，尽管是不规则的，也可以进行自由网格划分。所用单元形状依赖于是对面还是对体进行网格划分，对面时，自由网格可以是四边形，也可以是三角形，或两者混合；对体时，自由网格一般为四面体单元，棱锥单元作为过渡单元也可以加入四面体网格中。

如果选择的单元类型严格限定为三角形或四面体（如 PLANE2），程序划分网格时只用这种单元。但是，如果选择的单元类型允许多于一种形状，可通过下列方法指定用哪一种（或几种）形状：

命令：MSHAPE。
GUI：Main Menu → Preprocessor → Meshing → Mesher Opts。

另外，还必须指定对模型用自由网格划分：

命令：MSHKEY,0。
GUI：Main Menu → Preprocessor → Meshing → Mesher Opts。

对于支持多于一种形状的单元，默认地会生成混合形状（通常是四边形单元占多数）。可用"MSHAPE,1,2D""和"MSHKEY,0"来要求全部生成三角形网格。

可能会遇到全部网格都必须为四边形网格的情况。当面边界上总的线分割数为偶数时，面的自由网格划分会全部生成四边形网格，并且四边形单元质量还比较好。通过打开 SmartSizing 并让它来决定合适的单元数，可以增加面边界线的缝总数为偶数的概率（而不是通过 LESIZE 命令人工设置任何边界划分的单元数）。应保证四边形分裂项关闭"MOPT,SPLIT,OFF"，以使 Ansys 不将形状较差的四边形单元分裂成三角形。

如果欲使体生成一种自由网格，应当选择只允许一种四面体形状的单元类型，或者利用支持多种形状的单元类型并设置四面体一种形状功能"MSHAPE,1,3D"和"MSHKEY,0"。

自由网格划分生成的单元尺寸依赖于 DESIZ3E、ESIZE、KESIZE 和 LESIZE 的当前设置。如果 SmartSizing 打开，单元尺寸将由 AMRTSIZE 及 ESZIE、DESIZE 和 LESIZE 决定。对自由网格划分，推荐使用 SmartSizing。

另外，Ansys 程序提供了一种成为扇形网格划分的特殊自由网格划分，适于涉及 TARGE170 单元对三边面进行网格划分的特殊接触分析。当三个边中有两个边只有一个单元分割数，另外一边有任意单元分割数时，其结果成为扇形网格，如图 3-15 所示。

记住，使用扇形网格必须满足下列条件：

◆ 必须对三边面进行网格划分，其中两边必须只分一个网格，第三边分任何数目。

◆ 必须使用 TARGE170 单元进行网格划分。

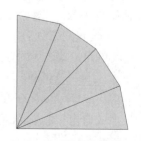

图 3-15 扇形网格划分示例

◆ 必须使用自由网格划分。

3.4.2 映射网格划分控制

映射网格划分要求面或体有一定的形状规则，它可以指定程序全部用四边形面单元、三角形面单元或六面体单元生成网格模型。

映射网格划分生成的单元尺寸依赖于 DESIZE 及 ESIZE、KESZIE、LESIZE 和 AESIZE 的设置（或相应 GUI 菜单路径：Main Menu → Preprocessor → Meshing → Size Cntrls → option）。

SmartSizing（SMRTSIZE）不能用于映射网格划分，硬点不支持映射网格划分。

1. 面映射网格划分

面映射网格包括全部是四边形单元或全部是三角形单元，面映射网格须满足以下条件：

1）该面必须是 3 条边或 4 条边（有无连接均可）。

2）如果是 4 条边，面的对边必须划分为相同数目的单元，或者划分为一过渡型网格。如果是 3 条边，则线分割总数必须为偶数且每条边的分割数相同。

3）网格划分必须设置为映射网格。图 3-16 所示为一面映射网格。

如果一个面多于 4 条边，不能直接用映射网格划分，但可以是某些线合并，或者连接时总线数减少到 4 条之后再用映射网格划分，如图 3-17 所示。方法如下：

1）连接线。

命令：LCCAT。
GUI：Main Menu → Preprocessor → Meshing → Mesh → Areas → Mapped → Concatenate → Lines。

2）合并线。

命令：LCOMB。
GUI：Main Menu → Preprocessor → Modeling → Operate → Booleans → Add → Lines。

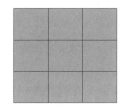
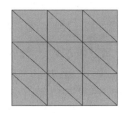

图 3-16 面映射网格

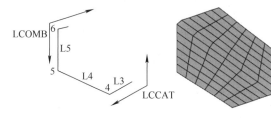

图 3-17 合并和连接线进行映射网格划分

需要注意的是，线、面或体上的关键点将生成节点，因此一条连接线至少有线上已定义的与关键点数同样多的分割数，而且指定的总体单元尺寸（ESIZE）是针对原始线，而不是针对连接线，如图 3-18 所示。不能直接给连接线指定分割数，但可以对合并线（LCOMB）指定分割数，所以通常来说，合并线比连接线有一些优势。

图 3-18 ESIZE 针对原始线而不是连接线

命令 AMAP（GUI：Main Menu → Preprocessor → Meshing → Mesh → Areas → Mapped → By Corners）提供了获得映射网格划分的便捷途径，它使用所指定的关键点作为角点并连接关键点之间的所有线，面自动地全部用三角形或四边形单元进行网格划分。

对于前面连接的例子，现利用 AMAP 方法进行网格划分。注意到在已选定的几个关键点之间有多条线，在选定面之后，已按任意顺序选择关键点 1、3、4 和 6，则得到的映射网格如图 3-19 所示。

另一种生成映射面网格的途径是指定面的对边的分割数，以生成过渡映射四边形网格，如图 3-20 所示。需注意的是，指定的线分割数必须与图 3-21 所示和图 3-22 所示的模型相对应。

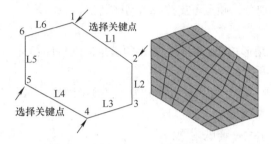
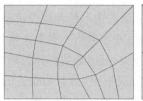
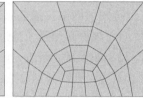

图 3-19　利用 AMAP 方法得到的映射网格　　　　图 3-20　过渡映射四边形网格

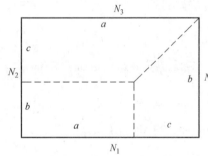
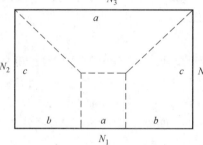

图 3-21　过渡四边形映射网格的线分割模型（1）　　图 3-22　过渡四边形映射网格线分割模型（2）

除了可以生成过渡映射四边形网格，还可以生成过渡映射三角形网格。为生成过渡映射三角形网格，必须使用支持三角形网格的单元类型，且须设定为映射划分（MSHKEY,1），并指定形状为容许三角形（MSHAPE,1,2D）。实际上，过渡映射三角形网格的划分是在过渡映射四边形网格划分的基础上自动地将四边形网格分割成三角形，如图 3-23 所示。所以，各边的线分割数依然必须满足图 3-21 和图 3-22 所示的模型。

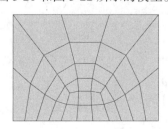
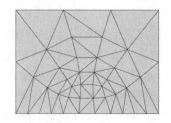

图 3-23　过渡映射三角形网格

2. 体映射网格划分

要将体全部划分为六面体单元，必须满足以下条件：

1）该体的外形应为块状（6个面）、楔形或棱柱（5个面）、四面体（4个面）。
2）对边上必须划分相同的单元数，或者分割符合过渡网格形式，适合六面体网格划分。
3）如果是棱柱或四面体，三角形面上的单元分割数必须是偶数。

图 3-24 所示为映射体网格划分示例。

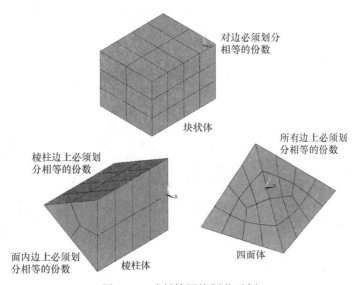

图 3-24　映射体网格划分示例

与面网格划分的连接线一样，当需要减少围成体的面数以进行映射网格划分时，可以对面进行加（AADD）或连接（ACCAT）。如果连接面有边界线，线也必须连接在一起，而且必须是线连接面，再连接线。举例如下（命令流格式）：

```
! first,concatenate areas for mapped volume meshing:
ACCAT,...
! next,concatenate lines for mapped meshing of bounding areas:
LCCAT,...
LCCAT,...
VMESH,...
```

说明：一般来说，AADD（面为平面或共面时）的连接效果优于 ACCAT。

如上所述，在连接面（ACCAT）之后一般需要连接线（LCCAT），但如果相连接的两个面都是由 4 条线组成（无连接线），则连接线操作会自动进行，如图 3-25 所示。另外，需注意，删除连接面并不会自动删除相关的连接线。

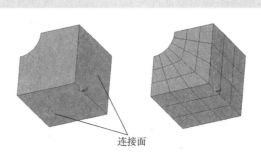

图 3-25　两个面都是由 4 条线组成时连接线操作自动进行

连接面的方法：

命令：ACCAT。
GUI：Main Menu → Preprocessor → Meshing → Mesh → Mapped → Concatenate → Areas。

将面相加的方法：

命令：AADD。
GUI：Main Menu → Preprocessor → Modeling → Operate → Booleans → Add → Areas。

ACCAT 命令不支持用 IGES 功能输入的模型，但可用 ARMERGE 命令合并由 CAD 文件输入模型的两个或更多面，而且当以此方法使用 ARMERGE 命令时，在合并线之间删除了关键点的位置而不会有节点。

与生成过渡映射面网格类似，Ansys 程序允许生成过渡映射体网格。过渡映射体网格的划分只适合六面体（有无连接面均可），如图 3-26 所示。

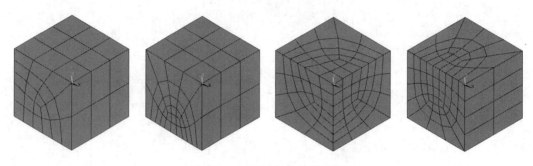

图 3-26　过渡映射体网格示例

3.5　延伸和扫掠生成有限元模型

下面介绍一些相对上述方法而言更为简便的划分网格模式——延伸和扫掠生成有限元网格模型。其中，延伸方法主要用于利用二维模型和二维单元生成三维模型和三维单元，如果不指定单元，那么就只会生成三维几何模型，有时它可以成为布尔运算的替代方法，而且通常更简便。扫掠方法是利用二维单元在已有的三维几何模型上生成三维单元，该方法对于从 CAD 中输入的实体模型通常特别有用。显然，延伸方法与扫掠方法最大的区别在于：前者能在二维几何模型的基础上生成新的三维模型的同时划分好网格，而后者必须是在完整的几何模型基础上来划分网格。

3.5.1　延伸生成网格

应先指定延伸（Extrude）的单元属性，如果不指定的话，后面的延伸操作都只会产生相应的几何模型而不会划分网格。另外，值得注意的是，如果想生成网格模型，则在源面（或线）上必须划分相应的面网格（或线网格）：

命令：EXTOPT。
GUI：Main Menu → Preprocessor → Modeling → Operate → Extrude → Elem Ext Opts。

弹出"Element Extrusion Options"对话框，如图 3-27 所示。指定想要生成的单元类型（TYPE）、材料号（MAT）、实常数（REAL）、单元坐标系（ESYS）、单元数（VAL1）、单元比率（VAL2），以及指定是否要删除源面（ACLEAR）。

用表 3-4 所列命令及 GUI 菜单路径可用于执行具体的延伸操作。

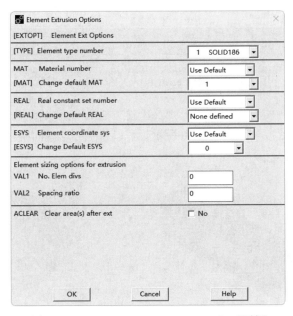

图 3-27 "Element Extrusion Options"对话框

表 3-4 延伸生成网格的命令及 GUI 菜单路径

用法	命令	GUI 菜单路径
面沿指定轴线旋转生成体	VROTAT	Main Menu→Preprocessor→Modeling→Operate→Extrude→Areas→About Axis
面沿指定方向延伸生成体	VEXT	Main Menu→Preprocessor→Modeling→Operate→Extrude→Areas→By XYZ Offset
面沿其法线生成体	VOFFST	Main Menu→Preprocessor→Modeling→Operate→Extrude→Areas→Along Normal
面沿指定路径延伸生成体	VDRAG	Main Menu→Preprocessor→Modeling→Operate→Extrude→Areas→Along Lines
线沿指定轴线旋转生成面	AROTAT	Main Menu→Preprocessor→Modeling→Operate→Extrude→Lines→About Axis
线沿指定路径延伸生成面	ADRAG	Main Menu→Preprocessor→Modeling→Operate→Extrude→Lines→Along Lines
关键点沿指定轴线旋转生成线	LROTAT	Main Menu→Preprocessor→Modeling→Operate→Extrude→Keypoints→About Axis
关键点沿指定路径延伸生成线	LDRAG	Main Menu→Preprocessor→Modeling→Operate→Extrude→Keypoints→Along Lines

另外，当使用 VEXT 或相应 GUI 时，弹出"Extrude Areas by XYZ Offset"对话框，如图 3-28 所示。其中，"DX，DY，DZ"表示延伸的方向和长度，而"RX，RY，RZ"表示延伸时的放大倍数，将网格面延伸生成网格体，如图 3-29 所示。

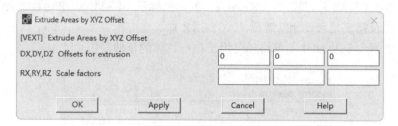

图 3-28 "Extrude Areas by XYZ Offset"对话框

如果不在 EXTOPT 中指定单元属性，那么上述方法只会生成相应的几何模型，有时可以将它们作为布尔运算的替代方法。如图 3-30 所示，可以将空心球截面绕直径旋转一定角度直接生成部分空心圆球。

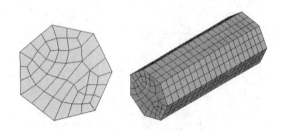 

图 3-29 将网格面延伸生成网格体　　图 3-30 用延伸方法生成部分空心圆球

3.5.2 扫掠生成网格

1）确定体的拓扑模型能够进行扫掠，如果是下列情况之一则不能扫掠：体的一个或多个侧面包含多于一个环；体包含多于一个壳；体的拓扑源面与目标面不是相对的。

2）确定已定义合适的二维和三维单元类型。例如，如果对源面进行预网格划分，并想扫掠成包含二次六面体的单元，则应当先用二次二维面单元对源面划分网格。

3）确定在扫掠操作中如何控制生成单元层数，即沿扫掠方向生成的单元数。可用如下方法控制：

命令：EXTOPT,ESIZE,Val1,Val2。
GUI：Main Menu → Preprocessor → Meshing → Mesh → Volume Sweep → Sweep Opts。

弹出"Sweep Options"对话框，如图 3-31 所示。其中，各选项的含义依次如下：是否清除源面的面网格，在无法扫掠处是否用四面体单元划分网格，程序自动选择源面和目标面还是手动选择，在扫掠方向生成多少单元数，在扫掠方向生成的单元尺寸比率。其中，关于源面、目标面、扫掠方向和生成单元数的含义如图 3-32 所示。

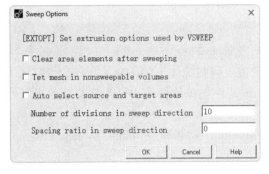

图 3-31 "Sweep Options"对话框

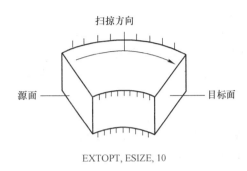

图 3-32 源面、目标面、扫掠方向和生成单元数的含义

4）确定体的源面和目标面。Ansys 在源面上使用的是面单元模式（三角形或者四边形），用六面体或者楔形单元填充体。目标面是仅与源面相对的面。

5）有选择地对源面、目标面和边界面划分网格。

体扫掠操作的结果会因在扫掠前是否对模型的任何面（源面、目标面和边界面）划分网格而不同。典型情况是在扫掠之前对源面划分网格，如果不划分，则 Ansys 程序会自动生成临时面单元，在确定了体扫掠模式之后就会自动清除。

在扫掠前确定是否预划分网格应当考虑以下因素：

◆ 如果想让源面用四边形或三角形映射网格划分，那么应当预划分网格。

◆ 如果想让源面用初始单元尺寸划分网格，那么应当预划分网格。

◆ 如果不预划分网格，Ansys 通常用自由网格划分。

◆ 如果不预划分网格，Ansys 使用由 MSHAPE 设置的单元形状来确定对源面的网格划分。"MSHAPE,0,2D"生成四边形单元，"MSHAPE,1,2D"生成三角形单元。

◆ 如果与体关联的面或线上出现硬点则扫掠操作失败，除非对包含硬点的面或线预划分网格。

◆ 如果源面和目标面都进行预划分网格，那么面网格必须相匹配。不过，源面和目标面并不要求一定都划分成映射网格。

在扫掠之前，体的所有侧面（可以有连接线）必须是映射网格划分或四边形网格划分，如果侧面为划分网格，则必须有一条线在源面上，还有一条线在目标面上。

有时尽管源面和目标面的拓扑结构不同，但扫掠操作依然可以成功，只需采用适当的方法即可。如图 3-33 所示，欲将模型分解成两个模型，分别从不同方向扫掠就可生成合适的网格。

 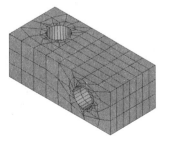

图 3-33 扫掠相邻体

可用如下方法激活体扫掠：

> 命令：VSWEEP,VNUM,SRCA,TRGA,LSMO。
> GUI：Main Menu → Preprocessor → Meshing → Mesh → Volume Sweep → Sweep。

如果用 VSWEEP 命令扫掠体，须指定下列变量值：待扫掠体（VNUM）、源面（SRCA）、目标面（TRGA）。另外，可选用 LSMO 变量指定 Ansys 在扫掠体操作中是否执行线的光滑处理。如果采用 GUI 菜单路径，则执行下列步骤：

◆ 选择菜单途径：Main Menu → Preprocessor → Meshing → Mesh → Volume Sweep → Sweep，弹出体扫掠选择框。

◆ 选择待扫掠的体并单击"Apply"按钮。

◆ 选择源面并单击"Apply"按钮。

◆ 选择目标面，单击"OK"按钮。

图 3-34 所示为一个体扫掠网格示例，图 3-34a、c 表示没有预划分网格直接执行体扫掠的结果，图 3-34b、d 表示在源面上划分映射预网格后执行体扫掠的结果。如果觉得这两种网格结果都不满意，则可以考虑图 3-34e、f、g 所示的形式，步骤如下：

① 清除网格（VCLEAR）。

② 通过在想要分割的位置创建关键点来对源面的线和目标面的线进行分割（LDIV），如图 3-34e 所示。

③ 按图 3-34 将源面上增线的线分割复制到目标面的相应新增线上（新增线是步骤②产生的）。该步骤可以通过网格划分工具实现，菜单途径：Main Menu → Preprocessor → Meshing → MeshTool。

④ 手工对步骤②修改过的边界面划分映射网格，如图 3-34f 所示。

⑤ 重新激活和执行体扫掠，如图 3-34g 所示。

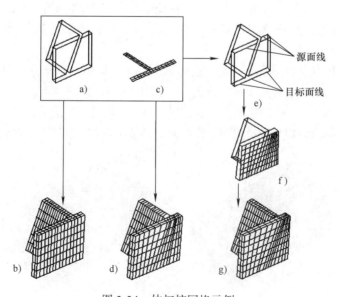

图 3-34 体扫掠网格示例

3.6 修正有限元模型

本节主要叙述一些常用的修改有限元模型的方法，主要包括：
- 局部细化网格。
- 移动和复制节点和单元。
- 控制面、线和单元的法向。
- 修改单元属性。

3.6.1 局部细化网格

通常碰到下面两种情况时，需要考虑对局部区域进行网格细化：

1）已经将一个模型划分了网格，但想在模型的指定区域内得到更好的网格。
2）已经完成分析，同时根据结果想在感兴趣的区域得到更精确的解。

对于由四面体组成的体网格，Ansys 程序允许在指定的节点、单元、关键点、线或面的周围进行局部细化网格，但非四面体单元（如六面体、楔形、棱锥等）不能进行局部细化网格。

表 3-5 列出了局部细化网格的命令及 GUI 菜单途径

表 3-5 局部细化网格的命令及 GUI 菜单路径

用法	命令	GUI 菜单路径
围绕节点细化网格	NREFINE	Main Menu → Preprocessor → Meshing → Modify Mesh → Refine At → Nodes
围绕单元细化网格	EREFINE	Main Menu → Preprocessor → Meshing → Modify Mesh → Refine At → Elements（All）
围绕关键点细化网格	KREFINE	Main Menu → Preprocessor → Meshing → Modify Mesh → Refine At → Keypoints
围绕线细化网格	LREFINE	Main Menu → Preprocessor → Meshing → Modify Mesh → Refine At → Lines
围绕面细化网格	AREFINE	Main Menu → Preprocessor → Meshing → Modify Mesh → Refine At → Areas

图 3-35 ~ 图 3-38 所示为一些网格细化范例。从图中可以看出，控制网格细化时常用的 3 个变量为 LEVEL、DEPTH 和 POST。下面对这 3 个变量分别进行介绍，在此之前，先介绍在何处定义这 3 个变量值。

在节点处细化网格(NREFINE)　　　　　　　在单元处细化网格(EREFINE)

图 3-35 网格细化范例（1）

在关键点处细化网格(KREFINE)

在线附件细化网格(LREFINE)

图 3-36 网格细化范例（2）

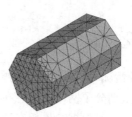

图 3-37 网格细化范例（3）

原始网格　　细化(不清除)(POST=OFF)　　原始网格　　细化(清除)(POST=CLEAN)

图 3-38 网格细化范例（4）

以用菜单路径围绕节点细化网格为例，GUI：Main Menu → Preprocessor → Meshing → Modify Mesh → Refine At → Nodes，弹出"Refine Mesh at Node"选择对话框，在图形窗口选择相应节点，弹出"Refine Mesh at Node"对话框，如图 3-39 所示。在"LEVEL"下拉列表中选择合适的数值作为 LEVEL 值，单击"Advanced options"复选框使其显示为"Yes"，单击"OK"按钮，弹出"Refine mesh at nodes advanced options"对话框，如图 3-40 所示。在"DEPTH"文本框中输入相应数值，在"POST"下拉列表中选择相应选项，其余默认，单击"OK"按钮，即可执行网格细化操作。

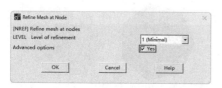 

图 3-39 "Refine Mesh at Node"对话框　　图 3-40 "Refine mesh at nodes advanced options"对话框

下面对这 3 个变量分别进行解释。LEVEL 变量用来指定网格细化的程度，它必须是从 1 到 5 的整数，1 表示最小程度的细化，其细化区域单元边界的长度大约为原单元边界长度的 1/2；5 表示最大程度的细化，其细化区域单元边界的长度大约为原单元边界长度的 1/9，其余值的细化程度见表 3-6。

表 3-6 细化程度

LEVEL 值	细化后单元与原单元边长的比值
1	1/2
2	1/3
3	1/4
4	1/8
5	1/9

DEPTH 变量表示网格细化的范围，默认 DEPTH=0，表示只细化选择点（或单元、线、面等）处一层网格。当然，DEPTH=0 时也可能细化一层之外的网格，那只是因为网格过渡的要求所致。

POST 变量表示是否对网格细化区域进行光滑处理和清理处理。光滑处理表示调整细化区域的节点位置以改善单元形状，清理处理表示 Ansys 程序对那些细化区域或直接与细化区域相连的单元执行清理命令，通常可以改善单元质量。默认情况是进行光滑处理和清理处理。

3.6.2 移动和复制节点和单元

当一个已经划分了网格的实体模型图元被复制时，可以选择是否连同单元和节点一起复制。以复制面为例，在选择菜单路径 Main Menu → Preprocessor → Modeling → Copy → Areas 之后，将弹出"Copy Areas"对话框，如图 3-41 所示。可以在"NOELEM"的下拉列表中选择是否复制单元和节点。

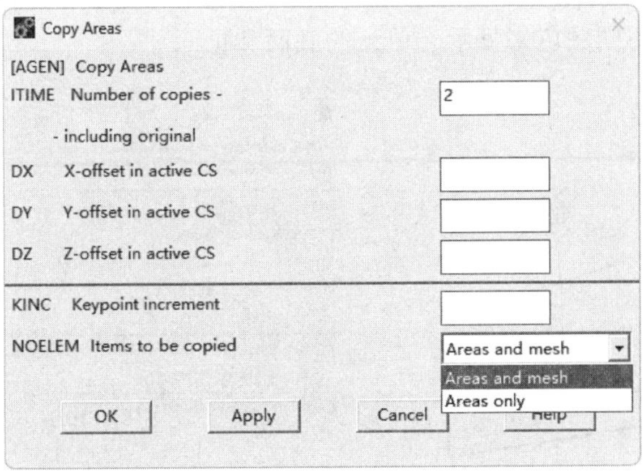

图 3-41 "Copy Areas"对话框

移动和复制节点和单元的命令及 GUI 菜单路径见表 3-7。

表 3-7 移动和复制节点和单元的命令及菜单路径

用法	命令	GUI 菜单路径
移动和复制面	AGEN	Main Menu → Preprocessor → Modeling → Copy → Areas Main Menu → Preprocessor → Modeling → Move/Modify → Areas → Areas
移动和复制体	VGEN	Main Menu → Preprocessor → Modeling → Copy → Volumes Main Menu → Preprocessor → Modeling → Move/Modify → Volumes
对称映像生成面	ARSYM	Main Menu → Preprocessor → Modeling → Reflect → Areas
对称映像生成体	VSYMM	Main Menu → Preprocessor → Modeling → Reflect → Volumes
转换面的坐标系	ATRAN	Main Menu → Preprocessor → Modeling → Move/Modify → Transfer Coord → Areas
转换体的坐标系	VTRAN	Main Menu → Preprocessor → Modeling → Move/Modify → Transfer Coord → Volumes

3.6.3 控制面、线和单元的法向

如果模型中包含壳单元，并且加的是面载荷，那么就需要了解单元面以便能对载荷定义正确的方向。通常，壳的表面载荷将加在单元的某一个面上，并根据右手法则（节点 I、J、K、L 序号方向，如图 3-42 所示）确定正向。如果是用实体模型面进行网格划分的方法生成的壳单元，那么单元的正方向将与面的正方向一致。

有几种方法可用于进行图形检查：

1）壳执行 /NORMAL 命令（GUI：Utility Menu → PlotCtrls → Style → Shell Normals），接着再执行 EPLOT 命令（GUI：Utility Menu → Plot → Elements），该方法可以对壳单元的正法线方向进行一次快速的图形检查。

2）利用命令 /GRAPHICS，POWER（GUI：Utility Menu → PlotCtrls → Style → Hidden-Line Options）打开 "PowerGraphics" 的选项（通常该选项是默认打开的），如图 3-43 所示。"PowerGraphics" 将用不同颜色来显示壳单元的底面和顶面。

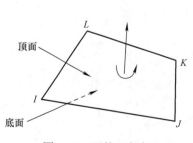

图 3-42 面的正方向

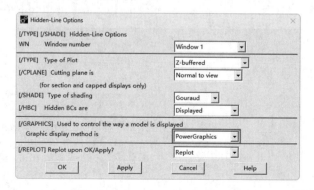

图 3-43 打开 "PowerGraphics" 选项

控制面、线和单元法向的命令及 GUI 菜单路径见表 3-8。

表 3-8 控制面、线和单元法向的命令及 GUI 菜单路径

用法	命令	GUI 菜单路径
重新设定壳单元的法向	ENORM	Main Menu → Preprocessor → Modeling → Move/Modify → Elements → Shell Normals
重新设定面的法向	ANORM	Main Menu → Preprocessor → Modeling → Move/Modify → Areas → Area Normals
将壳单元的法向反向	ENSYM	Main Menu → Preprocessor → Modeling → Move/Modify → Reverse Normals → of Shell Elems
将线的法向反向	LREVERSE	Main Menu → Preprocessor → Modeling → Move/Modify → Reverse Normals → of Lines
将面的法向反向	AREVERSE	Main Menu → Preprocessor → Modeling → Move/Modify → Reverse Normals → of Areas

3.6.4 修改单元属性

通常，要修改单元属性时，可以直接删除单元，重新设定单元属性后再执行网格划分。这个方法最直观，但通常也是最费时、最不方便的。下面介绍一种不必删除网格的简便方法：

命令：EMODIF。
GUI：Main Menu → Preprocessor → Modeling → Move/Modify → Elements → Modify Attrib。

弹出"Modify Elem Attributes"选择对话框，在图形窗口选择相应单元，弹出"Modify Elem Attributes"对话框，如图 3-44 所示。在"STLOC"下拉列表中选择适当选项（如单元类型、材料号、实常数等），然后在"I1"文本框中填入新的序号（表示修改后的单元类型号、材料号或实常数等）。

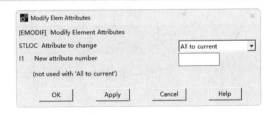

图 3-44 "Modify Elem Attributes"对话框

3.7 编号控制

本节主要叙述用于编号控制（包括关键点、线、面、体、单元、节点、单元类型、实常数、材料号、耦合自由度、约束方程、坐标系等）的命令和 GUI 菜单途径。这种编号控制对于将模型的各个独立部分组合起来是相当有用和必要的。

布尔运算输出图元的编号并非完全可以预估，在不同的计算机系统中，执行同样的布尔运算，其生成图元的编号可能会不同。

3.7.1 合并重复项

如果两个独立的图元在相同或非常相近的位置，可用下列方法将它们合并成一个图元：

命令：NUMMRG。
GUI：Main Menu → Preprocessor → Numbering Ctrls → Merge Items。

弹出"Merge Coincident or Equivalently Defined Items"对话框，如图3-45所示。在"Label"下拉列表中选择合适的选项（如关键点、线、面、体、单元、节点、单元类型、时常数、材料号等）；在"TOLER"文本框中的输入值表示条件公差（相对公差）；"GTOLER"文本框中的输入值表示总体公差（绝对公差），通常采用默认值（即不输入具体数值），图3-46和图3-47所示为两个合并的示例；"ACTION"变量表示是直接合并选择项还是先提示然后再合并（默认是直接合并）；"SWITCH"变量表示是保留合并图元中较高的编号还是较低的编号（默认是较低的编号）。

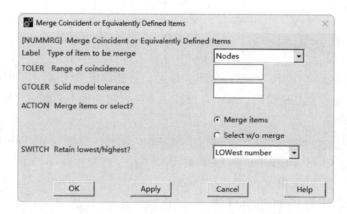

图3-45 "Merge Coincident or Equivalently Defined Items"对话框

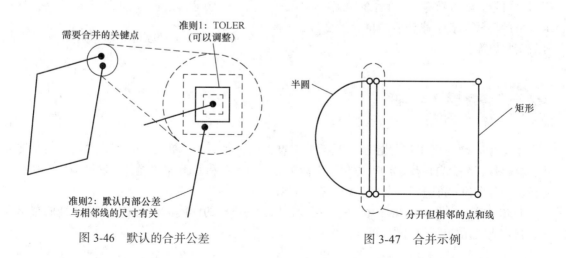

图3-46 默认的合并公差　　　　　图3-47 合并示例

3.7.2 编号压缩

再构造模型时,由于删除、清除、合并或其他操作可能在编号中产生许多空号,可采用如下方法清除空号并保证编号的连续性:

命令:NUMCMP。
GUI:Main Menu → Preprocessor → Numbering Ctrls → Compress Numbers。

弹出"Compress Numbers"对话框,如图 3-48 所示。在"Label"下拉列表中选择适当的选项(如关键点、线、面、体、单元、节点、单元类型、时常数、材料号等),即可执行编号压缩操作。

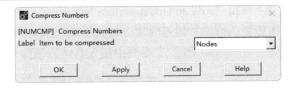

图 3-48 "Compress Numbers"对话框

3.7.3 设定起始编号

在生成新的编号项时,可以控制新生成的系列项的起始编号大于已有图元的最大编号。这样做可以保证新生成图元的连续编号,不会占用已有编号序列中的空号。这样做的另一个理由可以使生成的模型的某个区域在编号上与其他区域保持独立,从而避免将这些区域连接到一块时有编号冲突。设定起始编号的方法如下:

命令:NUMSTR。
GUI:Main Menu → Preprocessor → Numbering Ctrls → Set Start Number。

弹出"Starting Number Specifications"对话框,如图 3-49 所示。在节点(For nodes)、单元(For elements)、关键点(For keypoints)、线(For lines)、面(For areas)文本框中指定相应的起始编号即可。

如果想恢复默认的起始编号,可用如下方法:

命令:NUMSTR,DEFA。
GUI:Main Menu → Preprocessor → Numbering Ctrls → Reset Start Num。

弹出"Reset Starting Number Specifications"对话框,如图 3-50 所示。单击"OK"按钮即可。

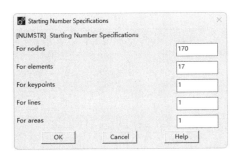

图 3-49 "Starting Number Specifications"对话框

图 3-50 "Reset Starting Number Specifications"对话框

3.7.4 编号偏差

在连接模型中两个独立区域时，为避免编号冲突，可对当前已选取的编号加一个偏差值来重新编号。方法如下：

命令：NUMOFF。

GUI：Main Menu → Preprocessor → Numbering Ctrls → Add Num Offset。

弹出"Add an Offset to Item Numbers"对话框，如图 3-51 所示。在"Label"下拉列表中选择想要执行编号偏差的项（如关键点、线、面、体、单元、节点、单元类型、时常数、材料号等），在"VALUE"文本框中输入具体数值即可。

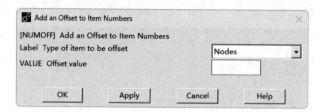

图 3-51 "Add an Offset to Item Numbers"对话框

第 4 章 施加载荷

本章导读

建立完有限元分析模型之后，需要在模型上施加载荷，以检查结构或构件对一定载荷条件的响应。

学习要点

- ◆ 载荷概述
- ◆ 施加载荷
- ◆ 设定载荷步选项

4.1 载荷概述

有限元分析的主要目的是检查结构或构件对一定载荷条件的响应。因此，在分析中指定合适的载荷条件是关键的一步。在 Ansys 程序中，可以用各种方式对模型施加载荷，而且借助于载荷步选项，可以控制在求解中如何使用载荷。

4.1.1 什么是载荷

在 Ansys 术语中，载荷包括边界条件和外部或内部作用力函数，如图 4-1 所示。不同学科中的载荷示例如下：

- 结构分析：位移、力、压力、温度（热应力）和重力。
- 热力分析：温度、热流速率、对流、内部热生成、无限表面。
- 磁场分析：磁势、磁通量、磁场段、电流密度、无限表面。
- 电场分析：电势（电压）、电流、电荷、电荷密度、无限表面。
- 流体分析：速度、压力。

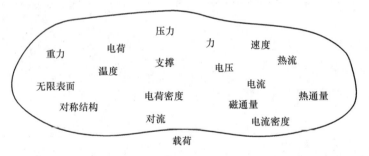

图 4-1 "载荷"包括边界条件和外部或内部作用力函数

载荷分为六类：DOF（约束自由度）、力（集中载荷）、表面载荷、体积载荷、惯性载荷及耦合场载荷。

- DOF（约束自由度）：某些自由度为给定的已知值。例如，结构分析中指定结点位移或对称边界条件等；热分析中指定结点温度等。
- 力（集中载荷）：施加于模型结点上的集中载荷。例如，结构分析中的力和力矩；热分析中的热流率；磁场分析中的电流。
- 表面载荷：施加于某个表面上的分布载荷。例如，结构分析中的压力；热力分析中的对流量和热通量。
- 体积载荷：施加在体积上的载荷或场载荷。例如，结构分析中的温度，热力分析中的内部热源密度；磁场分析中为磁通量。
- 惯性载荷：由物体惯性引起的载荷，如重力加速度引起的重力，角速度引起的离心力等。主要在结构分析中使用。

◆ 耦合场载荷：可以认为是以上载荷的一种特殊情况，从一种分析中得到的结果用作另一种分析的载荷。例如，可施加磁场分析中计算所得的磁力作为结构分析中的载荷，也可以将热分析中的温度结果作为结构分析的载荷。

4.1.2 载荷步、子步和平衡迭代

载荷步是为了获得正确的求解结果，由用户直接定义的加载配置，是用户分次输入载荷的结果。在线性静态分析或稳态分析中，可以使用不同的载荷步施加不同的载荷组合：在第一个载荷步中施加风载荷，在第二个载荷步中施加重力载荷，在第三个载荷步中施加风和重力载荷，以及一个不同的支承条件等。在瞬态分析中，可以将多个载荷步加到载荷历程曲线的不同区段。

Ansys 程序将为第一个载荷步选择的单元组用于随后的载荷步，而无论用户为随后的载荷步指定哪个单元组。要选择一个单元组，可使用下列两种方法之一：

GUI：Utility Menu → Select → Entities。
命令：ESEL。

图 4-2 所示为一个需要 3 个载荷步的载荷历程曲线：第一个载荷步用于线性载荷，第二个载荷步用于不变载荷部分，第三个载荷步用于卸载。

子步为执行求解载荷步中的点。由于不同的原因，有时需要使用子步。

在非线性静态分析或稳态分析中，使用子步逐渐施加载荷以便能获得精确解。

在线性分析或非线性瞬态分析中，使用子步满足瞬态时间累积法则（为获得精确解通常规定一个最小累积时间步长）。

在谐波分析中，使用子步获得谐波频率范围内多个频率处的解。

平衡迭代是在给定子步下为了收敛而计算的附加解，仅用于收敛起着很重要作用的非线性分析中的迭代修正。例如，对二维非线性静态磁场分析，为获得精确解，通常使用两个载荷步（见图 4-3）。

◆ 第一个载荷步，将载荷逐渐加到 5~10 个子步以上，每个子步仅用一个平衡迭代。
◆ 第二个载荷步，得到最终收敛解，且仅有一个使用 15~25 次平衡迭代的子步。

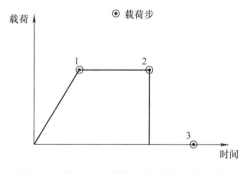

图 4-2 需要 3 个载荷步的载荷历程曲线

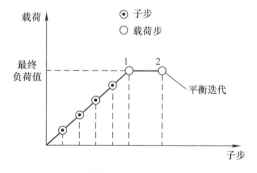

图 4-3 载荷步、子步和平衡迭代

4.1.3 时间参数

在所有静态分析和瞬态分析中，Ansys 使用时间作为跟踪参数，而无论分析是否依赖于时间。其好处是：在所有情况下可以使用一个不变的"计数器"或"跟踪器"，不需要依赖于分析的术语。此外，时间总是单调增加的，且自然界中大多数事情的发生都需要经历一段时间，而无论该时间多么短暂。

显然，在瞬态分析或与速率有关的静态分析（蠕变或黏塑性）中，时间代表实际的、按年月顺序的时间，用秒、分钟或小时表示。在指定载荷历程曲线的同时（使用 TIME 命令），对每个载荷步的结束点赋予时间值。可采用如下方法之一赋予时间值：

GUI：Main Menu → Preprocessor → Load → Load Step Opts → Time/Frequenc → Time and Substps（Time-Time Step）。

GUI：Main Menu → Solution → Load Step Opts → Time/Frequenc → Time and Substps(Time-Time Step)。

命令：TIME。

然而，在不依赖于速率的分析中，时间仅仅成为一个识别载荷步和子步的计数器。默认情况下，程序自动地对 time 赋值，在载荷步 1 结束时，赋 time=1；在载荷步 2 结束时，赋 time=2；依此类推。载荷步中的任何子步将被赋给合适的、用线性插值得到的时间值。在这样的分析中，通过赋给自定义的时间值，就可建立自己的跟踪参数。例如，若要将 1000 个单位的载荷施加到一载荷步上，可以在该载荷步的结束时将时间指定为 1000，以使载荷和时间值完全同步。

在后处理器中，如果得到一个变形-时间关系图，其含义与变形-载荷关系相同。这种技术非常有用，如在大变形分析及屈曲分析中，其任务是跟踪结构载荷增加时结构的变形。

当求解中使用弧长方法时，时间还表示另一含义。在这种情况下，时间等于载荷步开始时的时间值加上弧长载荷系数（当前所施加载荷的放大系数）的数值。ALLF 不必单调增加（即它可以增加、减少或甚至为负），且在每个载荷步的开始时被重新设置为 0。因此，在弧长求解中，时间不作为"计数器"。

载荷步为作用在给定时间间隔内的一系列载荷。子步为载荷步中的时间点，在这些时间点求得中间解。两个连续的子步之间的时间差称为时间步长或时间增量。平衡迭代是为了收敛而在给定时间点进行计算的迭代求解。

4.1.4 阶跃载荷与坡道载荷

当在一个载荷步中指定一个以上的子步时，就出现了载荷应是阶跃载荷还是坡道载荷的问题。

如果载荷是阶跃的，那么全部载荷施加于第一个载荷子步，且在载荷步的其余部分，载荷保持不变，如图 4-4a 所示。

如果载荷是逐渐递增的，那么在每个载荷子步载荷值逐渐增加，且全部载荷出现在载荷步结束时，如图 4-4b 所示。

施加载荷 >>>

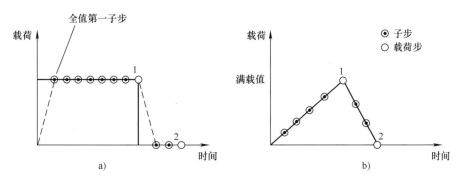

图 4-4 阶跃载荷与坡道载荷

可以通过如下方法表示载荷为坡道载荷还是阶跃载荷：

GUI：Main Menu → Solution → Load Step Opts → Time/Frequenc → Freq & Substeps（Time and Substps / Time - Time Step）。
命令：KBC。

"KBC，0"表示载荷为坡道载荷；"KBC，1"表示载荷为阶跃载荷。默认值取决于学科和分析类型，以及 SOLCONTROL 是处于 ON 或 OFF 的状态。

载荷步选项是用于表示控制载荷应用的各选项（如时间、子步数、时间步、载荷为阶跃或逐渐递增）的总称。其他类型的载荷步选项包括收敛公差（用于非线性分析）、结构分析中的阻尼规范及输出控制。

4.2 施加载荷的方式

可以将大多数载荷施加于实体模型（如关键点、线和面）上或有限元模型（节点和单元）上。例如，可在关键点或节点施加指定集中载荷。同样地，可以在线和面或在节点和单元面上指定对流（和其他表面载荷）。无论怎样指定载荷，求解器期望所有载荷应依据有限元模型。因此，如果将载荷施加于实体模型，在开始求解时，程序自动将这些载荷转换到节点和单元上。

4.2.1 实体模型载荷与有限单元载荷

施加于实体模型上的载荷称为实体模型载荷，而直接施加于有限元模型上的载荷称为有限单元载荷。实体模型载荷有如下优缺点：

（1）优点

1）实体模型载荷独立于有限元网格，即可以改变单元网格而不影响施加的载荷。这就允许更改网格并进行网格敏感性研究，而不必每次重新施加载荷。

2）与有限元模型相比，实体模型通常包括较少的实体。因此，选择实体模型的实体并在这些实体上施加载荷要容易得多，尤其是通过图形选择时。

（2）缺点

1）Ansys 网格划分命令生成的单元处于当前激活的单元坐标系中。网格划分命令生成的节点使用整体笛卡儿坐标系。因此，实体模型和有限元模型可能具有不同的坐标系和加载方向。

2）在简化分析中，实体模型很不方便。此时，载荷施加于主自由度（仅能在节点而不能在关键点定义主自由度）。

3）施加关键点约束很棘手，尤其是当约束扩展选项被使用时（扩展选项允许将一约束特性扩展到通过一条直线连接的两关键点之间的所有节点上）。

4）不能显示所有实体模型载荷。

如前所述，在开始求解时，实体模型载荷将自动转换到有限元模型。Ansys 程序将改写任何已存在于对应的有限单元实体上的载荷。删除实体模型载荷将删除所有对应的有限元载荷。

有限单元载荷有如下优缺点：

（1）优点

1）在简化分析中不会产生问题，因为可将载荷直接施加在主节点。

2）不必担心约束扩展，可简单地选择所有所需节点，并指定适当的约束。

（2）缺点

1）任何有限元网格的修改都使载荷无效，需要删除先前的载荷并在新网格上重新施加载荷。

2）不便使用图形施加载荷，除非仅包含几个节点或单元。

4.2.2 如何施加载荷

本节主要讨论如何施加 DOF（自由度）约束、集中载荷、表面载荷、体积载荷、惯性载荷和耦合场载荷。

1. DOF 约束

表 4-1 列出了不同学科中可用的自由度和相应的 Ansys 标识符。标识符（如 UX、ROTZ、AY 等）所包含的任何方向都在节点坐标系中。

表 4-1 不同学科中可用的 DOF 约束和相应的 Ansys 标识符

学科	自由度	Ansys 标识符
结构分析	平移	UX、UY、UZ
	旋转	ROTX、ROTY、ROTZ
热力分析	温度	TEMP
磁场分析	矢量势	AZ
	标量势	MAG
电场分析	电压	VOLT
流体分析	速度	VX、VY、VZ
	压力	PRES
	紊流动能	ENKE
	紊流扩散速率	ENDS

表4-2列出了用于施加DOF约束的命令。需要注意的是，可以将约束施加于节点、关键点、线和面上。

表4-2　用于施加DOF约束的命令

位置	基本命令	附加命令
节点	D, DLIST, DDELE	DSYM, DSCALE, DCUM
关键点	DK, DKLIST, DKDELE	
线	DL, DLLIST, DLDELE	
面	DA, DALIST, DADELE	
转换	SBCTRAN	DTRAN

下面是一些可用于施加DOF约束的GUI菜单路径：

GUI：Main Menu → Preprocessor → Loads → Define Loads → Apply → load type → On Nodes。
GUI：Utility Menu → List → Loads → DOF Constraints → On All Keypoints。
GUI：Main Menu → Solution → Define Loads → Apply → load type → On Lines。

2. 集中载荷

表4-3列出了不同学科中可用的集中载荷和相应的Ansys标识符。标识符（如FX、MZ、CSGY等）所包含的任何方向都在节点坐标系中。

表4-3　不同学科中可用的集中载荷和相应的Ansys标识符

学科	力	Ansys标识符
结构分析	力	FX、FY、FZ
	力矩	MX、MY、MZ
热力分析	热流速率	HEAT
磁场分析	感生电流段	CSGX、CSGY、CSGZ
	磁通量	FLUX
电场分析	电流	AMPS
	电荷	CHRG
流体分析	流体流动速率	FLOW

表4-4列出了用于施加集中载荷的命令。需要注意的是，可以将集中载荷施加于节点和关键点上。

表4-4　用于施加集中载荷的命令

位置	基本命令	附加命令
节点	F, FLIST, FDELE	FSCALE, FCUM
关键点	FK, FKLIST, FKDELE	
转换	SBCTRAN	FTRAN

下面是一些用于施加集中载荷的 GUI 菜单路径：

> GUI：Main Menu → Preprocessor → Loads → Define Loads → Apply → load type → On Nodes。
> GUI：Utility Menu → List → Loads → Forces → On Keypoints。
> GUI：Main Menu → Solution → Define Loads → Apply → load type → On Lines。

3. 面载荷

表 4-5 列出了不同学科中可用的表面载荷和相应的 Ansys 标识符。

表 4-5　不同学科中可用的表面载荷和相应的 Ansys 标识符

学科	表面载荷	Ansys 标识符
结构分析	压力	PRES
热力分析	对流	CONV
	热流量	HFLUX
	无限表面	INF
磁场分析	麦克斯韦表面	MXWF
	无限表面	INF
电场分析	麦克斯韦表面	MXWF
	表面电荷密度	CHRGS
	无限表面	INF
流体分析	流体结构界面	FSI
	阻抗	IMPD
所有学科	超级单元载荷矢	SELV

表 4-6 列出了用于施加表面载荷的命令。需要注意的是，不仅可以将表面载荷施加在线和面上，还可以施加于节点和单元上。

表 4-6　用于施加表面载荷的命令

位置	基本命令	附加命令
节点	SF, SFLIST, SFDELE	SFSCALE, SFCUM, SFFUN
单元	SFE, SFELIST, SFEDELE	SEBEAM, SFFUN, SFGRAD
线	SFL, SFLLIST, SFLDELE	SFGRAD
面	SFA, SFALIST, SFADELE	SFGRAD
转换	SFTRAN	

下面是一些用于施加表面载荷的 GUI 菜单路径：

> GUI：Main Menu → Preprocessor → Loads → Define Loads → Apply → load type → On Nodes。
> GUI：Utility Menu → List → Loads → Surface Loads → On Elements。
> GUI：Main Menu → Solution → Loads → Define Loads → Apply → load type → On Lines。

Ansys 程序根据单元和单元面存储在节点上指定的面载荷。因此，如果对同一表面使用节点面载荷命令和单元面载荷命令，则使用最后的规定。

4. 体积载荷

表 4-7 列出了不同学科中可用的体积载荷和相应的 Ansys 标识符。

表 4-7　不同学科中可用的体积载荷和相应的 Ansys 标识符

学科	体积载荷	Ansys 标识符
结构分析	温度	TEMP
	热流量	FLUE
热力分析	热生成速率	HGEN
磁场分析	温度	TEMP
	磁场密度	JS
	虚位移	MVDI
	电压降	VLTG
电场分析	温度	TEMP
	体积电荷密度	CHRGD
流体分析	热生成速率	HGEN
	力速率	FORC

表 4-8 所示为用于施加体积载荷的命令。需要注意的是，可以将体积载荷施加在节点、单元、关键点、线、面和体上。

表 4-8　用于施加体积载荷的命令

位置	基本命令	附加命令
节点	BF, BFLIST, BFDELE	BFSCALE, BFCUM, BFUNIF
单元	BFE, BFELIST, BFEDELE	BEESCAL, BFECUM
关键点	BFK, BFKLIST, BFKDELE	
线	BFL, BFLLIST, BFLDELE	
面	BFA, BFALIST, BFADELE	
体	BFV, BFVLIST, BFVDELE	
转换	BFTRAN	

下面是一些用于施加体积载荷的 GUI 菜单路径：

GUI：Main Menu → Preprocessor → Loads → Define Loads → Apply → load type → On Nodes(On Keypoints)。
GUI：Utility Menu → List → Loads → Body Loads → On Picked Elems(On Picked Lines)。
GUI：Main Menu → Solution → Load → Apply → load type → On Volumes。

在节点指定的体积载荷独立于单元上的载荷。对于一给定的单元，Ansys 程序按下列方法决定使用哪一载荷。

1）Ansys 程序检查是否对单元指定体积载荷。
2）如果不是，则使用指定给节点的体积载荷。
3）如果单元或节点上没有体积载荷，则通过 BFUNIF 命令指定的体积载荷生效。

5. 惯性载荷

用于施加惯性载荷的命令及 GUI 菜单路径见表 4-9。

表 4-9　用于施加惯性载荷的命令及 GUI 菜单路径

命令	GUI 菜单路径
ACEL	Main Menu → Preprocessor → Loads → Define Loads → Apply → Structural → Inertia → Gravity Main Menu → Preprocessor → Loads → Define Loads → Delete → Structural → Inertia → Gravity Main Menu → Solution → Define Loads → Apply → Structural → Inertia → Gravity Main Menu → Solution → Define Loads → Delete → Structural → Inertia → Gravity
CGLOC	Main Menu → Preprocessor → Loads → Define Loads → Apply → Structural → Inertia → Coriolis Effects Main Menu → Preprocessor → Loads → Define Loads → Delete → Structural → Inertia → Coriolis Effects Main Menu → Solution → Define Loads → Apply → Structural → Inertia → Coriolis Effects Main Menu → Solution → Define Loads → Delete → Structural → Inertia → Coriolis Effects
CGOMEGA	Main Menu → Preprocessor → Loads → Define Loads → Apply → Structural → Inertia → Coriolis Effects Main Menu → Preprocessor → Loads → Define Loads → Delete → Structural → Inertia → Coriolis Effects Main Menu → Solution → Define Loads → Apply → Structural → Inertia → Coriolis Effects Main Menu → Solution → Define Loads → Delete → Structural → Inertia → Coriolis Effects
DCGOMG	Main Menu → Preprocessor → Loads → Define Loads → Apply → Structural → Inertia → Coriolis Effects Main Menu → Preprocessor → Loads → Define Loads → Delete → Structural → Inertia → Coriolis Effects Main Menu → Solution → Define Loads → Apply → Structural → Inertia → Coriolis Effects Main Menu → Solution → Define Loads → Delete → Structural → Inertia → Coriolis Effects
DOMEGA	Main Menu → Preprocessor → Loads → Define Loads → Apply → Structural → Inertia → AngularAccel → Global Main Menu → Preprocessor → Loads → Define Loads → Delete → Structural → Inertia → AngularAccel → Global Main Menu → Solution → Define Loads → Apply → Structural → Inertia → Angular Accel → Global Main Menu → Solution → Define Loads → Delete → Structural → Inertia → Angular Accel → Global
IRLF	Main Menu → Preprocessor → Loads → Define Loads → Apply → Structural → Inertia → Inertia Relief Main Menu → Preprocessor → Loads → Load Step Opts → Output Ctrls → Incl Mass Summry Main Menu → Solution → Define Loads → Apply → Structural → Inertia → Inertia Relief Main Menu → Solution → Load Step Opts → Output Ctrls → Incl Mass Summry
OMEGA	Main Menu → Preprocessor → Loads → Define Loads → Apply → Structural → Inertia → AngularVelocity → Global Main Menu → Preprocessor → Loads → Define Loads → Delete → Structural → Inertia → AngularVeloc → Global Main Menu → Solution → Define Loads → Apply → Structural → Inertia → Angular Velocity → Global Main Menu → Solution → Define Loads → Delete → Structural → Inertia → Angular Velocity → Global

ACEL、CGOMEGA 和 DOMEGA 命令分别用于指定在整体笛卡儿坐标系中的加速度、角速度和角加速度。

ACEL 命令用于对物体施加一加速场（非重力场）。因此，要施加作用于负 Y 方向的重力，应指定一个和正 Y 方向的加速度。

使用 CGOMEGA 和 DCGOMG 命令指定一旋转物体的角速度和角加速度时，该物体本身正相对于另一个参考坐标系旋转。CGLOC 命令用于指定参照坐标系相对于整体笛卡儿坐标系的位置。例如，在静态分析中，为了考虑 Coriolis 效果，可以使用这些命令。

当模型具有质量时惯性载荷有效。惯性载荷通常是通过指定密度来施加的（还可以通过使用质量单元，如 MASS21 对模型施加质量，但通过密度的方法施加惯性载荷更常用、更有效）。

对于其他数据，Ansys 程序要求以质量为恒定单位。

只有在下列情况下可以使用重度来代替密度：

1）模型仅用于静态分析。

2）没有施加角速度或角加速度。

3）以重力加速度为单位值（g=1.0）。

为了能够以"方便的"重度形式或以"一致的"密度形式使用密度，指定密度的一种简便的方式是将重力加速度 g 定义为参数，见表 4-10。

表 4-10　指定密度的方式

方便形式	一致形式	说明
g=1.0	g=386.0	参数定义
MP, DENS, 1, 0.283/g	MP, DENS, 1, 0.283/g	钢的密度
ACEL,, g	ACEL,, g	重力载荷

6. 耦合场载荷

在耦合场分析中，通常包含将一个分析中的结果数据施加于第二个分析作为第二个分析的载荷。例如，可以将热力分析中计算的节点温度施加于结构分析（热应力分析）中，作为体积载荷。同样，可以将磁场分析中计算的磁力施加于结构分析中，作为节点力。要施加这样的耦合场载荷，可采用下列方法之一：

GUI：Main Menu → Preprocessor → Loads → Define Loads → Define Loads → Apply → load type → From source。

GUI：Main Menu → Solution → Define Loads → Apply → load type → From source。

命令：LDREAD。

4.2.3　利用表格施加载荷

通过一定的命令和菜单路径，能够利用表格参数来施加载荷，即通过指定列表参数名来代替指定特殊载荷的实际值。然而，并不是所有的边界条件都支持这种制表载荷，因此在使用表格来施加载荷时，一般先参考一定的文件来确定指定的载荷是否支持表格参数。

当由命令来定义载荷时，必须使用符号 % : % 表格名 %。例如，当确定一个描述对流值表格时，有如下命令表达式：

SF, all, conv, %sycnv%, tbulk

在施加载荷的同时，通过选择"new table"选项可以定义新的表格。同样，在施加载荷之前，还可以通过如下方式之一来定义一个表格：

GUI：Utility Menu → Parameters → Array Parameters → Define/Edit。

命令：*DIM。

1. 定义初始变量

当定义一个列表参数表格时，根据不同的分析类型，可以定义各种各样的初始参数。表 4-11 列出了不同分析类型的边界条件、初始变量及对应的命令。

表 4-11 不同分析类型的边界条件、初始变量及对应的命令

边界条件	初始变量	命令
热分析		
固定温度	TIME, X, Y, Z	D, (TEMP, TBOT, TE2, TE3, …, TTOP)
热流	TIME, X, Y, Z, TEMP	F, (HEAT, HBOT, HE2, HE3, …, HTOP)
对流	TIME, X, Y, Z, TEMP, VELOCITY	SF, CONV
体积温度	TIME, X, Y, Z	SF, TBULK
热通量	TIME, X, Y, Z, TEMP	SF, HFLU
热源	TIME, X, Y, Z, TEMP	BFE, HGEN
结构分析		
位移	TIME, X, Y, Z, TEMP	D, (UX, UY, UZ, ROTX, ROTY, ROTZ)
力和力矩	TIME, X, Y, Z, TEMP, SECTOR	F, (FX, FY, FZ, MX, MY, MZ)
压力	TIME, X, Y, Z, TEMP, SECTOR	SF, PRES
温度	TIME	BF, TEMP
电场分析		
电压	TIME, X, Y, Z	D, VOLT
电流	TIME, X, Y, Z	F, AMPS
流体分析		
压力	TIME, X, Y, Z	D, PRES
流速	TIME, X, Y, Z	F, FLOW

单元 SURF151、SURF152 和单元 FLUID116 的实常数与初始变量相关联，见表 4-12。

表 4-12 实常数与相应的初始变量

实常数	初始变量
SURF151、SURF152	
旋转速率	TIME, X, Y, Z
FLUID116	
旋转速率	TIME, X, Y, Z
滑动因子	TIME, X, Y, Z

2. 定义独立变量

当需要指定不同于列表显示的初始变量时，可以定义一个独立的参数变量。在指定独立参数变量的同时，定义了一个附加表格来表示独立参数。这一表格必须与独立参数变量同名，并且同时是一个初始变量或另外一个独立参数变量的函数。能够定义许多独立参数，但所有的独立参数必须与初始变量有一定的关系。

例如，考虑一对流系数（HF），其变化为旋转速率（RPM）和温度（TEMP）的函数。此时，初始变量为 TEMP，独立参数变量为 RPM，而 RPM 随着时间的变化而变化。因此，需要两个表格：一个关联 RPM 与 TIME，另一个关联 HF 与 RPM 和 TEMP，其命令流如下：

```
*DIM,SYCNV,TABLE,3,3,,RPM,TEMP
SYCNV(1,0)=0.0,20.0,40.0
SYCNV(0,1)=0.0,10.0,20.0,40.0
SYCNV(0,2)=0.5,14.0,30.0,60.0
SYCNV(0,3)=1.0,20.0,40.0,80.0
*DIM,RPM,TABLE,4,1,1,TIME
RPM(1,0)=0.0,10.0,40.0,60.0
RPM(1,1)=0.0,4.0,20.0,30.0
SF,ALL,CONV,%SYCNV%
```

3. 表格参数操作

可以通过如下方式对表格进行一定的数学运算，如加法、减法与乘法。

GUI：Utility Menu → Parameters → Array Operations → Table Operations。

命令：*TOPER

两个参与运算的表格必须具有相同的尺寸，每行、每列的变量名必须相同。

4. 确定边界条件

当利用列表参数定义边界条件时，可以通过如下 5 种方式检验其是否正确。

1）检查输出窗口。当使用制表边界条件于有限单元或实体模型时，输出窗口显示的是表格名称而不是一定的数值。

2）列表显示边界条件。当在预处理过程中列表显示边界条件时，列表显示的是表格名称；当在求解或后处理过程中列表显示边界条件时，显示的却是位置或时间。

3）检查图形显示。在制表边界条件运用的地方，可以通过标准的 Ansys 图形显示功能（/PBC，/PSF 等）显示出表格名称和一些符号（箭头），当然前提是表格编号显示处于工作状态（/PNUM，TABNAM，ON）。

4）在通用后处理器中检查表格的代替数值。

5）通过命令 *STATUS 或 GUI 菜单路径（Utility Menu → List → Other → Parameters）可以重新获得任意与变量结合的表格参数值。

4.2.4 轴对称载荷与反作用力

对约束、表面载荷、体积载荷和 Y 方向加速度，可以像对任何非轴对称模型上定义这些载荷一样来精确地定义这些载荷。然而，对集中载荷的定义，过程有所不同。因为这些载荷大小、输入的力、力矩等数值是在 360° 范围内进行的，即根据沿周边的总载荷输入载荷值。例如，如果 1500lbf/in 的轴对称轴向载荷被施加到直径为 10in 的管上（见图 4-5），47124lbf（1500×2π×5=47124lbf）的总载荷将按下列方法被施加到节点 N 上：

F,N,FY,47124

轴对称结果也按对应的输入载荷相同的方式解释，即输出的反作用力，力矩等按总载荷（360°）计。轴对称协调单元要求其载荷表示以傅里叶级数形式来施加。对这些单元，可使用 MODE 命令（Main Menu → Preprocessor → Loads → Load Step Opts → Other → For Harmonic

Ele 或 Main Menu → Solution → Load Step Opts → Other → For Harmonic Ele）及其他载荷命令（D，F，SF 等）。一定要指定足够数量的约束，防止产生不期望的刚体运动、不连续或奇异性。例如，对实心杆这样的实体结构的轴对称模型，缺少沿对称轴的 UX 约束，在结构分析中就可能形成虚位移（不真实的位移），如图 4-6 所示。

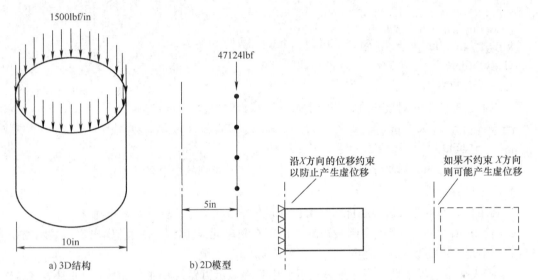

图 4-5　在 360°范围内定义集中轴对称载荷　　图 4-6　实体轴对称结构的约束

4.2.5　利用函数施加载荷和边界条件

可以通过一些函数工具对模型施加复杂的边界条件。这些函数工具包括两个部分：

1）函数编辑器：创建任意的方程或多重函数。

2）函数装载器：获取创建的函数并制成表格。可以分别通过两种方式进入函数编辑器和函数装载器：

> GUI：Utility Menu → Parameters → Functions → Define/Edit，或者 GUI：Main Menu → Solution → Define Loads → Define Loads → Apply → Functions → Define/Edit。
>
> GUI：Utility Menu → Parameters → Functions → Read from file，或者 GUI：Main Menu → Solution → Define Loads → Apply → Functions → Read file。

当然，在使用函数边界条件之前，应该了解以下一些要点：

1）当数据能够方便地用一表格表示时，推荐使用表格边界条件。

2）在表格中，函数呈现等式的形式而不是一系列的离散数值。

3）不能通过函数边界条件来避免一些限制性边界条件，并且这些函数对应的初始变量是被表格边界条件支持的。

同样，当使用函数工具时，还必须熟悉如下几个特定的情况：

◆ 函数：一系列方程定义了高级边界条件。

◆ 初始变量：在求解过程中被使用和评估的独立变量。

◆ 域：以单一的域变量为特征的操作范围或设计空间的一部分。域变量在整个域中是连续的，每个域包含一个唯一的方程来评估函数。

◆ 域变量：支配方程用于函数的评估而定义的变量。

◆ 方程变量：在方程中指定的一个变量，此变量在函数装载过程中被赋值。

1. 函数编辑器的使用

函数编辑器定义了域和方程。通过一系列的初始变量、方程变量和数学函数来建立方程。能够创建一个单一的等式，也可以创建包含一系列方程等式的函数，而这些方程等式对应不同的域。

使用函数编辑器的步骤如下：

1）打开函数编辑器。GUI：Utiltity Menu → Parameters → Functions → Define/Edit，或者 Main Menu → Solution → Define Loads → Define Loads → Apply → Functions → Define/Edit。

2）选择函数类型。选择单一方程或一个复合函数。如果选择后者，则必须输入域变量的名称。当选择复合函数时，6 个域标签被激活。

3）选择 degrees 或 radians。这一选择仅仅决定了方程如何被评估，对命令 *AFUN 没有任何影响。

4）定义结果方程，或者使用初始变量和方程变量来描述域变量的方程。如果定义了一个单一方程的函数，则跳到第 10）步。

5）单击第一个域标签。输入域变量的最小值和最大值。

6）在此域中定义方程。

7）单击第二个域标签。注意，第二个域变量的最小值已被赋予，且不能被改变，这就保证了整个域的连续性。输入域变量的最大值。

8）在此域中定义方程。

9）重复这一过程直到最后一个域。

10）对函数进行注释。在编辑器菜单栏选择 Editor → Comment，输入对函数的注释。

11）保存函数。在编辑器菜单栏选择 Editor → Save 并输入文件名。文件名必须以 .func 为后缀名。

一旦函数被定义且保存了，可以在任何一个 Ansys 分析中使用它们。为了使用这些函数，必须装载它们并对方程变量进行赋值，同时赋予其表格参数名称以便在特定的分析中使用它们。

2. 函数装载器的使用

当在分析中准备对方程变量进行赋值、对表格参数指定名称和使用函数时，需要把函数装入函数装载器中，其步骤如下：

1）打开函数装载器。GUI：Utility Menu → Parameters → Functions → Read from file。

2）打开保存函数的目录，选择正确的文件并打开。

3）在函数装载对话框中输入表格参数名。

4）在对话框的底部将看到一个函数标签和构成函数的所有域标签，以及每个指定方程变量的数据输入文本框，在其中输入合适的数值。

在函数装载对话框中，仅数值数据可以作为常数值，而字符数据和表达式不能被作为常数值。

5）重复每个域的过程。

6）单击保存，直到已经为函数中每个域中的所有变量赋值后，才能以表格参数的形式来保存。

函数作为一个代码方程被制成表格，在 Ansys 中，当表格被评估时，这种代码方程才起作用。

3. 图形或列表显示边界条件函数

可以图形显示定义的函数，可视化当前的边界条件函数，还可以列表显示方程的结果。通过这种方式，可以检验定义的方程是否和所期待的一样。无论图形显示还是列表显示，都需要先选择一个要图形显示其结果的变量，并且必须设置其 X 轴的范围和图形显示点的数量。

4.3 设定载荷步选项

载荷步选项（Load step options）是各选项的总称，这些选项用于在求解选项中及其他选项（如输出控制、阻尼特性和响应频谱数据）中控制如何使用载荷。载荷步选项随载荷步的不同而异，有 6 种类型的载荷步选项：

◆ 通用选项。
◆ 非线性选项。
◆ 动力学分析选项。
◆ 输出控制。
◆ 毕-萨（Biot-Savart）选项。
◆ 谱分析选项。

4.3.1 通用选项

通用选项包括：瞬态分析或静态分析中载荷步结束的时间，子步数或时间步大小，阶跃或递增载荷，以及其他通用选项。

1. 时间选项

TIME 命令用于指定在瞬态分析或静态分析中载荷步结束的时间。在瞬态分析或其他与速率有关的分析中，TIME 命令用于指定实际的、按年月顺序的时间，且要求指定一时间值。在与非速率无关的分析中，时间作为一跟踪参数。在 Ansys 分析中，决不能将时间设置为 0。如果执行"TIME，0"或"TIME，<空>"命令，或者根本就没有发出 TIME 命令，Ansys 使用默认时间值；第一个载荷步为 1.0，其他载荷步为 1.0 + 前一个时间。要在"0"时间开始分析，如在瞬态分析中，应指定一个非常小的值，如 TIME，1E-6。

2. 子步数或时间步大小

对于非线性或瞬态分析，要指定一个载荷步中需要的子步数。指定子步数的方法如下：

GUI：Main Menu → Preprocessor → Loads → Load Step Opts → Time/Frequenc → Time-Time Step。

施加载荷

GUI：Main Menu → Solution → Analysis Type → Sol'n Control → Basic。
GUI：Main Menu → Solution → Load Step Opts → Time/Frequenc → Time-Time Step。
命令：DELTIM。
GUI：Main Menu → Preprocessor → Loads → Load Step Opts → Time/Frequenc → Freq and Substeps。
GUI：Main Menu → Solution → Analysis Type → Sol'n Control → Basic。
GUI：Main Menu → Solution → Load Step Opts → Time/Frequenc → Freq and Substeps。
GUI：Main Menu → Solution → Unabridged Menu → Time/Frequenc → Freq and Substeps。
命令：NSUBST。

NSUBST 命令用于指定子步数，DELTIM 命令用于指定时间步的大小。在默认情况下，Ansys 程序在每个载荷步中使用一个子步。

3．时间步自动阶跃

AUTOTS 命令用于激活时间步自动阶跃。等价的 GUI 菜单路径为：

GUI：Main Menu → Preprocessor → Loads → Load Step Opts → Time/Frequenc → Time-Time Step。
GUI：Main Menu → Solution → Analysis Type → Sol'n Control → Basic。
GUI：Main Menu → Solution → Load Step Opts → Time/Frequenc → Time-Time Step。

在时间步自动阶跃时，根据结构或构件对施加载荷的响应，程序计算每个子步结束时最优的时间步。在非线性静态分析或稳态分析中使用时，AUTOTS 命令确定了子步之间载荷增量的大小。

4．阶跃或递增载荷

在一个载荷步中指定多个子步时，需要指明载荷是逐渐递增还是阶跃。KBC 命令用于此目的："KBC，0"指明载荷是逐渐递增；"KBC，1"指明载荷是阶跃载荷。默认值取决于分析的学科和分析类型（与 KBC 命令等价的 GUI 菜单路径和与 DELTIM、NSUBST 命令等价的 GUI 菜单路径相同）。

关于阶跃载荷和递增载荷的几点说明：

1）如果指定阶跃载荷，程序按相同的方式处理所有载荷（约束、集中载荷、表面载荷、体积、载荷和惯性载荷）。根据情况，阶跃施加、阶跃改变或阶跃移去这些载荷。

2）如果指定递增载荷，那么在第一个载荷步施加的所有载荷，除了薄膜系数，都是逐渐递增的（根据载荷的类型，从 0 或从 BFUNIF 命令或其等价的 GUI 菜单路径所指定的值逐渐变化，见表 4-13）。薄膜系数是阶跃施加的。

表 4-13 不同条件下逐渐变化载荷（KBC=0）的处理

载荷类型	施加于第一个载荷步	输入随后的载荷步
DOF（约束自由度）		
温度	从 TUNIF2 逐渐变化	从 TUNIF3 逐渐变化
其他	从 0 逐渐变化	从 0 逐渐变化
力	从 0 逐渐变化	从 0 逐渐变化
表面载荷		
TBULK	从 TUNIF2 逐渐变化	从 TUNIF 逐渐变化

（续）

载荷类型	施加于第一个载荷步	输入随后的载荷步
HCOEF	跳跃变化	从 0 逐渐变化 4
其他	从 0 逐渐变化	从 0 逐渐变化
体积载荷		
温度	从 TUNIF2 逐渐变化	从 TUNIF3 逐渐变化
其他	从 BFUNIF3 逐渐变化	从 BFUNIF3 逐渐变化
惯性载荷 1	从 0 逐渐变化	从 0 逐渐变化

阶跃加载与线性加载不适合与温度相关的薄膜系数（在对流命令中，作为 N 输入），总是以温度函数所确定的值的大小施加温度相关的薄膜系数。

在随后的载荷步中，所有载荷的变化都是从先前的值开始逐渐变化。

在全谐波（ANTYPE, HARM 和 HROPT, FULL）分析中，表面载荷和体积载荷的逐渐变化与在第一个载荷步中的变化相同，且不是从先前的值开始逐渐变化。PLANE2、SOLID45、SOLID92 和 SOLID95 是从先前的值开始逐渐变化的。

在随后的载荷步中新引入的所有载荷是逐渐变化的（根据载荷的类型，从 0 或从 BFUNIF 命令所指定的值递增，见表 4-13）。

在随后的载荷步中被删除的所有载荷，除了体积载荷和惯性载荷，都是阶跃移去的。体积载荷逐渐递增到 BFUNIF，不能被删除而只能被设置为 0 的惯性载荷，则逐渐变化到 0。

在相同的载荷步中，不应删除或重新指定载荷。在这种情况下，逐渐变化不会按所期望的方式作用。

1）对惯性载荷，其本身为线性变化的，因此产生的力在该载荷步上是二次变化。

2）TUNIF 命令用于在所有节点指定一均布温度。

3）在这种情况下，使用的 TUNIF 或 BFUNIF 值是先前载荷步的，而不是当前值。

4）总是以温度函数所确定的值的大小施加温度相关的膜层散热系数，而无论 KBC 的设置如何。

5）BFUNIF 命令仅是 TUNIF 命令的一个同类形式，用于在所有节点指定一均布体积载荷。

5. 其他通用选项

1）热应力计算的参考温度，其默认值为 0。指定该温度的方法如下：

GUI：Main Menu → Preprocessor → Loads → Load Step Opts → Other → Reference Temp。
GUI：Main Menu → Preprocessor → Loads → Define Loads → Settings → Reference Temp。
GUI：Main Menu → Solution → Load Step Opts → Other → Reference Temp。
GUI：Main Menu → Solution → Define Loads → Settings → Reference Temp。
命令：TREF。

2）对每个解（即每个平衡迭代）是否需要一个新的三角矩阵。仅在静态（稳态）分析或瞬态分析中使用下列方法之一，可用一个新的三角矩阵。

GUI：Main Menu → Preprocessor → Loads → Load Step Opts → Other → Reuse Factorized Matrix。
GUI：Main Menu → Solution → Load Step Opts → Other → Reuse Factorized Matrix。
命令：KUSE。

施加载荷 >>> Chapter 04

默认情况下，程序根据 DOF 约束的变化、与温度相关材料的特性，以及 New-Raphson 选项确定是否需要一个新的三角矩阵。如果 KUSE 设置为 1，程序再次使用先前的三角矩阵。在重新开始过程中，该设置非常有用：对附加的载荷步，如果要重新进行分析，而且知道所存在的三角矩阵（在文件 Jobname.TRI 中）可再次使用，通过将 KUSE 设置为 1，可节省大量的计算时间。"KUSE，–1"命令迫使在每个平衡迭代中的三角矩阵再次用公式表示。在分析中很少使用它，主要用于调试中。

3）模式数（沿周边谐波数）和谐波分量是关于全局 X 坐标轴对称还是反对称。当使用反对称协调单元（反对称单元采用非反对称加载）时，载荷被指定为一系列谐波分量（傅里叶级数）。要指定模式数，可使用下列方法之一：

GUI：Main Menu → Preprocessor → Loads → Load Step Opts → Other → For Harmonic Ele。
GUI：Main Menu → Solution → Load Step Opts → Other → For Harmonic Ele。
命令：MODE。

4）在 3-D 磁场分析中所使用的标量磁势公式的类型通过下列方法之一指定：

GUI：Main Menu → Preprocessor → Loads → Load Step Opts → Magnetics → Options Only → DSP Methed(GSP Methed or RSP Methed)。
GUI：Main Menu → Solution → Load Step Opts → Magnetics → Options Only → DSP Methed(GSP Methed or RSP Methed)。
命令：MAGOPT。

5）在缩减分析的扩展过程中，扩展的求解类型通过下列方法之一指定：

GUI：Main Menu → Preprocessor → Loads → Load Step Opts → ExpansionPass → Single Expand → Range of Solu's。
GUI：Main Menu → Solution → Load Step Opts → ExpansionPass → Single Expand → Range of Solu's。
GUI：Main Menu → Preprocessor → Loads → Load Step Opts → ExpansionPass → Single Expand → By Load Step(By Time/Freq)。
GUI：Main Menu → Solution → Load Step Opts → ExpansionPass → Single Expand → By Load Step(By Time/Freq)。
命令：NUMEXP,EXPSOL。

4.3.2 非线性选项

用于非线性分析选项的命令及 GUI 菜单路径。

表 4-14 用于非线性分析选项的命令及 GUI 菜单路径

命令	GUI 菜单路径	用途
NEQIT	Main Menu → Preprocessor → Loads → Load Step Opts → Nonlinear → Equilibrium Iter Main Menu → Solution → Load Step Opts → Sol'n Control → Nonlinear Main Menu → Solution → Load Step Opts → Nonlinear → Equilibrium Iter	指定每个子步最大平衡迭代的次数（默认 =25）

命令	GUI 菜单路径	用途
CNVTOL	Main Menu → Preprocessor → Loads → Load Step Opts → Nonlinear → Convergence Crit Main Menu → Solution → Analysis Type → Sol'n Control → Nonlinear Main Menu → Solution → Load Step Opts → Nonlinear → Convergence Crit	指定收敛公差
NCNV	Main Menu → Preprocessor → Loads → Load Step Opts → Nonlinear → Criteria to Stop Main Menu → Solution → Analysis Type → Sol'n Control → Advanced NL Main Menu → Solution → Load Step Opts → Nonlinear → Criteria to Stop	为终止分析提供选项

4.3.3 动力学分析选项

用于动力学分析选项的命令及 GUI 菜单路径见表 4-15。

表 4-15 用于动力学分析的命令及 GUI 菜单路径

命令	GUI 菜单路径	用途
TIMINT	Main Menu → Preprocessor → Loads → LoadStepOpts → Time/Frequenc → Time Integration Main Menu → Solution → Analysis Type → Sol'n Controls → Transient Main Menu → Solution → LoadStepOpts → Time/Frequenc → Time Integration	激活或取消时间积分
HARFRQ	Main Menu → Preprocessor → Loads → Load Step Opts → Time/Frequenc → Freq and Substeps Main Menu → Solution → Load Step Opts → Time/Frequenc → Freq and Substeps	在谐波响应分析中指定载荷的频率范围
ALPHAD	Main Menu → Preprocessor → Loads → Load Step Opts → Time/Frequenc → Damping Main Menu → Solution → Analysis Type → Sol'n Control → Transien Main Menu → Solution → Load Step Opts → Time/Frequenc → Damping	指定结构动态分析中的阻尼
BETAD	Main Menu → Preprocessor → Loads → Load Step Opts → Time/Frequenc → Damping Main Menu → Solution → Analysis Type → Sol'n Control → Transien Main Menu → Solution → Load Step Opts → Time/Frequenc → Damping	
DMPRAT	Main Menu → Preprocessor → Loads → Load Step Opts → Time/Frequenc → Damping Main Menu → Solution → Load Step Opts → Time/Frequenc → Damping	
MDAMP	Main Menu → Preprocessor → Loads → Load Step Opts → Time/Frequenc → Damping Main Menu → Solution → Load Step Opts → Time/Frequenc → Damping	指定结构动态分析中的阻尼

4.3.4 输出控制

输出控制用于控制分析输出的内容和频率，见表 4-16。

表 4-16 用于输出控制的命令及 GUI 菜单路径

命令	GUI 菜单路径	用途
OUTRES	Main Menu → Preprocessor → Loads → Load Step Opts → Output Ctrls → DB/Results File Main Menu → Solution → Analysis Type → Sol'n Control → Basic Main Menu → Solution → Load Step Opts → Output Ctrls → DB/Results File	控制 Ansys 写入数据库和结果文件的内容，以及写入的频率
OUTPR	Main Menu → Preprocessor → Loads → Load Step Opts → Output Ctrls → Solu Printout Main Menu → Solution → Load Step Opts → Output Ctrls → Solu Printout	控制打印（写入解输出文件 Jobname.OUT）的内容和写入的频率

下例说明了 OUTRES 和 OUTPR 命令的使用：

```
OUTRES,ALL,5              !写入所有数据：每到第 5 子步写入数据
OUTPR,NSOL,LAST           !仅打印最后子步的节点解
```

可以发出一系列 OUTRE 和 OUTRES 命令（达 50 个命令组合）以精确控制解的输出。但必须注意：命令发出的顺序很重要。例如，下列所示的命令把每到第 10 子步的所有数据和第 5 子步的节点解数据写入了数据库和结果文件。

```
OUTRES,ALL,10
OUTRES,NSOL,5
```

然而，如果颠倒命令的顺序（如下所示），那么第二个命令优先于第一个命令，使每到第 10 子步的所有数据被写入数据库和结果文件，而每到第 5 子步的节点解数据则未被写入数据库和结果文件中。

```
OUTRES,NSOL,5
OUTRES,ALL,10
```

程序在默认情况下输出的单元解数据取决于分析类型。要限制输出的解数据，可使用 OUTRES 命令有选择地抑制（FREQ=NONE）解数据的输出，或者首先抑制所有解数据（OUTRES，ALL，NONE）的输出，然后通过随后的 OUTRES 命令有选择地打开数据的输出。

第三个输出控制命令 ERESX 允许在后处理中观察单元积分点的值。

```
GUI：Main Menu → Preprocessor → Loads → Load Step Opts → Output Ctrls → Integration Pt。
GUI：Main Menu → Solution → Load Step Opts → Output Ctrls → Integration Pt。
命令：ERESX。
```

默认情况下，对材料非线性（如非 0 塑性变形）以外的所有单元，Ansys 程序使用外推法并根据积分点的数值计算在后处理中观察的节点结果。通过执行"ERESX，NO"命令，可以关闭外推法；相反，将积分点的值复制到节点，使这些值在后处理中可用。另一个选项"ERESX，YES"，则迫使所有单元都使用外推法，而无论单元是否具有材料非线性。

4.3.5 毕-萨（Biot-Savart）选项

用于磁场分析的选项有两个命令，见表 4-17。

表 4-17 用于磁场分析的选项（Biot-Savart 选项）

命令	GUI 菜单路径	用途
BIOT	Main Menu → Preprocessor → Loads → Load Step Opts → Magnetics → Options Only → Biot-Savart Main Menu → Solution → Load Step Opts → Magnetics → Options Only → Biot-Savart	计算由于所选择的源电流场引起的磁场密度
EMSYM	Main Menu → Preprocessor → Loads → Load Step Opts → Magnetics → Options Only → Copy Sources Main Menu → Solution → Load Step Opts → Magnetics → Options Only → Copy Sources	复制呈周向对称的源电流场

4.3.6 谱分析选项

这类选项中有许多命令，所有命令都用于指定响应谱数据和功率谱密度（PSD）数据。在频谱分析中，使用这些命令，参见帮助文件中的"Ansys Structural Analysis Guide"说明。

4.3.7 创建多载荷步文件

所有载荷和载荷步选项一起构成了一个载荷步，程序用其计算该载荷步的解。如果有多个载荷步，可将每个载荷步存入一个文件，调入该载荷步文件，并从文件中读取数据求解。

LSWRITE 命令用于写载荷步文件（每个载荷步一个文件，以 Jobname.S01、Jobname.S02、Jobname.S03 等识别），可使用以下方法之一：

GUI：Main Menu → Preprocessor → Loads → Load Step Opts → Write LS File。
GUI：Main Menu → Solution → Load Step Opts → Write LS File。
命令：LSWRITE。

所有载荷步文件写入后，可以使用命令在文件中顺序读取数据，并求得每个载荷步的解。下例所示的命令组用于定义多个载荷步：

```
/SOLU                    !输入 Solution
0
!载荷步 1：
D, ...                   !载荷
SF, ...
...
NSUBST, ...              !载荷步选项
KBC, ...
```

```
OUTRES, ...
OUTPR, ...
...
LSWRITE                    !写入载荷步文件：Jobname.S01
!
!载荷步 2：
D, ...                     !载荷
SF, ...
...
NSUBST, ...                !载荷步选项
KBC, ...
OUTRES, ...
OUTPR, ...
...
LSWRITE                    !写入载荷步文件：Jobname.S02
```

关于载荷步文件的几点说明：

1）载荷步数据根据 Ansys 命令被写入文件。

2）LSWRITE 命令不捕捉实常数（R）或材料特性（MP）的变化。

3）LSWRITE 命令自动地将实体模型载荷转换到有限元模型，因此所有载荷按有限元载荷命令的形式被写入文件。特别地，表面载荷总是按 SFE（或 SFBEAM）命令的形式被写入文件，而不论载荷是如何施加的。

4）要修改载荷步文件序号为 N 的数据，执行命令"LSREAD，n"，在文件中读取数据，进行所需的改动，然后执行"LSWRITE，n"命令（将覆盖序号为 N 的旧文件）。还可以使用系统编辑器直接编辑载荷步文件，但这种方法一般不推荐使用。与 LSREAD 命令等价的 GUI 菜单路径为：

GUI：Main Menu → Preprocessor → Loads → Load Step Opts → Read LS File。
GUI：Main Menu → Solution → Load Step Opts → Read LS File。

5）LSDELE 命令允许从 Ansys 程序中删除载荷步文件。与 LSDELE 命令等价的 GUI 菜单路径为：

GUI：Main Menu → Preprocessor → Loads → Define Loads → Operate → Delete LS Files。
GUI：Main Menu → Solution → Define Loads → Operate → Delete LS Files。

6）与载荷步相关的另一个有用的命令是 LSCLEAR，该命令允许删除所有载荷，并将所有载荷步选项重新设置为其默认值。例如，在读取载荷步文件进行修改前，可以使用它"清除"所有载荷步数据。与 LSCLEAR 命令等价的 GUI 菜单路径为：

GUI：Main Menu → Preprocessor → Loads → Define Loads → Delete → All Load Data → data type。
GUI：Main Menu → Preprocessor → Loads → Define Loads → Settings → Replace vs Add → Reset Options。
GUI：Main Menu → Solution → Define Loads → Settings → Replace vs Add → Reset Factors。

4.4 实例——悬臂梁的载荷和约束施加

前面章节生成了可用于计算分析的有限元模型,接下来需要对有限元模型施加载荷和约束,以考察其对于载荷作用的响应。

4.4.1 GUI 方式

(1) 打开悬臂梁几何模型 beamfea.db 文件

(2) 施加载荷

1) 选择固定端的节点:Utility Menu → Select → Entities,弹出如图 4-7 所示的 "Select Entities" 对话框。在第二个下拉列表中选择 "By Location" 选项,在 "Min,Max" 文本框中输入 "0",单击 "OK" 按钮。

2) 施加位移约束:Main Menu → Solution → Define Loads → Apply → Structural → Displacement → On Nodes,弹出 "Apply U, ROT on Nodes" 选择对话框。单击 "Pick All" 按钮,弹出如图 4-8 所示的 "Apply U, ROT on Nodes" 对话框。在 "DOFs to be constrained" 列表框中选择 "All DOF" 选项,单击 "OK" 按钮,如图 4-9 所示。

图 4-7 "Select Entities" 对话框

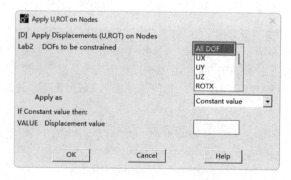

图 4-8 "Apply U,ROT on Nodes" 对话框

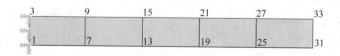

图 4-9 施加位移约束图形显示

3）选择自由端的节点：Utility Menu → Select → Entities，弹出如图 4-7 所示的"Select Entities"对话框。在第二个下拉列表中选择"By Location"选项，在"Min, Max"文本框中输入"10"，单击"OK"按钮。

4）定义自由端节点的耦合程度：Main Menu → Preprocessor → Coupling / Ceqn → Couple DOFs，弹出"Define Coupled DOFs"选择对话框。单击"Pick All"按钮，弹出如图 4-10 所示的"Define Coupled DOFs"对话框。在"NSET"文本框中输入"1"，在"Degree-of-freedom label"下拉列表中选择"UZ"，单击"OK"按钮。

5）施加集中载荷：Main Menu → Solution → Define Loads → Apply → Structural → Force/Moment → On Nodes，弹出"Apply F/M on Nodes"选择对话框，在图形窗口选择编号为 31 的节点，单击"OK"按钮，弹出如图 4-11 所示的"Apply F/M on Nodes"对话框。在"Direction of force/mom"下拉列表中选择"FZ"，在"Force/moment value"文本框中输入"10000"。单击"OK"按钮。

 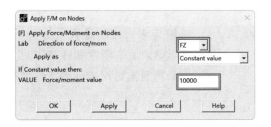

图 4-10 "Define Coupled DOFs"对话框　　图 4-11 "Apply F/M on Nodes"对话框

6）选择所有节点：Utility Menu → Select → Everything。

7）保存数据：单击菜单栏上的"SAVE_DB"按钮。

4.4.2 命令流方式

略，见随书电子资料文档。

第 5 章 求解

求解与求解控制是 Ansys 分析中又一重要的步骤,是否正确控制求解过程,将直接影响求解的精度和计算时间。

本章将着重讨论求解基本参数的设定。

学习要点

- ◆ 利用特定的求解控制器指定求解类型
- ◆ 多载荷步求解
- ◆ 重新启动分析

求解

5.1 求解概述

Ansys 能够求解由有限元方法建立的联立方程,求解的结果为:
1)节点的自由度值,为基本解。
2)原始解的导出值,为单元解。

单元解通常是在单元的公共点上计算出来的,Ansys 程序将结果写入数据库和结果文件(Jobname.RST、RTH、RMG、RFL)。

Ansys 程序中有几种解联立方程的方法:直接解法、稀疏矩阵直接解法、雅可比共轭梯度法(JCG)、不完全分解共轭梯度法(ICCG)、预条件共轭梯度法(PCG)、自动迭代法(ITER)和分块解法(DDS)。默认为直接解法,可用以下方法选择求解器。

> GUI:Main Menu → Preprocessor → Loads → Analysis Type → Analysis Options。
> Main Menu → Solution → Analysis Type → Sol'n Control → Sol'n Options。
> Main Menu → Solution → Analysis Type → Analysis Options。
> 命令:EQSLV。

如果没有 Analysis Options 选项,则需要完整的菜单选项,调出完整的菜单选项方法为 GUI:Main Menu → Solution → Unabridged Menu。

表 5-1 列出了一般的准则,可能有助于针对给定的问题选择合适的求解器。

表 5-1 求解器选择准则

解法	典型应用场合	模型尺寸	内存使用	硬盘使用
直接解法	要求稳定性(非线性分析)或内存受限制时	低于 100000 自由度	低	高
稀疏矩阵直接解法	要求稳定性和求解速度(非线性分析);线性分析时迭代收敛很慢时(尤其对病态矩阵,如形状不好的单元)	自由度为 10000~500000	中	高
雅可比共轭梯度法	在单场问题(如热、磁、声等多物理问题)中求解速度很重要时	自由度为 500000~2000000	中	低
不完全分解共轭梯度法	在多物理模型应用中求解速度很重要时,处理其他迭代法很难收敛的模型(几乎是无穷矩阵)	自由度为 50000~1000000	高	低
预条件共轭梯度法	当求解速度很重要时(大型模型的线性分析),尤其适合实体单元的大型模型	自由度为 500000~2000000	高	低
自动迭代法	类似于预条件共轭梯度法(PCG),不同的是,它支持 8 台处理器并行计算	自由度为 50000~1000000	高	低
分块解法	该解法支持数十台处理器通过网络连接来完成并行计算	自由度为 1000000~10000000	高	低

5.1.1 使用直接求解法

Ansys 直接求解法不组集整个矩阵,而是在求解器处理每个单元时,同时进行整体矩阵的组集和求解,其方法如下:

1）每个单元矩阵计算出后，求解器读入第一个单元的自由度信息。

2）程序通过写入一个方程到 TRI 文件，消去任何可以由其他自由度表达的自由度，该过程对所有单元重复进行，直到所有的自由度都被消去，只剩下一个三角矩阵在 TRIN 文件中。

3）程序通过回代法计算节点的自由度解，用单元矩阵计算单元解。

在直接求解法中经常提到"波前"这一术语，它是在三角化过程中因不能从求解器消去而保留的自由度数。随着求解器处理每个单元及其自由度时，波前就会膨胀和收缩，最后当所有的自由度都处理过以后，波前变为零。波前的最高值称为最大波前，而平均的、均方根值称为 RMS 波前。

一个模型的 RMS 波前值直接影响求解的时间：其值越小，CPU 所用的时间越少，因此在求解前可能希望能重新排列单元号以获得最小的波前值。Ansys 程序在开始求解时会自动进行单元排序，除非已对模型重新排列过，或者已经选择了不需要重新排列。最大波前值直接影响内存的需要，尤其是临时数据申请的内存量。

5.1.2 使用稀疏矩阵直接解法

稀疏矩阵直接解法是建立在与迭代法相对应的直接消元法基础上的。迭代法通过间接的方法（也就是通过迭代法）获得方程的解。既然稀疏矩阵直接解法是以直接消元为基础的，不良矩阵不会构成求解困难。

稀疏矩阵直接解法不适用于 PSD 光谱分析。

5.1.3 使用雅可比共轭梯度法

雅可比共轭梯度法也是从单元矩阵公式出发，但接下来的步骤就不同了，雅可比共轭梯度法不是将整体矩阵三角化，而是对整体矩阵进行组集，求解器通过迭代收敛法计算自由度的解（开始时假设所有的自由度全为 0）。雅可比共轭梯度法最适合于包含大型的稀疏矩阵三维标量场的分析，如三维磁场分析。

在有些场合，1.0E-8 的公差默认值（通过命令 EQSLV，JCG 设置）可能太严格，会增加不必要的运算时间，大多数场合下 1.0E-5 的公差默认值就可满足要求。

雅可比共轭梯度法求解器只适用于静态分析、全谐波分析或全瞬态分析（可分别使用 ANTYPE，STATIC；HROPT，FULL；TRNOPT，FULL 命令指定分析类型）。

对所有的共轭梯度法，必须非常仔细地检查模型的约束是否恰当，如果存在任何刚体运动的话，将计算不出最小主元，求解器会不断迭代。

5.1.4 使用不完全分解共轭梯度法

不完全分解共轭梯度法与雅可比共轭梯度法在操作上相似，但有以下几方面不同：

1）不完全分解共轭梯度法比雅可比共轭梯度对病态矩阵更具有稳固性，其性能因矩阵调整状况而不同，但总的来说，不完全分解共轭梯度法的性能比得上雅可比共轭梯度法的性能。

2）不完全分解共轭梯度法比雅可比共轭梯度法使用更复杂的先决条件，使用不完全分解共轭梯度法需要大约两倍于雅可比共轭梯度法的内存。

不完全分解共轭梯度法只适用于静态分析、全谐波分析或全瞬态分析（可分别使用 ANTYPE，STATIC；HROPT，FULL；TRNOPT，FULL 命令指定分析类型），不完全分解共轭梯度法对具有稀疏矩阵的模型很适用，对对称矩阵及非对称矩阵同样有效。不完全分解共轭梯度法比直接解法速度更快。

5.1.5 使用预条件共轭梯度法

预条件共轭梯度法与雅可比共轭梯度法在操作上相似，但有以下几方面不同：

1）预条件共轭梯度法求解实体单元模型比雅可比共轭梯度法快 4~10 倍，对壳体构件模型大约快 10 倍，存储量随着问题规模的增大而增大。

2）预条件共轭梯度法使用 EMAT 文件，而不是 FULL 文件。

3）雅可比共轭梯度法使用整体装配矩阵的对角线作为预条件矩阵，而预条件共轭梯度法使用更复杂的预条件矩阵。

4）预条件共轭梯度法通常需要大约两倍于雅可比共轭梯度法的内存，因为在内存中保留了两个矩阵（预条件矩阵，它几乎与刚度矩阵大小相同；对称的、刚度矩阵的非零部分）。

可以使用 /RUNST 命令或 GUI 菜单路径（Main Menu → Run-Time Stas）来决定所需要的空间或波前的大小，需分配专门的内存。

预条件共轭梯度法所需的空间通常为直接解法的 1/4，存储量随着问题规模大小而增减。

预条件共轭梯度法求解大型模型（波前值大于 1000）时比直接解法要快。

预条件共轭梯度法最适合结构分析。它对具有对称、稀疏、有界和无界矩阵的单元有效，适用于静态分析或稳态分析和瞬态分析或子空间特征值分析（振动力学）。

预条件共轭梯度法主要用于解决位移/转动（在结构分析中）、温度（在热分析中）等问题，其他导出变量的准确度（如应力、压力、磁通量等）取决于原变量的预测精度。

直接求解法（如直接解法、稀疏矩阵直接解法）可获得非常精确的矢量解，而间接求解法（如预条件共轭梯度法）主要依赖于指定的收敛准则，因此放松默认公差将对精度，尤其对导出量的精度产生重要影响。

对具有大量约束方程的问题或具有 SHELL150 单元的模型，建议不要采用预条件共轭梯度法，对这些类型的模型可以采用直接解法。同样，预条件共轭梯度法不支持 SOLID63 和 MATRIX50 单元。

所有的共轭梯度法，必须非常仔细地检查模型的约束是否合理，如果有任何刚体运动，将计算不出最小主元，求解器会不断迭代。

当预条件共轭梯度法遇到一个无限矩阵时，求解器会调用一种处理无限矩阵的算法。如果预条件共轭梯度法的无限矩阵算法也失败的话（这种情况出现在当方程系统是病态的，如子步失去联系或塑性链的发展时），将会触发一个外部的 Newton-Raphson 循环，执行一个二等分操作。通常，刚度矩阵在二等分后将会变成良性矩阵，而且预条件共轭梯度法能够最终求解所有的非线性步。

5.1.6 使用自动迭代解法选项

自动迭代解法选项（通过命令 EQSLV，ITER）将选择一种合适的迭代法（PCG，JCG 等），它基于正在求解的问题的物理特性。使用自动迭代法时，必须输入精度水平，该精度水平必须是 1～5 之间的整数，用于选择迭代法的公差供检验收敛情况。精度水平 1 对应最快的设置（迭代次数少），而精度水平 5 对应最慢的设置（精度高，迭代次数多），Ansys 选择公差是以选择精度水平为基础的。例如：

- ◆线性静态或线性全瞬态结构分析时，精度水平为 1，相当于公差为 1.0E-4；精度水平为 5，相当于公差为 1.0E-8。
- ◆稳态线性或非线性热分析时，精度水平为 1，相当于公差为 1.0E-5；精度水平为 5，相当于公差为 1.0E-9。
- ◆瞬态线性或非线性热分析时，精度水平为 1，相当于公差为 1.0E-6；精度水平为 5，相当于公差为 1.0E-10。

该求解器选项只适用于线性静态或线性全瞬态的瞬态结构分析和稳态/瞬态线性或非线性热分析。

因解法和公差以待求解问题的物理特性和条件为基础进行选择，建议在求解前执行该命令。

当选择了自动迭代解法选项且满足适当条件时，在结构分析和热分析过程中将不会产生"Jobname.EMAT"文件和"Jobname.EROT"文件，对包含相变的热分析不建议使用该选项。当选择了该选项，但不满足恰当的条件时，Ansys 将会使用直接求解法，并产生一个注释信息：告知求解时所用的求解器和公差。

5.1.7 使用分块解法

分块解法将大模型分解为小域，然后将这些小域送到多处理器中进行求解。要使用这个求解器，必须有 Ansys 高级任务并行认证。

分块解法是面向大型静态分析与全瞬态分析(包括对称矩阵但不含预应力、惯性消解、联结、约束方程，与使用概率设计系统(PDS)的问题)可以升级的求解器。对于纯梁/壳问题，不推荐使用这一求解法，否则会引发收敛困难。本求解法适合由实体、梁与壳组合而成的模型。通过使用多处理器这一解法可显著缩短运算时间。

5.1.8 获得解答

开始求解，进行以下操作：

GUI：Main Menu → Solution → Current LS。
命令：SOLVE。

因为求解阶段与其他阶段相比，一般需要更多的计算机资源，所以批处理（后台）模式要

求解

比交互式模式更适宜。

求解器将输出写入输出文件（Jobname.OUT）和结果文件中，如果以交互模式运行求解的话，输出文件就是屏幕。当执行 SOLVE 命令前使用下述操作，可以将输出送入一个文件而不是屏幕。

> GUI：Utility Menu → File → Switch Output to → File or Output Window。
> 命令：/OUTPUT。

写入输出文件的数据由如下内容组成：
◆ 载荷概要信息。
◆ 模型的质量及惯性矩。
◆ 求解概要信息。

最后的结束标题，给出总的 CPU 时间和各过程所用的时间。

由 OUTPR 命令指定的输出内容，以及绘制云纹图所需的数据。

在交互模式中，大多数输出是被压缩的，结果文件（RST、RTH、RMG 或 RFL）包含所有的二进制方式的文件，可在后处理程序中进行浏览。

在求解过程中产生的另一有用文件是 Jobname.STAT 文件，它给出了解答情况。程序运行时可用该文件来监视分析过程，对非线性和瞬态分析的迭代分析尤其有用。

SOLVE 命令还能对当前数据库中的载荷步数据进行计算求解。

5.2 利用特定的求解控制器指定求解类型

当在求解某些结构分析类型时，可以利用如下两种特定的求解工具：
◆ 简化求解菜单选项：只适用于静态、全瞬态、模态和屈曲分析类型。
◆ "求解控制"（Solution Controls）对话框：只适用于静态和全瞬态分析类型。

5.2.1 使用简化求解菜单选项

当使用图形界面方式进行一结构静态、瞬态、模态或屈曲分析时，需要确定是否使用未简化求解菜单选项或简化求解菜单选项。

1）未简化求解菜单选项列出了在当前分析中可能使用的所有求解选项，无论其是被推荐的还是可能的（如果是在当前分析中不可能使用的选项，那么其将呈现灰色）。

2）简化求解菜单选项较为简易，仅仅列出了分析类型所必需的求解选项。例如，当进行一静态分析时，选项 Modal Cyclic Sym 将不会出现在简化求解菜单选项中，只有那些有效且被推荐的求解选项才出现。

在结构分析中，当进入 SOLUTION 模块（GUI 菜单路径：Main Menu → Solution）时，简化求解菜单选项为默认值。

当进行的分析类型是静态分析或全瞬态分析时，可以通过这种菜单选项完成求解选项的设置。然而，如果选择了一个不同的分析类型，简化求解菜单选项的默认值将被一个不同的 Solution 菜单选项所代替，而新的菜单选项将符合新选择的分析类型。

当进行一分析后又选择一个新的分析类型，那么将（默认地）得到和第一次分析相同的 Solution 菜单选项类型。例如，当选择使用未简化求解菜单选项进行一个静态分析后，又选择进行一个新的屈曲分析，此时将得到（默认）适用于屈曲分析未简化求解菜单选项。但是，在分析求解阶段的任何时候，通过选择合适的菜单选项，都可以在未简化求解菜单选项和简化求解菜单选项之间切换（GUI 菜单路径：Main Menu → Solution → Unabridged Menu 或 Main Menu → Solution → Abridged Menu）。

5.2.2 使用求解控制对话框

当进行结构静态分析或全瞬态分析时，可以使用"Solution Controls"（求解控制）对话框来设置分析选项。该对话框包括 5 个选项卡，每个选项卡包含一系列的求解控制。对于指定多载荷步分析中每个载荷步的设置，"Solution Controls"对话框是非常有用的。

只要进行结构静态分析或全瞬态分析，那求解菜单必然包含"Solution Controls"对话框选项。单击 Sol'n Control 菜单项，弹出如图 5-1 所示的"Solution Controls"对话框。该对话框为用户提供了简单的图形界面，用于设置分析和载荷步选项。

一旦打开"Solution Controls"对话框，"Basic"选项卡即被激活，如图 5-1 所示。5 个选项卡按顺序从左到右依次是 Basic、Transient、Sol'n Options、Nonlinear 和 Advanced NL。

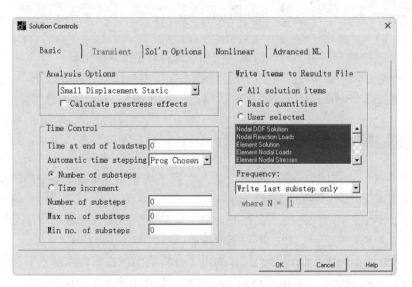

图 5-1 "Solution Controls"对话框

每套控制逻辑上分在一个选项卡里，最基本的控制出现在第一个选项卡里，而后续的选项卡提供了更高级的求解控制选项。"Transient"选项卡包含瞬态分析求解控制，仅当分析类型为瞬态分析时才可用，否则呈现灰色。

与"Solution Controls"对话框中的选项卡相关的 Ansys 命令见表 5-2。

表 5-2　与"Solution Controls"对话框中的选项卡相关的 Ansys 命令

选项卡	用途	对应的 Ansys 命令
Basic	指定分析类型 控制时间设置 指定写入 Ansys 数据库中结果数据 指定预应力效应	ANTYPE、NLGEOM、TIME、AUTOTS、NSUBST、DELTIM、OUTRES
Transient	指定瞬态选项 指定阻尼选项 定义时间积分参数 定义集成参数 设置中间步长残差标准	TIMINT、KBC、ALPHAD、BETAD、TRNOPT、TINTP、MIDTOL
Sol'n Options	指定方程求解类型 指定重新多个分析的参数	EQSLV、RESCONTROL
Nonlinear	控制非线性选项 指定每个子步迭代的最大次数 指明是否在分析中进行蠕变计算 控制二分法 设置收敛准则 指定蠕变、应变率效应	LNSRCH、PRED、NEQIT、RATE、CUTCONTROL、CNVTOL、RATE
Advanced NL	指定分析终止准则 控制弧长法的激活与中止 激活支持非线性稳定的单元	NCNV、ARCLEN、ARCTRM、SSTATE

一旦对"Basic"选项卡的设置满意,那么就不需要对其余选项卡中的选项进行处理,除非想要改变某些高级设置。

无论对一个或多个选项卡进行了改变,仅当单击"OK"按钮关闭该对话框后,这些改变才被写入 Ansys 数据库。

5.3　多载荷步求解

5.3.1　使用多重求解法

这种方法是最直接的,它包括在每个载荷步定义好后执行 SOLVE 命令。主要的缺点是,交互使用时必须等到每一步求解结束后才能定义下一个载荷步。典型的多重求解法命令流如下:

```
/SOLU                    !进入 SOLUTION 模块
...
! Load step 1:           !载荷步 1
D,...
SF,...
```

```
0
SOLVE                          !求解载荷步 1
! Load step 2                  !载荷步 2
F,...
SF,...
...
SOLVE                          !求解载荷步 2
Etc.
```

5.3.2 使用载荷步文件法

当想求解问题而又远离终端或 PC 时（如整个晚上），可以很方便地使用载荷步文件法。该方法包括写入每一载荷步到载荷步文件中（通过 LSWRITE 命令或相应的 GUI 方式），通过一条命令就可以读入每个文件并获得解答（参见第 4 章，了解产生载荷步文件的详细内容）。

要求解多载荷步，可使用如下两种方式：

GUI：Main Menu → Solution → From Ls Files。
命令：LSSOLVE。

LSSOLVE 命令其实是一条宏指令，它按顺序读取载荷步文件，并开始每一载荷步的求解。载荷步文件法的示例命令输入如下：

```
/SOLU                          !进入求解模块
...
! Load Step 1:                 !载荷步 1
D,...                          !施加载荷
SF,...
...
NSUBST,...                     !载荷步选项
KBC,...
OUTRES,...
OUTPR,...
...
LSWRITE                        !写载荷步文件：Jobname.S01
! Load Step 2:
D,...
SF,...
...
NSUBST,...                     !载荷步选项
KBC,...
OUTRES,...
OUTPR,...
...
LSWRITE                        !写载荷步文件：Jobname.S02
```

```
...
0
LSSOLVE,1,2            !开始求解载荷步文件 1 和 2
```

5.3.3 使用数组参数法（矩阵参数法）

主要用于瞬态或非线性静态（稳态）分析，需要了解有关数组参数和 DO 循环的知识，这是 APDL（Ansys 参数设计语言）中的部分内容，详细内容可以参考 Ansys 帮助文件中的"APDL PROGRAMMER'S GUIDE"。数组参数法包括用数组参数法建立载荷 - 时间关系表。

假定有一组随时间变化的载荷，如图 5-2 所示。有 3 个载荷函数，所以需要定义 3 个数组参数。所有的 3 个数组参数必须是表格形式，力函数有 5 个点，所以需要一个 5×1 的数组，压力函数需要一个 6×1 的数组，而温度函数需要一个 2×1 的数组。注意，这 3 个数组都是一维的，载荷值放在第一列，时间值放在第 0 列（第 0 列、0 行，一般包含索引号，如果把数组参数定义为一张表格的话，则第 0 列、0 行必须改变，且填上单调递增的编号组）。

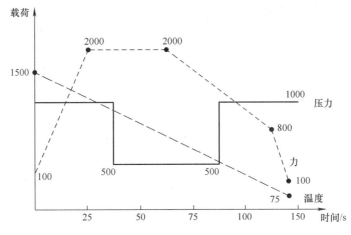

图 5-2 随时间变化的载荷

要定义 3 个数组参数，必须申明其类型和维数，要做到这一点，可以使用以下两种方式：

GUI：Utility Menu → Parameters → Array Parameters → Define/Edit。
命令：*DIM。

例如：

*DIM,FORCE,TABLE,5,1

```
*DIM,PRESSURE,TABLE,6,1
*DIM,TEMP,TABLE,2,1
```

可用数组参数编辑器（GUI：Utility Menu → Parameters → Array Parameters → Define/Edit）或者一系列"="命令填充这些数组，后一种方法如下：

```
FORCE(1,1)=100,2000,2000,800,100          !第1列力的数值
FORCE(1,0)=0,21.5,50.9,98.7,112            !第0列对应的时间
FORCE(0,1)=1                                !第0行
PRESSURE(1,1)=1000,1000,500,500,1000,1000
PRESSURE(1,0)=0,35,35.8,74.4,76,112
PRESSURE(0,1)=1
TEMP(1,1)=800,75
TEMP(1,0)=0,112
TEMP(0,1)=1
```

现在已经定义了载荷历程，要加载并获得解答，需要构造一个如下所示的DO循环（通过使用命令*DO和*ENDDO）：

```
TM_START=1E-6                              !开始时间（必须大于0）
TM_END=112                                 !瞬态结束时间
TM_INCR=1.5                                !时间增量
!从TM_START开始到TM_END结束，步长TM_INCR
*DO,TM,TM_START,TM_END,TM_INCR
TIME,TM                                    !时间值
F,272,FY,FORCE(TM)                         !随时间变化的力（节点272处，方向FY）
NSEL,...                                   !在压力表面上选择节点
SF,ALL,PRES,PRESSURE(TM)                   !随时间变化的压力
NSEL,ALL                                   !激活全部节点
NSEL,...                                   !选择有温度指定的节点
BF,ALL,TEMP,TEMP(TM)                       !随时间变化的温度
NSEL,ALL                                   !激活全部节点
SOLVE                                      !开始求解
*ENDDO
```

用这种方法可以非常容易地改变时间增量（TM_INCR参数），用其他方法改变如此复杂的载荷历程的时间增量将是很麻烦的。

5.4　重新启动分析

有时，在第一次运行完成后也许要重新启动分析过程，如想将更多的载荷步加到分析中来，在线性分析中也许要加入别的加载条件，或者在瞬态分析中加入另外的时间历程加载曲线，或者在非线性分析收敛失败时需要恢复。

在了解重新启动分析之前，有必要知道如何中断正在运行的作业。这可以通过系统的帮助

函数，如系统中断，发出一个删除信号，或者在批处理文件队列中删除项目。然而，对于非线性分析，这不是好的方法，因为以这种方式中断的作业将不能重新启动。

在一个多任务操作系统中完全中断一个非线性分析时会产生一个放弃文件，名称为Jobname.ABT（在一些区分大小的系统上，文件名为Jobname.abt），第一行的第一列开始含有单词"非线性"。在平衡方程迭代开始时，如果Ansys程序发现在工作目录中有这样一个文件，分析过程将会停止，并能在以后需要恢复求解的时候重新启动。

若通过指定的文件来读取命令（/INPUT）（GUI菜单路径：Main Menu → Preprocessor → Material Props → Material Library，或者Utility Menu → File → Read Input from），那么放弃文件将会中断求解，但程序依然继续从这个指定的输入文件中读取命令。于是，任何包含在这个输入文件中的后处理命令将会被执行。

要重新启动分析，模型必须满足如下条件：

1）分析类型必须是静态（稳态）、谐波（二维磁场）或瞬态（只能是全瞬态），其他的分析不能被重新启动。

2）在初始运算中，至少已完成了一次迭代。

3）初始运算不能因"删除"作业、系统中断或系统崩溃被中断。

4）初始运算和重启动必须在相同的Ansys版本下进行。

5.4.1 重新启动一个分析

通常，一个分析的重新启动要求初始运算时得到某些文件，并要求在SOLVE命令前没有进行任何的改变。

1. 重新启动一个分析的要求

在初始运算时必须得到以下文件：

1）Jobname.DB文件：在求解后、POST1后处理之前保存的数据库文件。必须在求解以后保存这个文件，因为许多求解变量是在求解程序开始以后设置的；在进入POST1前保存该文件，因为在后处理过程中，SET命令（或功能相同的GUI菜单路径）将用这些结果文件中的边界条件改写存储器中的已经存在的边界条件，接下来的SAVE命令将会存储这些边界条件（对于非收敛解，数据库文件是自动保存的）。

2）Jobname.EMAT文件：单元矩阵。

3）Jobname.ESAV或Jobname.OSAV文件：Jobname.ESAV文件用于保存单元数据，Jobname.OSAV文件用于保存旧的单元数据。Jobname.OSAV文件只有当Jobname.ESAV文件丢失、不完整或由于解答发散，或因位移超出了极限，或因主元为负引起Jobname.ESAV文件不完整或出错时才用到（见表5-3）。在NCNV命令中，如果KSTOP被设为1（默认值）或2，或自动时间步长被激活，数据将写入Jobname.OSAV文件中。如果需要Jobname.OSAV文件，必须在重新启动时把它改名为Jobname.ESAV文件。

4）结果文件：不是必需的，但如果有，重新启动运行得出的结果将通过适当的有序的载荷步和子步号追加到这个文件中去。如果因初始运算结果文件的结果设置数超出而导致中断的话，需在重新启动前将初始结果文件名改为另一个文件名。这可以通过执行 ASSIGN 命令（或 GUI 菜单路径：Utility Menu → File → Ansys File Options）实现。

如果由于不收敛、时间限制、中止执行文件（Jobname.ABT）或其他程序诊断错误引起程序中断的话，数据库会自动保存，求解输出文件（Jobname.OUT 文件）会列出这些文件和其他一些在重新启动时所需的信息。中断原因和重新启动所需保存的单元数据库文件见表 5-3。

表 5-3　中断原因和重新启动所需保存的单元数据库文件

中断原因	保存的单元数据库文件	所需的正确操作
正常	Jobname.ESAV	在作业的末尾添加更多载荷步
不收敛	Jobname.OSAV	定义较小的时间步长，改变自适应衰减选项或采取其他措施加强收敛，在重新启动前把 Jobname.OSAV 文件名改为 Jobname.ESAV 文件
因平衡迭代次数不够引起的不收敛	Jobname.ESAV	如果解正在收敛，允许更多的平衡方程（ENQIT 命令）
超出累积迭代极限（NCNV 命令）	Jobname.ESAV	在 NCNV 命令中增加 ITLIM
超出时间限制（NCNV 命令）	Jobname.ESAV	无（仅需要重新启动分析）
超出位移限制（NCNV 命令）	Jobname.OSAV	与不收敛情况相同
主元为负	Jobname.OSAV	与不收敛情况相同
Jobname.ABT 文件 解是收敛的 解是分散的	Jobname.EMAV，Jobname.OSAV	做任何必要的改变，以便能访问引起主动中断分析的行为
结果文件"满"（超过 1000 子步），时间步长输出	Jobname.ESAV	检查 CNVTOL、DELTIM 和 NSUBST 或 KEYOPT（7）中的接触单元的设置，或者求解前在结果文件（/CONFIG，NRES）中指定允许的较大的结果数，或者减少输出的结果数，还要为结果文件改名（/ASSIGN）
"删除"操作（系统中断）、系统崩溃或系统超时	不可用	不能重新启动

如果在先前运算中产生了 .RDB、.LDHI 或 .Rnnn 文件，那么必须在重新启动前删除它们。

在交互模式中，已存在的数据库文件会首先写入备份文件（Jobname.DBB）中。在批处理模式中，已存在的数据库文件会被当前的数据库信息所替代，不进行备份。

2.重新启动一个分析的过程

1）进入 Ansys 程序，给定与第一次运行时相同的文件名（执行 /FILNAME 命令或 GUI 菜单路径：Utility Menu → File → Change Jobname）。

2）进入求解模块（执行命令 /SOLU 或 GUI 菜单路径：Main Menu → Solution），然后恢复数据库文件（执行命令 RESUME 或 GUI 菜单路径：Utility Menu → File → Resume Jobname.db）。

3）说明这是重新启动分析（执行命令 ANTYPE,,REST 或 GUI 菜单路径：Main Menu → Solution → Restart）。

4）按需要规定修正载荷或附加载荷，从前面的载荷值调整坡道载荷的起始点，新加的坡道载荷从零开始增加，新施加的体积载荷从初始值开始。删除的重新加上的载荷可视为新施加的负载，而不用调整。待删除的表面载荷和体积载荷必须减小至零或初始值，以保持 Jobname.ESAV 文件和 Jobname.OSAV 文件的数据库一样。

如果是从收敛失败重新启动的话，务必采取所需的正确操作。

5）指定是否要重新使用三角化矩阵（Jobname.TRI 文件），可用以下操作：

GUI：Main Menu → Preprocessor → Loads → Load Step Opts → Other → Reuse Factorized Matrix。
GUI：Main Menu → Solution → Load Step Opts → Other → Reuse Factorized Matrix。
命令：KUSE

默认时，Ansys 为重启动第一载荷步计算新的三角化矩阵，通过执行 "KUSE，1" 命令，可以迫使允许再使用已有的矩阵，这样可节省大量的计算时间。然而，仅在某些条件下才能使用 Jobname.TRI 文件，尤其当规定的自由度约束没有发生改变且为线性分析时。

通过执行 "KUSE，−1"，可以使 Ansys 重新形成单元矩阵，这样对调试和处理错误是有用的。

有时，可能需根据不同的约束条件来分析同一模型，如一个四分之一对称的模型[具有对称-对称（SS）、对称-反对称（SA）、反对称-对称（AS）和反对称-反对称（AA）条件]。在这种情况下，必须牢记以下几点：

① 4 种情况（SS、SA、AS、AA）都需要新的三角化矩阵。
② 可以保留 Jobname.TRI 文件的副本用于各种不同工况，在适当时候使用。
③ 可以使用子结构（将约束节点作为主自由度）以缩短计算时间。

6）发出 SOLVE 命令初始化重新启动求解。

7）对附加的载荷步（若有的话）重复步骤 4）~ 6），或者使用载荷步文件法产生和求解多载荷步：

GUI：Main Menu → Preprocessor → Loads → Write LS File。
GUI：Main Menu → Solution → Write LS File。
命令：LSWRITE
GUI：Main Menu → Solution → From LS Files。
命令：LSSOLVE

8）按需要进行后处理，然后退出 Ansys。

重新启动输入列表示例如下：

```
! Restart run：
/FILNAME,...                        !工作名
RESUME
/SOLU
ANTYPE,,REST                        !指定为前述分析的重新启动
!
!指定新载荷、新载荷步选项等
!对非线性分析,采用适当的正确操作
!
```

```
SOLVE                           !开始重新求解
SAVE                            !SAVE 选项供后续可能进行的重新启动使用
FINISH
!
!按需要进行后处理
!
/EXIT,NOSAV
```

3. 从不兼容的数据库重新启动非线性分析

有时,后处理过程先于重新启动,如果在后处理期间执行 SET 命令或 SAVE 命令的话,数据库中的边界条件会发生改变,变成与重新启动分析所需的边界条件不一致。默认条件下,程序在退出前会自动保存文件。当求解结束时,数据库存储器中存储的是最后的载荷步的边界条件(数据库只包含一组边界条件)。

POST1 中的 SET 命令(不同于 SET,LAST)为指定的结果将边界条件读入数据库,并改写存储器中的数据库。如果接下来保存或退出文件,Ansys 会从当前的结果文件开始,通过 D'S 和 F'S 改写数据库中的边界条件。然而,要从上一求解子步开始执行边界条件变化的重启动分析,需有求解成功的上一求解子步边界条件。

要为重新启动重建正确的边界条件,首先要运行"虚拟"载荷步,过程如下:

1)将 Jobname.OSAV 文件改名为 Jobname.ESAV 文件。

2)进入 Ansys 程序,指定使用与初始运行相同的文件名(可执行命令 /FILNAME 或 GUI 菜单路径:Utility Menu → File → Change Jobname)。

3)进入求解模块(执行命令 /SOLU 或 GUI 菜单路径:Main Menu → Solution),然后恢复数据库文件(执行命令 RESUME 或 GUI 菜单路径:Utility Menu → File → Resume Jobname.db)。

4)说明这是重新启动分析(执行命令 ANTYPE,,REST 或 GUI 菜单路径:Main Menu → Solution → Restart)。

5)从上一次已成功求解过的子步开始重新规定边界条件,因解答能够立即收敛,故一个子步就够了。

6)执行 SOLVE 命令。GUI 菜单路径:Main Menu → Solution → Current LS 或 Main Menu → Solution → Run FLOTRAN。

7)按需要施加最终载荷及加载步选项。如果加载步为前面(在虚拟前)加载步的延续,需调整子步的数量(或时间步步长),时间步长编号可能会发生变化,与初始意图不同。如果需要保持时间步长编号(如瞬态分析),可在步骤 6)中使用一个小的时间增量。

8)重新开始一个分析的过程。

5.4.2 多载荷步文件的重新启动分析

当进行一个非线性静态分析或全瞬态结构分析时,Ansys 程序在默认情况下将为多载荷步文件的重新启动分析建立参数。多载荷步文件的重新启动分析允许在计算过程中的任一子步保存分析信息,然后在这些子步中重新启动。在进行初始分析之前,应该执行命令 RESCON-

TROL，指定在每个运行载荷子步中重新启动文件的保存频率。

当需要重启动一个作业时，使用 ANTYPE 命令指定重新启动分析的点及其分析类型。可以在重新启动点继续作业（进行一些必要的纠正），或者在重新启动点终止一个载荷步（重新施加这个载荷步的所有载荷），然后继续下一个载荷步。

如果想要终止这种多载荷步文件的重新启动分析特性而改用一个文件的重新启动分析，执行 "RESCONTROL, DEFINE, NONE" 命令，接着如上所述进行单个文件重新启动分析（命令：ANTYPE,, REST），当然保证 .LDHI、.RDB 和 .Rnnn 文件已经从当前目录中被删除。

如果使用 "Solution Controls" 对话框进行静态分析或全瞬态分析，那么就能够在该对话框中的 "Basic" 选项卡中指定基本的多载荷重新启动分析选项。

1. 多载荷步文件重新启动分析的要求

1）Jobname.RDB：Ansys 程序数据库文件，在第一载荷步的第一工作子步的第一次迭代中被保存。此文件提供了对于给定初始条件的完全求解描述，无论对作业重新启动分析多少次，它都不会改变。当运行一作业时，在执行 SOLVE 命令前应该输入所有需要求解的信息，包括参数化设计语言（APDL）、组分和求解设置信息。在执行第一个 SOLVE 命令前，如果没有指定参数，那么参数将不会保存在 .RDB 文件中。这种情况下，必须在开始求解前执行 PARSAV 命令，并且在重新启动分析时执行 PARRES 命令，以便保存并恢复参数。

2）Jobname.RDNN：如果重新网格化发生在重新启动之前，则需要。其中，NN 是当前重新启动之前的重新网格化次数。该文件与 Jobname.rdb 具有相同的内容，只是它包含最新的网格，并在第一次重新网格化迭代时自动保存。无论当前作业有多少个 restartsoccur，该文件都保持不变。

3）Jobname.LDHI：此文件是指定作业的载荷历程文件。它是一个 ASCⅡ 文件，类似于用命令 LSWRITE 创建的文件，并存储了每个载荷步所有的载荷和边界条件。载荷和边界条件以有限单元载荷的形式被存储。如果载荷和边界条件是施加在实体模型上的，载荷和边界条件将先被转化为有限单元载荷，然后存入 Jobname.LDHI 文件。当进行多载荷步文件重新启动分析时，Ansys 程序从此文件读取载荷和边界条件（类似于 LSREAD 命令）。此文件在每个载荷步结束时或当遇到 ANTYPE、REST、LDSTEP、SUBSTEP、ENDSTEP 这些命令时被修正。

4）Jobname.Rnnn：与 .ESAV 或 .OSAV 文件类似，也是用于保存单元的信息。这个文件包含了载荷步中特定子步的所有求解命令及状态。所有的 .Rnnn 文件都是在子步运算收敛时被保存，因此所有的单元信息记录都是有效的。如果一个子步运算不收敛，那么对应于这个子步，没有 .Rnnn 文件被保存，代替的是先前一个子步运算的 .Rnnn 文件。

多载荷步文件的重新启动分析有以下几个限制：

1）不支持 KUSE 命令。一个新的刚度矩阵和相关 .TRI 文件将被创建。

2）在 .Rnnn 文件中没有保存 EKILL 和 EALIVE 命令，如果 EKILL 或 EALIVE 命令在重新启动过程中需要执行，那么必须重新执行这些命令。

3）.RDB 文件在第一载荷步的第一个子步时仅当数据库信息有限时才保存。

4）不能在求解水平下重启作业（如 PCG 迭代水平）。作业只能在更低的水平（如瞬时或 Newton-Raphson 循环）上重新启动。

5）当使用弧长法时，多载荷文件重新启动分析不支持命令 ANTYPE 中的 ENDSTEP 选项。

6）所有的载荷和边界条件存储在 Jobname.LDHI 文件中，因此删除实体模型的载荷和边界条件将不会影响从有限单元中删除这些载荷和边界条件，必须直接从单元或节点中删除这些条件。

2. 多载荷步文件重新启动分析的过程

1）进入 Ansys 程序，指定与初始运行相同的工作名（执行 /FILNAME 命令或 GUI 菜单路径：Utility Menu → File → Change Jobname）。进入求解模块（执行 /SOLU 命令或 GUI 菜单路径：Main Menu → Solution）。

2）通过执行 RESCONTROL，FILE_SUMMARY 命令决定从哪个载荷步和子步重新启动分析。这一命令将在 .Rnnn 文件中记录载荷步和子步的信息。

3）恢复数据库文件并表明这是重新启动分析（执行 ANTYPE,, REST, LDSTEP, SUBSTEP, Action 命令或 GUI 菜单路径 Main Menu → Solution → Restart）。

4）指定所需的修正或附加的载荷。

5）开始重新求解分析（执行 SOLVE 命令）。当进行任一重新启动行为时，必须执行 SOLVE 命令，包括 ENDSTEP 或 RSTCREATE 命令。

6）进行需要的后处理，然后退出 Ansys 程序。

在分析中，对特定的子步创建的结果文件示例如下：

```
!Restart run:
/solu
antype,,rest,1,3,rstcreate          !创建 .RST 文件
!step 1,substep 3
outres,all,all                      !存储所有的信息到 .RST 文件中
outpr,all,all                       !选择打印输出
solve                               !执行 .RST 文件生成
finish
/post1
set,,1,3                            !从载荷步 1 获得结果
!substep 3
prnsol
finish
```

5.5 实例——悬臂梁模型求解

在对悬臂梁模型施加完约束和载荷后，就可以进行求解计算。这里主要对求解选项进行相关设定，并进行求解。

（1）打开悬臂梁几何模型 beamfea.db 文件

（2）求解

1）设置分析类型：Main Menu → Solution → Analysis Type → New Analysis，弹出如图 5-3

所示的"New Analysis"对话框。选择"Static"单选按钮，单击"OK"按钮。

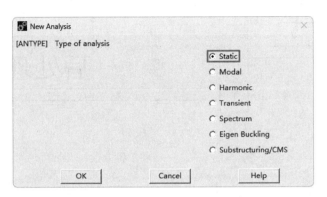

图 5-3 "New Analysis"对话框

2）求解：Main Menu → Solution → Solve → Current LS，弹出"/STATUS Command"和"Solve Current Load Step"对话框。检查无误后，单击对话框中的"OK"按钮，开始求解运算。当出现一个"Solution is done！"的信息提示时，单击"Note"对话中的"Close"按钮，完成求解运算。

第 6 章 后处理

本章导读

后处理用于检查 Ansys 分析的结果，这是 Ansys 分析中最重要的一个模块。通过后处理的相关操作，可以有针对性地得到分析过程所感兴趣的参数和结果，更好地为实际工作服务。

学习要点

◆ 后处理概述
◆ 通用后处理器（POST1）
◆ 时间历程后处理器（POST26）

6.1 后处理概述

建立有限元模型并求解后，你将得到一些关键问题答案：该设计投入使用时，是否真的可行？某个区域的应力有多大？零件的温度如何随时间变化？通过表面的热损失有多少？磁力线是如何通过该装置的？物体的位置是如何影响流体的流动的？Ansys 软件的后处理会帮助回答这些问题和其他相关的问题。

6.1.1 后处理器简介

后处理器主要用于检查分析的结果。这可能是分析中最重要的一环，因为用户总是试图搞清作用载荷如何影响设计及单元划分好坏等。

检查分析结果可使用两个后处理器：通用后处理器 POST1 和时间历程后处理器 POST26。POST1 允许检查整个模型在某一载荷步和子步（或对某一特定时间点或频率）的结果。例如，在静态结构分析中，可显示载荷步 3 的应力分布；在热力分析中，可显示 time=100s 时的温度分布。图 6-1 所示的等值线图是一个典型的 POST1 图。

POST26 可用于检查模型中指定点的特定结果相对于时间、频率或其他结果项的变化。例如，在瞬态磁场分析中，可以用图形表示某一特定单元的涡流与时间的关系；或者在非线性结构分析中，可以用图形表示某一特定节点的受力与其变形的关系。图 6-2 所示的曲线图是一个典型的 POST26 图。

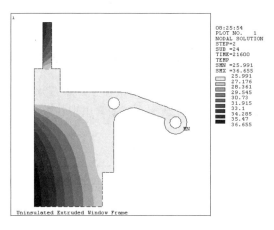

图 6-1 一个典型的 POST1 图

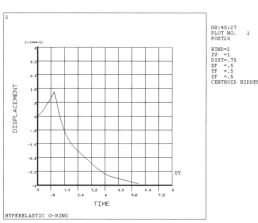

图 6-2 一个典型的 POST26 图

Ansys 的后处理器仅是用于检查分析结果的工具，仍然需要用你的工程判断能力来分析解释结果。例如，等值线可能表明模型的最高应力为 37800Pa，但必须由你确定这一应力水平对你的设计是否允许。

6.1.2 结果文件

在求解中，Ansys 运算器将分析的结果写入结果文件中，结果文件的名称取决于分析类型：
- Jobname.RST：结果分析。
- Jobname.RTH：热力分析。
- Jobname.RMG：电磁场分析。
- Jobname.RFL：FLOTRAN 分析。

对于 FLOTRAN 分析，文件的扩展名为 .RFL；对于其他流体分析，文件扩展名为 .RST 或 .RTH，取决于是否给出结构自由度。对不同的分析使用不同的文件标识，有助于在耦合场分析中使用一个分析的结果作为另一个分析的载荷。

6.1.3 可用数据类型

求解阶段计算两种类型的结果数据：

1）基本数据包含每个节点计算的自由度解，如结构分析的位移、热力分析的温度、磁场分析的磁势等（参见表 6-1）。这些被称为节点解数据。

表 6-1 不同学科的基本数据和派生数据

学科	基本数据	派生数据
结果分析	位移	应力、应变、反作用力等
热力分析	温度	热流量、热梯度等
磁场分析	磁势	磁通量、磁流密度等
电场分析	标量电势	电场、电流密度等
流体分析	速度、压力	压力梯度、热流量等

2）派生数据为由基本数据计算得到的数据，如结构分析中的应力和应变，热力分析中的热梯度和热流量，磁场分析中的磁通量等。派生数据又称为单元数据，它通常出现在单元节点、单元积分点和单元质心等位置。

6.2 通用后处理器（POST1）

使用 POST1 可观察整个模型或模型的一部分在某一个时间（或频率）上针对特定载荷组合时的结果。POST1 有许多功能，包括从简单的图像显示到针对更为复杂数据操作的列表，如载荷工况的组合。

要进入 Ansys 通用后处理器，输入 /POST1 命令或 GUI 菜单路径：Main Menu → General Postproc。

6.2.1 读入结果数据库

POST1 中的第一步是将数据从结果文件读入数据库。要完成这项工作,数据库中首先要有模型数据(节点、单元等)。若数据库中没有模型数据,输入 RESUME 命令(或 GUI 菜单路径:Utility Menu → File → Resume Jobname.db)读入数据文件 Jobname.db。数据库包含的模型数据应该与计算模型相同,包括单元类型、节点、单元、单元实常数、材料特性和节点坐标系。

数据库中被选来进行计算的节点和单元应属同一组,否则会出现数据不匹配。

一旦模型数据存在于数据库中,输入 SET、SUBSET 和 APPEND 命令均可从结果文件中读入结果数据。

1. 读入结果数据

输入 SET 命令(Main Menu → General PostProc → Read Results),可在特定的载荷条件下将整个模型的结果数据从结果文件中读入数据库,覆盖数据库中以前存在的数据。边界条件信息(约束和集中载荷)也被读入,但这仅适于存在单元节点载荷和反作用力的情况,详情见 OUTERS 命令。若不存在边界条件信息,则不列出或显示边界条件。加载条件通过载荷步和子步或通过时间(或频率)来识别。命令或路径方式指定的变元可以识别读入数据库的数据。

例如,SET,2,5 读入结果,表示载荷步为 2,子步为 5。同理,SET,,,,,3.89 表示时间为 3.89 时的结果(或频率为 3.89,取决于所进行的分析类型)。若指定了尚无结果的时刻,程序将使用线性插值计算出该时刻的结果。

结果文件(Jobname.RST)中默认的最大子步数为 1000,超出该界限时,需要输入 SET,Lstep,LAST 引入第 1000 个载荷步,使用 /CONFIG 命令增加界限。

对于非线性分析,在时间点间进行插值常常会降低精度。因此,要使解答可用,务必在可求时间值处进行后处理。

SET 命令有一些便捷标号:

◆ SET,FIRST 读入第一子步,等价的 GUI 方式为 First Set。
◆ SET,NEXT 读入第二子步,等价的 GUI 方式为 NextSet。
◆ SET,LAST 读入最后一子步,等价的 GUI 方式为 LastSet。
◆ SET 命令中的 NSET 字段(等价的 GUI 方式为 SetNumber)可用于恢复对应于特定数据组号的数据,而不是载荷步号和子步号。当有载荷步和子步号相同的多组结果数据时,这对 FLOTRAN 的结果非常有用。因此,可用其特定的数据组号来恢复 FLOTRAN 的计算结果。
◆ SET 命令的 LIST(或 GUI 中的 List Results)选项列出了其对应的载荷步和子步数,可在接下来的 SET 命令的 NSET 字段输入该数据组号,以申请处理正确的一组结果。
◆ SET 命令中的 ANGLE 字段规定了谐调元的周边位置(结构分析——PLANE25、PLANE83 和 SHELL61;温度场分析——PLANE75 和 PLANE78)。

2. 其他用于恢复数据的选项

其他 GUI 菜单路径和命令也可用于恢复结果数据。

1)定义待恢复的数据。POST1 处理器中的命令 INRES(Main Menu → General Postproc → Data & File Opts)与 PREP7 和 SOLUTION 处理器中的 OUTRES 命令是姐妹命令,OUTRES 命

令用于控制写入数据库和结果文件的数据,而 INRES 命令用于定义要从结果文件中恢复的数据类型,通过 SET、SUBSET 和 APPEND 等命令写入数据库。尽管不需对数据进行后处理,但 INRES 命令限制了恢复写入数据库的数据量。因此,对数据进行后处理也许占用的时间更少。

2)读入所选择的结果信息。为了只将所选模型部分的一组数据从结果文件读入数据库,可用 SUBSET 命令(或 GUI 菜单路径:Main Menu → General Postproc → By characteristic)。结果文件中未用 INRES 命令指定恢复的数据时,将以零值列出。

SUBSET 命令与 SET 命令大致相同,差别在于 SUBSET 只恢复所选模型部分的数据。用 SUBSET 命令可方便地看到模型的一部分结果数据。例如,若只对表层的结果感兴趣,可以轻易地选择外部节点和单元,然后用 SUBSET 命令恢复所选部分的结果数据。

3)向数据库追加数据。每次使用 SET、SUBSET 命令或等价的 GUI 方式时,Ansys 就会在数据库中写入一组新数据并覆盖当前的数据。APPEND 命令(Main Menu → General Postproc → By characteristic)从结果文件中读入数据组,并将其与数据库中已有的数据合并(这只针对所选的模型而言)。当已有的数据库并不清零(或全部被重写)时,允许将被查询的结果数据并入数据库。

3. 创建单元表

Ansys 程序中的单元表有两个功能:第一,它是在结果数据中进行数学运算的工具;第二,它能够访问其他方法无法直接访问的单元结果,如从结构一维单元派生的数据(尽管 SET,SUBSET 和 APPEND 命令将所有申请的结果项读入数据库中,但并非所有的数据均可直接用 PRNSOL 命令和 PLESON 等命令访问)。

将单元表作为扩展表,每行代表一单元,每列则代表单元的特定数据项。例如,一列可能包含单元的平均应力 SX,而另一列则代表单元的体积,第三列则包含各单元质心的 Y 坐标。

可使用下列任一命令创建或删除单元表。

GUI:Main Menu → General Postproc → Element Table → Define Table or Erase Table。
命令:ETABLE。

1)填上按名字来识别变量的单元表。为识别单元表的每列,在 GUI 方式下使用 Lab 字段或在 ETABLE 命令中使用 Lab 变元给每列分配一个标识,该标识将作为以后所有的包括该变量的 POST1 命令的识别器。进入列中的数据依靠 Item 名和 Comp 名,以及 ETABLE 命令中的其他两个变元来识别。例如,对上面提及的 SX 应力,SX 是标识,S 将是 Item 变元,X 将是 Comp 变元。

2)填充按序号识别变量的单元表。可对每个单元加上不平均的或非单值载荷,将其填入单元表中。该数据类型包括积分点的数据、从结构一维单元(如杆,梁,管单元等)和接触单元派生的数据、从一维温度单元派生的数据、从层状单元中派生的数据等。这些数据将列在"单元对于 ETABLE 和 ESOL 命令的项目和序号"表中,而 Ansys 帮助文件中对于每种单元类型都有详细的描述。

3)定义单元表的注释。ETABLE 命令仅对选择的单元起作用,即只将所选单元的数据送入单元表中。若想在 ETABLE 命令中改变所选单元,可以有选择地填写单元表的行。

相同序号的组合表示对不同单元类型有不同数据。例如,组合 SMISC,1 对梁单元表示 MFOR（X）（单元 X 向的力），对 SOLID45 单元表示 P1（面 1 上的压力），对 CON-TACT48 单元表示 FNTOT（总的法向力）。因此，若模型中有几种单元类型的组合，务必要在使用 ETABLE 命令前选择一种类型的单元（用 ESEL 命令或 GUI 菜单路径：Utility Menu → Select → Entities）。

4. 对主应力的专门研究

在 POST1 中，SHELL61 单元的主应力不能直接得到，默认情况下，可得到其他单元的主应力，以下两种情况例外：

1）在 SET 命令中要求进行时间插值或定义了某一角度。

2）执行了载荷工况操作。

在上述任意一种情况下，必须用 GUI 菜单路径：Main Menu → General Postproc → Load Case → Line Elem Stress 或执行 LCOPER，LPRIN 命令以计算主应力，然后通过 ETABLE 命令或其他适当的打印或绘图命令访问该数据。

5. 读入 FLOTRAN 的计算结果

使用命令 FLREAD（GUI 菜单路径：Main Menu → General Postproc → Read Results → FLOTRAN2.1A）可以将结果从 FLOTRAN 的剩余文件读入数据库。FLOTRAN 的计算结果（Jobname.RFL）可以用普通的后处理函数或命令（如 SET 命令，相应的 GUI 路径：Utility Menu → List → Results → Load Step Summary）读入。

6. 数据库复位

RESET 命令（或 GUI 菜单路径：Main Menu → General Postproc → Reset）可在不脱离 POST1 的情况下初始化 POST1 命令的数据库默认部分，该命令在离开或重新进入 Ansys 程序时效果相同。

6.2.2 列表显示结果

将结果存档的有效方法（如报告、呈文等）是在 POST1 中制表。列表选项对节点、单元、反作用力等求解数据可用。

下面给出了一个样表（对应于命令 PRESOL，ELEM）。

```
PRINT ELEM ELEMENT SOLUTION PER ELEMENT
 ***** POST1 ELEMENT SOLUTION LISTING *****
 LOAD STEP    1            SUBSTEP=   1
 TIME=        1.0000       LOAD       CASE=0
 EL=1         NODES=1      3          MAT=1
 BEAM3
 TEMP =       0.00         0.00       0.00         0.00
 LOCATION     SDIR         SBYT       SBYB
 1(I)         0.00000E+00  130.00     −130.00
 2(J)         0.00000E+00  104.00     −104.00
 LOCATION     SMAX         SMIN
 1(I)         130.00       −130.00
```

2(J)	104.00	−104.00	
LOCATION	EPELDIR	EPELBYT	EPELBYB
1(I)	0.000000	0.000004	−0.000004
2(J)	0.000000	0.000003	−0.000003
LOCATION	EPTHDIR	EPTHBYT	EPTHBYB
1(I)	0.000000	0.000000	0.000000
2(J)	0.000000	0.000000	0.000000
EPINAXL =	0.000000		

EL=2　　NODES=3　　4　　MAT=1
BEAM3

TEMP =	0.00	0.00	0.00	0.00
LOCATION	SDIR	SBYT	SBYB	
1(I)	0.00000E+00	104.00	−104.00	
2(J)	0.00000E+00	78.000	−78.000	
LOCATION	SMAX	SMIN		
1(I)	104.00	−104.00		
2(J)	78.000	−78.000		
LOCATION	EPELDIR	EPELBYT	EPELBYB	
1(I)	0.000000	0.000003	−0.000003	
2(J)	0.000000	0.000003	−0.000003	
LOCATION	EPTHDIR	EPTHBYT	EPTHBYB	
1(I)	0.000000	0.000000	0.000000	
2(J)	0.000000	0.000000	0.000000	
EPINAXL =	0.000000			

1. 列出节点、单元求解数据

◆用下列方式可以列出指定的节点求解数据（原始解及派生解）。

命令：PRNSOL。

GUI：Main Menu → General Postproc → List Results → Nodal Solution。

◆用下列方式可以列出所选单元的指定结果。

命令：PRESOL。

GUI：Main Menu → General Postproc → List Results → Element Solution。

要获得一维单元的求解输出，在 PRNSOL 命令中指定 ELEM 选项，程序将列出所选单元的所有可行的单元结果。

下面给出了一个样表（对应于命令 PRNSOL，S）。

PRINT S　NODAL SOLUTION PER NODE
***** POST1 NODAL STRESS LISTING *****
LOAD STEP=　5　SUBSTEP=　2
TIME= 1.0000　LOAD CASE= 0
THE FOLLOWING X,Y,Z VALUES ARE IN GLOBAL COORDINATES

NODE	SX	SY	SZ	SXY	SYZ	SXZ
1	148.01	−294.54	.00000E+00	−57.256	.00000E+00	.00000E+00
2	144.89	−294.83	.00000E+00	56.841	.00000E+00	.00000E+00

3	241.84	73.743	.00000E+00	−47.365	.00000E+00	.00000E+00
4	401.98	−18.212	.00000E+00	−34.299	.00000E+00	.00000E+00
5	468.15	−27.171	.00000E+00	.48669E−01	.00000E+00	.00000E+00
6	401.46	−18.183	.00000E+00	34.393	.00000E+00	.00000E+00
7	239.90	73.614	.00000E+00	46.704	.00000E+00	.00000E+00
8	−84.741	−39.533	.00000E+00	39.089	.00000E+00	.00000E+00
9	3.2868	−227.26	.00000E+00	68.563	.00000E+00	.00000E+00
10	−33.232	−99.614	.00000E+00	59.686	.00000E+00	.00000E+00
11	−520.81	−251.12	.00000E+00	.65232E−01	.00000E+00	.00000E+00
12	−160.58	−11.236	.00000E+00	40.463	.00000E+00	.00000E+00
13	−378.55	55.443	.00000E+00	57.741	.00000E+00	.00000E+00
14	−85.022	−39.635	.00000E+00	−39.143	.00000E+00	.00000E+00
15	−378.87	55.460	.00000E+00	−57.637	.00000E+00	.00000E+00
16	−160.91	−11.141	.00000E+00	−40.452	.00000E+00	.00000E+00
17	−33.188	−99.790	.00000E+00	−59.722	.00000E+00	.00000E+00
18	3.1090	−227.24	.00000E+00	−68.279	.00000E+00	.00000E+00
19	41.811	51.777	.00000E+00	−66.760	.00000E+00	.00000E+00
20	−81.004	9.3348	.00000E+00	−63.803	.00000E+00	.00000E+00
21	117.64	−5.8500	.00000E+00	−57.351	.00000E+00	.00000E+00
22	−128.21	30.986	.00000E+00	−68.019	.00000E+00	.00000E+00
23	154.69	−73.136	.00000E+00	.71142E−01	.00000E+00	.00000E+00
24	−127.64	−185.11	.00000E+00	.79422E−01	.00000E+00	.00000E+00
25	117.22	−5.7904	.00000E+00	56.517	.00000E+00	.00000E+00
26	−128.20	31.023	.00000E+00	68.191	.00000E+00	.00000E+00
27	41.558	51.533	.00000E+00	66.997	.00000E+00	.00000E+00
28	−80.975	9.1077	.00000E+00	63.877	.00000E+00	.00000E+00

MINIMUM VALUES
NODE	11	2	1	18	1	1
VALUE	−520.81	−294.83	.00000E+00	−68.279	.00000E+00	.00000E+00

MAXIMUM VALUES
NODE	5	3	1	9	1	1
VALUE	468.15	73.743	.00000E+00	68.563	.00000E+00	.00000E

2. 列出反作用载荷及作用载荷

1）在 POST1 中有几个选项用于列出反作用载荷（反作用力）及作用载荷（外力）。PRRSOL 命令（GUI：Menu → General Postproc → List Results → Reaction Solu）列出了所选节点的反作用力。命令 FORCE 可以指定哪一种反作用载荷（包括合力、静力、阻尼力或惯性力）数据被列出。PRNLD 命令（GUI：Main Menu → General Postproc → List → Nodal Loads）用于列出所选节点处的合力，值为零的除外。

列出反作用载荷及作用载荷是检查平衡的一种好方法。也就是说，在给定方向上所加的作用力应总是等于该方向上的反作用力（若检查结果与预想的不一样，那么就应该检查加载情况，看加载是否恰当）。

耦合自由度和约束方程通常会造成载荷不平衡，但由命令 CPINTF 生成的耦合自由度（组）

和由命令 CEINTF 或命令 CERIG 生成的约束方程在绝大多数情况下都能保持实际的平衡。

如前所述，如果对给定位移约束的自由度建立了约束方程，那么该自由度的反作用力不包括过该约束方程的外力，所以最好不要对给定位移约束的自由度建立约束方程。同样，对属于某个约束方程的节点，其节点力的合力也不应该包含该处的反作用力。在批处理求解中（用 OUTPR 命令请求），可得到约束方程反作用力的单独列表，但这些反作用力不能在 POST1 中进行访问。对大多数适当的约束方程，X、Y、Z 方向的合力应为零，但合力矩可能不为零，因为合力矩本身必须包含力的作用效果。

可能出现载荷不平衡的其他情况有：

① 四节点壳单元，其 4 个节点不在同一平面内。
② 有弹性基础的单元。
③ 发散的非线性求解。

2）几个常用的命令是 FSUM、NFORCE 和 SPOINT，下面分别说明。

① FSUM 对所选的节点进行力、力矩求和运算和列表显示。

命令：FSUM。
GUI：Main Menu → General Postproc → Nodal Calcs → Total Force Sum

下面给出了一个关于命令 FSUM 的输出样本。

```
*** NOTE ***
Summations based on final geometry and will not agree with solution reactions.
***** SUMMATION OF TOTAL FORCES AND MOMENTS IN GLOBAL COORDINATES *****
FX=    .1147202
FY=    .7857315
FZ=    .0000000E+00
MX=    .0000000E+00
MY=    .0000000E+00
MZ=   39.82639
SUMMATION POINT=  .00000E+00  .00000E+00  .00000E+00
```

② NFORCE 命令除了总体求和，还对每一个所选的节点进行力、力矩求和。

命令：NFORCE
GUI：Main Menu → General Postproc → Nodal Calcs → Sum @ Each Node。

下面给出了一个关于命令 NFORCE 的输出样本。

```
***** POST1 NODAL TOTAL FORCE SUMMATION *****
LOAD STEP=   3  SUBSTEP=   43
THE FOLLOWING X,Y,Z FORCES ARE IN GLOBAL COORDINATES
NODE    FX              FY              FZ
  1    -.4281E-01       .4212          .0000E+00
  2     .3624E-03       .2349E-01      .0000E+00
  3     .6695E-01       .2116          .0000E+00
  4     .4522E-01       .3308E-01      .0000E+00
  5     .2705E-01       .4722E-01      .0000E+00
```

6	.1458E−01	.2880E−01	.0000E+00
7	.5507E−02	.2660E−01	.0000E+00
8	−.2080E−02	.1055E−01	.0000E+00
9	−.5551E−03	−.7278E−02	.0000E+00
10	.4906E−03	−.9516E−02	.0000E+00

*** NOTE ***
Summations based on final geometry and will not agree with solution reactions.
***** SUMMATION OF TOTAL FORCES AND MOMENTS IN GLOBAL COORDINATES *****
FX=   .1147202
FY=   .7857315
FZ=   .0000000E+00
MX=   .0000000E+00
MY=   .0000000E+00
MZ=   39.82639
SUMMATION POINT= .00000E+00 .00000E+00 .00000E+00

③ SPOINT 命令用于定义在哪些点（原点除外）求力矩和。

GUI：Main Menu → General Postproc → Nodal Calcs → Summation Pt → At Node(At XYZ Loc)。

3. 列出单元表数据

用下列命令可列出存储在单元表中的指定数据。

命令：PRETAB。
GUI：Main Menu → General Postproc → Element Table → List Elem Table。
GUI：Main Menu → General Postproc → List Results → Elem Table Data。

为列出单元表中每一列的和，可采用命令 SSUM（GUI：Main Menu → General Postproc → Element Table → Sum of Each Item）。

下面给出了一个关于命令 PRETAB 和 SSUM 的输出示例。

***** POST1 单元数据列表 *****

STAT ELEM	CURRENT SBYTI	CURRENT SBYBI	CURRENT MFORYI
1	.95478E-10	−.95478E-10	−2500.0
2	−3750.0	3750.0	−2500.0
3	−7500.0	7500.0	−2500.0
4	−11250.	11250.	−2500.0
5	−15000.	15000.	−2500.0
6	−18750.	18750.	−2500.0
7	−22500.	22500.	−2500.0
8	−26250.	26250.	−2500.0
9	−30000.	30000.	−2500.0
10	−33750.	33750.	−2500.0
11	−37500.	37500.	2500.0
12	−33750.	33750.	2500.0
13	−30000.	30000.	2500.0

14	−26250.	26250.	2500.0
15	−22500.	22500.	2500.0
16	−18750.	18750.	2500.0
17	−15000.	15000.	2500.0
18	−11250.	11250.	2500.0
19	−7500.0	7500.0	2500.0
20	−3750.0	3750.0	2500.0

```
MINIMUM VALUES
ELEM       11              1              8
VALUE    −37500.       −.95478E−10    −2500.0
MAXIMUM VALUES
ELEM        1             11             11
VALUE   .95478E−10       37500.        2500.0
SUM ALL THE ACTIVE ENTRIES IN THE ELEMENT TABLE
TABLE LABEL         TOTAL
SBYTI    −375000.
SBYBI     375000.
MFORYI   .552063E−09
```

4. 其他列表

用下列命令可列出其他类型的结果。

1）PRVECT 命令（GUI：Main Menu → General Postproc → List Results → Vector Data）：列出所有被选单元指定的矢量大小及其方向余弦。

2）PRPATH 命令（GUI：Main Menu → General Postproc → List Results → Path Items）：计算并列出在模型中沿预先定义的几何路径的数据。注意，必须事先定义一路径并将数据映射到该路径上。

3）PRSECT 命令（GUI：Main Menu → General Postproc → List Results → Linearized Strs）：计算，然后列出沿预定的路径线性变化的应力。

4）PRERR 命令（GUI：Main Menu → General Postproc → List Results → Percent Error）：列出所选单元的能量级的百分比误差。

5）PRITER 命令（GUI：Main Menu → General Postproc → List Results → Iteration Summry）：列出迭代次数概要数据。

5. 对单元、节点排序

默认情况下，所有列表通常按节点号或单元号的升序进行排序。可根据指定的结果项先对节点、单元进行排序来改变它。NSORT 命令（GUI：Main Menu → General Postproc → List Results → Sorted Listing → Sort Nodes）基于指定的节点求解项进行节点排序，ESORT 命令（GUI：Main Menu → General Postproc → List Results → Sorted Listing → Sort Elems）基于单元表内存入的指定项进行单元排序。例如：

```
NSEL,…                      ! 选节点
NSORT,S,X                   ! 基于 SX 进行节点排序
PRNSOL,S,COMP               ! 列出排序后的应力分量
```

下面给出了执行命令 NSORT 及 PRNSOL,S 之后的列表示例。

```
PRINT S   NODAL SOLUTION PER NODE
***** POST1 NODAL STRESS LISTING *****
LOAD STEP=  3 SUBSTEP=  43
TIME=  6.0000    LOAD CASE=  0
THE FOLLOWING X,Y,Z VALUES ARE IN GLOBAL COORDINATES
NODE    SX          SY          SZ          SXY         SYZ         SXZ
111    -.90547    -1.0339     -.96928     -.51186E-01  .00000E+00  .00000E+00
 81    -.93657    -1.1249    -1.0256      -.19898E-01  .00000E+00  .00000E+00
 51   -1.0147      -.97795    -.98530      .17839E-01  .00000E+00  .00000E+00
 41   -1.0379     -1.0677    -1.0418      -.50042E-01  .00000E+00  .00000E+00
 31   -1.0406      -.99430   -1.0110       .10425E-01  .00000E+00  .00000E+00
 11   -1.0604      -.97167   -1.0093      -.46465E-03  .00000E+00  .00000E+00
 71   -1.0613      -.95595   -1.0017       .93113E-02  .00000E+00  .00000E+00
 21   -1.0652      -.98799   -1.0267       .31703E-01  .00000E+00  .00000E+00
 61   -1.0829      -.94972   -1.0170       .22630E-03  .00000E+00  .00000E+00
101   -1.0898      -.86700   -1.0009      -.25154E-01  .00000E+00  .00000E+00
  1   -1.1450     -1.0258    -1.0741       .69372E-01  .00000E+00  .00000E+00
MINIMUM VALUES
NODE      1          81           1         111         111         111
VALUE -1.1450     -1.1249    -1.0741      -.51186E-01  .00000E+00  .00000E+00
MAXIMUM VALUES
NODE    111         101         111           1         111         111
VALUE  -.90547     -.86700    -.96928       .69372E-01  .00000E+00  .00000E+00
```

使用下述命令恢复到原来的节点或单元顺序。

命令：NUSORT。
GUI：Main Menu → General Postproc → List Results → Sorted Listing → Unsort Nodes。
命令：EUSORT。
GUI：Main Menu → General Postproc → List Results → Sorted Listing → Unsort Elems。

6. 用户化列表

在有些场合，需要根据要求来定制结果列表。/STITLE 命令（无对应的 GUI 方式）可定义多达 4 个子标题，与主标题一起在输出列表中显示。输出可用的其他命令为 /FORMAT/HEADER 和 /PAGA（同样无对应的 GUI 方式）。

这些命令用于控制下述事情：重要数字的编号；列表顶部的表头输出；打印页中的行数等。这些控制仅适用于 PRRSOL、PRNSOL、PRESOL、PRETAB、PRPATH 命令。

6.2.3 图像显示结果

一旦所需结果存入数据库，可通过图像显示和表格方式观察。另外，可映射沿某一路径的结果数据。图像显示可能是观察结果最有效的方法。POST1 有下列图像显示类型：

◆ 梯度线显示。

- 变形后的形状显示。
- 矢量显示。
- 路径图。
- 反作用力显示。
- 粒子流轨迹和带电粒子轨迹显示。

1. 梯度线显示

梯度线显示表现了结果项（如应力、温度、磁通密度等）在模型上的变化。梯度线显示中有4个可用命令，见表6-2。

表6-2 梯度线显示命令

命令	GUI 菜单路径	功能
PLNSOL	Main Menu → General Postproc → Plot Results → Contour Plot → Nodal Solu	生成连续的过整个模型的梯度线
PLESOL	Main Menu → General Postproc → Plot Results → Contour Plot → Element Solu	在单元边界上生成不连续的梯度线
PLETAB	Main Menu → General Postproc → Plot Results → Contour Plot → Elem Table	显示单元表中数据的梯度线图
PLLS	Main Menu → General Postproc → Plot Results → Contour Plot → Line Elem Res	用梯度线的形式显示一维单元的结果

1）PLNSOL 命令可生成连续的过整个模型的梯度线。该命令或 GUI 方式可用于原始解或派生解。对典型的单元间不连续的派生解，在节点处进行平均，以便可显示连续的梯度线。使用 PLNSOL 命令得到的原始解（TEMP）梯度线和派生解（TGX）梯度线如图6-3和图6-4所示。

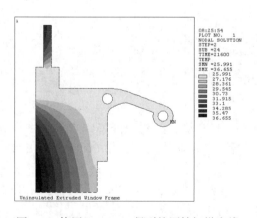

图6-3 使用 PLNSOL 得到的原始解梯度线

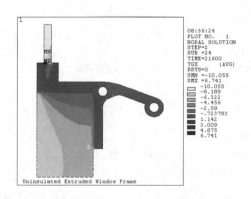

图6-4 使用 PLNSOL 命令得到的派生解梯度线

PLNSOL,TEMP　　　　　　　　　　　　! 原始解：自由度 TEMP

若有 PowerGraphics（性能优化的增强型 RISC 体系图形），可用下面任一命令来对派生数据求平均值。

命令：AVRES。

后处理 >>>

GUI：Main Menu → General Postproc → Options for Outp。
GUI：Utility Menu → List → Results → Options。

上述任一命令均可确定在材料及（或）实常数不连续的单元边界上是否对结果进行平均。

若 PowerGraphics 无效（对大多数单元类型而言，这是默认值），不能用 AVRES 命令去控制平均计算。平均算法则不管连接单元的节点属性如何，均会在所选单元上的所有节点处进行平均操作，但对材料和几何形状不连续处是不合适的。当对派生数据进行梯度线显示时（这些数据在节点处已做过平均），务必选择相同材料、相同厚度（对板单元）及相同坐标系等的单元。

PLNSOL,TG,X   !派生数据：温度梯度函数 TGX

2）PLESOL 命令可在单元边界上生成不连续的梯度线（见图 6-5），该命令用于派生解数据。命令流示例如下：

PLESOL,TG,X

3）PLETAB 命令可以显示单元表中数据的梯度线图（也称云纹图或云图）。PLETAB 命令中的 AVGLAB 字段提供了是否对节点处数据进行平均的选择项（默认状态下，对连续梯度线进行平均，对不连续梯度线不进行平均）。下例假设采用 SHELL99 单元（层状壳）模型，分别对结果进行平均和不平均，如图 6-6 和图 6-7 所示。相应的命令流如下：

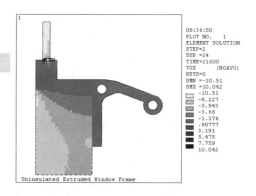

图 6-5 显示不连续梯度线的 PLESOL 图样

ETABLE,SHEARXZ,SMISC,9   ! 在第二层底部存在层内剪切（ILSXZ）
PLETAB,SHEARXZ,AVG   !SHEARXZ 的平均梯度线图
PLETAB,SHEARXZ,NOAVG   !SHEARXZ 的未平均（默认值）的梯度线

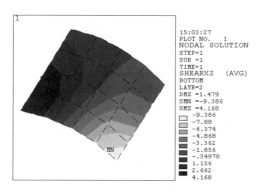

图 6-6 平均的 PLETAB 梯度线

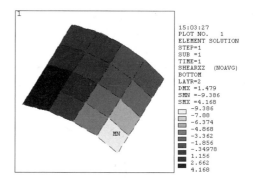

图 6-7 不平均的 PLETAB 梯度线

4）PLLS 命令用梯度线的形式显示一维单元的结果，该命令也要求数据存储在单元表中，

该命令常用于梁分析中显示剪力图和力矩图。下面给出了一个梁模型（BEAM3 单元、KEYOPT（9）=1）的示例，如图 6-8 所示。相应的命令流如下：

ETABLE,IMOMENT,SMISC,6　　　!I 端的弯矩，命名为 IMOMENT
ETABLE,JMOMENT,SMISC,18　　!J 端的弯矩，命名为 JMOMENT
PLLS,IMOMENT,JMOMENT　　　! 显示 IMOMENT,JMOMENT 结果

PLLS 命令将线性显示单元的结果，即用直线将单元节点 J 和节点 I 的结果数值连起来，无论结果沿单元长度是否是线性变化。另外，可用负的比例因子将图形倒过来。

需要注意如下几点：

1）可用 /CTYPE 命令（GUI：Utility Menu → Plot Ctrls → Style → Contours → Contour Style）首先设置 KEY 为 1，以生成等轴测的梯度线显示。

2）平均主应力：默认情况下，各节点处的主应力根据平均分应力计算。也可反过来做，首先计算每个单元的主应力，然后在各节点处平均。其命令和 GUI 方式如下：

命令：AVPRIN。
GUI：Main Menu → General Postproc → Options for Outp。
GUI：Utility Menu → List → Results → Options。

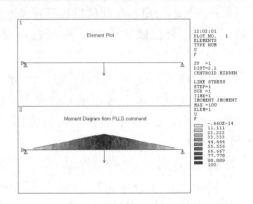

图 6-8　用 PLLS 命令显示的弯矩图

该法不常用，但在特定情况下很有用。需注意的是，在不同材料的结合面处不应采用平均算法。

3）矢量求和：与主应力的做法相同。默认情况下，在每个节点处的矢量和的模（平方和的开方）是按平均后的分量来求的。用 AVPRIN 命令，可反过来计算，先计算每个节点处矢量和的模，然后在节点处进行平均。

4）壳单元或分层壳单元：默认情况下，壳单元和分层壳单元得到的计算结果是单元上表面的结果。要显示上表面、中部或下表面的结果，可使用 SHELL 命令（GUI：Main Menu → General Postproc → Options for Outp）。对于分层单元，使用 LAYER 命令（GUI：Main Menu → General Posrproc → Options for Outp）指明需显示的层号。

5）Von Mises 当量应力（EQV）：使用命令 AVPRIN 可以改变用来计算当量应力的有效泊松比。

命令：AVPRIN。
GUI：Main Menu → General Postproc → Plot Results → Contour Plot → Nodal Solution (Element Solution)。
GUI：Utility Menu → Plot → Results → Contour Plot → Elem Solution。

典型情况下，对弹性当量应变（EPEL，EQV），可将有效泊松比设为输入泊松比；对非弹性应变（EPPL，EQV 或 EPCR，EQV），可将泊松比设为 0.5。对于整个当量应变（EPTOT，EQV），应在输入的泊松比和 0.5 之间选用一有效泊松比。另一种方法是，用命令 ETABLE 存

储当量弹性应变,使有效泊松比等于输入泊松比,在另一张表中用 0.5 作为有效泊松比存储当量塑性应变,然后用 SADD 命令将两张表合并,得到整个当量应变。

2. 变形后的形状显示

在结构分析中可用这些显示命令观察结构在施加载荷后的变形情况。其命令及相应的 GUI 菜单路径如下:

命令:PLDISP。
GUI:Utitity Menu → Plot → Results → Deformed Shape。
GUI:Main Menu → General Postproc → Plot Results → Deformed Shape。

例如,输入如下命令,变形后的形状与原始形状一起显示,如图 6-9 所示。

PLDISP,1   !变形后的形状与原始形状叠加在一起

另外,可用命令 /DSCALE 来改变位移比例因子,对变形图进行缩小或放大显示。

需提醒的一点是,在用户进入 POST1 时,通常所有载荷符号被自动关闭;以后再次进入 PREP7 或 SLUTION 处理器时,仍不会见到这些载荷符号。若在 POST1 中打开所有载荷符号,那么将会在变形图上显示载荷。

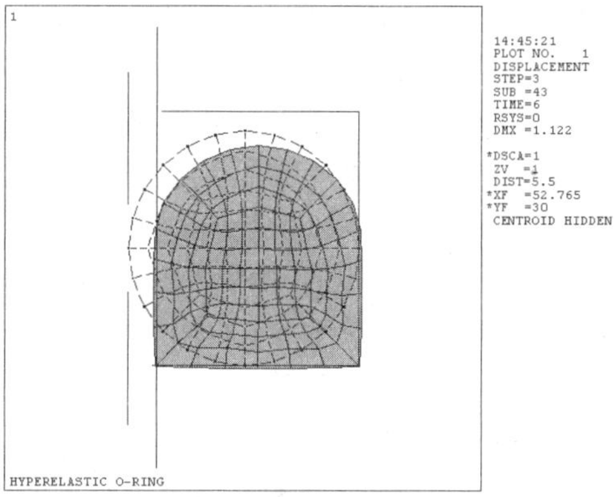

3. 矢量显示

矢量显示是指用箭头显示模型中某个矢量大小和方向的变化,通常所说的矢量包括平移(U)、转动(ROT)、磁力矢量势(A)、磁通密度(B)、热通量(TF)、温度梯度(TG)、液流速度(V)和主应力(S)等。

图 6-9 变形后的形状与原始形状一起显示

用下列方法可产生矢量显示:

命令:PLVECT。
GUI:Main Menu → General Postproc → Plot Results → Vector Plot → Predefined Or User-defined。

用下列方法可改变矢量箭头长度比例:

命令:/VSCALE。
GUI:Utility Menu → PlotCtrls → Style → Vector Arrow Scaling。

例如,输入下列命令,图形界面将显示磁通密度的 PLVECT 矢量图,如图 6-10 所示。

PLVECT,B   !磁通密度(B)的矢量显示

说明:在 PLVECT 命令中定义两个或两个以上分量,可以生成所需的矢量值。

4. 路径图

路径图是显示某个变量(如位移、应力,温

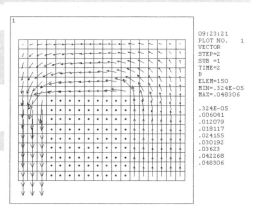

图 6-10 磁通密度的 PLVECT 矢量图

度等）沿模型上指定路径的变化图。要产生路径图，可进行如下操作：

1）执行命令 PATH 定义路径属性（GUI：Main Menu → General Postproc → Path Operations → Define Path → Path Status → Defined Paths）。

2）执行命令 PPATH 定义路径点（GUI：Main Menu → General Postproc → Path Operations → Define Path）。

3）执行命令 PDEF 将所需的量映射到路径上（GUI：Main Menu → General Postproc → Path Operations → Map Onto Path）。

4）执行命令 PLPATH 和 PLPAGM 显示结果（GUI：Main Menu → General Postproc → Path Operations → Plot Path Items）。

5. 反作用力显示

用命令 /PBC 下的 RFOR 或 RMOM 来激活反作用力显示。以后的任何显示（由 NPLOT、EPLOT 或 PLDISP 命令生成）将在定义了 DOF 约束的点处显示反作用力。约束方程中某一自由度节点力之和不应包含过该节点的外力。

如反作用力一样，也可用命令 /PBC（GUI：Utility Menu → PlotCtrls → Symbols）中的 NFOR 或 NMOM 项显示节点力，这是单元在其节点上施加的外力。每一节点处这些力之和通常为 0，约束点处或加载点处除外。

默认情况下，打印出的或显示出的力（或力矩的）的数值代表合力（静力、阻尼力和惯性力的总和）。FORCE 命令（GUI：Main Menu → General Postproc → Options for Outp）可将合力分解成各分力。

6. 粒子流轨迹和带电粒子轨迹显示

粒子流轨迹是一种特殊的图像显示形式，用于描述流动流体中粒子的运动情况。带电粒子轨迹是显示带电粒子在电、磁场中如何运动的图像。

粒子流轨迹或带电粒子轨迹显示常用以下两组命令及相应的 GUI 菜单路径：

1）TRPOIN 命令（GUI：Main Menu → General Postproc → Plot Results → Defi Trace Pt）用于在路径轨迹上定义一个点（起点、终点或两点之间的任意一点）。

2）PLTRAC 命令（GUI：Main Menu → General Postproc → Plot Results → Particl Trace）用于在单元上显示流动轨迹，能同时定义和显示多达 50 点。

粒子流轨迹示例如图 6-11 所示。

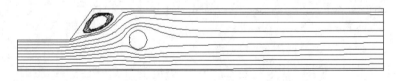

图 6-11　粒子流轨迹示例

PLTRAC 命令中的 Item 字段和 comp 字段能使用户看到某一特定项的变化情况（如对于粒子流而言，其轨迹为速度、压力和温度；对于带电粒子而言，其轨迹为电荷）。项目沿路径的变化情况用彩色的梯度线显示。

另外，与粒子流轨迹或带电粒子轨迹相关的还有如下命令：

◆ TRPLIS 命令（GUI：Main Menu → General Postproc → Plot Results → List Trace Pt）用于列出轨迹点。

◆ TRPDEL 命令（GUI：Main Menu → General Postproc → Plot Results → Dele Trace Pt）用于删除轨迹点。

◆ TRTIME 命令（GUI：Main Menu → General Postproc → Plot Results → Time Interval）用于定义流动轨迹时间间隔。

◆ ANFLOW 命令（GUI：Main Menu → General Postproc → Plot Results → Time Interval）用于生成粒子流的动画序列。

对于图像显示，需要注意以下几点：

1）粒子流轨迹偶尔会无明显原因地停止。在靠近管壁处的静止流体区域，或者当粒子沿单元边界运动时，会出现这种情况。为解决这个问题，可在流线交叉方向轻微调整粒子初始点。

2）对带电粒子轨迹，用 TRPOIN 命令（GUI：Main Menu → General Postproc → Plot Results → Dele Trace Pt）输入的变量 Chrg 和 Mass 在米-千克-秒单位制中具有相应的单位"库仑"和"千克"。

3）粒子轨迹跟踪算法会导致死循环，如某一带电粒子轨迹会导致无限循环。要避免出现死循环，可用 PLTRAC 命令中的 MXLOOP 变元设置极限值。

6.2.4 在路径上映射结果

POST1 的一个最实用的功能是可以将结果数据映射到模型的任意路径上，这样就可沿该路径执行许多数学运算（如微积分运算），从而得到有意义的计算结果，如开裂处的应力强度因子和 J-积分，通过该路径的热量、磁场力等。而另外一个功能是，能以图形或列表方式观察结果项沿路径的变化情况。

只能在包含实体单元（二维或三维）或板壳单元的模型中定义路径，一维单元不支持该功能。

通过路径观察结果包含以下 3 个步骤：

◆ 定义路径属性（PATH 命令）。
◆ 定义路径点（PPATH 命令）。
◆ 沿路径插值（映射）结果数据（PDEF 命令）。

一旦进行了数据插值，可用图像显示（PLPATH 或 PLPAGM 命令）和列表方式观察，或者执行数字运算，如加、减、乘、除、积分等。PMAP 命令（在 PDEF 命令前发出该命令）提供了处理材料不连续及精确计算的高级映射技术，详情可参考 Ansys 在线帮助文档。

另外，图像也可以将路径结果存入文件或数组参数中，以便调用。下面详细介绍利用路径观察结果的方法和步骤。

1. 定义路径

要定义路径，首先要定义路径环境，然后定义单个路径点。通过在工作平面上拾取节点、位置或填写特定坐标位置表来决定是否定义路径，然后通过拾取或使用下列命令、菜单路径中的任一种方式生成路径：

命令：PATH。
PPATH。
GUI：Main Menu → General Postproc → Path Operations → Define Path。
GUI：Main Menu → General Postproc → Path Operations → Define Path → By Nodes(On Working Plane /By Location)。

关于 PATH 命令有下列信息：

◆ 路径名（不多于 8 个字符）。
◆ 路径点数（2~1000）仅在批处理模式或用 By Location 选项定义路径点时需要；使用拾取时，路径点数等于拾取点数。
◆ 映射到该路径上的数据组数（最小为 4，默认值为 30，无最大值）。
◆ 路径上相邻点的分段数（默认值为 20，无最大值）。

用 By Location 选项时，弹出一个单独的对话框，用于定义路径点（PPATH 命令）。输入路径点的整体坐标值，插值过的路径的几何形状取决于激活的 CSYS 坐标系。另外，也可定义一坐标系用于几何插值（用 PPATH 命令中的 CS 变元）。

利用命令 PATH 和 STATUS 观察路径设置的状态。

PATH 和 PPATH 命令可以在激活的 CSYS 坐标系中定义路径的几何形状。若路径是直线或圆弧，只需两个端点（除非想提高精度插值，那将需要更多的路径点或子分点）。必要时，图像可以在定义路径前，利用 CSCIR 命令（GUI：Utility Menu → Work plane → Local Coordinate Systems → Move Singularity）移动奇异坐标点。

要显示已定义的路径，需首先沿路径插值数据，然后输入命令 /PBC,PATH,,1（GUI：Utility Menu → Plotctrls → Symbols），接着输入命令 EPLOT 或 NPLOT（GUI：Utility Menu → Plot → Elements 或 Utility Menu → Plot → Nodes），Ansys 将沿路径用云纹图的形式显示结果数值。图 6-12 所示为一条定义在柱坐标系中的路径节点图。

2. 使用多路径

一个模型中并不限制路径数目，但一次只有一条路径为当前路径（即只有一条路径是激活的），图像可以利用 PATH，NAME 命令改变当前激活的路径。在 PATH 命令中不用定义其他变元，已命名的路径将成为新的当前路径。

3. 沿路径插值数据

用下列命令可达到该目的：

命令：PDEF。
GUI：Main Menu → General Postproc → Path Operations → Map onto Path。
命令：PVECT。
GUI：Main Menu → General Postproc → Path Operations → Unit Vector。

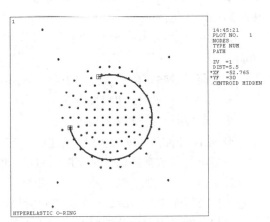

图 6-12 路径节点图

这些命令要求路径被预先定义好。

用 PDEF 命令，可在激活的结果坐标系中沿着路径插值任何结果数据，如原始数据（节点自由度解）、派生数据（应力、通量、梯度等）、单元表数据、FLOTRAN 节点结果数据等。在以下的讨论中（及在其他文档中）将插值项称为路径项。

例如，沿着 X 路径方向插值热通量，命令如下：

PDEF,XFLUX,TF,X

XFLUX 值是图像定义的分配给路径项的任意名字，TF 和 X 放在一起表示该项为 X 方向的热通量。

图像可以利用下列命令，使结果坐标系与激活的坐标系（用于定义路径）相配。

*GET,ACTSYS,ACTIVE,CSYS
RSYS,ACTSYS

第一条命令创建了一个用户定义参数（ACTSYS），该参数表征了定义当前激活的坐标系的值；第二条命令则设置结果坐标系到由 ACTSYS 指定的坐标系上。

4. 映射路径数据

POST1 用 {nDiv（nPts-1）+ 1} 个插值点将数据映射到路径上，这里的 nPts 是路径上的点数，nDiv 是在点间的子分数（或者说分段数）[EPATH]。创建第一条路径项时，程序自动插值下列几项：XG、YG、ZG 和 S，前 3 个是插值点的 3 个整体坐标值，S 是距起始节点的路径长度。在用路径项执行数学运算时这些项是有用的，如 S 可用于计算线积分。若要在材料不连续处精确映射数据，可在 PMAP 命令中使用 DISCON=MAT 选项（GUI：Main Menu → General Postproc → Path Operations → Define Path → Path Options）。

若想从路径上删除路径项（除 XG、YG、ZG 和 S），可使用 PDEF、CLEAR 命令，而命令 PCALC（GUI：Main Menu → General Postproc → Path Operations → Operations）则可以从一个路径存储路径项、定义一平行路径及计算两路径间路径项之差。

PVECT 命令可用于定义沿路径的法矢量、切矢量或正向矢量。如果要使用该命令，需激活笛卡儿坐标系。下面给出一个 PVECT 命令的应用实例——定义在每个插值点处与路径相切的单位矢量：

PVECT,TANG,TTX,TTY,TTZ。

TTX、TTY 和 TTZ 是用户定义的分配给矢量的 X、Y、Z 分量的名字。在数学上的 J 积分、点积和叉积等运算中可使用这些矢量。为精确映射法矢量和切矢量，在 PMAP 命令中使用 AC-CURATE 选项，在映射数据之前用命令 PMAP。

5. 观察路径项

要得到指定路径项与路径距离的关系，可使用下述方法之一：

命令：PLPATH。
GUI：Main Menu → General Postproc → Path Operations → Plot Path Items。

要得到指定路径项的列表，可使用下述方法之一：

命令：PRPATH。
GUI：Main Menu → General Postproc → List Results → Path Items。

可为命令 PLPATH、PRPATH 或 PRANGE 控制路径距离范围（GUI：Main Menu → General Postproc → Path Operations → Path Range）。在路径显示的横坐标项中的路径定义变量也能用来取代路径距离。

图像也可以用另外两个命令，即 PLSECT（GUI：Mian Menu → General Posproc → Path Operations → Linearized Strs）和 PRSECT（GUI：Main Menu → General Postproc → List Results → Linearized Strs）来计算和观察在 PPATH 命令中由最初两个节点定义的沿某一路径的线性应力，尤其在分析压力容器时，可用该命令将应力分解成几种应力分量：膜应力、剪应力和弯曲应力等。另外，还需说明的一点是，路径必须在激活的显示坐标系中定义。

可用下列命令（GUI）沿路径用彩色梯度线显示数据项，从而使路径上的数据项可以直观清晰地度量。

命令：PLPAGM。
GUI：Main Menu → General Postproc → Plot Results → Plot Path Items → On Geometry。

6. 在路径项中执行数学运算

下列 3 个命令可用于在路径项中执行数学运算：

1）PCALC 命令（GUI：Main Menu → General Postproc → Path Operations → Operations）：对路径进行加、乘、除、求幂、微分、积分运算。

2）PDOT 命令（GUI：Main Menu → General Postproc → Path Operations → Dot Product）：计算两路径矢量的点积。

3）PCROSS 命令（GUI：Main Menu → General Postproc → Path Operations → Cross Product）：计算两路径矢量的叉积。

7. 将路径数据进行存档或恢复

若想在离开 POST1 时保留路径数据，必须将其存入文件或数组参数中，以便于以后恢复。首先可选一条或多条路径，然后将当前路径写入一文件中。

命令：PSEL。
GUI：Utility Menu → Select → Paths。
命令：PASAVE。
GUI：Main Menu → General Postproc → Path Operations → Archive Path → Store → Paths in file。

要从一个文件中取出路径信息并将该数据存为当前激活的路径数据，可用下列方法：

命令：PARESU。
GUI：Main Menu → General Postproc → Path Operations → Archive Path → Retrieve → Paths from file。

可选择仅存档、取出路径数据（用 PDEF 命令映射到路径上的数据）或取出路径点（用 PPATH 命令定义的点）。恢复路径数据时，它变为当前激活的路径数据（已存在的激活路径数据被取代）。若用命令 PHRESH 并有多路径时，列表中的第一条路径成为当前激活路径。

输入、输出示例如下：

/post1
path,radial,2,30,35   !定义路径名、点号、组号和分组号
ppath,1,,.2   !由位置来定义路径

```
ppath,2,,.6
pmap,,mat                    !在材料不连续处进行映射数据
pdef,sx,s,x                  !描述径向应力
pdef,sz,s,z                  !描述周向应力
plpath,sx,sz                 !绘应力图
pasave                       !在文件中存储所定义的路径
finish
/post1
paresu                       !从文件中恢复路径数据
plpagm,sx,,node              !绘制路径上的径向应力
finish
```

8.将路径数据存档或从数组参数中恢复

若想把粒子流轨迹或带电粒子轨迹映射到某一路径（用 PLTRAC 命令）上，将路径数据写入数组参数中是有用的；若想把路径数据保存在一数组参数内，可采用下列命令或等价的 GUI 方式：

命令：PAGET,PARRAY,POPT。
GUI：Main Menu → General Postproc → Path Operations → Archive Path → Retrieve → Path Points (Path Data)。

要从一数组变量中恢复路径信息并将数据存储为当前激活的路径数据，可采用下列方式：

命令：PAPUT,PARRAY,POPT。
GUI：Main Menu → General Postproc → Path Operations → Archive Path → Store → Path Points (Path Data)。

可选择仅存档、取出路径数据（用 PDEF 命令映射到路径上的数据）或取出路径点（用 PPATH 命令定义）。PAGET 命令和 PAPUT 命令中 POPT 变元的设置决定了将存储或恢复什么数据，图像必须在恢复路径数据和标识前恢复路径点（详情可参考 Ansys 在线帮助文档）。恢复路径数据时，它会变成当前激活的路径数据（已存在的路径数据被取代）。输入、输出示例如下，对应的屏幕输出如图 6-13 和图 6-14 所示。

输入、输出示例如下：

```
/post1
path,radial,2,30,35          !定义路径名、点号、组号和分组号
ppath,1,,.2                  !按位置定义路径
ppath,2,,.6
pmap,,mat                    !在材料不连续处进行映射数据
pdef,sx,s,x                  !描述径向应力
pdef,sz,s,z                  !描述周向应力
plpath,sx,sz                 !绘应力图
paget,radpts,points          !将路径点存档于 radpts 数组中
paget,raddat,table           !将路径数据存档于 raddat 数组中
paget,radlab,label           !将路径标识存档于 radlab 数组中
finish
/post1
```

```
*get,npts,parm,radpts,dim,x      ! 从 radpts 数组中取出点号
*get,ndat,parm,raddat,dim,x      ! 从 raddat 数组中取出路径数据点号
*get,nset,parm,radlab,dim,x      ! 从 radlab 数组中取出数据标识号
ndiv=(ndat-1)/(npts-1)           ! 计算子分数
path,radial,npts,ns1,ndiv        ! 用组号 nsl → nset 生成路径 radial
paput,radpts,points              ! 取出路径点
paput,raddat,table               ! 取出路径数据
paput,radlab,labels              ! 取出路径列表
plpagm,sx,,node                  ! 绘制路径上的径向图
finish
```

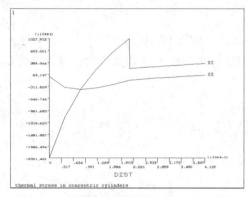

图 6-13　不同材料结合面处应力不连续的 PLPATH 显示示例

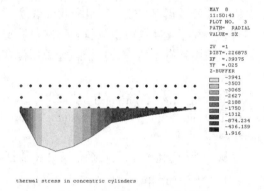

图 6-14　PLPAGM 显示示例

9. 删除路径

若想删除一个或多个路径，可用下列方式之一：

命令：PADELE。

GUI：Main Menu → General Postproc → Path Operations → Delete Path。

可按名字选择删除所有路径或某一路径，用 PATH、STATUS 命令可浏览当前路径名列表。

6.3　时间历程后处理器（POST26）

时间历程后处理器（POST26）可用于检查模型中指定点的分析结果与时间、频率等的函数关系。它有许多分析能力：从简单的图形显示和列表到诸如微分和响应频谱生成的复杂操作。POST26 的一个典型用途是在瞬态分析中以图形表示结果项与时间的关系，或者在非线性分析中以图形表示作用力与变形的关系。

使用下列方法之一进入 Ansys 时间历程后处理器：

命令：POST26。

GUI：Main Menu → TimeHist Postpro。

6.3.1 定义和存储变量

POST26 的所有操作都是对变量而言的，是结果项与时间（或频率）的简表。结果项可以是节点处的位移、单元的热流量、节点处产生的力、单元的应力、单元的磁通量等。图像对每个 POST26 变量任意指定大于或等于 2 的参考号，参考号 1 用于时间（或频率）。因此，POST26 的第一步是定义所需的变量，第二步是存储变量。

1. 定义变量

可以使用下列命令定义 POST26 变量。所有这些命令与下列 GUI 菜单路径等价：

GUI：Main Menu → TimeHist Postpro → Define Variables。
GUI：Main Menu → TimeHist Postpro → Elec&Mag → Circuit → Define Variables。

1）FORCE 命令用于指定节点力（合力、分力、阻尼力或惯性力）。

2）SHELL 命令用于指定壳单元（分层壳）中的位置（TOP、MID、BOT），ESOL 命令用于将定义该位置的结果输出（节点应力、应变等）。

3）LAYERP26L 命令用于指定结果待存储的分层壳单元的层号，然后 SHELL 命令用于对该指定层操作。

4）NSOL 命令用于定义节点解数据（仅对自由度结果）。

5）ESOI 命令用于定义单元解数据（派生的单元结果）。

6）RFORCER 命令用于定义节点反作用数据。

7）GAPF 命令用于定义简化的瞬态分析中间隙条件中的间隙力。

8）SOLU 命令用于定义解的总体数据（如时间步长、平衡迭代数和收敛值）。

例如，下列命令用于定义两个 POST26 变量：

NSOL,2,358,U,X
ESOL,3,219,47,EPEL,X

变量 2 为节点 358 的 UX 位移（针对第一条命令），变量 3 为 219 单元的 47 节点的弹性约束的 X 分力（针对第二条命令）。对于这些结果项，系统将给它们分配参考号。如果用相同的参考号定义一个新的变量，则原有的变量将被替换。

2. 存储变量

当定义了 POST26 变量和参数后，就相当于在结果文件的相应数据中建立了指针。存储变量就是将结果文件中的数据读入数据库。当发出显示命令或 POST26 数据操作命令（包括表 6-3 所列命令），或者选择与这些命令等价的 GUI 菜单路径时，程序自动存储数据。

在某些场合，需要使用 STORE 命令（GUI：Main Menu → TimeHist Postpro → Store Data）直接请求变量存储。这些情况将在下面的命令描述中解释。如果在发出 TIMERANGE 命令或 NSTORE 命令（这两个命令等价的 GUI 菜单路径为 Main Menu → TimeHist Postpro → Settings → Data）之后使用 STORE 命令，那么默认情况为"STORE，NEW"。由于 TIMERANGE 命令和 NSTORE 命令为存储数据重新定义了时间、频率点或时间增量，因而需要改变命令的默认值。

表 6-3 存储变量的命令

命令	GUI 菜单路径	功能
PLVAR	Main Menu → TimeHist Postpro → Graph Variables	可在一个图框中显示变量的图形
PRVAR	Main Menu → TimeHist Postpro → List Variables	表格中列出多个变量值
ADD	Main Menu → TimeHist Postpro → Math Operations → Add	计算两值的和
DERIV	Main Menu → TimeHist Postpro → Math Operations → Derivate	求导
QUOT	Main Menu → TimHist Postpro → Math Operations → Divde	进行除计算
VGET	Main Menu → TimeHist Postpro → Table Operations → Variable to Par	将变量移入数组参数
VPUT	Main Menu → TimeHist Postpro → Table Operations → Parameter to Var	数组参数移入一变量

可以使用下列命令存储数据：

1）MERGE 命令用于将新定义的变量增加到先前的时间点变量中，即更多的数据列被加入数据库。在某些变量已经存储（默认）后，如果希望定义和存储新变量，这是十分有用的。

2）NEW 命令用于替代先前存储的变量，删除先前计算的变量，并存储新定义的变量及其当前的参数。

3）APPEND 命令用于添加数据到先前定义的变量中，即如果将每个变量看作一数据列，APPEND 操作就为每一列增加行数。当要将两个文件（如瞬态分析中两个独立的结果文件）中相同变量集中在一起时，这是很有用的。使用 FILE 命令（GUI：Main Menu → TimeHist Postpro → Settings → File）指定结果文件名。

4）ALLOC，N 命令用于为顺序存储操作分配 N 个点（N 行）空间，此时如果存在先前定义的变量，那么将被自动清零。由于程序会根据结果文件自动确定所需的点数，所以正常情况下无须用该选项。

使用 STORE 命令的一个示例如下：

```
/POST26
NSOL,2,23,U,Y              !变量 2=节点 23 处的 UY 值
SHELL,TOP                  !指定壳的顶面结果
ESOL,3,20,23,S,X           !变量 3=单元 20 的节点 23 的顶部 SX
PRVAR,2,3                  !存储并打印变量 2 和 3
SHELL,BOT                  !指定壳的底面为结果
ESOL,4,20,23,S,X           !变量 4=单元 20 的节点 23 的底部 SX
STORE                      !使用命令默认，将变量 4 和变量 2、3 置于内存
PLESOL,2,3,4               !打印变量 2、3、4
```

对于图像显示，应该注意以下几个方面：

1）默认情况下，可以定义的变量数为 10 个。使用命令 NUMVAR（GUI：Main Menu → TimeHist Postpro → Settings → File）可增加该限值（最大值为 200）。

2）默认情况下，POST26 在结果文件寻找其中的一个文件。可使用 FILE 命令（GUI：Main Menu → TimeHist Postpro → Settings → File）指定不同的文件名（RST、RTH、RDSP 等）。

3）默认情况下，力（或力矩）值表示合力（静态力、阻尼力和惯性力的合力）。FORCE 命令允许对各个分力进行操作。

壳单元和分层壳单元的结果数据假定为壳或层的顶面。SHELL 命令允许指定的是顶面、中面或底面。对于分层单元，可通过 LAYERP26 命令指定层号。

4）定义变量的其他有用命令：

① NSTORE 命令（GUI：Main Menu → TimeHist Postpro → Settings → Data）用于定义待存储的时间点或频率点的数量。

② TIMERANGE 命令（GUI：Main Menu → TimeHist Postpro → Settings → Data）用于定义待读取数据的时间或频率范围。

③ TVAR 命令（GUI：Main Menu → TimeHist Postpro → Settings → Data）用于将变量1（默认是表示时间）改变为表示累积迭代号。

④ VARNAM 命令（GUI：Main Menu → TimeHist Postpro → Settings → Graph 或 Main Menu → TimeHist Postpro → List）用于给变量赋名称。

⑤ RESET 命令（GUI：Main Menu → TimeHist Postpro → Reset Postproc）用于所有变量清零，并将所有参数重新设置为默认值。

5）使用 FINISH 命令（GUI：Main Menu → Finish）退出 POST26，删除 POST26 变量和参数，如 FILE、PRTIME、NPRINT 等。由于它们不是数据库的内容，故不能存储，但这些命令均存储在 LOG 文件中。

6.3.2 检查变量

一旦定义了变量，可通过图形或列表的方式检查这些变量。

1. 产生图形输出

PLVAR 命令（GUI：Main Menu → TimeHist Postpro → Graph Variables）可在一个图框中显示多达 9 个变量的图形。默认的横坐标（X 轴）为变量1（静态或瞬态分析时表示时间，谐波分析时表示频率）。使用 XVAR 命令（GUI：Main Menu → TimeHist Postpro → Setting → Graph）可指定不同的变量号（如应力、变形等）作为横坐标。图 6-15 和图 6-16 所示为图形输出的两个示例。

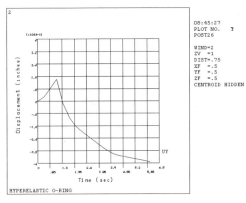

图 6-15　使用 XVAR=1（时间）作为横坐标的图形输出

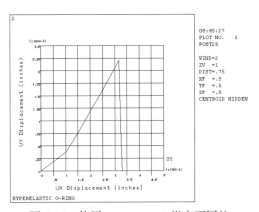

图 6-16　使用 XVAR=0，1 指定不同的变量号作为横坐标的图形输出

如果横坐标不是时间，可显示三维图形（用时间或频率作为 Z 坐标）。可使用下列方法之一改变默认的 X-Y 视图。

命令：/VIEW。
GUI：Utility Menu → PlotCtrs → Pan,Zoom,Rotate。
GUI：Utility Menu → PlotCtrs → View Setting → Viewing Direction。

在非线性静态分析或稳态热力分析中，子步为时间，也可采用这种图形显示。

当变量中包含由实部和虚部组成的复数数据时，默认情况下，PLVAR 命令显示的为幅值。使用 PLCPLX 命令（GUI：Main Menu → TimeHist Postpro → Setting → Graph）可切换到显示相位、实部和虚部。

图形输出可使用许多图形格式参数。通过选择 GUI：Utility Menu → PlotCtrs → Style → Graphs 或下列命令可实现该功能。

◆ 激活背景网格（/GRID 命令）。
◆ 曲线下面区域的填充颜色（/GROPT 命令）。
◆ 限定 X、Y 轴的范围（/XRANGE 及 /YRANGE 命令）。
◆ 定义坐标轴标签（/AXLAB 命令）。
◆ 使用多个 Y 轴的刻度比例（/GRTYP 命令）。

2. 计算结果列表

图像可以通过 PRVAR 命令（GUI：Main Menu → TimeHist Postpro → List Variables）在表格中列出多达 6 个变量，同时还可以获得某一时刻或频率处的结果项的值，也可以控制打印输出的时间或频率段。操作如下：

命令：NPRINT,PRTIME。
GUI：Main Menu → TimeHist Postpro → Settings → List。

通过 LINES 命令（GUI：Main Menu → TimeHist Postpro → Settings → List）可对列表输出的格式进行微量调整。下面是 PRVAR 的一个输出示例：

```
***** Ansys time-history VARIABLE LISTING *****
    TIME         51 UX         30 UY
                 UX            UY
    .10000E-09   .000000E+00   .000000E+00
    .32000       .106832       .371753E-01
    .42667       .146785       .620728E-01
    .74667       .263833       .144850
    .87333       .310339       .178505
   1.0000        .356938       .212601
   1.3493        .352122       .473230E-01
   1.6847        .349681      -.608717E-01
time-history SUMMARY OF VARIABLE EXTREME VALUES
  VARI TYPE   IDENTIFIERS   NAME   MINIMUM      AT TIME    MAXIMUM   AT TIME
   1 TIME     1 TIME        TIME   .1000E-09    .1000E-09  6.000     6.000
   2 NSOL     51 UX         UX     .0000E+00    .1000E-09  .3569     1.000
```

| 3 NSOL | 30 UY | UY | −.3701 | 6.000 | .2126 | 1.000 |

对于由实部和虚部组成的复变量，PRVAR 命令的默认列表是实部和虚部。可通过命令 PRCPLX 选择实部、虚部、幅值、相位中的任何一个。

另一个有用的列表命令是 EXTREM（GUI：Main Menu → TimeHist Postpro → List Extremes），可用于打印设定的 X 和 Y 范围内 Y 变量的最大和最小值，也可通过命令 *GET（GUI：Utility Menu → Parameters → Get Scalar Data）将极限值指定给参数。下面是 EXTREM 命令的一个输出示例：

```
Time-History SUMMARY OF VARIABLE EXTREME VALUES
 VARI TYPE   DENTIFIERS   NAME   MINIMUM    AT TIME    MAXIMUM    AT TIME
 1 TIME      1 TIME       TIME   .1000E-09  .1000E-09  6.000      6.000
 2 NSOL      50 UX        UX     .0000E+00  .1000E-09  .4170      6.000
 3 NSOL      30 UY        UY     −.3930     6.000      .2146      1.000
```

6.3.3 其他功能

1. 进行变量运算

POST26 可对原先定义的变量进行数学运算。

示例 1　在瞬态分析时定义了位移变量，可将该位移变量对时间求导，得到速度和加速度。其命令流如下：

NSOL,2,441,U,Y,UY441	!定义变量 2 为节点 441 的 UY，名称 =UY441
DERIV,3,2,1,,BEL441	!变量 3 为变量 2 对变量 1（时间）的一阶导数，名称为 BEL441
DERIV,4,3,1,,ACCL441	!变量 4 为变量 3 对变量 1（时间）的一阶导数，名称为 ACCL441

示例 2　将谐响应分析中的复变量（$a+ib$）分成实部和虚部，再计算它的幅值（$\sqrt{a^2+b^2}$）和相位角。其命令流如下：

REALVAR,3,2,,,REAL2	!变量 3 为变量 2 的实部，名称为 REAL2
IMAGIN,4,2,,IMAG2	!变量 4 为变量 2 的虚部，名称为 IMAG2
PROD,5,3,3	!变量 5 为变量 3 的平方
PROD,6,4,4	!变量 6 为变量 4 的平方
ADD,5,5,6	!变量 5（重新使用）为变量 5 和变量 6 的和
SQRT,6,5,,,AMPL2	!变量 6（重新使用）为幅值
QUOT,5,3,4	!变量 5（重新使用）为（b/a）
ATAN,7,5,,,PHASE2	!变量 7 为相位角

可通过下列方法之一创建自己的 POST26 变量：

1）FILLDATA 命令（GUI：Main Menu → TimeHist Postpro → Table Operations → Fill Data）：用多项式函数将数据填入变量。

2）DATA 命令将数据从文件中读出。该命令无对应的 GUI，被读文件必须在第一行中含有 DATA 命令；第二行括号内是格式说明，数据从接下去的几行读取，然后通过 /INPUT 命令（GUI：Utility Menu → File → Read Input from）读入。

3）使用 VPUT 命令，它允许将数组参数移入一变量。逆操作命令为 VGET，它将 POST26 变量移入数组参数。

2. 生成反应谱

该方法允许在给定的时间历程中生成位移、速度、加速度反应谱，频谱分析中的反应谱可用于计算结构的整个响应。

POST26 中的 RESP 命令用来生成反应谱：

命令：RESP。
GUI：Main Menu → TimeHist Postpro → Generate Spectrm。

使用 RESP 命令需要先定义两个变量：一个含有反应谱的频率值（LFTAB 字段）；另一个含有位移的时间历程（LDTAB 字段）。LFTAB 字段的频率值不仅代表反应谱曲线的横坐标，而且也是用于生成反应谱的单自由度激励的频率。可通过 FILLDATA 或 DATA 命令产生 LFTAB 变量。

LDTAB 字段中的位移时间历程值常产生于单自由度系统的瞬态动力学分析。通过 DATA 命令（位移时间历程在文件中时）和 NSOL 命令（GUI：Main Menu → TimeHist Postpro → Define Variables）创建 LDTAB 变量。系统采用数据时间积分法计算反应谱。

6.4 实例——悬臂梁计算结果后处理

为了使读者对 Ansys 的后处理操作有个比较清楚的认识，以下实例将对前一章节的有限元计算结果进行后处理，以此分析悬臂梁在载荷作用下的受力情况，从而分析研究其剪应力校核和评定。

6.4.1 GUI 方式

1. 打开悬臂梁几何模型 beamfea.db 文件
2. 检查结果

1）定义最大切应力表格参数：Main Menu → General Postproc → Element Table → Define Table，弹出如图 6-17 所示的"Element Table Data"对话框。单击"Add"按钮，弹出如图 6-18 所示的"Define Additonal Element Table Items"对话框。在"User label for item"文本框中输入"ILSXZ"，在"Item，Comp Results data item"列表框中选择"By sequence num"和"SMISC"，在文本框中输入"SMISC，68"，单击"Apply"按钮。

2）定义其他表格参数：弹出如图 6-18 所示的"Define Additonal Element Table Items"对话框，重复上述过程，定义"SXZ"和"ILMX"参数，单击

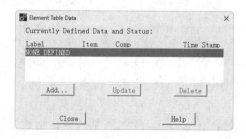

图 6-17 "Element Table Data"对话框

"OK"按钮，结果如图6-19所示。

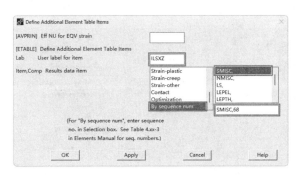

图6-18 "Define Additonal Element Table Items"对话框

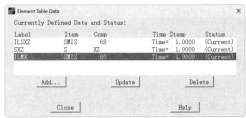

图6-19 参数设置结果

3）获取定义的SXZ表格参数：Utility Menu → Parameters → Get Scalar Data，弹出如图6-20所示的"Get Scalar Data"对话框。在"Type of date to retrieved"列表框中分别选择"Results data"和"Elem table data"，单击"OK按钮，弹出如图6-21所示的"Get Element Table Data"对话框。在"Name of parameter to be defined"文本框中输入"SIGXZ1"，在"Element number N"文本框中输入"4"，在"Elem table data to be retrieved"的下拉列表中选择"SXZ"，单击"Apply"按钮。

4）获取其他定义表格参数：弹出如图6-20所示的对话框。重复第3）步，获取"ILSXZ"和"ILMX"定义的表格参数。

图6-20 "Get Scalar Data"对话框　　　　图6-21 "Get Element Table Data"对话框

5）定义参数数组：Utility Menu → Parameters → Array Parameters → Define/Edit，弹出"Array Parameter"对话框。单击"Add"按钮，弹出如图6-22所示的"Add New Array Parameter"对话框。在"Parameter name"文本框中输入"VALUE"，在"I, J, K No. of rows, cols, planes"文本框中分别输入"4, 3, 0"，单击"OK"按钮，单击"Close"按钮。

6）对定义数组的第一列赋值：Utility Menu → Parameters → Array Parameters → Fill，弹出如图6-23所示的"Fill Array Parameter"对话框。选择"Specified values"选项，单击"OK"按钮，弹出如图6-24所示的"Fill Array Parameter with Sperified Values"对话框。在"Result array parameter"文本框中输入"VALUE(1,1)"，在下方相应的文本框中依次输入"0，5625，7500，225"，单击"Apply"按钮。

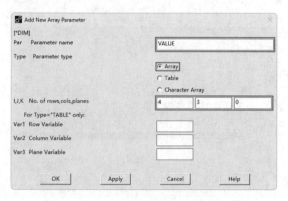
图 6-22 "Add New Array Parameter" 对话框

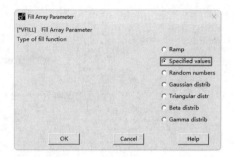
图 6-23 "Fill Array Parameter" 对话框

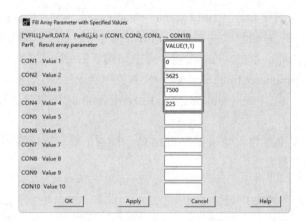
图 6-24 "Fill Array Parameter with Sperified Values" 对话框

7）对定义数组的第二列赋值：弹出如图 6-23 所示的对话框。选择 "Specified values" 选项，单击 "OK" 按钮，弹出如图 6-24 所示的对话框。在 "Result array parameter" 文本框中输入 "VALUE(1,2)"，在下方相应的文本框中依次输入 "SIGXZ1，SIGXZ2，SIGXZ3，FC3"，单击 "Apply" 按钮。

8）对定义数组的第三列赋值：弹出如图 6-23 所示的对话框。选择 "Specified values" 选项，单击 "OK" 按钮，弹出如图 6-24 所示的对话框，在 "Result array parameter" 文本框中输入 "VALUE(1,3)"，在下方相应的文本框中依次输入 "0，ABS(SIGXZ2/5625)，ABS(SIGXZ3/7500)，ABS(FC3/225)"，单击 "OK" 按钮。

9）将结果输出到文件：Utility Menu → File → Switch Output to → File，在文本框中输入 "beam.vrt"，单击 "OK" 按钮。

10）Von Mises 应力云图显示：Main Menu → General Postproc → Plot Results → Contour Plot → Element Solu，弹出如图 6-25 所示的 "Contour Element Solution Data" 对话框。在 "Item to be contoured" 列表框中选择 Stress → Von Mises Stress，单击 "OK" 按钮，Von Mises 应力云图显示如图 6-26 所示。

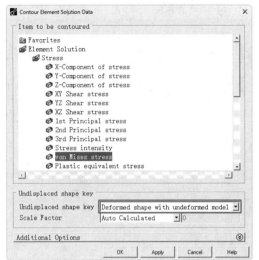 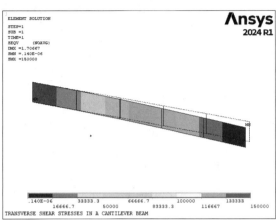

图 6-25 "Contour Element Solution Data"对话框　　图 6-26 Von Mises 应力云图显示

3. 退出 Ansys

单击工具栏上的"QUIT"按钮，在弹出的对话框中选择 QUIT → No Save，单击"OK"按钮。

6.4.2 命令流方式

略，见随书电子资料文档。

第 7 章 APDL 简介及土木工程常用的 Ansys 单元

本章先简单介绍 Ansys 的参数化设计语言 APDL，然后用一个用 APDL 语言实例来说明其实现过程，最后介绍一些在土木工程中常用的 Ansys 单元。

- ◆ APDL 简介
- ◆ 土木工程常用的 Ansys 单元

7.1 APDL 简介

7.1.1 APDL 概述

APDL 是 Ansys 参数化设计语言（ansys parametric language）的简称，它类似 FORTRAN 程序语言，是 Ansys 的二次开发工具之一。利用 APDL 可以实现参数化建模、施加参数化载荷与求解，以及参数化后处理结构显示，实现参数化有限元分析的全过程。例如，当求解结果表明有必要对程序进行修改设计时，就必须改变模型的几何形状，并重复上述过程，进行定义模型及其载荷等，特别当模型较复杂或修改较多时，则需要花费很多时间，严重影响了工程应用效率。此时，就可利用 Ansys 程序中 APDL 建立的智能分析手段实现这些循环功能，避免许多重复操作，大大提高了分析效率。

7.1.2 参数定义

APDL 允许用户通过指定或程序设计给变量或参数赋值，在 Ansys 运行的任意时刻都可以定义参数，也可以将参数保存在一个文件中，供以后的 Ansys 运行过程或其他运行和报告使用。参数特性提供了对程序进行控制和简化数据输入的有效方法。这里的参数指 APDL 的变量，与 FORTRAN 语言的变量类似，包括标量参数和数组参数。

参数的名称必须符合以下规则：
- ◆ 必须以字母开头且长度不能超过 8 个字符。
- ◆ 只能由字母、数字和下划线组成。
- ◆ 不能使用 *abbr 缩写。
- ◆ 避免使用 Ansys 程序的标记符号或命令作为参数名称。

Ansys 中有两种方法可以定义参数，即命令方式和 GUI 方式。

Ansys 提供了参数定义的 APDL 命令，见表 7-1。

表 7-1 参数定义的 APDL 命令

APDL 命令	命令功能
*Afun	指定参数表达式单位（一般指三角函数和反三角函数的角度单位）
*Ask	提示用户输入一个参数值
*Del	删除一个参数
*Dim	定义数组
*Get	从模型数据库中提取模型参数及计算结果值
*Set	给参数赋值
*Status	列出当前所有参数的状态
*Tread	从外部数据文件读取数据并存储到一个表中或数组参数中

（续）

APDL 命令	命令功能
*Vget	从数据库中提取数据并存储到一个数组中
*Vread	从数据库中读取数据到一个参数中
*Vedit	填充数组向量

GUI 方式定义参数：Utility Menu → Parameters → Scalar Parameters。

执行以上命令后，会弹出如图 7-1 所示的对话框。可通过该对话框实现对参数的定义、删除和修改。

7.1.3 流程控制

AnsysY 程序逐行执行指令，有时需要改变程序执行顺序或重复执行语句。此时，可利用 APDL 来实现类似 FORTRAN 的流程控制。

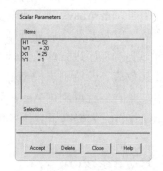

图 7-1 "Scalar Parameters" 对话框

1. 分支

分支命令能引导程序根据实际模型或分析做出决定。APDL 可以有选择地执行多个语句，通过比较两个数值来确定当前满足的条件值，利用 FORTRAN 中的 IF 和 GO 语句引导程序安排连续顺序读取命令来实现分支。

最常用的分支结构为 IF-THEN-ELSE-ENDIF。一般流程如下：

```
*IF,a,eq,1,then
! Block1
……
*ELSEIF,a,eq,0
! Block2
……
*ELSEIF,a,eq,-2
! Block3
……
*ELSE
! Block4
……
*ENDIF
```

2. 循环

对于循环控制，同 FORTRAN 类似，可使用 DO 循环指令来实现。这个指令引导程序重复一串操作命令，循环次数由计数器或其他循环的控制器来控制。

常用 *DO……*ENDDO 语句来显示循环控制，其格式如下：

```
*DO,par,ival,fval,inc
……
*ENDDO
```

其中，par 是循环控制变量，ival、fval 和 inc 分别是循环控制变量的初值、终值和步长，inc 默认是 1。

也可以结合分支语句 *IF-*THEN-*ELSE-*ENDIF，利用 *EXIT 和 *CYCLE 命令实现跳出循环和跳到下一循环，其流程如下：

```
*DO
……
*IF……THEN
……..
*ELSEIF……
 *CYCLE        ！结束当前循环，进入下一个循环
*ELSE
 *EXIT         ！跳出循环体，执行 *ENDDO 命令行的下一个命令
……..
*ENDDO
```

3. 重复

常用的重复命令是 *REPEAT，在输入序列中输入重复命令 *REPEAT 后，程序会立即将前面的命令重复执行指定的次数，每重复一次，命令变量就会增加。这个功能可在模型构建中得到充分利用，如用重复功能来生成节点、关键点、线段、边界条件或其他模型属性。

重复命令 *REPEAT 的格式如下：

*REPEAT, ntot, vinc1, vinc2, vinc3, vinc4, vinc5, vinc6, vinc7, vinc8, vinc9, vinc10, vinc11。

其中，ntot 是命令重复执行的次数，因为该数目包括开始执行，因此必须是大于 2 的整数；vinc1~vinc11 是命令的第 1~11 个参数在每次循环的增量，即每次循环命令参数会按指定数值增加。

例如：

E,1,2
*REPEAT,4,0,1

E 命令通过节点 1 和节点 2 生成一个单元，然后用 *REPEAT 使 E 命令语句重复执行 4 次，每次节点号码增加 1，最后生成 4 个单元（对应的节点分别为 1-2、1-3、1-4、1-5）。

7.1.4 宏

宏是一系列保存在一个文件中并能在任何时候在 Ansys 运行中执行的 Ansys 命令流文件。宏的文件名不能与已存在的 Ansys 命令同名，否则 Ansys 执行的将是内部命令而不是宏，且只有扩展名为 .mac 的用户创建的宏才能被 Ansys 程序执行。宏可以通过系统编辑器或从 Ansys 程序内部进行创建，可以包括 APDL 特性的任何内容，如参数、重复功能和分支等。

宏可以作为自定义的 Ansys 命令使用，可以带有宏输入参数和内部变量，也可以在宏内部直接引用总体变量。在分支中，宏可以被重复任意多次并可以嵌套达 20 层之多。宏可以简化重复数据输入，大大提高建模效率。

1. 宏的创建

常用命令方式和 GUI 方式来创建宏。

1）命令方式：

*CREATE
……
*END

2）GUI 方式：Utility Menu → Macro → Create Macro。

执行以上命令后，弹出如图 7-2 所示的对话框。在该对话框通过输入语句来创建宏。

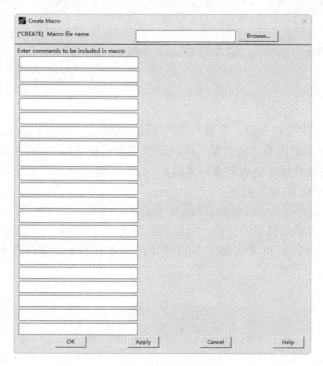

图 7-2 "Create Macro" 对话框

2. 宏的调用

Ansys 2024 提供了 358 个预先写好的宏，它们位于 "C：\Program Files\Ansys Inc\v241\Ansys\apdl" 下面，可以直接调用或复制到工作目录进行调用。

宏的调用一般也有命令方式和 GUI 方式两种。

1）命令方式：*use。

2）GUI 方式：Utility Menu → Macro → Execute Macro。

在使用宏命令中，还可以用 *ASK 命令定义参数，这个命令可说明信息提示参数值。*ASK 命令在自动分析方面特别有用，自动分析中的一些基本变量，如尺寸、材料特性等在不同设计中往往是不相同的。

此外，在宏内部普遍使用的一个 APDL 特性是 *MSG 命令。这个命令允许将参数和用户提供的信息写入用户可控制的、有一定格式的输出文件中,这些信息可以是一个简单的注释、一个警告或一个错误信息等,这就允许用户在 Ansys 内部创建特定报告或生成可用外部程序格式的输出文件。

7.1.5 函数和表达式

1. 函数

Ansys 中有效的运算包括数学运算、比较、取整和标准 FORTRAN 的三角函数、指数函数、对数函数和双曲函数等。表 7-2 列出了 Ansys 常用的函数。

表 7-2　Ansys 常用的函数

函数类型	功能
ABS(x)	取 x 的绝对值
SIGN(x,y)	当 $y=0$ 时,结果取正号;当 y 取有符号的数值结果时,取 x 的绝对值
EXP(x)	以 e 为底,x 为指数的幂,即 e^x
LOG(x)	取 x 的自然对数值,即 $\ln(x)$
LOG10(x)	取 x 的常用对数值,即 $\lg(x)$
SQRT(x)	取 x 的平方根
NINT(x)	取 x 的整数部分
MOD(x,y)	取 x/y 的余数部分,如 $y=0$ 时,则值为 0
RAND(x,y)	取 $x\sim y$ 之间的随机数
SIN(x)	取 x 的正弦值,x 的单位为弧度
COS(x)	取 x 的余弦值,x 的单位为弧度
TAN(x)	取 x 的正切值,x 的单位为弧度
SINH(x)	取 x 的双曲正弦值,x 的单位为弧度
COSH(x)	取 x 的双曲余弦值,x 的单位为弧度
TANH(x)	取 x 的双曲正切值,x 的单位为弧度
ASIN(x)	取 x 的反正弦值,x 的单位为数值
ACOS(x)	取 x 的反余弦值,x 的单位为数值
ATAN(x)	取 x 的反正切值,x 的单位为数值

2. 表达式

Ansys 中的 APDL 提供了基本的数学运算符号:+(加)、-(减)、*(乘)、/(除)、**(乘方)、<(小于)、>(大于)。可以利用这些运算符号创建复杂表达式,其运算优先级遵循与 FORTRAN 语言相同的运算顺序。

7.1.6 APDL 应用实例

图 7-3 所示为平面二力杆网架,各杆件之间为铰接,图中的编号是铰接位置上的关键点号。已知条件:各杆件的截面积为 2.0E-4m^2;材料弹性模量为 1.96E11Pa,泊松比为 0.25;关

键点 3 施加 200N 的集中力。

计算受力后网架的变形、支座的反作用力和各杆件的轴力，如图 7-4 所示。列表显示结果如图 7-5 所示。

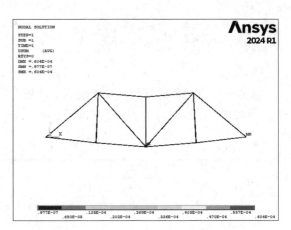

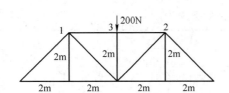

图 7-3　平面二力杆网架　　　　　　　　　图 7-4　杆网架变形云图

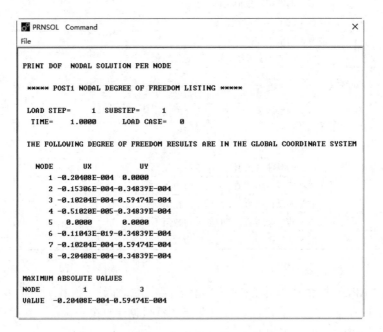

图 7-5　杆网架变形列表显示结果

求解过程利用 APDL 来实现，其命令流如下：

```
! 初始化环境
FINISH
/CLEAR
```

```
/UNITS,SI                    ! 国际单位制
/FILNAME,truss               ! 定义文件名
/TITLE,Analysis of truss     ! 定义分析标题名
! 建立有限元模型
/prep7
ET,1,LINK1                   ! 定义杆单元1
R,1,2E-4                     ! 定义单元1的实常数
MP,EX,1,1.96E11              ! 定义单元1的弹性模量
MP,PRXY,1,0.25               ! 定义单元1的泊松比
K,1,,,,                      ! 生成8个关键点
K,2,2,,,
K,3,4,,,
K,4,6,,,
K,5,8,,,
K,6,2,2,,
K,7,4,2,,
K,8,6,2,,
LSTR,1,2                     ! 生成13条线
LSTR,2,3
LSTR,3,4
LSTR,4,5
LSTR,6,7
LSTR,7,8
LSTR,1,6
LSTR,2,6
LSTR,3,6
LSTR,3,7
LSTR,3,8
LSTR,4,8
LSTR,5,8
LATT,1,1,1                   ! 定义单元1属性
LESIZE,ALL,,,1,,,,1          ! 设置网格份数
LMESH,ALL                    ! 划分网格
/ESHAPE,1.0
EPLOT
SAVE
FINISH
! 加载求解
/SOLU
ANTYPE,0                     ! 选择静态分析类型
DK,5,,,,0,all                ! 施加约束
DK,1,,,,0,UY
FK,3,FY,-200                 ! 施加载荷
SOLVE                        ! 求解计算
```

```
FINISH
! 后处理
/POST1
SET,LAST                          ! 读入最后时间步数据
PLNSOL,U,SUM                      ! 绘制出变形云图
PRNSOL,DOF                        ! 列出各节点的位移
ETABLE,S-AXIS,LS,1                ! 定义轴向应力单元表
SMULT,N-AXIS,S-AXIS,,2E-4,1,      ! 用乘法得到轴力单元表
PRETAN,N-AXIS                     ! 列出各单元的轴力
PLLS,N-AXIS,N-AXIS,1,0            ! 绘制出单元轴力
```

执行 PRNSOL，DOF 命令后，得到杆网架的杆件受力图，如图 7-6 所示。

图 7-7 所示为执行 PRETAN, N-AXIS 命令后得到的各单元轴力。

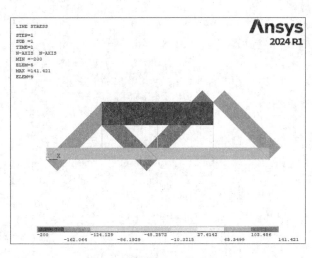

图 7-6 杆网架的杆件受力图

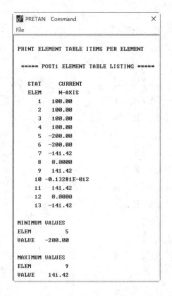

图 7-7 各单元轴力

7.2 土木工程常用的 Ansys 单元

在 Ansys 单元库中有 100 多种单元，这里主要介绍一些在土木工程中经常用到的单元，如杆（LINK）单元、弹簧（COMBIN）单元、梁（BEAM）单元、平面（PLANE）单元、壳（SHELL）单元和质量（MASS）单元等。

7.2.1 杆（LINK）单元

杆单元主要有 LINK1、LINK8、LINK10 和 LINK180 等，LINK1 单元为二维杆单元，

LINK8、LINK10、LINK180 单元为三维杆单元。其中，LINK1、LINK8、LINK10 单元在新的版本中已不支持图形界面操作，但在 APDL 语言中可以继续使用。在图形界面操作中如需用到上述三个杆单元，应尽量采用 LINK180 单元来替代。

1. LINK1 单元

LINK1 单元在土木工程中有着十分广泛的应用，经常用于模拟桁架、连杆、铰接、弹簧等构件。LINK1 单元是二维平面单元，只能承受单向拉伸或压缩，共有两个节点，每个节点上具有两个自由度。

需要注意的是，对于 LINK1 单元，其后处理应当采用单元表方式提取轴向应力、轴力等单元结果信息，节点位移和支座反力则可以直接列表显示。

LINK1 单元的几何形状、节点位置和坐标系取向如图 7-8 所示。

（1）输入数据　LINK1 单元通过节点、横截面积、初始应变和材料性质来定义。单元的 X 轴方向是沿着杆长从节点 I 指向节点 J，该单元的输入数据见表 7-3。

图 7-8　LINK1 单元的几何形状、节点位置和坐标系取向

表 7-3　LINK1 单元的输入数据

单元名称	LINK1
节点	I、J
自由度	UX、UY
实常数	AREA、ISTRN
材料特性	EX、ALPX、DENS、DAMP
表面载荷	无
体载荷	TEMPERATURES：$T(I)$、$T(J)$；FLUENCES：$FL(I)$、$FL(J)$
特性	塑性、蠕变、膨胀、应力刚化、大变形、单元生死

（2）输出数据　该单元的输出数据包括节点位移输出和附加单元输出两种形式。

LINK1 单元的输出数据见表 7-4。表中"O"和"R"两栏中表明在文件 Jobname.OUT（O）和结果文件（R）的可用性："Y"表示结果完全可用。数字代表脚注，用来说明该项在什么条件下可用。"—"表示该项不可用，本节以后都用此标记方法。

表 7-4　LINK1 单元的输出数据

名称	定义	O	R
EL	单元号	Y	Y
NODES	单元节点 I、J	Y	Y
MAT	材料号	Y	Y
VOLU	体积	—	Y
XC、YC	结果输出坐标中心	Y	2
TEMP	两节点温度 $T(I)$ 和 $T(J)$	Y	Y

(续)

名称	定义	O	R
FLUEM	两节点热流量 FL（I）和 FL（J）	Y	Y
MFORX	单元坐标系下 X 方向的受力	Y	Y
SAXL	单元轴向应力	Y	Y
EPELAXL	单元轴向弹性应变	Y	Y
EPTHAXL	单元轴向热应变	Y	Y
EPINAXL	单元轴向初始应变	Y	Y
SEPL	由应力 - 应变曲线所得等效应力	1	1
SRAT	三轴应力与屈服应力之比	1	1
EPEQ	等效塑性应变	1	1
HPRES	静水压力	1	1
EPPLAXL	轴向塑性应变	1	1
EPCRAXL	轴向蠕应变	1	1
EPSWAXL	轴向膨胀应变	1	1

（3）假设与限制

1）假设杆的两端承受轴向载荷、材料为均质的直杆。

2）杆的长度必须大于 0，即节点 I 和节点 J 不能重合。

3）杆必须在 X-Y 平面内且面积大于 0。

4）假设温度沿杆的长度方向线性变化。

5）位移函数表明杆内部应力为均匀分布的。

6）如果可能，应该在初始迭代时，将初始应变计入应力刚化矩阵。

7）流体载荷和阻尼材料特性不能使用。

8）适用的特征是应力刚度和大变形分析。

2. LINK8 单元

LINK8 单元是具有两节点的三维杆单元，能承受单向拉伸或压缩，每个节点上具有 3 个自由度。该单元在土木工程中也广泛应用，可以用来模拟三维空间桁架、松弛状绳索、铰链及弹簧单元等，包括塑性、蠕变、膨胀、应力刚化和大变形特性。在销钉连接结构中，可以不考虑单元的弯曲。

1）LINK8 单元的几何形状、节点位置和坐标系取向及输入数据分别如图 7-9 及表 7-5 所示。

图 7-9　LINK8 单元的几何形状、节点位置和坐标系取向

APDL 简介及土木工程常用的 Ansys 单元

表 7-5 LINK8 单元的输入数据

单元名称	LINK8
节点	I、J
自由度	UX、UY、UZ
实常数	AREA、ISTRN
材料特性	EX、ALPX、DENS、DAMP
表面载荷	无
体载荷	TEMPERATURES：$T(I)$、$T(J)$；FLUENCES：FL（I）、FL（J）
特性	塑性、蠕变、膨胀、应力刚化、大变形、单元生死

2）LINK8 单元的输出数据包括节点位移输出和附加单元输出，见表 7-6。

表 7-6 LINK8 单元的输出数据

名称	定义	O	R
EL	单元号	Y	Y
NODES	单元节点 I、J	Y	Y
MAT	材料号	Y	Y
VOLU	体积	-	Y
XC，YC，ZC	结果输出坐标中心	Y	2
TEMP	两节点温度 $T(I)$ 和 $T(J)$	Y	Y
FLUEM	两节点热流量 FL（I）和 FL（J）	Y	Y
MFORX	单元坐标系下 X 方向的受力	Y	Y
SAXL	单元轴向应力	Y	Y
EPELAXL	单元轴向弹性应变	Y	Y
EPTHAXL	单元轴向热应变	Y	Y
EPINAXL	单元轴向初始应变	Y	Y
SEPL	由应力 - 应变曲线所得等效应力	1	1
SRAT	三轴应力与屈服应力之比	1	1
EPEQ	等效塑性应变	1	1
HPRES	静水压力	1	1
EPPLAXL	轴向塑性应变	1	1
EPCRAXL	轴向蠕应变	1	1
EPSWAXL	轴向膨胀应变	1	1

3. LINK10 单元

LINK10 单元也是三维杆单元，其特有的双线性刚度矩阵导致该单元只能承受单向拉伸或单向压缩。选择单向拉伸时，一旦单元受压，刚度矩阵将自动被删除（可用于模拟松弛的绳索或链条）。这个特性用来模拟静态的钢索受力情况是非常有用的，特别是在整个钢索使用一个单元来分析时。LINK10 单元也可用于动态分析（考虑阻尼或阻尼效应），此时只认为单元具有松弛特性而忽略单元的移动。

（1）输入数据 LINK10 单元的几何形状、节点位置和坐标系取向如图 7-10 所示。对于电缆分析,负的应变值表示松弛效应;在裂纹分析中,正的应变值表示断裂效应。LINK10单元的输入数据见表7-7。

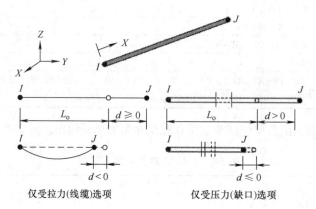

图7-10 LINK10单元的几何形状、节点位置和坐标系取向

表7-7 LINK10单元的输入数据

单元名称	LINK10
节点	I、J
自由度	UX、UY、UZ
实常数	AREA、ISTRN
材料特性	EX、ALPX、DENS、DAMP
表面载荷	无
体载荷	TEMPERATURES:$T(I)$、$T(J)$;FLUENCES:FL(I)、FL(J)
特性	塑性、蠕变、膨胀、应力刚化、大变形、单元生死
KEYOPT(2)	松弛钢索:0—无刚度 1—沿长度方向有较小刚度 2—沿长度方向及其垂直方向皆有较小的刚度
KEYOPT(3)	拉/压选项:0—单向拉 1—单向受压

(2)输出数据 LINK10单元的输出数据见表7-8。

表7-8 LINK10单元的输出数据

名称	定义	O	R
EL	单元号	Y	Y
NODES	单元节点I、J	Y	Y
MAT	材料号	Y	Y
VOLU	体积	—	Y

(续)

名称	定义	O	R
XC, YC, ZC	结果输出坐标中心	Y	2
TEMP	两节点温度 $T(I)$ 和 $T(J)$	Y	Y
STAT	单元状态	1	1
MFORX	单元坐标系下 X 方向的受力	Y	Y
SAXL	单元轴向应力	Y	Y
EPELAXL	单元轴向弹性应变	Y	Y
EPTHAXL	单元轴向热应变	Y	Y
EPINAXL	单元轴向初始应变	Y	Y

4. LINK180 单元

LINK180 单元是可以应用到桁架、钢索、连杆和弹簧等多种工程应用中的杆单元。此三维杆单元能承受单向拉伸或压缩，每个节点上具有 3 个自由度，分别为 X、Y 和 Z 三个方向的平移自由度，可支持仅受拉力（线缆）和仅受压力（缺口）的情况，包括塑性、蠕变、旋转、大变形和大应变等特性。在销钉连接结构中，可以不考虑单元的弯曲。

LINK180 单元允许通过改变横截面积来实现轴向伸长的功能。默认情况下，甚至在变形后，由于横截面积的改变，可以使单元的数量得到保留。默认情况下将适合弹塑性应用，也可以通过使用 KEYOPT（2），选择是否保持截面不变或是刚性截面。

（1）输入数据　LINK180 杆单元的几何形状、节点位置和坐标系取向如图 7-11 所示。LINK180 单元的输入数据见表 7-9。单元通过两个节点、截面面积（AREA）、每单元长度附加质量（ADDMAS）和材料性能来定义。单元 X 轴的方向为沿着杆长由节点 I 指向节点 J。

图 7-11　LINK180 杆单元的几何形状、节点位置和坐标系取向

表 7-9　LINK180 单元的输入数据

单元名称	LINK180
节点	I、J
自由度	UX、UY、UZ
实常数	AREA、ADDMAS、TENSKEY
材料特性	EX，(PRXY 或 NUXY)、ALPX（CTEX 或 THSX）、DENS、GXY、DAMP
表面载荷	无
体载荷	TEMPERATURES：$T(I)$、$T(J)$
特性	可塑性、黏弹性、黏塑性/蠕变、其他材料（用户）、应力刚化、大变形、大应变、初始状态非线性稳定、生与死、线性扰动

（2）输出数据　该单元的输出数据包括节点位移输出和附加单元输出，见表 7-10。

表 7-10 LINK180 单元的输出数据

名称	定义	O	R
EL	单元号	Y	Y
NODES	单元节点 I、J	Y	Y
MAT	材料号	Y	Y
REAL	实常数号	Y	Y
XC, YC, ZC	结果输出坐标中心	Y	1
TEMP	两节点温度 $T(I)$、$T(J)$	Y	Y
AREA	横截面面积	Y	Y
FORCE	单元坐标系中每个节点 X、Y、Z 方向力	Y	Y
Sxx	轴向应变	Y	Y
EPELxx	轴向弹性应变	Y	Y
EPTOxx	总应变	Y	Y
EPEQ	等效塑性应变	2	2
Cur.Yld.Flag	当前屈服标记	2	2
Plwk	塑性应变能量密度	2	2
Pressure	静水压力	2	2
Creq	等效蠕应变	2	2
Crwk_Creep	蠕应变能量密度	2	2
EPPLxx	轴向塑性应变	2	2
EPCRxx	轴向蠕应变	2	2
EPTHxx	轴向热应变	3	3

7.2.2 弹簧（COMBIN）单元

Ansys 单元中的弹簧单元有 COMBIN14、COMBIN39、COMBIN40 等，其中 COMBIN14 单元在土木工程中应用很广。图 7-12 所示的弹簧 - 阻尼（COMBIN14）单元，允许在一维、二维或三维状态下使用，具有承受单向拉压或扭转的工作能力。当纵向弹簧 - 阻尼单元承受单向拉压载荷时，每个节点有 3 个自由度，即沿节点坐标系 X、Y、Z 方向的位移，不考虑弯曲或扭转；当扭转弹簧 - 阻尼单元承受弯曲载荷时，在每个节点上有 3 个自由度，即绕节点坐标系 X、Y、Z 轴的转动，不考虑横向弯曲和轴向拉压。

此外，弹簧 - 阻尼单元 COMBIN14 没有质量，如果需要考虑质量，则需与 MASS21 联合使用，也可用 COMBIN40 单元来代替它们的组合。

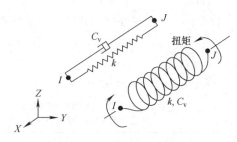

图 7-12 弹簧 - 阻尼（COMBIN14）单元

APDL 简介及土木工程常用的 Ansys 单元

1. 输入数据

COMBIN14 单元的输入数据见表 7-11。

表 7-11 COMBIN14 单元的输入数据

单元名称	COMBIN14
节点	I、J
自由度	UX、UY、UZ————————————KEYOPT（3）=0 ROTX、ROTY、ROTZ—————— KEYOPT（3）=1 ROTX、ROTY——————————————KEYOPT（3）=2
实常数	k、C_{v_1}、C_{v_2}
材料特性	无
表面载荷	无
特殊特性	无
KEYOPT（1）	求解类型：0—线性求解 　　　　　　1—非线性求解（要求 $C_{v_2} \neq 0$）
KEYOPT（2）	一维时自由度选择： 0—使用 KEYOPT（3）选项 1—1-D 纵向弹簧阻尼单元（自由度是 UX） 2—1-D 纵向弹簧阻尼单元（自由度是 UY） 3—1-D 纵向弹簧阻尼单元（自由度是 UZ） 4—1-D 扭转弹簧阻尼单元（自由度是 ROTX） 5—1-D 扭转弹簧阻尼单元（自由度是 ROTY） 6—1-D 扭转弹簧阻尼单元（自由度是 ROTZ） 7—自由单元压力自由度 8—自由单元温度自由度
KEYOPT（2）	二维或三维时自由度选择： 0—3-D 纵向弹簧-阻尼 1—3-D 扭转弹簧-阻尼 2—2-D 纵向弹簧-阻尼（二维单元必须在 X-Y 平面）

2. 输出数据

COMBIN14 单元的输出数据及输出项目和序列号见表 7-12 和表 7-13。

表 7-12 COMBIN14 单元的输出数据

名称	定义	O	R
EL	单元号	Y	Y
NODES	节点 I、J	Y	Y
XC，YC，ZC	结果输出坐标中心	Y	1
FORC 或 TORQ	弹簧力或力矩	Y	Y
STRETCH 或 TWIST	弹簧伸长量或扭转量（径向）	Y	Y
RATE	弹簧系数	Y	Y
VELOCITY	速度	—	Y
DAMPING FORCE 或 TORQUE	阻尼力或力矩（为 0，除瞬态或阻尼求解时）	Y	Y

表 7-13　COMBIN14 单元输出项目和序列号

输出名称	单元表和单元求解命令输出	
	项目	序列号
FORC	SMISC	1
STRETCH	NMISC	1
VELOCITY	NMISC	2
DAMPING FORCE	NMISC	3

3. 假设和限制

1）如果 KEYOPT（2）=0，则弹簧-阻尼单元的长度不能为 0，即节点 I 和节点 J 不能重合，因为节点位置决定弹簧的方向。

2）假设纵向弹簧单元刚度只沿其长度方向起作用，扭转弹簧单元刚度只在绕转方向起作用，类似扭转杆件。

3）弹簧单元中的应力假设是均匀分布的。

4）热分析中，假设温度或压力自由度作用方式与位移类似。

5）当 KEYOPT（2）=0 时，单元可适用于应力刚化或大变形；当 KEYOPT（3）=1 时，单元可适用于大变形扭转，但坐标系不会更新。

6）通过分别设置 k 或 C_v 值为 0 来删除单元的弹性或阻尼性能。

7）若 $C_{v_2} \neq 0$，则认为单元是非线性，需要进行迭代求解（KEYOPT（1）=1）。

8）若 KEYOPT（2）→0，则单元只有一个自由度。

9）对于不重合节点且 KEYOPT（2）=1、2、3 时，不包括力矩效应。也就是说，当节点偏移作用线时，不能满足力矩平衡。

10）若节点 J 和节点 I 相互交换，则节点 J 相对于节点 I 弹簧压缩时产生的位移是正的。

7.2.3　梁（BEAM）单元

1. BEAM3（二维弹性梁）单元

BEAM3 单元是只能承受单向拉压和弯曲的二维弹性梁单元。该单元有两个节点，每个节点上有 X 与 Y 方向位移和绕 Z 轴旋转的 3 个自由度。

BEAM3 单元在土木工程应用非常广泛，经常用于模拟铁路隧道、公路隧道、水工隧道或地铁隧道中的衬砌单元、圆筒以及简支梁等。

（1）输入数据　BEAM3 单元的几何形状、节点位置和坐标系取向如图 7-13 所示。该单元由节点、横截面积、转动惯量和材料特性来定义。

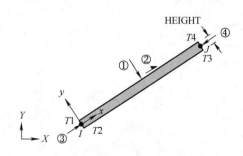

图 7-13　BEAM3 单元的几何形状、节点位置和坐标系取向

①~④—施加在单元表面上的压力载荷，见表 7-14

BEAM3 单元的输入数据见表 7-14。

表 7-14　BEAM3 单元的输入数据

单元名称	BEAM3
节点	I、J
自由度	UX、UY、ROTZ
实常数	AREA、IZZ、HEIGHT、SHEARZ、ISTRN、ADDMAS
材料特性	EX、ALPX、DENS、GXY、DAMP
表面载荷	压力： 面①（I-J）（$-Y$ 法线方向） 面②（I-J）（$+X$ 切线方向） 面③（I）（$+X$ 轴方向） 面④（J）（$-X$ 轴方向）
体载荷	温度：$T1$、$T2$、$T3$、$T4$
特殊特性	应力刚化、大变形、单元生死
KEYOPT（6）	力和力矩输出： 　0—不输出力和力矩 　1—在单元坐标系中输出力和力矩
KEYOPT（9）	输出节点 I 与 J 之间点结果：N—输出 N 个点的结果（N=0、1、3、5、7）
KEYOPT（10）	用于 SFNEAM 命令施加线性变化的表面载荷： 　0—加载偏移量（以长度为单位） 　1—加载偏移量（以长度比率为单位）

（2）输出数据　BEAM3 单元的输出数据包含所有节点解的节点位移和附加单元输出，见表 7-15 及图 7-14。

表 7-15　BEAM3 单元的输出数据

名称	定义	O	R
EL	单元号	Y	Y
NODES	单元节点 I、J	Y	Y
MAT	材料号	Y	Y
VOLU	体积	Y	Y
XC, YC	单元中心坐标	Y	3
TEMP	温度	Y	Y
PRES	压力	Y	Y
SDIR	轴向主应力	1	1
SBYT	梁单元 $+Y$ 边弯曲应力	1	1
SBYB	梁单元 $-Y$ 边弯曲应力	1	1
SMAX	最大应力（轴向主应力 + 弯曲应力）	1	1

(续)

名称	定义	O	R
SMIN	最小应力（轴向主应力 – 弯曲应力）	1	1
EPELDIR	端点轴向弹性应变	1	1
EPELBYT	梁单元 +Y 边弯曲弹性应变	1	1
EPELBYB	梁单元 –Y 边弯曲弹性应变	1	1
EPTHDIR	端点轴向热应变	1	1
EPTHBYT	梁单元 +Y 边弯曲热应变	1	1
EPTHBYB	梁单元 –Y 边弯曲热应变	1	1
EPINAXL	单元初始轴向应变	1	1
MFOR（X, Y）	单元坐标系 X、Y 方向的受力	2	Y
MMOMZ	单元坐标系 Z 方向的力矩	2	Y

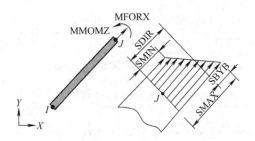

图 7-14　BEAM3 单元的应力输出

（3）假设与限制

1）梁单元必须位于 X-Y 平面且长度和面积必须大于 0。

2）梁单元可用于任意形状的截面，但应力由中性轴至最外边距离为高度一半来计算。

3）单元高度仅用于弯曲和热应力计算。

4）假设施加的热力梯度是沿高度和长度方向线性变化的。

5）假设不使用大变形时，惯性力矩默认为 0。

6）阻尼材料特性不允许使用。

7）只允许使用应力刚化和大变形这两种特殊性能。

2. BEAM4（三维弹性梁）单元

BEAM4 单元是可以承受单向拉压、扭转和弯曲的三维弹性梁单元。该单元有 3 个节点，每个节点上有 6 个自由度：沿 X、Y、Z 方向的位移自由度和绕 X、Y、Z 轴的旋转自由度，还具有应力刚化和大变形性质。在大变形分析中，可以使用一致的切向刚度矩阵。

（1）输入数据　BEAM4 单元的输入数据见图 7-15 及表 7-16。

APDL 简介及土木工程常用的 Ansys 单元

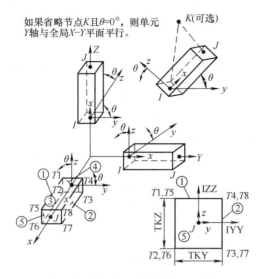

图 7-15 BEAM4 单元的输入数据

①～⑤—施加在单元表面（除下表面）上的压力载荷

表 7-16 BEAM4 单元的输入数据

单元名称	BEAM4
节点	节点 I、J、K（K 是方向节点 - 可选项）
自由度	UX、UY、UZ、ROTX、ROTY、ROTZ
实常数	AREA、IZZ、IYY、TKZ、TKY、THETA、ISTRN、IXX、SHEARZ、SHEARY、SPIN、ADDMAS
材料特性	EX、ALPX、DENS、GXY、DAMP
表面载荷	压力
体载荷	温度
特殊特性	应力刚化、大变形、单元生死
KEYOPT(2)	应力刚化选项： 　　0—NLGEOM 打开时，使用主切向刚度矩阵 　　1—NLGEOM 和 SOLCONTROL 打开时，使用一致切向刚度矩阵 　　2—SOLCONTROL 关闭时，不使用一致切向刚度矩阵
KEYOPT(6)	力和力矩输出： 　　0—不输出力和力矩 　　1—在单元坐标系中输出力和力矩
KEYOPT(7)	扭转阻尼矩阵： 　　0—忽略扭转阻尼矩阵 　　1—计算扭转阻尼矩阵
KEYOPT(9)	
KEYOPT(10)	用于 SFNEAM 命令施加表面载荷： 　　0—加载偏移量（以长度为单位） 　　1—加载偏移量（以长度比率为单位）

（2）输出数据　BEAM4 单元的输出数据包含所有节点解的节点位移输出和附加单元输出，见表 7-17。

表 7-17　BEAM4 单元的输出数据

名称	定义	O	R
EL	单元号	Y	Y
NODES	单元节点 I、J	Y	Y
MAT	材料号	Y	Y
VOLU	体积	Y	Y
XC，YC	单元结果输出中心坐标	Y	3
TEMP	温度	Y	Y
PRES	压力	Y	Y
SDIR	轴向主应力	1	1
SBYT	梁单元 $+Y$ 边弯曲应力	1	1
SBYB	梁单元 $-Y$ 边弯曲应力	1	1
SBZT	梁单元 $+Z$ 边弯曲应力	1	1
SBZB	梁单元 $-Z$ 边弯曲应力	1	1
SMAX	最大应力（轴向主应力 + 弯曲应力）	1	1
SMIN	最小应力（轴向主应力 − 弯曲应力）	1	1
EPELDIR	端点轴向弹性应变	1	1
EPELBYT	梁单元 $+Y$ 边弯曲弹性应变	1	1
EPELBYB	梁单元 $-Y$ 边弯曲弹性应变	1	1
EPELBZT	梁单元 $+Z$ 边弯曲弹性应变	1	1
EPELBZB	梁单元 $-Z$ 边弯曲弹性应变	1	1
EPTHDIR	端点轴向热应变	1	1
EPTHBYT	梁单元 $+Y$ 边弯曲热应变	1	1
EPTHBYB	梁单元 $-Y$ 边弯曲热应变	1	1
EPTHBZT	梁单元 $+Z$ 边弯曲热应变	1	1
EPTHBZB	梁单元 $-Z$ 边弯曲热应变	1	1
EPINAXL	单元初始轴向应变	1	1
MFOR（X，Y，Z）	单元坐标系 X、Y、Z 方向的受力	2	Y
MMOM（X，Y，Z）	单元坐标系 X、Y、Z 方向的力矩	2	Y

（3）假设与限制

1）梁单元的长度和面积必须大于 0，但若没用大变形，则惯性矩可以为 0。

2）梁的横截面可以是任意形状，但应力由中性轴至最外边距离为对应厚度一半来计算。

3）单元厚度只在弯曲和热应力计算时使用。

4）假设施加的热力梯度是沿厚度方向及长度方向线性变化的。

5）使用一致切向刚度矩阵（KEYOPT（2）= 1），应注意实际单元的实常数。

在土木工程中，除了上述常用的 BEAM3 单元和 BEAM4 单元，也会用到 BEAM23、BEAM24、BEAM44、BEAM189 等单元。

3. BEAM188(三维线性有限应变梁)单元

BEAM188 单元适合于分析从细长到中等粗短的梁结构,该单元基于铁木辛哥梁结构理论,并考虑了剪切变形的影响。

BEAM188 单元是三维线性(2 节点)或二次梁单元。每个节点有 6 个或 7 个自由度,自由度的个数取决于 KEYOPT(1)的值。当 KEYOPT(1)= 0(默认)时,每个节点有 6 个自由度;节点坐标系的 X、Y、Z 方向的平动和绕 X、Y、Z 轴的转动。当 KEYOPT(1)=1 时,每个节点有 7 个自由度,这时引入了第 7 个自由度(横截面的翘曲)。这个单元非常适合线性、大角度转动和/或非线性大应变问题。

当 NLGEOM 打开时,BEAM188 单元的应力刚化在任何分析中都是默认选项。应力强化选项使该单元可用于分析弯曲、横向及扭转稳定问题(用弧长法分析特征值屈曲和塌陷)。

BEAM188/BEAM189 单元可以采用 SECTYPE、SECDATA、SECOFFSET、SECWRITE 及 SECREAD 定义横截面。该单元支持弹性、蠕变及塑性模型(不考虑横截面子模型)。这种单元类型的截面可以是不同材料组成的组和截面。

(1)输入数据 BEAM188 单元的输入数据见图 7-16 及表 7-18。

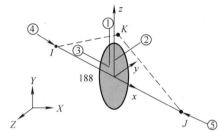

图 7-16 BEAM188 单元的输入数据
①——$-Z$ 向的温度载荷
②——$+Z$ 向距 X 轴 1 个单位处施加的温度载荷
③——$+Y$ 向距 X 轴 1 个单位处施加的温度载荷
④——$+X$ 向的温度载荷
⑤——$-X$ 向的温度载荷

表 7-18 BEAM188 单元的输入数据

单元名称	BEAM188
节点	节点 I、J、K(K 是方向节点,为可选项)
自由度	如果 KEYOPT(1)= 0,则 UX、UY、UZ、ROTX、ROTY、ROTZ 可控 如果 KEYOPT(1)= 1,则 UX、UY、UZ、ROTX、ROTY、ROTZ、WARP 可控
截面控制	TXZ、TXY、ADDMAS TXZ 和 TXY 默认分别是 $A×GXZ$ 和 $A×GXY$,这里 A 是截面面积
材料特性	EX、(PRXY 或 NUXY)、ALPX、DENS、GXY、GYZ、GXZ、DAMP
体载荷	温度
特殊特性	塑性、黏弹性、蠕变、应力刚化、大挠曲、大应变、初始应力引入、单元生死
KEYOPT(1)	扭转自由度: 0—默认;6 个自由度,不限制扭转 1—7 个自由度(包括扭转),双力矩和双曲线被输出
KEYOPT(2)	截面缩放比例: 0—默认;截面因为轴线拉伸效应被缩放;当大变形开关打开时被调用 1—截面被认为是刚性的(经典梁理论)
KEYOPT(3)	插值数据: 0—默认;线性多项式。要求划分细致 2—二次型(对于铁木辛哥梁单元有效)运用中间节点(中间节点用户无法修改)来提高单元的精度,能够精确地表示线性变化的弯矩

（续）

KEYOPT（4）	剪应力输出： 0—默认；仅输出与扭转相关的剪应力 1—仅输出与弯曲相关的横向剪应力 2—仅输出前两种方式的组合状态
KEYOPT（6）	在单元积分点输出控制： 0—默认；输出截面力、应变和弯矩 1—和 keyopt（6）= 0 相同，加上当前的截面单元 2—和 keyopt（6）= 1 相同，加上单元基本方向（X、Y、Z） 3—输出截面力、弯矩和应力、曲率，外推到单元节点
KEYOPT（7）	输出控制在截面积分点（当截面的亚类为 ASEC 时不可用）： 0—默认；无 1—最大和最小应力、应变 2—和 keyopt（7）= 1 相同，加上每个截面节点的应力和应变
KEYOPT（8）	输出控制在截面节点（当截面亚类为 ASEC 时不可用）： 0—默认；无 1—最大和最小应力、应变 2—和 keyopt（8）= 1 相同，加上沿着截面外表面的应力和应变 3—和 keyopt（8）= 1 相同，加上每个截面节点的应力和应变
KEYOPT（9）	在单元节点和截面节点外推数值用的输出控制（当节点亚类为 ASEC 的时候不可用）： 0—默认；无 1—最大和最小应力、应变 2—和 keyopt（9）= 1 相同，加上沿着截面外边缘的应力应变 3—和 keyopt（9）= 1 相同，加上所有截面节点的应力和应变
KEYOPT（10）	用户定义初始应力： 0—无用户子程序来提供初始应力（默认） 1—从用户子程序 ustress 来读取初始应力
KEYOPT（11）	设置截面属性： 0—自动计算是否能够提前积分截面属性（默认） 1—用户单元数值积分（在生/死功能时要求）
KEYOPT（12）	楔形截面处理： 0—线性变化的楔形截面分析；截面属性在每个积分点计算（默认），这种方法更加精确，但计算量大 1—平均截面分析；对于楔形截面单元，截面属性仅在中点计算。这是划分网格的阶数的估计，但速度快

（2）输出数据 BEAM188 单元的输出数据包含所有节点解的节点位移输出和附加单元输出，见表 7-19。

表 7-19 BEAM188 单元的输出数据

名称	定义	O	R
EL	单元号	Y	Y
NODES	单元节点	Y	Y
MAT	材料号	Y	Y

APDL 简介及土木工程常用的 Ansys 单元

（续）

名称	定义	O	R
C.G. : X, Y, Z	重力中心单元	Y	1
Area	横截面积	2	Y
SF : y, z	截面剪力	2	Y
SE : y, z	截面剪应变	2	Y
S : xx, xy, xz	分割点压力	3	Y
EPEL : xx, xy, xz	弹性应变	3	Y
EPTO : xx, xy, xz	节点的机械应变（EPEL + EPPL + EPCR）	3	Y
EPTT : xx, xy, xz	节点的总应变（EPEL + EPPL + + EPCR EPTH）	3	Y
EPPL : xx, xy, xz	分割点塑性应变	3	Y
EPCR : xx, xy, xz	分割点蠕变	3	Y
EPTH : xx	分割点热应变	3	Y
NL : EPEQ	累计等效塑性应变	—	5
NL : CREQ	累积等效蠕变	—	5
NL : SRAT	塑性屈服（1—屈服，0—不屈服）	—	5
NL : PLWK	塑性功	—	5
NL : EPEQ	累计等效塑性应变	—	5
SEND : ELASTIC, PLASTIC, CREEP	应变能量密度	—	5
TQ	扭矩	Y	Y
TE	扭转应变	Y	Y
Ky, Kz	曲率	Y	Y
Ex	轴向应变	Y	Y
Fx	轴向力	Y	Y
My, Mz	弯矩	Y	Y
BM	翘曲力矩	4	4
BK	翘曲曲率	4	4
SDIR	轴向应力	—	2
SBYT	梁单元 +Y 方向的弯曲应力	—	Y
SBYB	梁单元 –Y 方向的弯曲应力	—	Y
SBZT	梁单元 +Z 方向的弯曲应力	—	Y
SBZB	梁单元 –Z 方向的弯曲应力	—	Y
EPELDIR	末端轴向应变	—	Y
EPELBYT	梁单元 +Y 方向的弯曲应变	—	Y
EPELBYB	梁单元 –Y 方向的弯曲应变	—	Y
EPELBZT	梁单元 +Z 方向的弯曲应变	—	Y
EPELBZB	梁单元 –Z 方向的弯曲应变	—	Y
TEMP	所有截面节点的温度	—	Y
LOCI : X, Y, Z	集成点位置	—	6
SVAR : 1, 2, …, N	状态变量	—	7

在土木工程中，除了上述常用的 BEAM3、BEAM4 和 BEAM188 单元，也会用到 BEAM23、BEAM24、BEAM44、BEAM189 等单元。

7.2.4 平面（PLANE）单元

Ansys 中可作为平面单元的有 PLANE2、PLANE13、PLANE25、PLANE35、PLANE42、PLANE53 等，其中 PLANE42 经常使用于土木工程中，它主要用来模拟隧道围岩、混凝土等单元。

1. PLANE42 二维实体结构单元

PLANE42 单元可作为平面单元（平面应力或平面应变）或轴对称单元它有 4 个节点，每个节点上有 X、Y 方向位移的两个自由度。该单元还有塑性、蠕变、膨胀、应力刚化、大变形和大应变的特性。

（1）输入数据　PLANE42 单元的输入数据见表 7-20，其几何形状、节点位置和坐标系取向如图 7-17 所示。

表 7-20　PLANE42 单元的输入数据

单元名称	PLANE42
节点	I、J、K、L
自由度	UX、UY
实常数	KEYOPT（3）=0、1、2 时，无实常数 KEYOPT（3）=3 时，实常数为单元厚度
材料特性	EX、EY、EZ、(PRXY、PRYZ、PRXZ 或 NUXY、NUYZ) ALPX、ALPY、ALPZ、DENS、DAMP
表面载荷	压力：面 1(I-J)、面 2(J-L)、面 3(I)、面 4(J)
体载荷	温度：$T(I)$、$T(J)$、$T(K)$、$T(L)$ 热流量：FL（I）、FL（J）、FL（K）、FL（L）
特殊特性	塑性、蠕变、膨胀、应力刚化、大变形、单元生死、自适应下降
KEYOPT（1）	单元坐标系定义： 0—单元坐标系平行整体坐标系 1—单元坐标系以单元 I-J 边为基准
KEYOPT（2）	大位移形状： 0—包含大位移形状 1—抑制大位移形状
KEYOPT（3）	单元特性： 0—平面应力 1—轴对称 2—平面应变（Z 向应变为 0） 3—考虑单元厚度的平面应力
KEYOPT（5）	单元应力解输出： 0—基本单元解 1—所有积分点的基本解 2—节点应力解

APDL 简介及土木工程常用的 Ansys 单元

(续)

KEYOPT(6)	单元表面解输出： 0—基本单元解 1—I-J面解 2—面I-J与面K-L的表面解 3—所有积分点的非线性解 4—所有非0压力面解	
KEYOPT(9)	0—无用户子程序提供初始应力 1—从用户子程序读入初始应力数据	

（2）输出数据　PLANE42 单元的输出数据包含所有节点解的节点位移输出和附加单元输出，如图 7-18 所示。PLANE42 单元的输出数据见表 7-21。

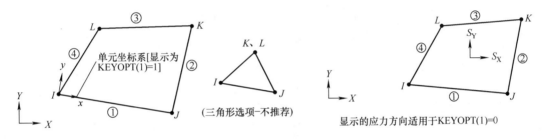

图 7-17　PLANE42 单元的几何形状、节点位置和坐标系取向　　图 7-18　PLANE42 单元的应力输出
①~④—施加在面上的表面载荷或体积载荷　　　　　　　　①~④—施加在面上的表面载荷或体积载荷

表 7-21　PLANE42 单元的输出数据

名称	定义	O	R
EL	单元号	Y	Y
NODES	单元节点 I、J、K、L	Y	Y
MAT	材料号	Y	Y
THICK	平均厚度	Y	Y
VOLU	体积	Y	Y
XC, YC	单元结果输出中心坐标	Y	3
TEMP	温度：$T(I)$、$T(J)$、$T(K)$、$T(L)$	Y	Y
PRES	压力	Y	Y
FLUEN	热流量	Y	Y
S：INT	应力强度	Y	Y
S：EQV	等效应力	Y	Y
EPEL：X, Y, Z, XY	弹性应变	Y	Y
EPEL：1, 2, 3	主弹性应变	Y	Y
EPEL：EQV	等效塑性应变	—	1

（续）

名称	定义	O	R
EPCR：X，Y，X，XY	蠕变应变	1	1
EPSW：	膨胀应变	1	1
NL：SRAT	轴向应力与迁腐应力之比	1	1
NL：SEPL	由应力-应变曲线得到的等效应力	1	1
NL：HPRES	静水压力	—	1
FACE	面标记	2	2
EPEL（PAR，PER，Z）	表面弹性应变（平行表面，垂直表面，Z）	2	2
S（PAR，PER，Z）	表面应力（平行表面，垂直表面，Z）	2	2
SINT	表面应力强度	2	2
SEQV	表面等效应力	2	2
LOCI：X，Y，Z	积分点坐标	—	Y

如果单元包含非线性材料，则进行非线性求解并输出。

如果 KEYOPT（6）=1，2，4，则有表面解输出。

（3）假设与限制

1）单元必须位于在 X-Y 平面且面积不能为 0。

2）轴对称分析时，必须取 Y 轴为对称轴，且其结构必须建在 +X 方向的象限内。

3）将 PLANE42 单元的节点 K、J 定义为一个点，便成为三角形单元。

4）阻尼材料特性不能使用。

5）单元特性中只有应力刚化有效。

2. PLANE182 单元用于二维实体结构建模

该单元既可用作平面单元（平面应力、平面应变或广义平面应变），也可用作轴对称单元。该单元有 4 个节点，每个节点有两个自由度，即节点在 X 和 Y 方向的平移。该单元具有塑性、超弹性、应力刚度、大变形和大应变能力，并具有力-位移混合公式的能力，可以模拟接近不可压缩的弹塑性材料和完全不可压缩超弹性材料的变形。

（1）输入数据 PLANE182 单元的几何形状、节点位置和坐标系取向如图 7-19 所示，其输入数据见表 7-22。

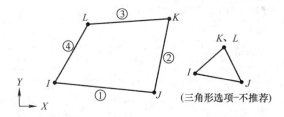

图 7-19 PLANE182 单元的几何形状、节点位置及坐标系取向

①~④—施加在面上的表面载荷或体积载荷

APDL 简介及土木工程常用的 Ansys 单元

表 7-22　PLANE182 单元的输入数据

单元名称	PLANE182
节点	I、J、K、L
自由度	UX、UY
实常数	THK：厚度，仅用于 KEYOPT（3）= 3 HGSTF：沙漏刚度比例因子，仅用于 KEYOPT（1）= 1；默认为 1.0（如果输入 0.0，使用默认值）
材料特性	EX、EY、EZ、PRXY、PRYZ、PRXZ（或 NUXY、NUYZ、NUXZ）、ALPX、ALPY、ALPZ（或 CTEX、CTEY、CTEZ 或 THSX、THSY、THSZ） DENS、GXY、GYZ、GXZ、DAMP
表面载荷	压力：面 1（J-I）、面 2（K-J）、面 3（L-K）、面 4（I-L）
体载荷	温度：$T(I)$、$T(J)$、$T(K)$、$T(L)$
特殊特性	塑性、超弹性、黏弹性、黏塑性、蠕变、应力刚化、大变形、大应变、初应力输入、自动选择单元、生死单元
KEYOPT（1）	单元技术： 　0—使用 B-bar 方法的全积分 　1—由沙漏控制的均匀减缩积分 　2—增强的应变公式 　3—简化的增强应变公式
KEYOPT（3）	单元特性： 　0—平面应力 　1—轴对称 　2—平面应变（Z 向应变为 0.0） 　3—有厚度输入的平面应力 　4—广义平面应变
KEYOPT（6）	单元公式： 　0—纯位移公式（默认） 　1—使用位移/力（U/P）混合公式（对平面应力无效）
KEYOPT（10）	用户定义初始应力： 　0—不使用子程序提供初始应力（默认） 　1—由 USTRESS 子程序读入初始应力

（2）输出数据　PLANE182 单元的应力输出如图 7-20 所示。PLANE182 单元的输出数据见表 7-23。

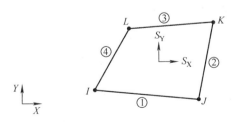

应力方向显示为全局

图 7-20　PLANE182 单元的应力输出
①～④—施加在面上的表面载荷或体积载荷

表 7-23　PLANE182 单元的输出数据

名　称	定　义	O	R
EL	单元号	—	Y
NODES	单元节点 I、J、K、L	—	Y
MAT	物料号	—	Y
THICK	平均厚度	—	Y
VOLU	体积	—	Y
XC, YC	位置，结果报告	Y	3
PRES	在节点 J、I 的压力 $p1$，在节点 K、J 的压力 $p2$，在节点 L、K 的压力 $p3$，在节点 I、L 的压力 $p4$	—	Y
TEMP	温度：$T(I)$、$T(J)$、$T(K)$、$T(L)$	—	Y
S：X, Y, Z, XY	应力（SZ 平面应力元素为 0.0）	Y	Y
S：1, 2, 3	主应力	—	Y
S：INT	应力强度	—	Y
S：EQV	等效压力	Y	Y
EPEL：X, Y, Z, XY	弹性应变	Y	Y
EPEL：EQV	等效弹性应变	Y	Y
EPTH：X, Y, Z, XY	热应变	2	2
EPTH：EQV	等效热应变	2	2
EPPL：X, Y, Z, XY	塑性应变	1	1
EPPL：EQV	等效塑性应变	1	1
EPCR：X, Y, Z, XY	蠕变应变	1	1
EPCR：EQV	等效蠕变应变	1	1
EPTO：X, Y, Z, XY	总力学应变（EPEL+ EPPL+ EPCR）	Y	—
EPTO：EQV	总的等效力学应变（EPEL+ EPPL+ EPCR）	Y	—
NL：EPEQ	累计等效塑性应变	1	1
NL：CREQ	累计等效塑性应变	1	1
NL：SRAT	塑性屈服（1—屈服，0—不屈服）	1	1
NL：PLWK	液体静压力	1	1
NL：HPRES	应变能密度	1	1
SEND：ELASTIC, PLASTIC, CREEP	点位置	—	1
LOCI：X, Y, Z	状态变量	—	4
SVAR：1, 2, …, N	塑性功	—	5

（3）假设与限制

1）单元的面积必须大于零。

2）单元必须位于整体坐标的 X-Y 平面中，对于轴对称分析，Y 轴必须是对称轴，轴对称结构建模必须满足 $X \geq 0$。

3）如果定义节点 K 和 L 相同，可以形成三角形单元；对于三角形单元，可以指定方法或增强应变公式，并使用退化的形状函数和常规的积分模式。

4）如果使用混合公式 [KEYOPT（6）= 1]，必须使用稀疏矩阵求解器（默认）或波前法求解器。

5）对于循环对称结构模型，Ansys 推荐使用增强应变公式。

6）几何非线性分析（NLGEOM，ON）总是包含应力刚化。在几何线性分析（NLGEOM，OFF）中，如果指定 SSTIF，ON，总是被忽略。预应力影响可以用 PSTRES 命令激活。

7.2.5 壳（SHELL）单元

1. SHELL51 轴对称结构壳单元

SHELL51 单元是具有两个节点的轴对称结构壳单元，每个节点上有 X、Y、Z 方向位移自由度和绕 Z 轴旋转的自由度。

SHELL51 单元的几何形状、节点方向和坐标系取向如图 7-21 所示。该单元通过两个节点、两端厚度及各向异性材料性质来定义。单元厚度是线性变化的。此外，该单元具有塑性、蠕变、膨胀、应力刚化、大变形、扭转等性质。

（1）输入数据　SHELL51 单元的输入数据见表 7-24。

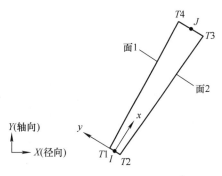

图 7-21　SHELL51 单元的几何形状、节点方向和坐标系取向

表 7-24　SHELL51 单元的输入数据

单元名称	SHELL51
节点	I、J
自由度	UX、UY、UZ、ROTZ
实常数	TK（I）：节点 I 端厚度 TK（J）：节点 J 端厚度
材料特性	EX、EY、EZ、PRXY、PRYZ、PRXZ（或 NUXY、NUYZ、NUXZ）、ALPX、ALPZ（或 CTEX、CTEZ 或 THSX、THSZ）、DENS、GXZ、DAMP
表面载荷	压力：面 1（I-J）（顶部 $-Y$ 方向） 面 2（I-J）（底部 $+Y$ 方向）
体载荷	温度：$T1$、$T2$、$T3$、$T4$ 热流量：FL1、FL2、FL3、FL4
特殊特性	塑性、蠕变、膨胀、应力刚化、大变形
KEYOPT（3）	大位移形状： 0—包含大位移形状 1—抑制大位移形状
KEYOPT（4）	力和力矩输出： 0—不输出力和力矩 1—在单元坐标系中输出力和力矩

（2）输出数据　SHELL51 单元的输出数据见表 7-25。

表 7-25 SHELL51 单元的输出数据

名称	定义	O	R
EL	单元号	Y	Y
NODES	单元节点 I、J	Y	Y
MAT	材料号	Y	Y
LEN	节点 I 和节点 J 之间距离	Y	Y
XC, YC	单元结果输出中心坐标	Y	3
TEMP	温度：$T1$、$T2$、$T3$、$T4$	Y	Y
PRES	压力：$p1$（顶部），$p2$（底部）	Y	Y
FLUEN	热流量：FL1、FL2、FL3、FL4	Y	Y
T(X, Z, XZ)	单元平面应力	Y	Y
M(X, Z, XZ)	单元力矩	Y	Y
MFOR(X, Z, XZ)	单元坐标系中每个节点 X、Y、Z 方向的力	1	1
MMOMZ	单元坐标系中每个节点的力矩	1	1
S(M, THK, H, MH)	应力	2	2
EPEL(M, THK, H, MH)	弹性应变	2	2
EPTH(M, THK, H, MH)	热应变	2	2
EPPL(M, THK, H, MH)	塑性应变	2	2
EPCR(M, THK, H, MH)	蠕应变	2	2
EPSW	膨胀应变	2	2
SEPL	从应力 - 应变曲线得等效应力	2	2
SRAT	轴向应力与表面应力之比	2	2
HPRES	静水压力	2	2
EPEQ	等效塑性应力	2	2
SINT	表面应力强度	2	2
SEQV	表面等效应力	2	2
S(1, 2, 3)	主应力	2	2

（3）假设与限制

1）轴对称壳体单元必须定义在 X-Y 平面且将 Y 轴作为对称轴。

2）单元长度和节点 I 厚度都不能为 0 且单元两端有非负的坐标值。

3）即使单元有允许空间位移函数的位移形状，单元也应该认为是常曲率单元。

4）若单元是常厚度，则只需定义节点 I 的厚度。

5）单元厚度从节点 I 到节点 J 之间线性变化。

6）该单元不能用 EKILL 命令杀死。

7）组合多个壳体单元可产生一个近似曲面的壳体，但每个单元翘曲弧度应 <5°。

8）阻尼材料特性不能使用。

APDL 简介及土木工程常用的 Ansys 单元

9）单元特性中只有应力刚化和大变形可以使用。

2. SHELL63 弹性壳单元

SHELL63 单元是 4 节点具有弯曲和薄膜特性的弹性壳单元。可以在平面内和法向施加载荷。每个节点上有 6 个自由度：X、Y、Z 方向的位移自由度和绕 X、Y、Z 轴的旋转自由度。该单元具有应力刚化和大变形性能。

SHELL63 单元的几何形状、节点方向和坐标系取向如图 7-22 所示。该单元通过 4 个节点、4 个厚度、一个弹性地基刚度及各向同性材料性质来定义。单元厚度是线性变化的。此外，该单元具有塑性、蠕变、膨胀、应力硬化、大变形、扭转等性质。

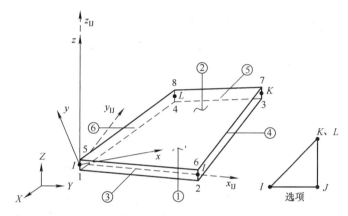

图 7-22　SHELL63 单元的几何形状、节点方向和坐标系取向
1~8—构成单元的厚度　①~⑥—可施加在该单元面上的载荷

（1）输入数据　SHELL63 单元的输入数据见表 7-26。

表 7-26　SHELL63 单元的输入数据

单元名称	SHELL63
节点	I、J、K、L
自由度	UX、UY、UZ、ROTY、ROTZ
实常数	TK(I)、TK(J)、TK(K)、TK(L)、EFS、THETA、RMI、CTOP、CBOT
材料特性	EX、EY、EZ、PRXY、PRYZ、PRXZ（或 NUXY、NUYZ、NUXZ）、ALPX、ALPZ（或 CTEX、CTEZ 或 THSX、THSZ）、DENS、GXZ、DAMP
表面载荷	压力：面 1（I-J-K-L）（底部 +Z 方向）、面 2（I-J-K-L）（顶部 –Z 方向）、面 3（J-I）、面 4（K-J）、面 5（L-K）、面 6（I-J）
体载荷	温度：$T1$、$T2$、$T3$、$T4$、$T5$、$T6$、$T7$、$T8$
特殊特性	应力刚化，大变形，单元生死
KEYOPT（1）	单元刚度：0—弯曲刚度和薄膜刚度；1—薄膜刚度；2—弯曲刚度
KEYOPT（2）	应力硬化选项：0—用主切刚度矩阵（NLGEON 为 ON 时）；1—用不变刚度矩阵 [NLGEON 为 ON 和 KEYOPT（1）=0 时]；2—关闭不变向刚度矩阵（SOLCOMTROL 为 ON 时）
KEYOPT（3）	大位移形状：0—包含大位移形状；1—抑制大位移形状

(续)

单元名称	SHELL63
KEYOPT（5）	大应力结果输出：0—输出基本单元；1—输出节点应力
KEYOPT（6）	施加载荷：0—施加递减载荷；1—施加不变载荷
KEYOPT（7）	质量矩阵：0—不变质量矩阵；1—递减质量矩阵
KEYOPT（8）	应力硬化矩阵：0—几乎不变应力硬化矩阵；1—递减应力硬化矩阵
KEYOPT（9）	单元坐标系定义：0—不用用户子程序定义单元坐标系；4—用用户子程序定义单元 X 轴
KEYOPT（11）	确定数据存储方式：0—只存储顶部面和底部面数据；2—存储顶部面、底部面、中间面面数据

（2）输出数据　SHELL63 单元的输出数据见表 7-27。

表 7-27　SHELL63 单元的输出数据

名称	定义	O	R
EL	单元号	Y	Y
NODES	单元节点 I、J、K、L	Y	Y
MAT	材料号	Y	Y
AREA	表面积	Y	Y
XC，YC，ZC	单元结果输出中心坐标	Y	1
TEMP	温度：$T1$、$T2$、$T3$、$T4$、$T5$、$T6$、$T7$、$T8$	Y	Y
PRES	压力：$p1(I\text{-}J\text{-}K\text{-}L)$、$p2(I\text{-}J\text{-}K\text{-}L)$、$p3(J, I)$、$p4(K, J)$、$p5(L, K)$、$p6(I, L)$	Y	Y
T(X, Y, XY)	单元平面应力	Y	Y
M(X, Y, XY)	单元力矩	Y	Y
MFOR(X, Z, XZ)	单元坐标系中每个节点 X、Y、Z 方向的力	Y	Y
FOUND PRESS	基础压力	Y	—
LOC	顶部、中间、底部	Y	Y
S：X, Y, Z, XY	组合薄膜和弯曲应力	Y	Y
S：1, 2, 3	主应力	Y	Y
S：INT	应力强度	Y	Y
S：EQV	等效强度	Y	Y
EPEL：X, Y, Z, XY	平均弹性应变	Y	Y
EPEL：EQV	等效弹性应变	—	Y

若每个平面单元的翘曲弧度不大于 15°，则组合多个平面壳单元可以生成一个很近似曲面的壳体。若输入一个弹性地基刚度，则每个节点承担 1/4 的总刚度。这个薄壳单元不考虑剪切变形。

（3）假设与限制

1）单元面积和厚度都不能为 0。

2）假设横向热梯度随厚度线性变化，而在壳体表面是双线性的。

3）把节点 K 和 L 定义为重合点，壳单元就变成了三角形单元。
4）阻尼材料特性不能使用。
5）单元特性中只有应力刚化和大变形可用。
6）KEYOPT（2）和 KEYOPT（9）只能设置为 0。

轴对称结构壳单元 SHELL51 和弹性壳单元 SHELL63 经常应用于土木工程中，如模拟隧道的衬砌。此外，SHELL181、SHELL91、SHELL93 等壳单元也会用于土木工程。

7.2.6 质量（MASS21）单元

MASS21 单元是一节点质量单元。节点上具有 6 个自由度：X、Y、Z 方向的位移自由度和绕 X、Y、Z 轴的旋转自由度。可以给该单元的每个坐标方向施加不同的质量和转动惯量。

MASS21 单元由一个节点、单元坐标系方向的集中质量系数和单元坐标轴的转动惯量来定义。MASS21 单元的几何形状和输入数据如图 7-23 和表 7-28 所示。

图 7-23　MASS21 单元的几何形状

表 7-28　MASS21 单元的输入数据

单元名称	MASS21
节点	I
自由度	UX、UY、UZ、ROTX、ROTY、ROTZ[KEYOPT（3）=0]；UX、UY、UZ[KEYOPT（3）=2]；UX、UY、ROTZ[KEYOPT（3）=3]；UX、UY[KEYOPT（3）=4]
实常数	MASSX、MASSY、MASSZ、IXX、IYY、IZZ[KEYOPT（3）=0]；MASS[KEYOPT（3）=2]；MASS、IZZ[KEYOPT（3）=3]；MASS[KEYOPT（3）=4]
材料性质	DENS[KEYOPT（1）=1]
表面载荷	无
体载荷	无
特殊特性	大变形、单元生死
KEYOPT（1）	0—质量和转动惯量作为实常数；1—体积和转动惯量或密度作为实常数
KEYOPT（2）	0—单元坐标系最初平行于整体坐标系；1—单元坐标系最初平行于节点坐标系
KEYOPT（3）	0—带转动惯量 3-D 质量单元；2—不带转动惯量 3-D 质量单元；3—带转动惯量 2-D 质量单元；7—不带转动惯量 2-D 质量单元

7.2.7 实体（SOLID）单元

Ansys 程序中的实体单元有 SOLID5、SOLID45、SOLID46、SOLID70、SOLID266 等，这里主要介绍在土木工程中经常使用的 SOLID45 单元。

SOLID45 单元是一个具有 8 个节点的三维实体结构单元。每个节点上有 3 个自由度：X、Y、Z 方向的位移自由度。该单元具有塑性、蠕变、膨胀、应力刚化、大变形和大应变性质。其几何形状、节点位置和坐标系取向如图 7-24 所示。

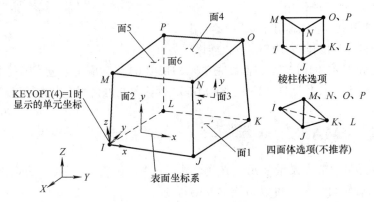

图 7-24 SOLID45 单元的几何形状、节点位置和坐标系取向

1. 输入数据

SOLID45 单元的输入数据见表 7-29。

表 7-29 SOLID45 单元的输入数据

单元名称	SOLID45
节点	I、J、K、L、M、N、O、P
自由度	UX、UY、UZ
实常数	默认是 1，建议取 1~10 之间数
材料特性	EX、EY、EZ、PRXY、PRYZ、PRXZ（或 NUXY、NUYZ、NUXZ）、ALPX、ALPZ（或 CTEX、CTEZ 或 THSX、THSZ）、DENS、GXZ、DAMP
表面载荷	压力：面 1(J-I-L-K)、面 2(I-J-N-M)、面 3(J-K-O-N)、面 4(K-L-P-O)、面 5(L-I-M-P)、面 6(M-N-O-P)
体载荷	温度：$T(I)$、$T(J)$、$T(K)$、$T(L)$、$T(M)$、$T(N)$、$T(O)$、$T(P)$ 热流量：FL(I)、FL(J)、FL(K)、FL(L)、FL(M)、FL(N)、FL(O)、FL(P)
特殊特性	塑性，蠕变，膨胀，应力刚化，大变形，单元生死，输入初始应力
KEYOPT(1)	0—包含大位移形状；1—抑制大位移形状
KEYOPT(2)	0—完全积分有或无大位移形状；2—递减积分
KEYOPT(4)	0—单元坐标系平行于整体坐标系；1—单元坐标系以 I-J 边为基准
KEYOPT(5)	0—输出基本单元解；1—重复所有积分点的基本解；2—节点应力解
KEYOPT(6)	0—输出基本单元解；1—面 I-N-N-M 的解；2—面 I-N-N-M 和面 K-L-P-O 的解；3—每个积分点的非线性解；3—所有非零压力面的解
KEYOPT(9)	0—无用户子程序提供初始应力；4—从用户子程序读取初始应力

2. 输出数据

SOLID45 单元的输出数据见表 7-30。

表 7-30　SOLID45 单元的输出数据

名称	定义	O	R
EL	单元号	Y	Y
NODES	单元节点 I、J、K、L、M、N、O、P	Y	Y
MAT	材料号	Y	Y
VOLU	体积	Y	Y
XC，YC，ZC	单元结果输出中心坐标	Y	3
TEMP	温度	Y	Y
PRES	节点压力	Y	Y
FLUEN	热流量	Y	Y
EPPL：X，Y，Z，XY，YZ，XZ	平均塑性应变	1	1
T（X，Y，XY）	单元平面应力	Y	Y
M（X，Y，XY）	单元力矩	Y	Y
MFOR（X，Z，XZ）	单元坐标系中每个节点 X、Y、Z 方向的力	Y	Y
FOUND PRESS	基础压力	Y	—
LOC	顶部、中间、底部	Y	Y
S：X，Y，Z，XY，YZ，XZ	应力	Y	Y
S：1，2，3	主应力	Y	Y
S：INT	应力强度	Y	Y
S：EQV	等效应力	Y	Y
EPEL：X，Y，Z，XY，YZ，XZ	弹性应变	Y	Y
EPEL：1，2，3	主弹性应变	Y	—
NL：EPEQ	平均等效塑性应变	1	1
AREA	表面积	2	2
FACE	面标记	2	2
EPEL	表面弹性应变	2	2
PRESS	表面压力	2	2
S（1，2，3）	表面主应力	2	2
SINT	表面应力强度	2	2
SEQV	表面等效应力	2	2

3. 假设与限制

1）单元体积不能为 0。

2）单元不可以扭曲而造成两块体积分离。

3）阻尼材料特性不能使用。

4）单元特性中只有应力刚化可以使用。

以上介绍了在土木工程中经常使用的 Ansys 单元及其特性，还有一些单元在实际工程中也会用到，读者可以参照 Ansys 的帮助手册。

第 8 章　Ansys 隧道工程应用实例分析

本章首先介绍了隧道工程的相关概念；然后介绍了 Ansys 的生死单元及 DP 材料模型；最后用两个实例分别详细描述了用 Ansys 实现隧道结构设计和隧道施工模拟的全过程。

◆ 隧道工程概述
◆ 隧道施工过程 Ansys 模拟的实现
◆ Ansys 隧道结构受力实例分析
◆ Ansys 隧道开挖模拟实例分析

8.1 隧道工程概述

8.1.1 隧道工程设计模型

为达到各种不同的使用目的,在山体或地面下修建的建筑物,统称为"地下工程"。在地下工程中,用以保持地下空间作为运输孔道,称为"隧道"。由于地层开挖后容易变形、塌落或有水涌入,所以除了在极为稳固的地层且没有地下水的地方,大都要在坑道的周围修建支护结构,称为"衬砌"。隧道工程建筑物是埋于地层中的结构物,它的受力和变形与围岩密切相关,支护结构与围岩作为一个统一的受力体系相互约束,共同作用。隧道工程所处的环境条件与地面工程是全然不同的,但长期以来都沿用适应地面的工程理论和方法来解决地下工程中所遇到的各类问题,因而常常不能正确地阐明地下工程中出现的各种力学现象和过程,是地下工程长期处于"经验设计"和"经验施工"的局面。这种局面与迅速发展的地下工程现实极不相称,促使人们努力寻找新的理论和方法来解决地下工程中遇到的各种问题。

国际隧道学会认为,目前采用的隧道设计模型主要有以下几种:

1) 以工程类比为主的经验设计方法。

2) 以现场测试和实验室试验为主的实用设计方法(如现场和实验室的岩土力学试验、以洞周围测量值为基础的收敛-约束法以及实验室模型试验等)。

3) 作用-反作用设计模型,即目前隧道设计常用的载荷-结构模型,包括弹性地基梁、弹性地基圆环等。

4) 连续介质模型,包括解析法(封闭解和近似解)和数值法(以 FEM 为主)。

国际隧道学会于 1978 年成立了隧道结构设计模型研究小组,收集和汇总了各会员国目前采用的隧道工程设计模型,见表 8-1。

表 8-1 隧道工程设计模型

国家	盾构法	NATM 法	矿山法	明挖法
中国	弹性地基圆环、经验法	初期支护:FEM、收敛-约束法 二次支护:弹性地基圆环	初期支护:经验法 二次支护:作用与发作用法 大型洞室:FEM	结构力学弯矩分配法
澳大利亚	弹性支撑全圆环法、Muir Wood 法或假定隧道变形法	初期支护:Proctor-White 法 二次支护:弹性支撑全圆环法、Muir Wood 法或假定隧道变形法	初期支护:Proctor-White 法 二次支护:弹性支撑全圆环法、Muir Wood 法或假定隧道变形法	结构力学弯矩分配法
奥地利	弹性地基圆环	弹性地基圆环、FEM、收敛-约束法	经验法	弹性地基框架
日本	局部支撑弹性地基圆环	局部支撑弹性地基圆环、经验法加测试、FEM	弹性地基框架、FEM、特征曲线法	弹性地基框架、FEM

（续）

国家	盾构法	NATM 法	矿山法	明挖法
德国	埋深 <2D（D 为隧道外径）：顶部无支撑的弹性地基圆环 埋深 >3D：全周支撑的弹性地基圆环或 FEM	埋深 <2D：顶部无支撑的弹性地基圆环 埋深 >3D：全周支撑的弹性地基圆环或 FEM	全周支撑的弹性地基圆环或 FEM	弹性地基框架
法国	弹性地基圆环或 FEM	FEM、经验法、作用与反作用法	连续介质模型、收敛 - 约束法、经验法	—
英国	弹性地基圆环法、Muir Wood 法	收敛 - 约束法、经验法	FEM、收敛 - 约束法、经验法	矩形框架
瑞士		作用与反作用法	FEM、收敛 - 约束法、经验法	
美国	弹性地基圆环	弹性地基圆环、FEM、Proctor-White 法、经验法	—	弹性地基连续框架
比利时	Schulze-Duddek 法	—	—	钢架结构

表 8-1 中 NATM 指新奥法，是 new austria tunneling method 的缩写。

FEM 指有限元法，是 finite element method 的缩写。

各种隧道设计模型各有其适合的场合，也各有自身的局限性。由于隧道结构设计受到各种复杂因素的影响，因此在世界各国隧道设计中，主要采用以工程类比为主的经验设计法，特别是在支护结构预设计中应用最多。即使内力分析采用比较严格的理论，其计算结果往往也需要用经验类比加以判断和补充，如常见的公路或铁路隧道，都是选取以工程类比为主的经验设计法来进行结构参数的拟定，可见公路或铁路隧道设计规范。但是，采用此法设计的隧道结构是不安全和不经济的。因为隧道的地质勘探不可能做到对每一段都进行钻探，因而会出现地质条件错误判断现象，有可能实际围岩类别比设计采用的要低，这样按高类别围岩设计出的隧道结构是不安全的。相反，若实际围岩类别比设计采用的高，则采用的设计是不经济的。

随着 NATM 的出现，以测试为主的实用设计法为现场人员所欢迎，因为它能提供直观的材料感觉，以更准确地估计地层和地下结构的稳定性和安全程度。其中，应用最多的是收敛 - 约束法，其主要思想是一边施工，一边进行洞周围量测，随着位移变化情况，来选用合适的隧道支护参数，这样就可以按实际地质条件来设计隧道支护，避免了工程类比不安全或不经济的缺点。收敛 - 约束法将支护和围岩视为一体，作为共同承载的隧道结构体系，通过调整支护来控制变形，从而最大限度地发挥了围岩自身的承载能力。采用此模型，有些问题可以使用解析法求解，但大部分问题因数学上的困难必须依赖数值方法。

理论计算法可用于进行无经验可循的新型隧道工程设计，因此基于作用与反作用模型和连续介质模型的计算理论成为一种特定的计算手段，日益为人们重视。由于隧道工程所处环境的复杂性，以及各种隧道设计模型各有优缺点，因此工程技术人员在设计隧道结构时，往往需要同时进行多种设计模型的比较，以做出既经济又安全的合理设计。

从各国地下结构设计实践看，目前隧道设计主要采用两种模型。

第一种模型即为传统的结构力学模型。它是将支护结构和围岩分开来考虑，支护结构是承载主体，围岩作为荷载的来源和支护结构的弹性支撑，故又称为荷载-结构模型。这种模型认为隧道支护结构与围岩的相互作用是通过弹性支撑对结构施加约束来体现的，而围岩的承载能力则在确定围岩压力与弹性支撑的约束能力时间接地考虑。围岩承载能力越高，它给予支护结构的压力越小，弹性支撑的约束支护结构变形的抗力越大。这种模型主要适用于围岩因过分变形而发生松弛和崩塌，支护结构主动承担围岩"松动"压力的情形。利用这种模型进行隧道设计的关键问题是如何确定作用在支护结构上的主动荷载，其中最重要的是围岩松动压力和弹性支撑作用于支护结构的弹性反力。一旦解决了这两个问题，就可以运用结构力学方法求出超静定体系的内力和位移。因为这种模型概念清晰，计算简便，便于被工程师接受，所以至今很通用，特别是在模筑衬砌方面。

属于这种模型的计算方法有弹性连续框架（含拱形）法、假定抗力法和弹性地基梁（含曲梁和圆环）法等。当软弱地层对结构变形的约束能力较差时（或衬砌与地层间的空隙回填、灌浆不密实时），隧道结构内力计算常采用弹性连续框架法，反之，则采用假定抗力法或弹性地基法。

第二种模型称为现代岩体力学模型。它将支护结构和围岩视为一体，作为共同承载的隧道结构体系，故又称为围岩-结构共同作用模型。在这种模型中，围岩是直接的承载单元，支护结构只是用来约束和限制围岩的变形，这一点刚好与第一种模型相反。这种模型主要用于由于围岩变形而引起的压力，压力值必须通过支护结构与围岩共同作用而求得，这是反映当前现代支护结构原理的一种设计方法，需采用岩石力学方法进行计算。应当指出，支护体系不仅是指衬砌与喷层等结构物，而且还包括锚杆、钢筋及钢拱架等支护。

围岩-结构共同作用模型是目前隧道结构体系设计中力求采用的或正在发展的模型，因为它符合当前施工技术水平，采用快速和超强的支护技术可以限制围岩的变形，从而阻止围岩松动压力的产生。这种模型还可以考虑各种几何形状、围岩特性和支护材料的非线性特性、开挖面空间效应所形成的三维状态，以及地质中不连续面等。利用此模型进行隧道设计的关键问题是，如何确定围岩初始应力场和表示材料非线性特性的各种参数及其变化情况。一旦这些问题解决了，原则上任何场合都可用有限单元法求出围岩与支护结构的应力及位移状态。

这种模型中只有一些特殊隧道可以用解析法或收敛-约束法进行图解，绝大部分隧道求解时因数学上的困难必须依赖数值方法，借助计算机来进行分析求解。

8.1.2 隧道结构的数值计算方法

通常，隧道支护结构计算需要考虑地层和支护结构的共同作用，一般都是非线性的二维或三维问题，并且计算还与开挖方法、支护过程有关。对于这类复杂问题，必须采用数值方法。目前用于隧道开挖、支护过程的数值方法有有限元法、边界元法、有限元-边界元耦合法。

其中，有限元法是一种发展最快的数值方法，已经成为分析隧道及地下工程围岩稳定和支护结构强度计算的有力工具。有限元法可以考虑岩土介质的非均匀性、各向异性、非连续性及几何非线性等，适用于各种实际的边界条件。但是，该法需要将整个结构系统离散化，进行相应的插值计算，从而导致数据量大，精度相对低。大型通用有限元软件 Ansys 就可用于隧道结构的数值计算，还可以实现隧道开挖与支护以及连续开挖的模拟。

边界元法在一定程度上改进了有限元法的计算结果精度，它的基本未知量只在所关心问题的边界上，如在隧道计算时，只要对分析对象的边界进行离散处理，而外围的无限域则视为无边界，但该法要求分析区域的几何、物理必须是连续的。

有限元-边界元耦合法则是采用这两种方法的长处，从而取得良好的效果。例如，计算隧道结构时，对主要区域（隧道周围区域）采用有限元法，对于隧道外部区域可按均质、线弹性模拟，这样计算出来的结果精度一般较高。

8.1.3 隧道荷载

参照相关隧道设计规范，隧道设计主要考虑的荷载包括永久荷载、可变荷载和偶然荷载，见表 8-2。其中，最重要的是围岩的松动压力，支护结构的自重可按预先拟定的结构尺寸和材料密度计算确定。在含水地层中，静水压力可按最低水位考虑。在没有仰拱的结构中，车辆荷载直接传给地层。

表 8-2　隧道荷载

荷载分类	荷载名称	说明	
永久荷载	结构自重	恒载	主要载荷
	结构附加恒载		
	围岩压力		
	土压力		
	混凝土收缩和徐变的影响		
可变荷载	车辆荷载	活载	
	车辆荷载引起的土压力		
	冲击力		
	公路活载	附加荷载	
	冻胀力		
	灌浆压力		
	温差应力		
	施工荷载		
偶然荷载	落石冲击力	附加荷载	
	地震荷载	特殊荷载	

8.2　隧道施工过程 Ansys 模拟的实现

8.2.1　单元生死

1. 单元生死的定义

如果模型中加入或删除材料，对应模型中的单元就表现为存在或消失，把这种单元的存在与消失的情形定义为单元生死。单元生死选项用于在这种情况下杀死或重新激活所选择的单元。单元生死功能主要用于开挖分析（如煤矿开挖和隧道开挖等）、建筑物施工过程（如近海架桥过程）、顺序组装（如分层计算机的组装），以及许多其他方面的应用（如用户可以根据已知单元位置来方便地激活或杀死它们）。

需要注意的是，Ansys 单元的生死功能只适用于 Ansys/Multiphysics、Ansys/Mechanical 和 Ansys/Structure 产品。此外，并非所有的 Ansys 单元具有生死功能，具有生死功能的单元见表 8-3。

表 8-3　Ansys 中具有生死功能的单元

LINK11	PLANE77	TARGE169	SHELL208
PLANE13	PLANE83	TARGE170	SHELL209
COMBIN14	SOLID87	CONTA172	PLANE230
MASS21	SOLID90	CONTA174	SOLID231
PLANE25	SOLID96	CONTA175	SOLID232
MATRIX27	SOLID98	LINK180	
LINK31	PLANE121	PLANE182	
LINK33	SOLID122	PLANE183	
LINK34	SOLID123	SHELL181	
PLANE35	SHELL131	SOLID185	
PLANE55	SURF151	SOLID186	
LINK68	SHELL132	SOLID187	
SOLID70	SURF152	BEAM188	
MASS71	SURF153	BEAM189	
PLANE75	SURF154	SOLSH190	
PLANE78	SHELL157	FOLLW201	

在一些情况下，单元生死状态可以根据 Ansys 计算所得数值，如温度值、应力值等来确定。可以利用 ETABLE 命令和 ESEL 命令来确定选择单元的相关数据，也可以改变单元的状态（如熔解、固结、破裂等）。这个特性对因相变引起的模型效应（如焊接过程中，结构上的可熔材料的固结状态因焊接从不生效变成生效，从而使模型增加了原不生效部分）、失效面扩展以及其他相关分析的单元变化是很有效的。

2. 单元生死的原理

要实现单元生死效果，Ansys 程序并不是将"杀死"的单元从模型中删除，而是将其刚度（或传导或其他分析特性）矩阵乘以一个很小的因子 ESTIF。因子的默认值为 10E-6，也可以赋予其他数值。死单元的单元荷载将为 0，从而不对荷载向量生效（但仍然在单元荷载列表中出现）。同样，死单元的质量、阻尼、比热容和其他类似参数也设置为 0。死单元的质量和能量将不包括在模型求解结果中。一旦单元被杀死，单元应变也就设为 0。

同理，当单元"出生"，并不是将其添加到模型中，而是重新激活它们。用户必须在预处理器 PREP7 中创建所有单元，包括后面将要被激活的单元。在求解器中不能生成新的单元，要添加"一个单元，必须先杀死它，然后在合适的载荷步中重新激活它。

当一个单元被重新激活时,其刚度、质量、单元荷载等将恢复其原始的数值。重新激活的单元没有应变记录,也无热量存储。然而,初始应变以实参数形式输入(如 LINK180 单元)却不受单元生死操作的影响。此外,除非打开大变形选项(NLGEOM,ON),一些单元类型将恢复它们以前的几何特性(大变形效果有时用来得到合理的结果)。如果其承受热量体荷载,单元在被激活后的第一个求解过程中同样可以有热应变。根据其当前载荷步温度和参考温度计算刚被激活单元的热应变。因此,承受热荷载的刚被激活单元是有应力的。

3. 单元生死的使用

用户可以在大多数静态和非线性瞬态分析中使用单元生死功能,其在各种分析操作中的基本过程是相同的。这个过程可包括以下 3 个步骤:

(1)建立模型 在预处理器 PREP7 中生成所有的单元,包括那些只有在以后载荷步中激活的单元。因为在求解器中不能生成新单元。

(2)施加荷载并求解 在求解器 SOLUTION 中执行下列操作:

1)定义第一个载荷步:在第一个载荷步中,必须选择分析类型和所有的分析选项。可以利用命令或 GUI 方式指定分析类型:

命令方式:ANTYPE。
GUI 方式:Main Menu → Solution → Analysis Type → New Analysis。

对于所有单元生死的应用,在第一个载荷步中应设置,因为 Ansys 程序不能预知 EKILL 命令出现在后面的载荷步中。可以利用命令或 GUI 方式来完成此项设置:

命令方式:NLGEOM,ON。
GUI 方式:Main Menu → Solution → Analysis Options。

杀死所有要加入到后续载荷步中的单元,可以利用命令或 GUI 方式来杀死单元:

命令方式:EKILL。
GUI 方式:Main Menu → Solution → Load Step Opts → Other → Birth&Death → Kill Elements。

单元在第一个子步被杀死或激活,然后在整个载荷步中保持这种状态。作为默认刚度矩阵的缩减因子在一些情况下不能满足这种要求,此时可以采用更严格的缩减因子。可以利用命令或 GUI 方式来完成此操作:

命令方式:ESTIF。
GUI 方式:Main Menu → Solution → Load Step Opts → Other → Birth&Death → StiffnessMult。

不与任何激活单元相连的节点将"漂移",或者具有浮动的自由度数值。在以下情况中,用户可能要约束不被激活的自由度(D、CP 等)以减少要求解的方程数目,并防止出现错误条件。当激活具有特定形状(或温度)的单元时,约束没有激活的自由度显得更为重要。因为在重新激活单元时要删除这些人工约束,同时要删除没有激活自由度的节点荷载(也就是不与任何激活单元相连的节点)。同样,重新激活的自由度上必须施加节点荷载。

定义第一个载荷步命令输入示例如下:

```
        ! 第一个载荷步
        TIME,…                      ! 设定载荷步时间(静态分析选项)
        NLGEOM,ON                   ! 打开大变形效果
```

```
NROPT,FULL              ！设定牛顿-拉夫森选项
ESTIF,…                 ！设定非默认缩减因子
ESEL,…                  ！选择在本载荷步将被杀死的单元
EKILL,…                 ！杀死所选择的单元
ESEL,S,LIVE             ！选择所有活动单元
NSEL,S                  ！选择所有活动节点
NSEL,INVE               ！选择所有不活动节点（不与活动单元相连的节点）
D,ALL,ALL,0             ！约束所有不活动节点的自由度
NSEL,ALL                ！选择所有节点
ESEL,ALL                ！选择所有单元
D,…                     ！施加合适约束
F,…                     ！施加合适的活动节点自由度荷载
SF,…                    ！施加合适的单元荷载
BF,…                    ！施加合适的体荷载
SAVE
SOLVE
```

2）定义后续载荷步：在后续载荷步中，用户可以根据需要随意杀死或激活单元，但必须正确地施加和删除约束和节点荷载。

用下列命令来杀死单元：

命令方式：EKILL。
GUI 方式：Main Menu → Solution → Load Step Opts → Other → Birth&Death → Kill Elements。

用下列命令来激活单元：

命令方式：EALIVE。
GUI 方式：Main Menu → Solution → Load Step Opts → Other → Birth&Death → Active Elem。

```
！第二步或后续载荷步
TIME,…
ESEL,…
EKILL,….                ！杀死所选择的单元
ESEL,….
EALIVE,…                ！重新激活所选择的单元
…
FDELE,…                 ！删除不活动自由度的节点荷载
D,…                     ！约束不活动自由度
…
F,…                     ！给活动自由度施加合适的节点荷载
DDELE,…                 ！删除重新激活自由度上的约束
SAVE
SOLVE
```

（3）查看结果　在大多数情况下，用户对包含生死单元进行后处理分析时应该按照标准步骤来进行操作。必须清楚的是，尽管对刚度（传导等）矩阵的贡献可以忽略，但杀死的单元仍然在模型中。因此，它们将包括在单元显示、输出列表等操作中。例如，由于节点结果平均是

包含死单元,因此会"污染"结果。可以忽略整个死单元的输出,因为这些项带来的效果很小。建议在单元显示和其他后处理操作前用选择功能将死单元挑选出来。

4. 单元生死的控制

利用 Ansys 结果控制单元生死。在许多时候,对要杀死和激活单元的确切位置不是很清楚。例如,在热分析中要杀死熔融的单元(即在模型中移去熔化材料),但事先并不知道这些单元的位置,这时就可以根据 Ansys 计算出的温度来确定这些单元。当用户根据 Ansys 计算结果(如温度、应力、应变)来决定杀死或激活单元时,可以使用命令来识别并选择关键单元。

可采用下列方法识别单元:

命令方式:ETABLE。
GUI 方式:Main Menu → General Postproc → Element Table → Define Table。

可采用下列方法选择关键单元:

命令方式:ESEL。
GUI 方式:Utility Menu → Select → Entities。

可以用 EKILL/EALIVE 命令杀死 / 激活所选择的单元,也可以用 Ansys 的 APDL 语言编写宏来执行这些操作。

以下是杀死总应变超过允许应变的单元示例。

```
    /SOLU                          !进入求解器
    ...                            !标准求解过程
SOLVE
FINISH
/POST1                             !进入后处理器
SET,...
ETABLE,STRAIN,EPTO,EQV             !将总应变存入 ETABLE
ESEL,S,ETAB,STRAIN,0.20            !选择所有总应变大于或等于 0.20 的单元
    FINISH
/SOLU                              !重新进入求解器
ANTYPE,,REST                       !重复以前的静态分析
EKILL,ALL                          !杀死所选择(超过允许值)的单元
ESEL,ALL                           !选择所有单元
    ...                            !继续求解
```

5. 单元生死使用提示

下列提示有助于用户更好地利用 Ansys 的单元生死功能进行分析:

1)不活动自由度上不能施加约束方程(CE,CEINTF)。当节点不与活动单元相连时,不活动自由度就会出现。

2)可以通过先杀死单元,然后再激活单元来模拟应力松弛(如退火)。

3)在进行非线性分析时,注意不要因杀死或激活单元引起奇异性(如结构分析中的尖角)或刚度突变,这样会使收敛困难。

4)如果模型是完全线性的,即除了生死单元,模型不存在接触单元或其他非线性单元且材料是线性的,则 Ansys 就采用线性分析,因此不会采用 Ansys 默认(SOLCONTROL,ON)

非线性求解器。

5）在进行包含单元生死的分析中，打开全牛顿 - 拉夫森选项的自适应下降选项，将产生很好的效果。可采用下列方法来完成此操作：

命令方式：NROPT，FULL，ON。
GUI 方式：Main Menu → Solution → Analysis Options。

6）可以通过一个参数值来指示单元的生死状态。下面命令能得到活单元的相关参数值：
*GET，PAR，ELEM，n，ATTR，LIVE
该参数值可用于 APDL 逻辑分支（*IF）或其他用户需要控制单元生死状态的场合。

7）用载荷步文件求解法（LSWRITE）进行多载荷步求解时不能使用生死功能，因为生死单元状态不会写进到载荷步文件。多载荷步生死单元分析必须采用一系列 SOLVE 命令来实现。

此外，可以通过 MPCHG 命令来改变材料特性以杀死或激活单元，但这个过程要特别小心。软件保护和限制使得杀死的单元在求解器中改变材料特性时将不生效（单元的集中力、应变、质量和比热等都不会自动变为 0）。使用 MPCHG 命令不当，可能会导致许多问题。例如，如果把一个单元的刚度减小到接近 0，但仍保留质量，则在有加速度或惯性效应时就会产生奇异性。

MPCHG 命令的应用之一是模拟系列施工中使"出生"单元的应变历程保持不变。这时采用 MPCHG 命令，可以得到单元在变形的节点构造的初始应变。

8.2.2　DP 材料模型

岩石、混凝土和土壤等材料都属于颗粒状材料，这类材料受压屈服强度远大于受拉屈服强度，且材料受剪时，颗粒会膨胀，常用的 VonMise 屈服准则不适合此类材料。在土力学中，常用的屈服准则是摩尔 - 库仑（Mohr-Coulomb）屈服准则，而一个更能准确描述此类材料的强度准则是德鲁克 - 普拉格（Druck-Prager）屈服准则。使用 Druck-Prager 屈服准则的材料简称为 DP 材料。在岩石、土壤的有限元分析中，采用 DP 材料可以得到较精确的结果。

在 Ansys 程序中采用的就是 Druck-Prager 屈服准则，它是对 Mohr-Coulomb 准则给予近似，以此来修正 VonMise 屈服准则，即在 VonMises 表达式中包含一个附加项，该附加项是考虑静水压力可以引起岩土屈服而加入的。其流动准则既可以使用相关流动准则，也可以使用不相关流动准则；其屈服面并不随着材料的逐渐屈服而改变，因此没有强化准则，但其屈服强度随着侧限压力（静水压力）的增加而相应增加，其塑性行为被假定为理想塑性，并且它考虑了由于屈服引起的体积膨胀，但不考虑温度变化的影响。

Druck-Prager 屈服面在主应力空间内为一圆锥形空间曲面，在 π 平面上为圆形，如图 8-1 所示。

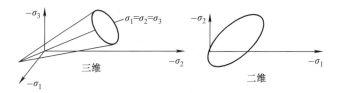

图 8-1　Druck-Prager 屈服面

Druck-Prager 屈服准则表达式为

$$F = \alpha I_1 = \sqrt{J_2} - k = 0 \quad (8\text{-}1)$$

式中

$$J_2 = \frac{1}{6}\left[(\sigma_1 - \sigma_2)^2 + (\sigma_2 - \sigma_3)^2 + (\sigma_3 - \sigma_1)^2\right]$$
$$= \frac{1}{6}\left[(\sigma_x - \sigma_y)^2 + (\sigma_y - \sigma_z)^2 + (\sigma_z - \sigma_x)^2 + 6(\tau_{xy}^2 + \tau_{yz}^2 + \tau_{zx}^2)\right] \quad (8\text{-}2)$$

$$I_1 = \sigma_1 + \sigma_2 + \sigma_3 = \sigma_x + \sigma_y + \sigma_z \quad (8\text{-}3)$$

在平面应变状态下：

$$\alpha = \frac{\sin\varphi}{\sqrt{3}\sqrt{3 + \sin^2\varphi}} \quad (8\text{-}4)$$

$$k = \frac{3c\cos\varphi}{\sqrt{3}\sqrt{3 + \sin^2\varphi}} \quad (8\text{-}5)$$

当 $\varphi > 0°$ 时，Druck-Prager 屈服准则在主应力空间内切于 Mohr-Coulomb 屈服面的一个圆锥形空间曲面；当 $\varphi = 0°$ 时，Druck-Prager 屈服准则退化为 VonMise 屈服准则，并且 Druck-Prager 屈服准则避免了 Mohr-Coulomb 屈服面在角/棱处引起的奇异点。

对于受拉破坏：

$$\alpha = \frac{2\sin\varphi}{\sqrt{3}(3 + \sin\varphi)} \quad (8\text{-}6)$$

$$k = \frac{6c\cos\varphi}{\sqrt{3}(3 + \sin\varphi)} \quad (8\text{-}7)$$

对于受压破坏：

$$\alpha = \frac{2\sin\varphi}{\sqrt{3}(3 - \sin\varphi)} \quad (8\text{-}8)$$

$$k = \frac{6c\cos\varphi}{\sqrt{3}(3 - \sin\varphi)} \quad (8\text{-}9)$$

DP 材料模型含有 3 个力学参数：黏聚力 c、内摩擦角 φ 和膨胀角 φ_f。这 3 个参数可通过 Ansys 中的材料数据表输入：

Main Menu → Preprocessor → Material Props → Material Models。

执行完上面操作，弹出一个材料模型对话框，再执行：

Material Models Available → Strunturer → Nonlinear → Inelastic → Non-metal Plasticity → Drucker-Prager

接着在弹出的对话框输入这 3 个参数便可。

膨胀角 φ_f 用来控制体积膨胀的大小：当膨胀角 $\varphi_f= 0°$ 时，不会发生膨胀；当膨胀角 $\varphi_f=\varphi$ 时，则发生严重的体积膨胀。

DP 材料受压屈服强度大于受拉屈服强度，如果已知单轴受拉屈服应力和单轴受压屈服应力，则可以得到内摩擦角和黏聚力：

$$\varphi = \arcsin\left\|\frac{3\sqrt{3}\beta}{2+\sqrt{3}\beta}\right\| \tag{8-10}$$

$$C = \frac{\sigma_y\sqrt{3}(3-\sin\varphi)}{6\cos\varphi} \tag{8-11}$$

式中，β 和 σ_y 由受压屈服应力 σ_c 和受拉屈服应力 σ_t 计算得到：

$$\beta = \frac{\sigma_c - \sigma_t}{\sqrt{3}(\sigma_c + \sigma_t)} \tag{8-12}$$

$$\sigma_y = \frac{2\sigma_c\sigma_t}{\sqrt{3}(\sigma_c + \sigma_t)} \tag{8-13}$$

1. 初始地应力的模拟

在模拟隧道施工过程中，初始地应力模拟是很重要的。在 Ansys 中，可以有两种方法实现初始地应力模拟。

方法一是只考虑岩体的自重应力，忽略其构造应力，在分析的第一步，首先计算岩体的自重应力场。这种方法简单方便，只需给出岩体的各项参数即可完成计算。缺点是计算出来的应力场与实际应力场有偏差，并且岩体在自重作用下还产生了初始位移。在继续分析后续施工时，得到的位移结果是累加了初始位移的结果，而现实中初始位移早就结束，对隧道的开挖没有影响，因此在后面的每个施工阶段分析位移场时，必须减去初始位移场。

方法二是采用读取初始应力文件的方法。在进行结构分析时，Ansys 可以读取初始应力文件，把初始应力定义为一种荷载。因此，当具有实测初始地应力资料时，可将初始地应力写成初始应力荷载文件，然后作为荷载条件读入 Ansys，随后就可以直接进行第一步的开挖计算。计算得到的应力场和位移场就是开挖后的实际应力场和位移场，不需要进行加减运算。

2. 开挖与支护及连续施工的实现

单元生死可以实现材料的消除与添加，而隧道的开挖与支护正好比材料的消除与添加，因此可以在 Ansys 中用单元生死来实现隧道开挖与支护的模拟。隧道开挖时，先直接选择被开挖掉的单元，然后将这些单元杀死，从而实现隧道的开挖模拟；进行隧道支护时，先将相应支护部分在开挖时被杀死的单元激活，被激活后的单元具有零应变状态，并且把这些单元的材料属性改为支护材料的属性，这样就实现了隧道支护的模拟。

此外，单元的生死状态还可以根据 Ansys 的计算结果（如应力或应变）来决定。例如，在模拟过程中，可以将超过允许应力或允许应变的单元杀死，模拟围岩或结构的破坏。

利用 Ansys 程序中的载荷步功能可以实现不同工况间的连续计算，从而实现对隧道连续施工的模拟。具体可参照前面章节中的单元生死使用。首先建立开挖隧道的有限元模型，包括将来要被杀死（挖掉）和激活（支护）的部分，在 Ansys 中模拟工程时不需要重新划分网格。在前一个施工完成后，便可以直接进行下道工序的施工，即再杀死单元（开挖）和激活单元（支护），再求解。重复上述步骤，直至施工结束。

8.3 Ansys 隧道结构受力实例分析

8.3.1 Ansys 隧道结构受力分析步骤

为了保证隧道施工和运行时的安全性，必须对隧道结构进行受力分析。由于隧道结构是在地层中修建的，其工程特性、设计原则及方法与地面结构是不同的，隧道结构的变形受到周围岩土体本身的约束，从某种意义上讲，围岩也是地下结构的荷载，同时也是结构本身的一部分，因此不能完全采用地面结构受力分析方法来对隧道结构进行分析。当前，对隧道支护结构体系一般按照荷载 - 结构模型进行演算，按照此模型设计的隧道支护结构偏于保守，需要再借助有限元软件（如 Ansys）实现对隧道结构的受力分析。

Ansys 隧道结构受力分析步骤：

1. 荷载 - 结构模型的建立

本步骤不在 Ansys 中进行，但该步骤是进行 Ansys 隧道结构受力分析的前提。只要在施工过程中不能使支护结构与围岩保持紧密接触，有效地阻止周围岩体变形而产生松动压力，隧道的支护结构就应该按荷载 - 结构模型进行验算。隧道支护结构与围岩的相互作用是通过弹性支撑对支护结构施加约束来体现的。

本步骤主要包含两项内容：

（1）选择荷载 - 结构模型　荷载 - 结构模型虽然都是以承受岩体松动、崩塌而产生的竖向和侧向主动压力为主要特征，但对围岩与支护结构相互作用的处理上，大致有 3 种做法：

1）主动荷载模型。此模型不考虑围岩与支护结构的相互作用，因此支护结构在主动荷载的作用下可以自由变形，其计算原理和地面结构一样。此模型主要适用于软弱围岩没有能力去约束衬砌变形情况，如采用明挖法施工的城市地铁工程及明洞工程。

2）主动荷载加被动荷载（弹性反力）模型。此模型认为围岩不仅对支护结构施加主动荷载，而且由于围岩与支护结构的相互作用，还会对支护结构施加约束反力。因为在非均匀分布的主动荷载作用下，支护结构的一部分将发生向着围岩方向的变形，只要围岩具有一定的刚度，就会对支护结构产生反作用力来约束它的变形，这种反作用力称为弹性反力；支护结构的另一部分则背离围岩向着隧道内变形，不会引起弹性反力，形成所谓的"脱离区"。这种模型适用于各种类型的围岩，只是所产生的弹性反力不同而已。该模型广泛应用于我国铁路隧道，基于这种模型修建了几千公里的铁路隧道，并且在实际使用中，它基本能反映支护结构的实际受力状况。

3)实际荷载模型。这种模型采用量测仪器实地量测得到的作用在衬砌上的荷载值代替主动荷载模型中的主动荷载。实地量测的荷载值包含围岩的主动压力和弹性反力,是围岩与支护结构相互作用的综合反映。切向荷载的存在可以减小荷载分布的不均匀程度,从而改善结构的受力情况。但要注意的是,实际量测的荷载值,除与围岩特性有关,还取决于支护结构刚度及支护结构背后回填的质量。

(2)计算荷载 目前,隧道结构设计一般采用主动荷载加被动荷载模型,作用在隧道衬砌上的荷载分为主动荷载和被动荷载。进行 Ansys 隧道结构受力分析时,一般要计算以下几种隧道荷载:

1)围岩压力:是隧道最主要的荷载,主要根据相关隧道设计规范进行计算。对于铁路隧道,可以根据 TB10003—2016《铁路隧道设计规范》(2024 年局部修订)进行计算。

2)支护结构自重:可按预先拟定的结构尺寸和材料密度计算确定。

3)地下水压力:在含水地层中,静水压力可按照最低水位考虑。

4)被动荷载:即围岩的弹性反力,其大小常用以温克列尔假定为基础的局部变形理论来确定。该理论认为,围岩弹性反力与围岩在该点的变形成正比:

$$\sigma_i = K\delta_i \tag{8-14}$$

式中,δ_i 是围岩表面上任意一点的压缩变形,单位为 m;σ_i 是围岩在同一点所产生的弹性反力,单位为 MPa;K 为围岩弹簧系数,单位为 MPa/m。

对于列车荷载、地震荷载等其他荷载,一般情况可以忽略不计。

2. 创建物理环境

在定义隧道结构受力分析问题的物理环境时,进入 Ansys 预处理器,建立这个隧道结构体的数学仿真模型。可以按照以下几个步骤来建立物理环境:

(1)设置 GUT 菜单过滤 如果希望通过 GUI 菜单路径来运行 Ansys,当 Ansys 被激活后,第一件要做的事情就是选择菜单路径:Main Menu → Preferences。执行上述命令后,弹出如图 8-2 所示的对话框出现后。选择"Structural",这样 Ansys 会根据你所选择的参数来对 GUI 图形界面进行过滤,以便在进行隧道结构受力分析时过滤掉一些不必要的菜单及相应图形界面。

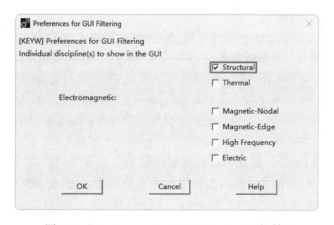

图 8-2 "Preferences for GUI Filltering"对话框

（2）定义分析标题（/TITLE） 在进行分析前，可以给所要进行的分析起一个能够代表所分析内容的标题，如"Tunnel Support Structural Analysis"，以便能够从标题上使其与其他相似物理几何模型有所区别。可以采用下列方法定义分析标题：

命令方式：/TITLE。
GUI 方式：Utility Menu → File → Change Title。

（3）定义单元类型及其选项（KEYOPT 选项） 与 Ansys 的其他分析一样，也要进行相应的单元类型选择。Ansys 软件提供了 100 种以上的单元类型，可以用来模拟工程中的各种结构和材料，各种不同的单元组合在一起，成为具体的物理问题的抽象模型。例如，隧道衬砌用 BEAM188 梁单元来模拟，用 COMBIN14 弹簧单元模拟围岩与结构的相互作用，这两个单元组合起来就可以模拟隧道结构。

大多数单元类型都有关键选项（KEYOPTS），这些选项用以修正单元特性。例如，梁单元 BEAM188 有如下 KEYOPTS：

KEYOPT(6)：力和力矩输出设置。
KEYOPT(9)：用于设置输出节点 I 与节点 J 之间点结果。
KEYOPT(10)：用于设置 SFNEAM 命令，施加线性变化的表面荷载。
COMBIN14 弹簧单元有如下 KEYOPTS：

KEYOPT（1）：用于设置解类型。
KEYOPT（2）：用于设置 1-D 自由度。
KEYOPT（3）：用于设置 2-D 或 12-D 自由度。

定义单元类型及其关键选项的方式如下：

命令方式：ET。
　　　　　KEYOPT。
GUI 方式：Main Menu → Preprocessor → Element Type → Add/Edit/Delete。

（4）设置实常数和定义单位 单元实常数和单元类型密切相关，用 R 族命令（如 R，RMODIF 等）或其相应 GUI 菜单路径来说明。在隧道结构受力分析中，可用实常数来定义衬砌梁单元的横截面积、惯性矩、高度和围岩弹簧系数等。当定义实常数时，要遵守如下规则：

1）必须按次序输入实常数。
2）对于多单元类型模型，每种单元采用独立的实常数组（即不同的 REAL 参考号）。但是，一个单元类型也可注明几个实常数组。

命令方式：R。
GUI 方式：Main Menu → Preprocessor → Real Constants → Add/Edit/Delete。

Ansys 软件没有为系统指定单位，分析时只需按照统一的单位制进行定义材料属性、几何尺寸、荷载大小等输入数据即可。

结构分析只有时间单位、长度单位和质量单位 3 个基本单位，则所有输入的数据都应当是这 3 个单位组成的表达方式。例如，标准国际单位制下，时间是秒（s），长度是米（m），质量是千克（kg），则导出力的单位是 $kg·m/s^2$（相当于牛，N），材料的弹性模量单位是 $kg/m·s^2$（相当于帕，Pa）。

命令方式：/UNITS。

（5）定义材料属性　大多数单元类型在进行程序分析时都需要指定材料属性，Ansys 程序可方便地定义各种材料的属性，如结构材料属性参数、热性能参数、流体性能参数和电磁性能参数等。

Ansys 程序可定义的材料属性有以下 3 种：

1）线性或非线性。

2）各向同性、正交异性或非弹性。

3）随温度变化或不随温度变化。

隧道结构受力分析中需要定义隧道混凝土衬砌支护的材料属性：密度、弹性模量、泊松比、黏聚力和内摩擦角。

命令方式：MP。
GUI 方式：Main Menu → Preprocessor → Material Props → Material Models
　　　或 Main Menu → Solution → Load Step Opts → Other → Change Mat Props → Material Models。

3. 建立模型和划分网格

创建好物理环境后就可以建立模型。在进行隧道结构受力分析时，需要建立模拟隧道衬砌结构的梁单元和模拟隧道结构与围岩间相互作用的弹簧单元。在建立好的模型各个区域内指定特性（单元类型、选项、实常数和材料特性等）以后，就可以划分有限元网格了。

通过 GUI 方式为模型中的各区赋予特性：

1）选择 Main Menu → Preprocessor → Meshing → Mesh Attributes → Picked Areas。

2）选择模型中要选定的区域。

3）在对话框中为所选定的区域说明材料号、实常数组号、单元类型号和单元坐标系号。

4）重复以上 3 个步骤，直至处理完所有区域。

通过以下命令为模型中的各区域赋予特性：

◆ ASEL（选择模型区域）。

◆ MAT（说明材料号）。

◆ REAL（说明实常数组号）。

◆ TYPE（指定单元类型号）。

◆ ESYS（说明单元坐标系号）。

在进行隧道结构分析中，只需要给隧道衬砌结构指定材料号、实常数组号、单元类型号和单元坐标系号即可。

4. 施加约束和荷载

在施加边界条件和荷载时，既可以给实体模型（关键点、线、面），也可以给有限元模型（节点和单元）施加边界条件和荷载。在求解时，Ansys 程序会自动将加到实体模型上的边界条件和荷载传递到有限元模型上。

隧道结构分析中主要是给弹簧施加自由度约束。

命令方式：D。

施加的载荷包括重力及隧道结构所受到的力。

5. 求解

Ansys 程序根据现有选项的设置，从数据库中获取模型和荷载信息并进行计算求解，将结果数据写入结果文件和数据库中。

命令方式：SOLVE。
GUI 方式：Main Menu → Solution → Solve → Current LS。

6. 后处理

后处理的目的是以图和表的形式描述计算结果。对于隧道结构受力分析，很重要的一点就是进入后处理器后，观察结构受力变形图，根据弹簧单元只能受压的性质，去掉受拉弹簧，再进行求解；随后再观察结构受力变形图，看有没有受拉弹簧。如此反复，直到结构受力变形图中无受拉弹簧为止，这样就能得到隧道结构受力分析的正确结果。进入后处理器，绘制出隧道支护结构的变形图、弯矩图、轴力图和剪力图，列出各单元的内力和位移值，以及结构的变形图和内力图。最后按照相关设计规范进行强度和变形验算，如果不满足设计要求，提出相应的参数修改意见，再进行新的分析。

命令方式：/POST1。
GUI 方式：Main Menu → General Postproc。

8.3.2 实例描述

选取宜昌（宜）- 万州（万）铁路线上的别岩槽隧道某断面，该设计单位采用的支护结构断面如图 8-3 所示。为保证结构的安全性，采用了荷载 - 结构模型，利用 Ansys 对其进行计算分析。

主要参数如下：

◆ 隧道腰部和顶部衬砌厚度是 65cm，隧道仰拱衬砌厚度为 85cm。

采用 C30 钢筋混凝土为衬砌材料。

◆ 隧道围岩是Ⅳ级，洞跨是 5.36m，深埋隧道。

◆ 隧道仰拱下承受水压力，水压力是 0.2MPa。

◆ 隧道围岩级别是Ⅳ级，其物理力学指标及衬砌材料 C30 钢筋混凝土的物理力学指标见表 8-4。

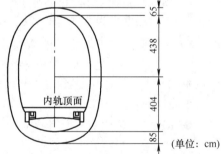

图 8-3　隧道支护结构断面

表 8-4　物理力学指标

名称	密度 γ/(kg/m³)	弹簧系数 K/(MPa/m)	弹性模量 E/GPa	泊松比 ν	内摩擦角 φ/(°)	黏聚力 c/MPa
Ⅳ级围岩	2200	300	1.5	0.32	29	0.35
C30 钢筋混凝土	2500	—	30	0.2	54	2.42

根据《铁路隧道设计规范》，可计算出深埋隧道围岩的垂直匀布力和水平匀布力。对于竖向和水平的分布荷载，其等效节点力分别近似地取节点两相临单元水平或垂直投影长度的一般

衬砌计算宽度这一面积范围内的分布荷载的总和。自重荷载通过 Ansys 程序直接添加密度施加。隧道仰拱部受到的水压力为 0.2MPa，按照径向加载置换为等效节点力，分解为水平方向和竖直方向加载，见表 8-5。

表 8-5 荷载计算

荷载种类	围岩压力		结构自重	水压力 /(N/m³)
	垂直匀布力 /(N/m³)	水平匀布力 /(N/m³)		
值	80225	16045	通过 Ansys 添加	200000

8.3.3 GUI 操作方法

1. 创建物理环境

1）在"开始"菜单中依次选取"所有应用"→"Ansys 2024"→"Mechanical APDL Product Launcher 2024"，弹出"2024:Ansys Mechanical APDL Product Launcher"对话框。

2）选择"File Management"，在"Working Directory"文本框中输入工作目录"D:\Ansys\Support"，在"Job Name"文本框中输入文件名"Support"。

3）单击"RUN"按钮，进入 Ansys 2024 的 GUI 操作界面。

4）过滤图形界面：Main Menu → Preferences，弹出"Preferences for GUI Filtering"对话框，选择"Structural"来对后面的分析进行菜单及相应的图形界面过滤。

5）定义分析标题：Utility Menu → File → Change Title，在弹出的"Change Title"对话框中输入"Tunnel Support Structural Analysis"，单击"OK"按钮，如图 8-4 所示。

6）定义单元类型：Main Menu → Preprocessor → Element Type → Add/Edit/Delete，弹出"Element Types"对话框，如图 8-5 所示。单击"Add"按钮，弹出"Library of Element Types"对话框，如图 8-6 所示。在该对话框左侧列表框中选择"Beam"，在右侧列表框中选择"2 node 188"，单击"Apply"按钮，定义了"Beam188"单元。再在左侧列表框中选取"Combination"，右侧列表框中选择"Spring-damper 14"，如图 8-7 所示，然后单击"OK"按钮，这就定义了"Combin14"单元。在"Element Types"对话框中选择"BEAM188"单元，单击"Options"按钮，打开"BEAM188 element type options"对话框，将其中的"K3"设置为"Cubic Form"，单击"OK"按钮，最后单击图 8-5 中的"Close"按钮。

图 8-4 定义分析标题

图 8-5 "Element Types"对话框

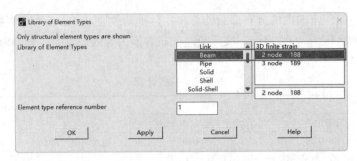

图 8-6 "Library of Element Types"对话框

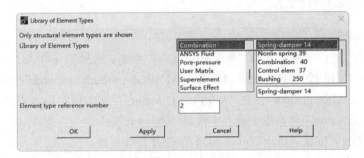

图 8-7 定义 Combin14 单元

7）定义材料属性：Main Menu → Preprocessor → Material Props → Material Models，弹出"Define Material Model Behavior"窗口，如图 8-8 所示。在"Material Models Avairable"列表框中选择"Structural"→"Linear"→"Elastic"→"Isotropic"，弹出如图 8-9 所示"Linear Isotropic Properties for Material Number 1"对话框。在该对话框中的"EX"文本框中输入"3E10"，在"PRXY"文本框中输入"0.2"，单击"OK"按钮。在图 8-8 所示的对话框中选择"Structural"→"Density"并单击"OK"按钮，弹出如图 8-10 所示"Density for Material Number 1"对话框。在"DENS"文本框中输入隧道衬砌混凝土材料的密度"2500"，单击"OK"按钮。

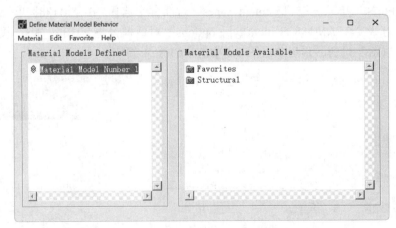

图 8-8 "Define Material Model Behavior"窗口

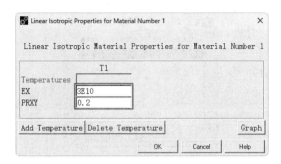

图 8-9 "Linear Isotropic Properties for Material Number 1"对话框

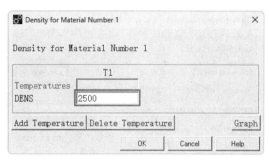

图 8-10 "Density for Material Number 1"对话框

得到材料属性定义结果，如图 8-11 所示。选择"Material"→"Exit"结束。

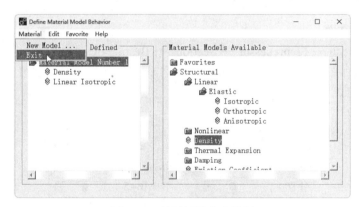

图 8-11 材料属性定义结果

8）定义实常数：Main Menu→Preprocessor→Real Constants→Add/Edit/Delete，弹出"Real Constants"对话框，如图 8-12 所示。单击"Add"按钮，弹出如图 8-13 所示的对话框。选择"Type 2 COMBIN14"，单击"OK"按钮，弹出如图 8-14 所示的"Real Constant Set Number 1,for COMBIN14"对话框。在"Spring constant"文本框中输入"30000000"，单击"OK"按钮，弹出如图 8-15 的对话框，最后单击"Close"按钮。

图 8-12 "Real Constants"对话框

图 8-13 "Element Type for Real Constants"对话框

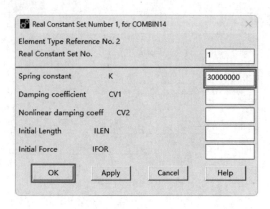

图 8-14 "Real Constant Set Number1,for COMBIN14" 对话框

图 8-15 "Real Constants" 对话框（定义完实常数后）

2. 定义梁单元截面

GUI：Main Menu → Preprocessor → Sections → Beam → Common Sections，弹出 "Beam Tool" 对话框，按如图 8-16 所示填写，然后单击 "Apply" 按钮，再按如图 8-16 所示填写，最后单击 "OK" 按钮。

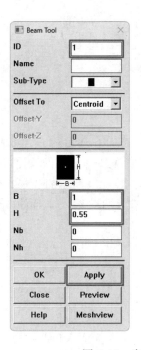

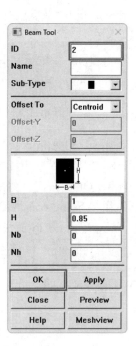

图 8-16 定义两种截面

每次定义好截面之后，单击 "Preview"，可以观察截面特性。本模型中的两种截面及截面特性如图 8-17 所示。

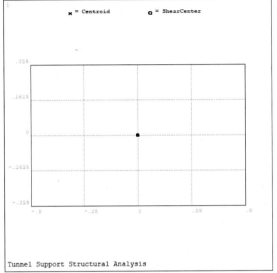

第一种截面

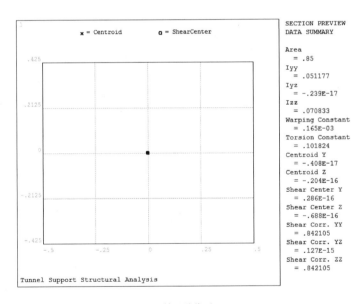

第二种截面

图 8-17　两种截面及截面特性

3. 建立模型和划分网格

1）创建隧道衬砌支护关键点：Main Menu → Preprocessor → Modeling → Create → Keypoints → In Active CS，弹出"Creae Keypoints in Active Coordinate System"对话框，如图 8-18 所示。在"NPT keypoint number"文本框中输入"1"，在"X，Y，Z Location in active CS"文本框中输入"0，0，0"，单击"Apply"按钮，这样就创建了关键点 1。再依次重复在"NPT keypoint number"文本框中输入"2、3、4、5、6、7",在对应的"X,Y,Z Location in active CS"文本框中输入"0,3.85,0""0.88,5.5,0""2.45,6.15,0""4.02,5.5,0""4.9,3.85,0""4.9,0,0",最后单击"OK"按钮,生成7个关键点,如图8-19所示。

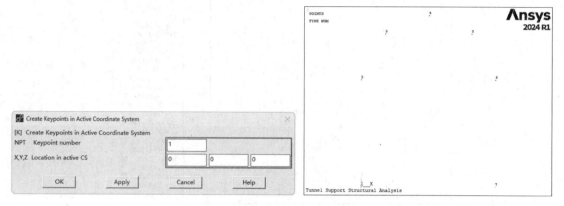

图8-18 "Creat Keypoint in Active Coordinate System"对话框

图8-19 创建隧道衬砌支护关键点

2）创建隧道衬砌支护线模型：Main Menu → Preprocessor → Modeling → Create → Lines → Arcs → By End KPs & Rad,弹出如图8-20所示的选择对话框框（1）。在选择对话框框（1）的文本框中输入关键点"1,2",单击"Apply"按钮,弹出如图8-21所示选择对话框框（2）。在选择对话框框（2）的文本框中输入关键点"6",弹出"Arc by End KPs & Radius"对话框,如图8-22所示。在"RAD"文本框中输入弧线半径"8.13",单击"Apply"按钮,这样就创建了弧线1。

图8-20 "Arc by End KPs & Rad"选择对话框框（1）

图8-21 "Arc by End KPs & Rad"选择对话框框（2）

242

Ansys 隧道工程应用实例分析 >>>

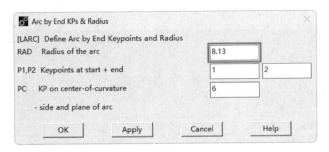

图 8-22 "Arc by End KPs & Radius" 对话框

重复以上操作步骤，分别在图 8-22 对话框的 "RAD" "P1,P2" "PC" 文本框中依次输入 "3.21，2，3，6" "2.22，3，4，6" "2.22，4，5，2" "3.21，5，6，2" "8.13，6，7，2" "6，7，1，4"，最后单击 "OK" 按钮，生成隧道衬砌支护线模型，如图 8-23 所示。

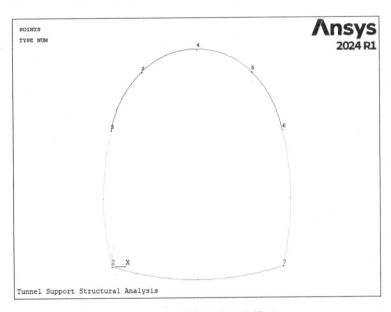

图 8-23 隧道衬砌支护线模型

3) 保存几何模型文件：Utility Menu → File → Save as，弹出 "Save Database" 对话框，在 "Save Database to" 文本框中输入文件名 "Support-geom.db"，单击 "OK" 按钮。

4) 给线赋予特性：Main Menu → Preprocessor → Meshing → Mesh Tool，弹出 "Mesh Tool" 选择对话框，如图 8-24 所示。在 "Element Attributes" 下拉列表中选择 "Lines"，单击 "Set" 按钮，弹出 "Line Attributes" 选择对话框。在图形窗口选择编号为 L1、L2、L3、L4、L5、L6 的线，单击选择对话框上的 "OK" 按钮，弹出如图 8-25 所示的 "Line Attributes" 对话框。在 "Material number" 下拉列表中选取 "1"，在 "Element type number" 下拉列表中选取 "1 BEAM188" 在 "Element section" 下拉列表中选取 "1"，单击 "Apply" 按钮，再次弹出 "Line Attributes" 选择对话框。

243

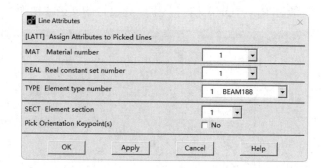

图 8-24 "Mesh Tool"选择对话框　　　　图 8-25 "Line Attributes"对话框

用相同方法给线 L7 赋予特性，其他选项与 L1、L2、L3、L4、L5、L6 的线一样，只是在"Element section"下拉列表中选取"2"，单击"OK"按钮退出。

5）控制线尺寸：在"Mesh Tool"选择对话框的"Size Controls"中单击"Lines"右侧的"Set"，弹出"Line Attributes"选择对话框。在图形窗口选择线 L1 和 L6，单击"OK"按钮，弹出"Element Sizes on Picked Lines"对话框，如图 8-26 所示。在"No.of element divisions"文本框中输入"4"，再单击"Apply"按钮。

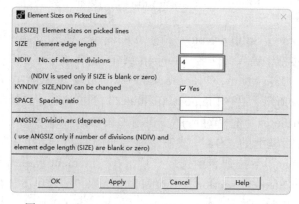

图 8-26 "Element Sizes on Picked Lines"对话框

用相同方法控制线 L2、L3、L4、L5、L7 的尺寸，只是线 L2、L3、L4、L5 在"No. of element divisions"文本框中输入"2"，线 L7 在"No.of element divisions"文本框中输入"8"。

6）划分网格：在图 8-24 中单击"Mesh"按钮，弹出"Line Attributes"选择对话框。单击"Pick ALL"，生成 24 个梁单元，即隧道衬砌支护单元，如图 8-27 所示。

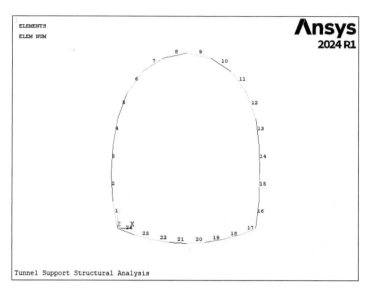

图 8-27　隧道衬砌支护单元

7）打开节点编号显示：Utility Menu → PlotCtrls → Numbering，弹出"Plot Numbering Controls"对话框，如图 8-28 所示。选择"Node Numbers"复选框，使其由"Off"变为"On"，单击"OK"按钮，关闭该对话框。显示这些节点编号的目的是为后面创建弹簧单元做准备，这些节点是弹簧单元的一个节点。

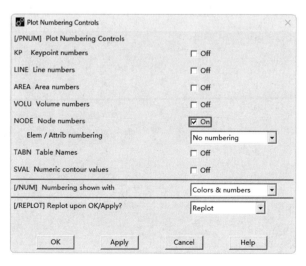

图 8-28　"Plot Numbering Controls"对话框

8）创建弹簧单元：在命令行输入以下命令，完成弹簧的创建。
PSPRNG,1,TRAN,300000000,−0.97029572,−0.241921895,
PSPRNG,2,TRAN,300000000,−0.97437006,0.22495105,
PSPRNG,3,TRAN,300000000,−0.98628560,−0.1604761,
PSPRNG,4,TRAN,300000000,−0.99919612,−0.00872654,
PSPRNG,5,TRAN,300000000,−0.98901586,0.14780941,
PSPRNG,6,TRAN,300000000,−0.70710678,0.70710678,
PSPRNG,7,TRAN,300000000,−0.88294757,0.469471561,
PSPRNG,10,TRAN,300000000,0.70710678,0.70710678,
PSPRNG,13,TRAN,300000000,0.88294757,0.469471561,
PSPRNG,12,TRAN,300000000,0.97437006,0.22495105,
PSPRNG,15,TRAN,300000000,0.98901586,0.14780941,
PSPRNG,16,TRAN,300000000,0.99996192,−0.00872654,
PSPRNG,17,TRAN,300000000,0.98628560,−0.1604768,
PSPRNG,14,TRAN,300000000,0.97029572,−0.241921895,
PSPRNG,18,TRAN,300000000,0.30901699,−0.95105651,
PSPRNG,19,TRAN,300000000,0.20791169,−0.9781476,
PSPRNG,20,TRAN,300000000,0.10452846,−0.99452189,
PSPRNG,21,TRAN,300000000,0,−1,
PSPRNG,22,TRAN,300000000,−0.10452846,−0.99452189,
PSPRNG,23,TRAN,300000000,−0.20791169,−0.9781476,
PSPRNG,24,TRAN,300000000,−0.30901699,−0.95105651,
得到添加弹簧单元后的单元网格，如图 8-29 所示。

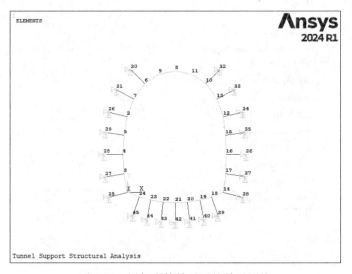

图 8-29　添加弹簧单元后的单元网格

以第一行为例，命令行参数含义为：弹簧系数为300000000，弹簧另一端点的坐标值为"–0.97029572，–0.241921895，0"，因为是平面问题，所以 DZ 是 0。

弹簧单元长度为 1，实际上弹簧长度对计算结果没有影响。

隧道顶部范围（90°范围）为"脱离区"，故不需要添加弹簧单元。

"DX，DY"是生成弹簧的另一个端点的坐标值，它是在法线方向，根据在 CAD 图形中角度来计算。

图 8-29 中添加了 21 个弹簧单元，如果有些弹簧单元根据计算结果显示是受拉的，必须去除，再进行重新计算。

用来模拟隧道结构与围岩间相互作用的 COMBIN14 弹簧单元（也称地层弹簧），对其参数进行设置时，只需要输入弹簧系数 K，阻尼系数和非线性阻尼系数不用输入。

4. 施加约束和荷载

1）给弹簧单元施加约束：Main Menu → Solution → Define Loads → Apply → Structural → Displacement → On Nodes，弹出"Apply U,ROT on Nodes"选择对话框。在图形窗口选取弹簧单元最外层节点（共 21 个节点），单击"OK"按钮，弹出"Apply U,ROT on Nodes"对话框，如图 8-30 所示。在"DOFS to be constrained"列表框中选取"UX""UY"，在"Apply as"下拉列表中选取"Constant value"，在"Displacement value"文本框中输入"0"，单击"OK"按钮，完成对弹簧节点位移的约束。

2）给所有单元施加平面约束：Main Menu → Solution → Define Loads → Apply → Structural → Displacement → On Nodes，弹出"Apply U,ROT on Nodes"选择对话框。单击"Pick All"按钮，弹出"Apply U,ROT on Nodes"对话框，如图 8-30 所示。在"DOFS to be constrained"列表框后面中选取"UZ""ROTX""ROTY"，在"Apply as"下拉列表中选取"Constant value"，在"Displacement value"文本框输入"0"，单击"OK"按钮，完成对弹簧节点位移的约束。

3）施加重力加速度：Main Menu → Solution → Define Loads → Apply → Structural → Inertia → Gravity → Global，弹出"Apply（Gravitational）Acceleration"对话框，如图 8-31 所示。只需在"Global Cartesian Y-comp"文本框中输入重力加速度"9.8"就可以，单击"OK"按钮，完成重力加速度的施加。

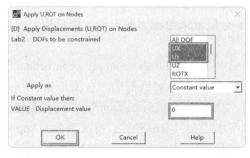 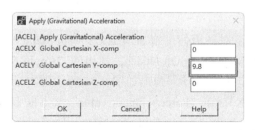

图 8-30 "Apply U,ROT on Nodes"对话框　　图 8-31 "Apply（Gravitational）Acceleration"对话框

> 虽然在Ansys中输入重力加速度9.8后，其重力加速度的方向显示向上，但Ansys默认模型施加重力时，输入的重力加速度是9.8，而不是-9.8。

4）对隧道衬砌支护施加围岩压力：Main Menu → Solution → Define Loads → Apply → Structural → Force/Moment → On Nodes，弹出"Apply F/M on Nodes"选择对话框。在图形窗口选择隧道支护线上腰部和顶部所有节点（节点1～节点17），弹出"Apply F/M on Nodes"对话框，如图8-32所示。在"Direction of force/mom"下拉列表中选取"FY"，在"Force/moment value"文本框中输入围岩垂直匀布力"-80225"。

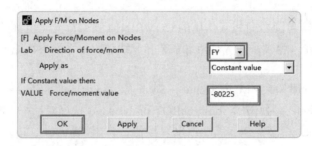

图8-32 "Apply F/M on Nodes"对话框

单击"Apply"按钮，在弹出的选择对话框中选择隧道支护线剩下的节点（节点18～节点24），在"Direction of force/mom"下拉列表中选取"FY"，在"Force/moment value"文本框中输入围岩垂直匀布力"80225"。

单击"Apply"按钮，弹出"Apply F/M on Nodes"选择对话框，在图形窗口选择隧道衬砌支护线上的1、2、3、4、5、6、7、8、9、22、23、24共12个节点，弹出如图8-32所示的对话框。在"Direction of force/mom"下拉列表中选取"FX"，在"Force/moment value"文本框中输入围岩水平匀布力"16045"。

单击"Apply"按钮，弹出"Apply F/M on Nodes"选择对话框，在图形窗口选择隧道衬砌支护线上剩下的12个节点（节点10～节点21），弹出如图8-32所示的对话框。在"Direction of force/mom"下拉列表中选取"FX"，在"Force/moment value"文本框中输入围岩水平匀布力"-16045"。单击"OK"按钮，完成对隧道衬砌支护施加围岩压力。

输入围岩垂直匀布力和水平匀布力时，应参考节点位置来考虑力的方向，切忌加错力的方向。

5）对隧道仰拱施加水压力：Main Menu → Solution → Define Loads → Apply → Structural → Force/Moment → On Nodes，弹出的"Apply F/M on Nodes"选择对话框中。在图形窗口选择隧道仰拱节点18，弹出如图8-32所示的对话框。在"Direction of force/mom"下拉列表中选取"FX"，在"Force/moment value"文本框中输入水平水压力"-161803"，再次单击"Apply"按钮，弹出"Apply F/M on Nodes"选择对话框，在图形窗口选择节点18，弹出图8-32的对话框。在"Direction of force/mom"下拉列表中选取"FY"，在"Force/moment value"文本框

中输入竖直水压力"70381",单击"OK"按钮,完成节点 18 的水压力施加。采用同样的方法对仰拱的其他节点施加水压力,只是数值不同:节点 19,"FY=50101""FX=−182309";节点 20,"FY=13093""FX=−198904";节点 21,"FY=125960""FX=0 ;节点 22,"FY=13093""FX=198904";节点 23,"FY=50101""FX=182309";节点 24,"FY=70381""FX=161803"。

最后得到施加约束和荷载后的隧道衬砌支护结构模型,如图 8-33 所示。

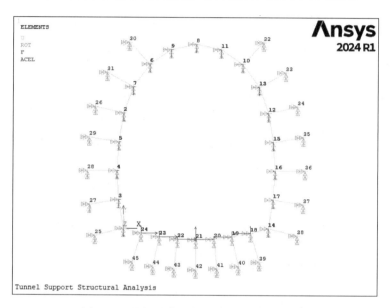

图 8-33　施加约束和荷载后的隧道结构模型

将作用在衬砌上的分布荷载置换为等效节点力。

对于竖向和水平的分布荷载,其等效节点力分别近似地取节点两相临单元水平或垂直投影长度的一半衬砌计算宽度这一面积范围内的分布荷载的总和。

自重荷载由 Ansys 程序通过直接添加密度施加。

水压力按照径向加载置换为等效节点力,分解为水平方向加载和竖直方向加载。

5. 求解

求解运算:Main Menu → Solution → Solve → Current LS,弹出"/STATUS Command"和"Solve Current Load Step"对话框,如图 8-34 和图 8-35 所示。检查信息无误后,单击"OK"按钮,开始求解运算,直到出现一个"Solution is done!"的提示栏,如图 8-36 所示,表示求解结束。

6. 后处理(对计算结果进行分析)

(1)计算分析修改模型

1)查看隧道衬砌支护结构变形图:Main Menu → General Postproc → Plot Results → Deformed Shape,弹出"Plot Deformed Shape"对话框,如图 8-37 所示。选择"Def+undeformed"并单击"OK"按钮,显示初次分析计算的隧道衬砌支护结构变形图,如图 8-38 所示。

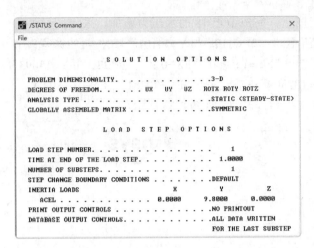

图 8-34 "/STATUS Command" 对话框

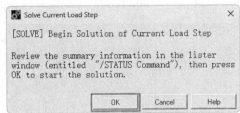

图 8-35 "Solve Current Load Step" 对话框

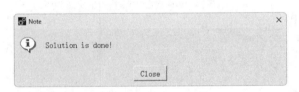

图 8-36 "Solution is done!" 提示栏

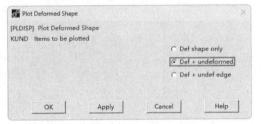

图 8-37 "Plot Deformed Shape" 对话框

从图 8-38 所示的初次分析计算的隧道衬砌支护结构变形图中可以看出，弹簧单元 30、32、33 和 34 是受拉的，因为用来模拟隧道结构与围岩间相互作用的地层弹簧只能承受压力，所以这 4 根弹簧单元必须去掉，需要进行重新计算，直到结构变形图中没有受拉弹簧单元为止。

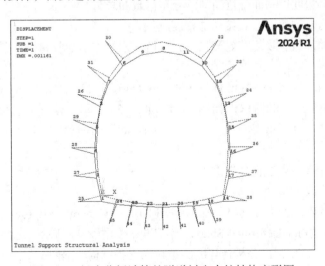

图 8-38 初次分析计算的隧道衬砌支护结构变形图

2）删除受拉弹簧单元：Main Menu → Preprocessor → Modeling → Delete → Elements，弹出"Delete Elements Only"选择对话框，选择弹簧单元 30、32、33 和 34，然后单击"OK"按钮。

执行 Main Menu → Preprocessor → Modeling → Delete → Nodes，弹出"Delete Nodes Only"选择对话框，选择弹簧单元 30、32、33 和 34 最外端节点，再单击"OK"按钮。

3）第 2 次求解：Main Menu → Solution → Solve → Current LS，弹出图 8-34 和图 8-35 所示的对话框，接受默认设置，单击"OK"按钮，开始求解运算，直到出现一个"Solution is done!"的提示栏，表示求解结束。

4）查看第 2 次分析计算后的结构变形图：Main Menu → General Postproc → Plot Results → Deformed Shape，弹出"Plot Deformed Shape"对话框，选择"Def+undeformed"并单击"OK"按钮，显示第 2 次分析计算后的隧道衬砌支护结构变形图。图形显示，第 2 次分析计算后仍有受拉弹簧单元。

5）去掉受拉弹簧，重复步骤 2）~ 4），直到分析计算出的隧道衬砌支护结构变形图中没有受拉弹簧单元为止。

最后，经过 3 次反复分析计算，终于得到没有受拉弹簧单元后的隧道结构模型，如图 8-39 所示。其对应的分析计算隧道衬砌支护结构变形图如图 8-40 所示。

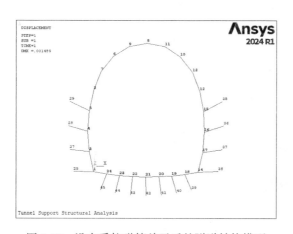
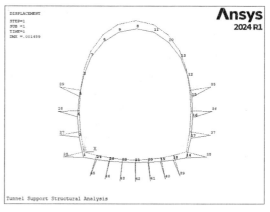

图 8-39　没有受拉弹簧单元后的隧道结构模型　　图 8-40　最终分析计算的隧道衬砌支护结构变形图

6）保存计算结果到文件：Utility Menu → File → Save as，弹出"Save Database"对话框。在"Save Database to"文本框中输入文件名"support result.db"，单击"OK"按钮。

进行隧道结构受力分析时，用地层弹簧单元来模拟围岩与结构间的相互作用，在隧道顶部 90° 范围内，其变形背向地层，不受围岩的约束而自由变形，这个区域称为"脱离区"，不需要添加弹簧单元。在隧道两侧及底部，结构产生朝向地层的变形，并受到围岩约束阻止其变形，因而围岩对衬砌产生了弹性反力，这个区域称为"反力区"，需要添加弹簧单元。

进行完第一次求解后，查看结构变形图，去除受拉弹簧单元，再进行求解，再查看结构变形图，反复进行，直到最终计算出的结构变形图中无受拉弹簧单元为止。

(2) 绘制主要图形

1) 读取结果：Main Menu → General Postproc → Read Results → First Set，读取第一个结果。

2) 绘制结构变形图：Main Menu → General Postproc → Plot Results → Deformed Shape，弹出"Plot Deformed Shape"的对话框，选择"Def+undeformed"并单击"OK"按钮，得到隧道衬砌支护结构变形图，如图 8-40 所示。

3) 将节点弯矩、剪力、轴力制表：Main Menu → General Postproc → Element Table → Define Table，弹出"Element Table Data"对话框，如图 8-41 所示。单击"Add"按钮，弹出"Define Additional Element Table Items"对话框，如图 8-42 所示。

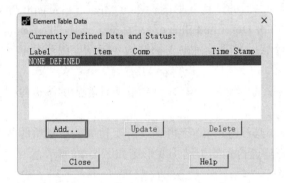

图 8-41 "Element Table Data"对话框

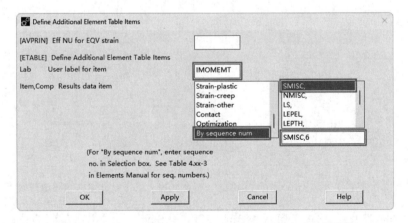

图 8-42 "Define Additional Element Table Items"对话框

在图 8-42 所示的对话框中的"User label for item"文本框中输入"IMOMEMT"，在"Item, Comp Results data item"左侧的列表框中选取"By sequence num"，在右侧的文本框中输入"SMISC, 6"，然后单击"Apply"按钮；再次在"User label for item"文本框中输入"JMOMEMT"，在"Item Comp Results data item"左侧的列表框中选取"By sequence num"，在右侧的文本框中输入"SMISC, 12"，然后单击"Apply"按钮；采用同样的方法，依次输入"ISHEAR""SMISC, 2"、"JSHEAR""SMISC, 8""ZHOULI-I""SMISC, 1""ZHOULI-J"

"SMISC，7"，最后得到定义好的单元数据表，如图8-43所示，然后单击"Close"按钮，关闭该对话框。

4）设置弯矩分布标题：Utility Menu → File → Change title，弹出"Change Title"对话框，如图8-44所示。在"Enter new title"文本框中输入文件名"BENDING MOMENT distribution"，单击"OK"按钮。

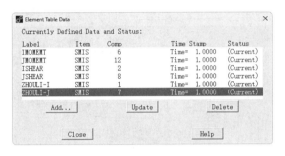

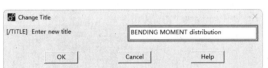

图8-43　定义好的单元数据表　　　　　　图8-44　"Change Title"对话框

5）绘制结构弯矩图：Main Menu → General Postproc → Plot Results → Contour Plot → Line Elem Res，弹出"Plot Line-Element Results"对话框，如图8-45所示。在"Element table item at node I"下拉列表中选取"IMOMENT"，在"Element table item at node J"下拉列表中选取"JMOMENT"，在"Optional scale factor"文本框中输入"-0.8"，在"Items to be plotted on"中选择"Deformed shape"，单击"OK"按钮，得到隧道衬砌支护结构的弯矩图，如图8-46所示。

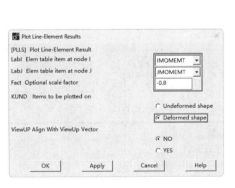

图8-45　"Plot Line-Element Results"对话框　　　图8-46　隧道衬砌支护结构的弯矩图（单位：N·m）

6）设置剪力分布标题：Utility Menu → File → Change Title，弹出一个"Change Title"对话框。在"Enter new title"下面的输入栏中输入文件名"SHEAR force distribution"，单击"OK"按钮。

7）绘制结构剪力图：Main Menu → General Postproc → Plot Results → Contour Plot → Line

Elem Res，弹出如图 8-47 所示的对话框。在"Elem table item at node I"下拉列表中选取"ISHEAR"，在"Elem table item at node J"下拉列表中选取"JSHEAR"，在"Optional scale factor"文本框中输入"−1"，在"Items to be plotted on"中选择"Deformed shape"，单击"OK"按钮，得到隧道衬砌支护结构的剪力图，如图 8-48 所示。

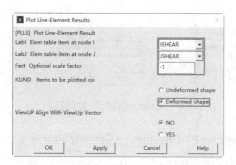

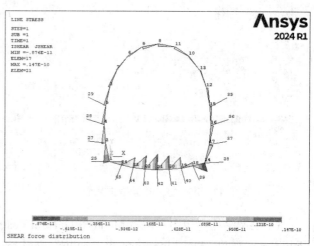

图 8-47 "Plot Line-Element Results"对话框　　图 8-48 隧道衬砌支护结构的剪力图（单位：N）

8）设置轴力分布标题：Utility Menu → File → Change Title，弹出"Change Title"对话框。在"Enter new title"文本框中输入文件名"ZHOULI force distribution"，单击"OK"按钮。

9）绘制结构轴力图：Main Menu → General Postproc → Plot Results → Contour Plot → Line Elem Res，弹出"Plot Line-Element Results"对话框。在"Element table item at node I"下拉列表中选取"ZHOULI-I"，在"Element table item at node J"下拉列表中选取"ZHOULI-J"，在"Optional scale factor"文本框中输入"−0.6"，在"Items to be plotted on"中选择"Deformed shape"，单击"OK"按钮，得到隧道衬砌支护结构的轴力图，如图 8-49 所示。

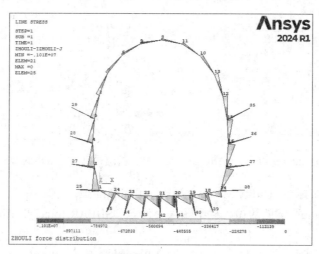

图 8-49 隧道衬砌支护结构的轴力图（单位：N）

设置输出图形时，输出图形比例因子 Ansys 默认是 1，可以根据实际需要缩小或放大图形输出，以满足实际需要。

Ansys 默认输出的弯矩图与实际土木工程的弯矩图相反，因为土木工程规定，当结构的哪一侧受拉时，弯矩图就应该绘制在哪一侧，策略是在输出图形比例因子前乘以 -1，这样就可以得到所需要的弯矩图。

输出图形比例因子最好设置为绝对值小于 1 的数。

（3）列出主要数据

1）选择隧道支护线上所有节点：Utility Menu → Select → Entities…，弹出"Select Entities"对话框，如图 8-50 所示。在第一个下拉列表中选择"Nodes"，在第 2 个下拉列表中选择"By Num/Pick"，在列表框中选择"From Full"，单击"OK"按钮，弹出"Select Nodes"选择对话框，用鼠标在图形窗口选取隧道支护线所有节点（节点 1～节点 24），单击"OK"按钮。

2）列表显示各节点的位移：Main Menu → General Postproc → List Results → Nodal Solution，弹出"List Nodal Solution"对话框，如图 8-51 所示。选择"Nodal Solution"→"DOF Solution"→"Displacement vector sum"，然后单击"OK"按钮，弹出节点位移数据文件。

图 8-50　"Select Entities"对话框

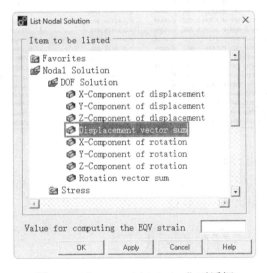

图 8-51　"List Nodal Solution"对话框

再次执行 Main Menu → General Postproc → List Results → Nodal Solution，弹出"List Nodal Solution"对话框，如图 8-51 所示。选择"Nodal Solution"→"DOF Solution"→"Rotation vector sum"，然后单击"OK"按钮，弹出节点位移数据文件。

最后得到各节点的位移数据，见表 8-6。

3）列表显示单元的弯矩、剪力和轴力：Main Menu → General Postproc → List Results → Elem Table Data，弹出"List Element Table Data"对话框，如图 8-52 所示。在"Items to be listed"列表框中选择"IMONENT、JMOMENT、ISHEAR、JSHEAR、ZHOULI-I、ZHOULI-J"，然后单击"OK"按钮，弹出单元数据表，见表 8-7。

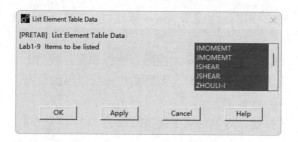

图 8-52 "List Element Table Data" 对话框

表 8-6 节点位移数据

NODE	UX	UY	UZ	USUM
1	-0.12207E-003	-0.93495E-003	0.0000	0.94289E-003
2	-0.13662E-003	-0.11102E-002	0.0000	0.11186E-002
3	-0.24559E-003	-0.99927E-003	0.0000	0.10290E-002
4	-0.27138E-003	-0.10363E-002	0.0000	0.10713E-002
5	-0.23137E-003	-0.10685E-002	0.0000	0.10932E-002
6	0.10093E-003	-0.12738E-002	0.0000	0.12778E-002
7	-0.12141E-004	-0.11739E-002	0.0000	0.11740E-002
8	0.15978E-003	-0.14237E-002	0.0000	0.14326E-002
9	0.15527E-003	-0.13695E-002	0.0000	0.13783E-002
10	0.17989E-003	-0.13588E-002	0.0000	0.13706E-002
11	0.15465E-003	-0.14130E-002	0.0000	0.14214E-002
12	0.29739E-003	-0.12553E-002	0.0000	0.12900E-002
13	0.24050E-003	-0.12961E-002	0.0000	0.13183E-002
14	0.27865E-004	-0.10786E-002	0.0000	0.10790E-002
15	0.31921E-003	-0.12257E-002	0.0000	0.12666E-002
16	0.29449E-003	-0.11964E-002	0.0000	0.12321E-002
17	0.20994E-003	-0.11547E-002	0.0000	0.11736E-002
18	-0.45547E-004	-0.84806E-003	0.0000	0.84928E-003
19	-0.83119E-004	-0.64445E-003	0.0000	0.64979E-003
20	-0.84930E-004	-0.50405E-003	0.0000	0.51116E-003
21	-0.63263E-004	-0.44186E-003	0.0000	0.44637E-003
22	-0.39835E-004	-0.47094E-003	0.0000	0.47262E-003
23	-0.36078E-004	-0.57664E-003	0.0000	0.57777E-003
24	-0.63615E-004	-0.74316E-003	0.0000	0.74588E-003

表 8-7 单元数据表

ELEM	IMOMENT	JMOMENT	ISHEAR	JSHEAR	ZHOULI-I	ZHOULI-J
1	-0.10861E+006	-0.17378E-004	-0.60518E-011	0.0000	-0.70745E+006	-0.42876E-004
2	-53559.	-0.92511E-005	-0.37138E-011	0.0000	-0.60855E+006	-0.36882E-004
3	-20221.	-0.34928E-005	-0.24744E-011	0.0000	-0.51140E+006	-0.30994E-004
4	-27369.	-0.47273E-005	-0.20188E-011	0.0000	-0.41704E+006	-0.25275E-004
5	-48214.	-0.83279E-005	-0.14169E-011	0.0000	-0.32456E+006	-0.19670E-004
6	-72422.	-0.12509E-004	-0.38656E-012	0.0000	-0.23131E+006	-0.14019E-004
7	-60005.	-0.10364E-004	0.11481E-011	0.0000	-0.15501E+006	-0.93948E-005
8	-21499.	-0.37135E-005	0.22782E-011	0.0000	-0.11807E+006	-0.71560E-005
9	21998.	0.37997E-005	0.26015E-011	0.0000	-0.13453E+006	-0.81535E-005
10	54167.	0.93561E-005	0.28334E-011	0.0000	-0.17041E+006	-0.10328E-004
11	61097.	0.10553E-004	0.82398E-012	0.0000	-0.24298E+006	-0.14726E-004
12	33982.	0.58697E-005	0.62783E-012	0.0000	-0.33243E+006	-0.20147E-004
13	11988.	0.20707E-005	-0.14347E-011	0.0000	-0.42215E+006	-0.25585E-004
14	23357.	0.40344E-005	-0.17369E-011	0.0000	-0.51632E+006	-0.31292E-004
15	63423.	0.10955E-004	-0.22825E-011	0.0000	-0.61419E+006	-0.37224E-004
16	0.10666E+006	0.18423E-004	-0.37305E-011	0.0000	-714170.	-0.43283E-004
17	-0.58596E+006	-0.65490E-004	-0.87604E-011	0.0000	-0.58198E+006	-0.22823E-004
18	-0.30905E+006	-0.34541E-004	-0.38135E-011	0.0000	-670809.	-0.26306E-004
19	-0.12893E+006	-0.14409E-004	0.10511E-010	0.0000	-818409.	-0.32094E-004
20	-56181.	-0.62790E-005	0.13387E-010	0.0000	-0.10067E+007	-0.39478E-004
21	83510.	0.93335E-005	0.14719E-010	0.0000	-0.10081E+007	-0.39534E-004
22	0.15800E+006	0.16764E-004	0.13085E-010	0.0000	-0.82239E+006	-0.32251E-004
23	0.31714E+006	0.35445E-004	0.10037E-010	0.0000	-0.67632E+006	-0.26522E-004
24	0.57365E+006	0.64113E-004	0.34372E-011	0.0000	-0.58724E+006	-0.23029E-004

7. 退出 Ansys

单击工具条上的"Quit",弹出"Exit"对话框,选取"Quit—No Save!",单击"OK"按钮,则退出 Ansys 软件。

8.3.4 命令流方式

略,见随书电子资料文档。

8.4 Ansys 隧道开挖模拟实例分析

8.4.1 实例描述

选取宜昌(宜)-万州(万)铁路线上的某隧道,隧道为单洞双车道,隧道下方存在一个溶洞,隧道支护结构为曲墙式带仰拱复合衬砌。

主要参数如下：
- 隧道衬砌厚度为 30cm。
- 采用 C25 钢筋混凝土为衬砌材料。
- 隧道围岩是Ⅳ级，隧道洞跨是 13m，隧道埋深是 80m。
- 溶洞近似圆形，溶洞半径是 3.6m，溶洞与隧道距离是 12.8m。
- 围岩材料采用 Drucker-Prager 模型。
- 隧道拱腰到拱顶布置 31 根 $\phi 25$ 锚杆。

隧道围岩的物理力学指标及衬砌材料 C25 钢筋混凝土的物理力学指标见表 8-8。

表 8-8　物理力学指标

名称	密度 $\gamma/(kg/m^3)$	弹簧系数 $K/(MPa/m)$	弹性模量 E/GPa	泊松比 v	内摩擦角 $\phi(°)$	黏聚力 c/MPa
Ⅳ级围岩	2200	300	3.6	0.32	37	0.6
C25 钢筋混凝土	2500	—	29.5	0.15	54	2.42
锚杆	7960	—	170	0.3	—	—

利用 Ansys 提供的对计算单元进行"生死"处理的功能，来模拟隧道的分步开挖和支护过程，采用直接加载法，将岩体自重、外部恒载、列车荷载等在适当的时候加在隧道周围岩体上。利用 Ansys 后处理器来查看隧道施工完后隧道与溶洞之间塑性区的贯通情况，来判断隧道底部存在溶洞情形时，实际所采用的设计和施工方案是否安全可行。

8.4.2　Ansys 模拟施工步骤

Ansys 模拟计算范围确定原则：通常情况下，隧道周围大于 3 倍洞跨以外的围岩受到隧道施工的影响很小，所以计算范围一般取隧道洞跨的 3 倍。因为本实例隧道下方存在溶洞，所以对于垂直方向，隧道到底部边界取为洞跨的 5 倍，隧道顶部至模型上部边界为 100m，然后根据隧道埋深情况将模型上部土体重量换算成均布荷载施加在模型的边界上；对于水平方向，长度为洞跨的 8 倍。

模型约束情形：本实例模型左、右和下部边界均施加法向约束，上部为自由边界，除均布荷载外未受任何约束。围岩采用 PLANE42 单元模拟，初期支护的锚杆采用 LINK1 单元模拟，二次衬砌支护采用 BEAM3 来模拟。计算时，首先计算溶洞存在时岩体的自重应力场，然后再根据上述方法模拟开挖过程。

Ansys 模拟隧道施工步骤如下：
- 建立模型。
- 施加荷载与初始应力场模拟。
- 开挖隧道，采用杀死单元模拟。
- 对隧道进行支护，采用激活单元并改变单元材料属性模拟。
- 做隧道仰拱。

◆ 施加列车荷载。
◆ 计算结果分析。

8.4.3 GUI 操作方法

1. 创建物理环境

1）在"开始"菜单中依次选取"所有程序"→"Ansys 2024"→"Mechanical APDL Product Launcher 2024",弹出"2024:Ansys Mechanical APDL Product Launcher"对话框。

2）选择"File Management",在"Working Directory"文本框中工作目录"D:\Ansys\Tunnel",在"Job Name"文本框中输入文件名"Tunnel"。

3）单击"RUN"按钮,进入 Ansys 2024 的 GUI 操作界面。

4）过滤图形界面:Main Menu → Preferences,弹出"Preferences for GUI Filtering"对话框,选择"Structural"来对后面的分析进行菜单及相应的图形界面过滤。

5）定义工作标题:Utility Menu → File → Change Title,在弹出的"Change Title"对话框中输入"Tunnel Construct Modeling Analysis",单击"OK"按钮,如图 8-53 所示。

6）设定角度单位:Utility Menu → Parameters → Angular Units…,弹出"Angular Units for Parametric Functions"对话框,如图 8-54 所示。在"Units for angular"下拉列表中选取"Degrees DEG",单击"OK"按钮。

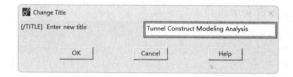
图 8-53 定义工作标题

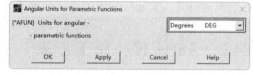
图 8-54 "Angular Units for Parametric Functions"对话框

7）定义单元类型:在命令行中输入以下命令:

```
/PREP7
ET,1,BEAM3
KEYOPT,1,6,1
ET,2,PLANE42
KEYOPT,2,3,2
ET,3,LINK1
```

PLANE42 单元用来模拟隧道周围围岩和隧道初次衬砌。
BEAM3 单元用来模拟隧道二次衬砌。
设置 BEAM3 单元选项"K6"为"Include output",以设定输出梁内力。

8）定义材料属性:
① 定义衬砌材料属性:Main Menu → Preprocessor → Material Props → Material Models,弹出"Define Material Model Behavior"对话框,如图 8-55 所示。

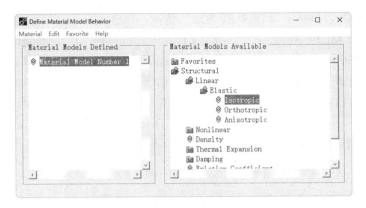

图 8-55 "Define Material Model Behavior"窗口

在"Material Models Available"列表框中选择"Structural"→"Linear"→"Elastic"→"Isotropic",弹出如图 8-56 所示"Linear Isotropic Properties for Material Number 1"对话框。在该对话框中的"EX"文本框中输入"2.95E10",在"PRXY"文本框中输入"0.15",单击"OK"按钮。再在图 8-55 所示的窗口中选择"Structural"→"Density"并单击"OK"按钮,弹出如图 8-57 所示"Density for Material Number 1"对话框。在"DENS"文本框中输入隧道衬砌混凝土材料的密度"2500",单击"OK"按钮,返回图 8-55 所示的窗口。

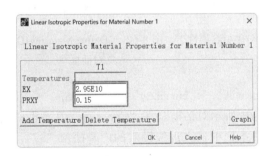

图 8-56 "Linear Isotropic Properties for Material Number 1 对话框

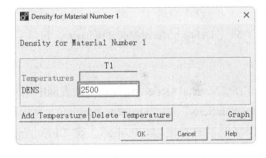

图 8-57 "Density for Material Number 1"对话框

再次在图 8-55 中选择"Structural"→"Nonlinear"→"Inelastic"→"Non-metal Plasticity"→"Drucker-Prager",弹出如图 8-58 所示的对话框。在"Cohesion"文本框中输入 C25 混凝土的黏聚力 2.42E6,在"Fric Angle"文本框中输入 C25 混凝土的内摩擦角 54,单击"OK"按钮,弹出图 8-59 所示的窗口。

② 定义围岩材料属性:在图 8-59 所示的窗口中选择"Material"→"New Model…",弹出"Define Material ID"对话框,如图 8-60 所示。在"Define Mate-

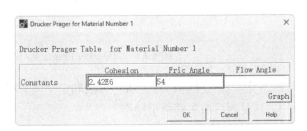

图 8-58 "Drucker Prager for Material Number 1"对话框

rial ID"文本框中输入材料号"2",单击"OK"按钮,弹出如图 8-55 所示的窗口。在左侧列表框中选择"Material Model Number 2",与定义混凝土材料一样,在"Material Model Available"列表框中选择"Structural"→"Linear"→"Elastic"→"Isotropic",弹出"Linear Isotropic Properties for Material Number 2"对话框。在该对话框中的"EX"文本框中输入"3.69E9",在"PRXY"文本框中输入"0.32",单击"OK"按钮。再在图 8-55 所示的对话框中选择"Structural"→"Density"并单击"OK"按钮,弹出"Density for Material Number 2"对话框。在"DENS"文本框中输入隧道围岩材料的密度"2200",再单击"OK"按钮,弹出如图 8-59 所示的窗口。

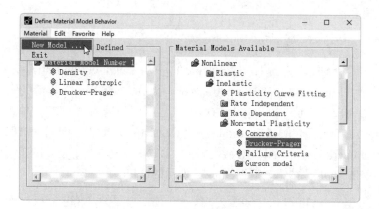
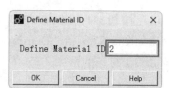

图 8-59 "Define Material Model Behavior"窗口(定义完衬砌材料属性)　　图 8-60 "Define Material ID"对话框

在"Material Model Available"列表框中选择"Structural"→"Nonlinear"→"Inelastic"→"Nonmetal Plasticity"→"Drucker-Prager",弹出如图 8-61 所示对话框。在"Cohesion"文本框中输入Ⅳ级围岩的黏聚力"0.6E6",在"Fric Angle"文本框中输入Ⅳ级围岩的内摩擦角"37",单击"OK"按钮,弹出如图 8-59 所示的窗口。

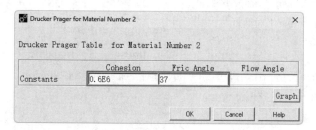

图 8-61 "Drucker Prager for Material Number 2"对话框

③ 定义挖去土体材料性质:方法和定义围岩材料属性一样,输入的数据一样,只是材料号为 3,这是为后面求解便于操作。

④ 定义锚杆单元材料属性:在图 8-59 中选择"Material"→"New Model…",弹出"Define Material ID"对话框。在"ID"文本框中输入材料号"4",单击"OK"按

钮，弹出如图8-55所示的窗口。在"Material Models Defined"列表框中选择"Material Model Number 4"，和定义混凝土材料一样，在"Material Models Available"列表框中选择"Structural"→"Linear"→"Elastic"→"Isotropic"，弹出一个"Linear Isotropic Properties for Material Number 4"对话框。在该对话框中"EX"文本框中输入"17E10"，在"PRXY"文本框中输入"0.3"，单击"OK"按钮。再选择"Structural"→"Density"并单击"OK"按钮，弹出"Density for Material Number 4"对话框。在"DENS"文本框中输入隧道围岩材料的密度"7960"，再单击"OK"按钮，弹出如图8-62所示的窗口，选择"Material"→"Exit"，退出。

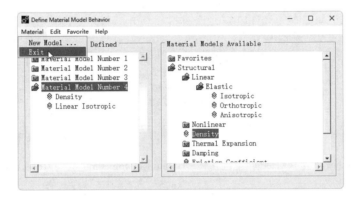

图8-62 "Define Material Model Behavior"窗口（定义完材料属性）

隧道围岩是Ⅳ级，其弹性模量、泊松比和密度以及隧道衬砌支护材料C25的这些物理力学参数是根据《铁路隧道设计规范》和现场情况得出的。

把要挖去的土体单独定义一个材料号，目的是为了后面求解操作方便。

9）定义实常数。在命令行中输入以下命令：

```
R,1,0.3,0.3*0.3*0.3/12,0.3,           !衬砌支护实常数
R,2,3.14*0.025*0.025/4,,              !锚杆实常数
```

2. 建立模型和划分网格

（1）定义分析参数　Utility Menu → Parameters → Scalar Parameters，弹出"Scalar Parameters"选择对话框，如图8-63所示。在"Selection"文本框中输入"num=30"，单击"Accept"按钮。依次在"Selection"文本框中分别输入：

```
jd_s=0           jd_e=180-jd_s         jd=(jd_e-jd_s)/num    distance=10
depth=80         fricangle=37          dens=2200             d=12.8
cohesion=0.6E6   possion ratio=0.32    elastic moduli=3.6E9  t1=0.25
r_karst=3.6      r1=2.5E-2
```

每输入一个参数就单击一次"Accept"按钮确认，输入完成后，单击"Close"按钮，关闭"Scalar Parameters"选择对话框，其输入参数的结果如图8-63所示。

（2）创建隧道衬砌支护线

1）创建关键点：Main Menu → Preprocessor → Modeling → Create → Keypoints → In Active CS，弹出"Create Keypoints in Active Coordinate System"对话框，如图8-64所示。在"NPT keypoint number"文本框中输入"1",在"X,Y,Z Location in active CS"文本框中输入"0,0,0",单击"Apply"按钮,这样就创建了关键点1。依次重复在"NPT keypoint number"文本框中输入"2、3、4、201、202、203、204",在对应的"X,Y,Z Location in active CS"文本框中输入"0,11.37,0"、"3.34,0,0""–3.34,0,0""0,0,10""0,11.37,10""3.34,0,10""–3.34,0,10",最后单击"OK"按钮。

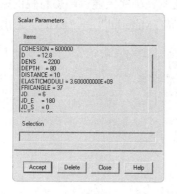
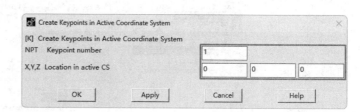

图 8-63 "Scalar Parameters"选择对话框   图 8-64 "Create Keypoints in Active Coordinate System"对话框

关键点 KP1、KP2、KP3、KP4 是创建隧道支护线的 4 个圆心。

KP201、KP202、KP203、KP204 是后面生成圆法线外的一点。

2)绘制隧道 4 心圆:这 4 个圆的圆心分别是关键点 KP1、KP2、KP3 和 KP4,对应的半径分别是 5.8、14.4、2.67、2.67。在命令行输入"circle,1,5.8,201",然后按 Enter 键,就绘制出一个以关键点 1 为圆心,5.8 为半径的圆。同样,依次输入命令:"circle,2,14.4,202""circle,3,2.67,203""circle,4,2.67,204",绘制其他 3 个圆,如图 8-65 所示。

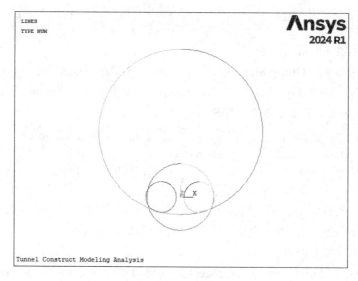

图 8-65 绘制隧道 4 心圆

3）打开线编号显示：Utility Menu → PlotCtrls → Numbering，弹出"Plot Numbering Controls"对话框，如图 8-66 所示。选择"Line numbers"复选框，使后面的文字由"Off"变为"On"，单击"OK"按钮，关闭该对话框。

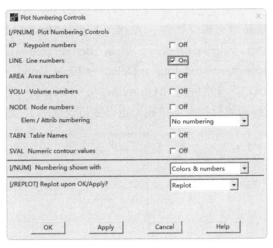

图 8-66 "Plot Numbering Controls"对话框

4）把 4 个圆相交点打断：在命令行输入"LCSL，ALL"，按 Enter 键，生成 36 条线。

5）选择隧道衬砌支护线：Utility Menu → Select → Entities…，弹出"Select Entities"选择对话框，如图 8-67 所示，从第一个下拉列表中选择"Lines"，从第 2 个下拉列表中选择"By Num/Pick"，单击"OK"按钮，弹出"Select lines"选择对话框，如图 8-68 所示。在图形窗口选取线 L17、L18、L19、L20、L21、L22、L27、L28、L43、L46、L47、L48 共 12 条线，单击"OK"按钮。

图 8-67 "Select Entities"选择对话框

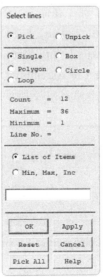

图 8-68 "Select lines"选择对话框

6）把隧道衬砌支护线创建成一个组件：Utility Menu → Select → Com/Assembly → Create Component…，弹出"Create Component"对话框，如图 8-69 所示。在"Component name"文本框中输入组件名称"ZF"，在"Component is made of"下拉列表中选取"Lines"，单击"OK"按钮。

7）删除多余线，生成隧道衬砌支护线：先执行 Utility Menu → Select → Entities…，弹出"Select Entities"选择对话框，如图 8-67 所示。单击"Invert"，再单击"OK"按钮退出；然后执行 Main Menu → Preprocessor → Modeling → Delete → Lines Only，弹出"Delete Lines Only"选择对话框。单击"Pick ALL"，然后执行 Utility Menu → Select → Everything，再执行 Utility Menu → Plot → Lines，就得到隧道衬砌支护线（也即隧道轮廓图），如图 8-70 所示。

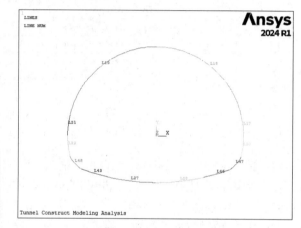

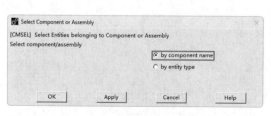

图 8-69 "Create Component"对话框　　　图 8-70 隧道衬砌支护线

（3）创建初期支护加固范围

1）绘制 4 个圆：在命令行依次输入"circle，1，8.8，201""circle，2，17.4，202""circle，3，5.67，203"和"circle，4，5.67，204"；每输入一次按 Enter 键，就得到 4 个圆。

2）选择组件：Utility Menu → Select → Com/Assembly → Select Comp/Assembly…，弹出"Select Component or Assembly"对话框，如图 8-71 所示。选取"by compoment name"，单击"OK"按钮，弹出如图 8-72 所示的对话框。选择"ZF"，单击"OK"按钮。

图 8-71 "Select Component or Assembly"对话框 1　　图 8-72 "Select Component or Assembly"对话框 2

3）把 4 个圆相交点打断：先执行 Utility Menu → Select → Entities…，弹出一个"Select Entities"选择对话框，如图 8-67 所示。单击"Invert"，然后单击"OK"按钮退出。在命令行

输入"LCSL，ALL"，按 Enter 键，这样 4 个圆在交点处被打断。

4）删除多余线，生成支护加固范围：执行 Main Menu → Preprocessor → Modeling → Delete → Lines Only，弹出"Delete Lines Only"选择对话框。在图形窗口选取线 L5、L6、L31、L32、L33、L34、L37、L38、L39、L40、L41、L42、L44、L45、L49、L50、L51、L52、L53、L54、L55、L56、L57、L58、L60、L61、L64、L65，单击"OK"按钮，然后执行 Utility Menu → Select → Everything，再执行 Utility Menu → Plot → Lines，得到隧道衬砌支护线及隧道加固范围，如图 8-73 所示。

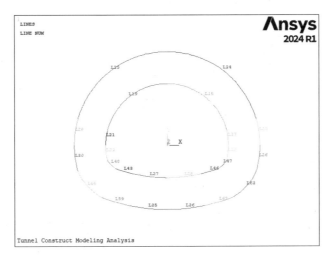

图 8-73 隧道衬砌支护线及隧道加固范围图

（4）生成溶洞面 Main Menu → Preprocessor → Modeling → Create → Areas → Circle → Solid Circle，弹出"Solid Circular Area"选择对话框，如图 8-74 所示。在"X"文本框中输入圆心 X 轴坐标"0"，在"Y"文本框中输入圆心 Y 轴坐标"–12.8"，在"Radius"文本框中输入溶洞半径"3.6"，单击"OK"按钮，生成溶洞面。

（5）细分隧道分析线模型

1）生成关键点：Main Menu → Preprocessor → Modeling → Create → Keypoints → In Active CS，在弹出的如图 8-64 所示的对话框中，依次创建关键点 KP70（–52，–65）、KP71（–12，–65）、KP72（12，–65）、KP73（52，–65）、KP74（52，–17.6）、KP75（12，–17.6）、KP76（–12，–17.6）、KP77（–52，–17.6）、KP78（–52，–8）、KP79（–12，–8）、KP80（12，–8）、KP81（52，–8）、KP82（52，10）、KP83（12，10）、KP84（–12，10）、KP85（–52，10）、KP86（–52，80）、KP87（–12，80）、KP88（12，80）、KP89（52，80）。

2）连接关键点生成直线：Main Menu → Preprocessor → Modeling → Create → Lines → Lines → Straight Line，弹出"Create Straight Line"选择对话框，如图 8-75 所示。选择关键点 KP70 和 KP71，单击"OK"按钮；然后依次连接关键点：（71，72）、（72，73）、（73，74）、（74，75）、（75，76）、（76，77）、（77，78）、（78，79）、（79，80）、（80，81）、（81，82）、（82，83）、（83，84）、（84，85）、（85，86）、（86，87）、（87，88）、（88，89）、（89，82）、（88，83）、（87，84）、（85，78）、（84，

79）、(83，80)、(81，74)、(80，75)、(79，76)、(77，70)、(76，71)、(75，72)，生成直线；最后执行 Utility Menu → Plot → Lines，得到细分后的隧道分析线模型，如图 8-76 所示。

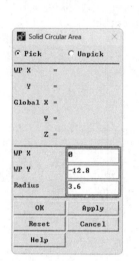
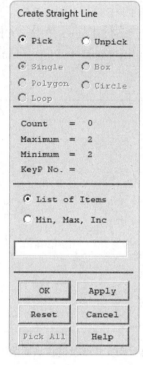

图 8-74 "Solid Circular Area" 对话框　　图 8-75 "Create Straight Line" 选择对话框　　图 8-76 细分后的隧道分析线模型

（6）生成隧道分析几何模型

1）创建隧道分析模型面：Main Menu → Preprocessor → Modeling → Create → Areas → Arbitrary → Through KPs，弹出 "Create Area thru KPs" 选择对话框，如图 8-77 所示。在图形窗口依次选择图形最外层 4 个角上的关键点：KP70、KP73、KP89、KP86，单击 "OK" 按钮。

2）细分隧道分析模型面：Main Menu → Preprocessor → Modeling → Operate → Booleans → Divide → Area by Line，弹出 "Divide Area by Line" 选择对话框，如图 8-78 所示。在图形窗口选择刚才由 4 个关键点生成的面 A2，单击 "OK" 按钮，弹出图 8-78 所示的 "Divide Area by Line" 选择对话框。单击 "Pick All"，生成 16 个新面。

3）打开面编号显示：Utility Menu → PlotCtrls → Numbering，弹出 "Plot Numbering Controls" 对话框，如图 8-66 所示。选择 "Areas numbers" 复选框，使后面的文字由 "Off" 变为 "On"，单击 "OK" 按钮，关闭该对话框；然后执行 Utility Menu → Plot → Areas，显示所有面。

4）删除溶洞面，生成溶洞：Main Menu → Preprocessor → Modeling → Delete → Areas Only，弹出 "Delete Areas Only" 选择对话框，如图 8-79 所示。在图形窗口选择溶洞面 A1，单击 "OK" 按钮，关闭该选择对话框。

图 8-77 "Create Area thru KPs" 选择对话框   图 8-78 "Divide Area by Line" 选择对话框   图 8-79 "Delete Areas Only" 选择对话框

5) 压缩不用的面号：Main Menu → Preprocessor → Numbering Ctrls → Compress Numbers，弹出"Compress Number"对话框，如图 8-80 所示。在"Item to be compressed"的下拉列表中选择"Areas"，将面号重新压缩编排，从 1 开始中间没有空缺，单击"OK"按钮，退出该对话框，最后得到隧道分析面模型，如图 8-81 所示。

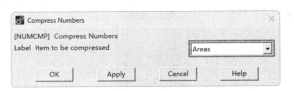

图 8-80 "Compress Numbers" 对话框

（7）生成初期支护锚杆线

1) 选择加锚杆的面：Utility Menu → Select → Entities…，弹出一个"Select Entities"对话框，如图 8-82 所示。从第一个下拉列表中选择"Areas"，从第 2 个下拉列表中选择"By Num/Pick"，单击"OK"按钮，弹出"Select areas"选择对话框，如图 8-83 所示在图形窗口选择加锚杆面 A14，单击"OK"按钮；然后单击视图控制栏中的"Fit View"按钮 ，将加锚杆面调到适当大小。

2) 激活柱坐标系：Utility Menu → WorkPlane → Change Active CS to → Global Cylindrical。

3) 旋转工作平面：Utility Menu → WorkPlane → Offset WP by Increments…，弹出如图 8-84 所示的选择对话框。在"XY, YZ, ZX Angles"文本框中输入"0, -90, 0"，单击"Apply"按钮，当前的工作平面就绕 X 轴旋转了 -90°；继续在"XY, YZ, ZX Angles"文本框中输入"0, 0, -6"，单击"Apply"按钮，当前的工作平面就绕 Y 轴旋转了 -6°。

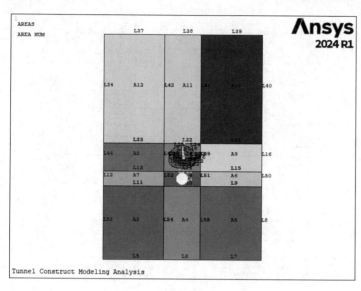

图 8-81 隧道分析面模型　　　　图 8-82 "Select Entities"对话框

4）用工作平面切割面：Main Menu → Preprocessor → Modeling → Operate → Booleans → Divide → Area by WrkPlane，弹出如图 8-85 所示的选择对话框，单击"Pick All"按钮。

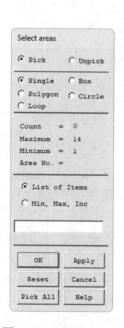

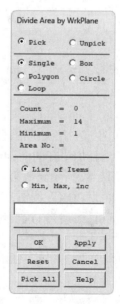

图 8-83 "Select areas"　　　图 8-84 "Offset WP"　　　图 8-85 "Divide Area by WrkPlane"
　　选择对话框　　　　　　　选择对话框　　　　　　　　选择对话框

把工作平面绕 Y 轴依次旋转到 –12°、–18°、–24°、–30°、–36°、–42°、–48°、–54°、–60°、–66°、–72°、–78°、–84°、–90°、–96°、–102°、–108°、–114°、–120°、–126°、–132°、–138°、–144°、–150°、–156°、–162°、–168°、–174°、180°，即每次旋转 6°，每旋转一次，便进行依次操作（即用工作平面切割面），重复 29 次，然后单击"Offset WP"选择对话框中的"Cancel"按钮，关闭该选择对话框。

按每间隔 6°旋转一次，目的是为生成锚杆线。

在"XY，YZ，ZX Angles"中，第 1 个字母代表角度，第 2 个字母代表旋转轴。

5）使工作平面与当前坐标系重合：Utility Menu → WorkPlane → Align WP with → Active Coord Sys。

6）合并面：Main Menu → Preprocessor → Modeling → Operate → Booleans → Add → Areas，弹出"Add Areas"对话框。在图形窗口选择支护加固范围为 –180°~0°的面：A14、A15、A19、A20、A22、A25、A26、A28、A31、A32、A34、A36、A38、A40、A42、A44、A46、A48、A50、A53、A54、A56、A59、A60、A62、A65、A67、A69、A71、A75，单击"OK"按钮，这些面就合并成一个面，得到隧道初期支护锚杆图，如图 8-86 所示。

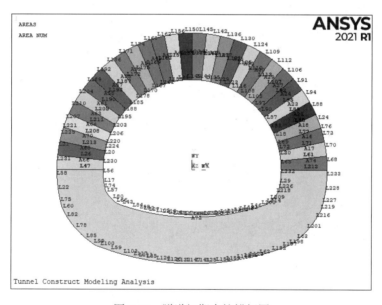

图 8-86 隧道初期支护锚杆图

7）保存几何模型文件：Utility Menu → File → Save as，弹出"Save Database"对话框。在"Save Database to"文本框中输入文件名"Tunnel-geom.db"，单击"OK"按钮。

（8）生成支护梁单元

1）给支护线赋予特性：Main Menu → Preprocessor → Meshing → MeshTool，弹出"MeshTool"选择对话框，如图 8-87 所示。在"Element Attributes"下拉文本框中选择"Lines"，单击"Set"按钮，弹出"Line Attributes"选择对话框。在图形窗口选择隧道衬砌支护线：L17、L18、L19、L20、L27、L29、L30、L36、L43、L46、L56、L57、L65、L66、L69、L72、L74、L80、

L81、L84、L87、L90、L93、L97、L98、L102、L105、L108、L114、L116、L118、L121、L123、L127、L129、L133、L135、L140、L144、L146、L149、L152、L155、L158、L161、L164、L167、L170、L176、L178、L180、L183、L185、L188、L191、L195、L196、L200、L203、L206、L209、L214、L218、L220、L224、L226、L230、L232，单击选择对话框中的"OK"按钮，弹出如图8-88所示的"Line Attributes"对话框。在"Material number"下拉列表中选取"1"，在"Real constant set number 下拉列表中选取"1"，在"Element type number"下拉列表中选取"1 BEAM3"，单击"OK"按钮。

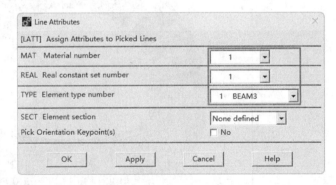

图8-87 "MeshTool"选择对话框　　　图8-88 "Line Attributes"对话框

2）控制线尺寸：在"MeshTool"选择对话框的"Size Controls"中单击"Lines"右侧的"Set"，弹出"Line Attributes"选择对话框。在图形窗口选择隧道衬砌支护线：L17、L18、L19、L20、L27、L29、L30、L36、L43、L46、L56、L57、L65、L66、L69、L72、L74、L80、L81、L84、L87、L90、L93、L97、L98、L102、L105、L108、L114、L116、L118、L121、L123、L127、L129、L133、L135、L140、L144、L146、L149、L152、L155、L158、L161、L164、L167、L170、L176、L178、L180、L183、L185、L188、L191、L195、L196、L200、L203、L206、L209、L214、L218、L220、L224、L226、L230、L232，单击"OK"按钮，弹出"Element Sizes on Picked Lines"对话框，如图8-89所示。在"Element edge length"文本框中输入"1"；单击"OK"按钮。

3）划分线网格：在图 8-87 中的"Mesh"下拉列表中选择"Lines"，然后单击"Mesh"按钮，弹出"Line Attributes"选择对话框。在图形窗口选择隧道衬砌支护线：L17、L18、L19、L20、L27、L29、L30、L36、L43、L46、L56、L57、L65、L66、L69、L72、L74、L80、L81、L84、L87、L90、L93、L97、L98、L102、L105、L108、L114、L116、L118、L121、L123、L127、L129、L133、L135、L140、L144、L146、L149、L152、L155、L158、L161、L164、L167、L170、L176、L178、L180、L183、L185、L188、L191、L195、L196、L200、L203、L206、L209、L214、L218、L220、L224、L226、L230、L232，单击"OK"按钮，生成二衬支护单元，如图 8-90 所示；然后单击"MeshTool"选择对话框中的"Close"按钮，关闭该选择对话框。

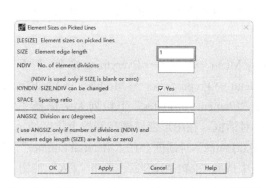

图 8-89 "Element Sizes on Picked Lines"对话框

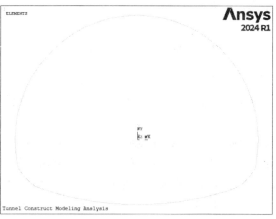

图 8-90 二衬支护梁单元

（9）生成锚杆单元

1）给锚杆线赋予材料特性：首先执行 Utility Menu → Plot → Lines 命令，再执行 Main Menu → Preprocessor → Meshing → MeshTool，弹出"MeshTool"选择对话框，如图 8-87 所示。在"Element Attributes"下拉列表中选择"Lines"，单击"Set"按钮，弹出"Line Attributes"选择对话框，在图形窗口选择锚杆线：L26、L47、L48、L61、L71、L77、L89、L92、L95、L107、L110、L113、L125、L131、L137、L139、L143、L151、L157、L163、L169、L172、L175、L187、L190、L193、L205、L208、L211、L212、L213，单击"OK"按钮，弹出如图 8-91 所示的"Line Attributes"对话框。在"Material number"下拉列表中选取 4，在"Real constant set number"下拉列表中选取 2，在"Element type number"下拉列表中选取"3 LINK1"，单击"OK"按钮。

2）划分线网格：在图 8-87 中的"Mesh"下拉列表中选择"Lines"，然后单击"Mesh"按钮，弹出"Line Attributes"选择对话框。在图形窗口选择锚杆线：L26、L47、L48、L61、L71、L77、L89、L92、L95、L107、L110、L113、L125、L131、L137、L139、L143、L151、L157、L163、L169、L172、L175、L187、L190、L193、L205、L208、L211、L212、L213，单击"OK"按钮，生成初期支护锚杆单元，如图 8-92 所示；然后单击"MeshTool"选择对话框中的"Close"按钮，关闭该选择对话框。

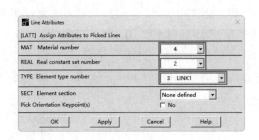

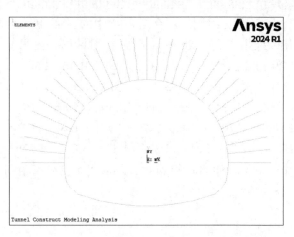

图 8-91 "Line Attributes" 对话框　　　　图 8-92 初期支护锚杆单元和二衬支护梁单元

（10）划分开挖掉土体单元网格

1）给开挖掉土体赋予材料特性：首先执行 Utility Menu → Select → Everything 命令，然后执行 Utility Menu → Plot → Areas 命令，再执行 Main Menu → Preprocessor → Meshing → MeshTool，弹出 "MeshTool" 选择对话框，如图 8-87 所示。在 "Element Attributes" 下拉列表中选择 "Areas"，单击 "Set" 按钮，弹出 "Area Attributes" 选择对话框。在图形窗口选择开挖土体区域 A11 面，单击 "OK" 按钮，弹出如图 8-93 所示的 "Area Attributes" 对话框。在 "Material number" 下拉列表中选取 3，在 "Element type number" 下拉列表中选取 "2 PLANE42"，单击 "OK" 按钮。

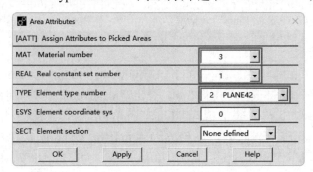

图 8-93 "Area Attributes" 对话框

2）划分单元网格：在图 8-87 中的 "Mesh" 下拉列表中选择 "Areas"，然后单击 "Mesh" 按钮，弹出 "Area Attributes" 选择对话框。在图形窗口选择开挖土体 A11 面，单击 "OK" 按钮，生成开挖土体单元网格；然后单击 "MeshTool" 选择对话框中的 "Close" 按钮，关闭该选择对话框。

（11）划分围岩单元网格

1）设置网格份数：首先执行 Utility Menu → Plot → Lines 命令，再执行 Main Menu → Preprocessor → Meshing → Size Cntrls → ManualSize → Layers → Picked Lines，弹出 "Set Layer Controls" 选择对话框，如图 8-94 所示。在图形窗口选取线 L5、L6、L7、L8、L9、L10、L11、

L13、L14、L15、L31、L32、L33、L37、L38、L39、L53、L54、L55，单击"OK"按钮，弹出"Area Layer-Mesh Controls on Picked Lines"对话框，如图 8-95 所示。在"No. of line divisions"文本框中输入"6"，单击"Apply"按钮。

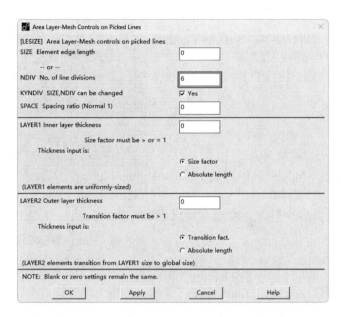

图 8-94 "Set Layer Controls"选择对话框　　图 8-95 "Area Layer-Mash Controls on Picked Lines"对话框

采用相同方法设置线 L16、L34、L40、L41、L42、L44、L45、L49 的分割份数为 8，设置线 L1、L2、L3、L4、L12、L50、L51、L52 的分割份数为 4。

2）给围岩赋予材料特性：首先执行 Utility Menu → Plot → Areas 命令，再执行 Main Menu → Preprocessor → Meshing → MeshTool，弹出"MeshTool"选择对话框，如图 8-87 所示。在"Element Attributes"下拉列表中选择"Areas"，单击"Set"按钮，弹出"Area Attributes"选择对话框。在图形窗口选择围岩：A1、A2、A3、A4、A5、A6、A7、A8、A9、A10、A12、A13、A16、A17、A18、A21、A23、A24、A27、A29、A30、A33、A35、A37、A39、A41、A43、A45、A47、A49、A51、A52、A55、A57、A58、A61、A63、A64、A66、A68、A70、A72、A74，单击"OK"按钮，弹出"Area Attributes"对话框。在"Material number"下拉列表中选取 2，在"Element type number"下拉列表中选取"2 PLANE42"，单击"OK"按钮。

3）划分单元网格：在图 8-87 中单击"Mesh"按钮，弹出"Area Attributes"选择对话框。在图形窗口选择围岩：A1、A2、A3、A4、A5、A6、A7、A8、A9、A10、A12、A13、A16、A17、A18、A21、A23、A24、A27、A29、A30、A33、A35、A37、A39、A41、A43、A45、A47、A49、A51、A52、A55、A57、A58、A61、A63、A64、A66、A68、A70、A72、A74，单击"OK"按钮，生成围岩单元网格，最后得到隧道模型有限元单元网格，如图 8-96 所示。单击"MeshTool"选择对话框中的"Close"按钮，关闭该选择对话框。

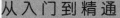

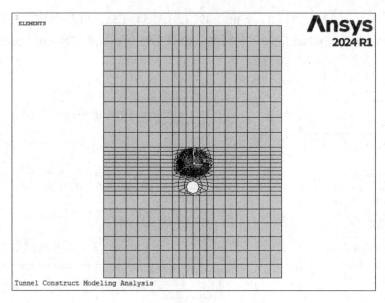

图 8-96 隧道模型有限元单元网格

（12）保存隧道单元网格文件 Utility Menu→File→Save as，弹出"Save Database"对话框。在"Save Database to"文本框中输入文件名"Tunnel-grid.db"，单击"OK"按钮。

3. 施加约束和荷载

（1）给隧道模型施加约束

1）给隧道模型两边施加约束：Main Menu→Solution→Define Loads→Apply→Structural→Displacement→On Nodes，弹出"Apply U,ROT on Nodes"选择对话框在图形窗口选取隧道模型两侧边界上所有节点：N670、N683、N689、N690、N691、N692、N693、N761、N767、N768、N769、N770、N771、N772、N807、N808、N809、N810、N835、N841、N842、N843、N867、N873、N874、N875、N876、N877、N878、N879、N923、N924、N925、N926、N927、N928、N929、N930、N971、N972、N973、N974、N975、N976、N977、N978、N1080、N1086、N1087、N1088、N1089、N1090、N1091、N1092，单击"OK"按钮，弹出"Apply U,ROT on Nodes"对话框，如图 8-97 所示。在"DOFs to be constrained"列表框中选取"UX"，在"Apply as"下拉列表中选取"Constant value"，在"Displacement value"文本框中输入"0"，然后单击"OK"按钮。

2）给隧道模型底部施加约束：Main Menu→Solution→Define Loads→Apply→Structural→Displacement→On Nodes，弹出"Apply U,ROT on Nodes"选择对话框。在图形窗口选取隧道模型底部边界上所有节点：N670、N671、N672、N673、N674、N675、N676、N719、N720、N721、N722、N723、N724、N761、N762、N763、N764、N765、N766，单击"OK"按钮，弹出图 8-98 所示的对话框。在"DOFs to be constrained"列表框中选取"UY"，在"Apply as"下拉列表中选取"Constant value"，在"Displacement value"文本框中输入"0"，然后单击"OK"按钮。

Ansys 隧道工程应用实例分析

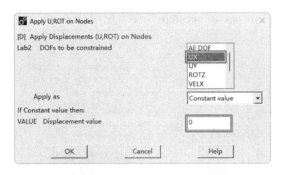

图 8-97 "Apply U,ROT on Nodes"对话框（1）

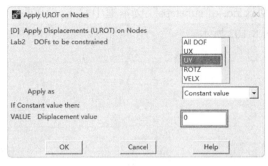

图 8-98 "Apply U,ROT on Nodes"对话框（2）

（2）施加重力加速度　Main Menu→Solution→Define Loads→Apply→Structural→Inertia→Gravity→Global，弹出"Apply（Gravitational）Acceleration"对话框，如图 8-99 所示。在"Global Cartesian Y-comp"文本框中输入重力加速度"9.8"，单击"OK"按钮，完成重力加速度的施加。

Ansys 默认图形中显示重力加速度的方向朝上。

这时就可以得到施加约束和重力加速度后的隧道有限元模型，如图 8-100 所示。

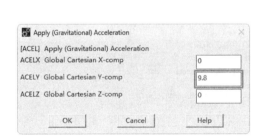

图 8-99 "Apply（Gravitational）Acceleration"对话框

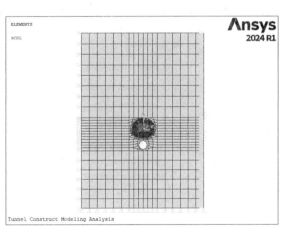

图 8-100 施加约束和重力加速度后的隧道有限元模型

4. 求解

（1）求解设置

1）指定求解类型：Main Menu→Solution→Analysis Type→New Analysis，弹出如图 8-101 所示对话框。在"Type of analysis"中选择"Static"，单击"OK"按钮。

2）打开大位移求解并设置载荷步：Main Menu→Solution→Analysis Type→Sol'n Controls，弹出"Solution Controls"对话框。选择"Basic"选项卡，在"Analysis Options"下拉列表选择"Large Displacement Static"，在"Number of substeps"文本框中输入"5"，在

"Max no. of substeps" 文本框中输入 "100"，在 "Min no. of substeps" 文本框中输入 "1"，如图 8-102 所示。

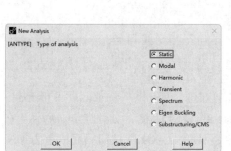

图 8-101 "New Analysis" 对话框　　图 8-102 打开大位移求解并设置载荷步

3）设置线性搜索：在 "Solution Controls" 对话框中选择 "Nonlinear" 选项卡，如图 8-103 所示。在 "Line search" 下拉列表中选择 "On"，单击 "OK" 按钮。

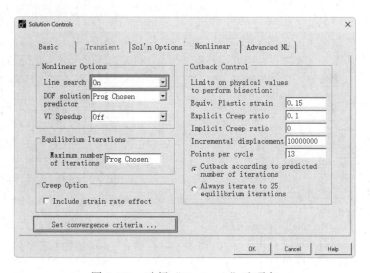

图 8-103 选择 "Nonlinear" 选项卡

4）设置收敛条件：在图 8-103 中单击 "Set convergence criteria…" 按钮，弹出 "Default Nonlinear Convergence Criteria" 对话框，如图 8-104 所示。图中显示了 Ansys 默认的收敛条件，即力和力矩的收敛条件。

为了使求解顺利进行和得到较好的解，可以修改默认的收敛条件，即分别设置力、力矩和位移的收敛条件。单击图 8-104 中的 "Replace" 按钮，弹出 "Nonlinear Convergence Criteria" 对话框，如图 8-105 所示。在 "Lab Convergence is based on" 右侧的第一个列表框中选择

"Structural",第二个列表框中选择"Force F";在"TOLER Tolerance about VALUE"文本框中输入"0.02";在"NORM Convergence norm"下拉列表中选择"L2 norm";在"MINREF Minimum reference value"文本框中输入"0.5",完成求解时力收敛条件的设置。

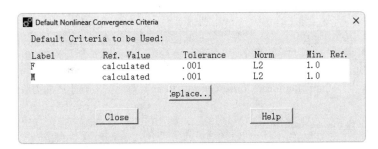

图 8-104 "Default Nonlinear Convergence Criteria"对话框(Ansys 默认的收敛条件)

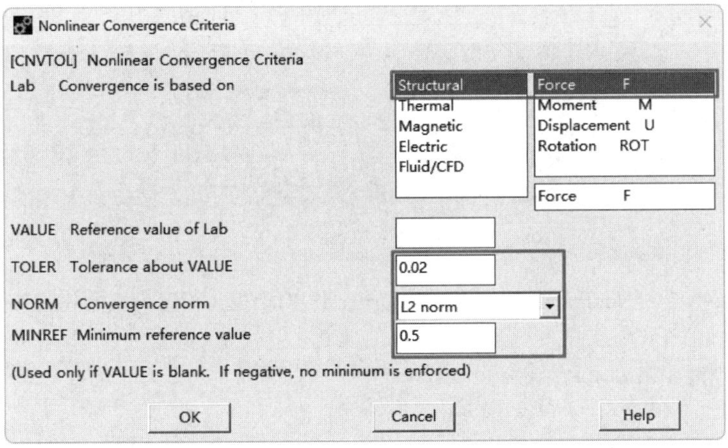

图 8-105 "Nonlinear Convergence Criteria"对话框(设置力的收敛条件)

单击图 8-105 中的"OK"按钮,弹出如图 8-106 所示的对话框。单击"Add"按钮,弹出如图 8-107 所示对话框。在"Lab Convergence is based on"右侧的第一个列表框中选择"Structural",第二个列表框中选择"Moment M";在"TOLER Tolerance about VALUE"文本框中输入"0.01";在"NORM Convergence norm"下拉列表中选择"L2 norm";在"MINREF Minimum reference value"文本框中输入"1",单击"OK"按钮,完成求解时力矩收敛条件的设置,单击"Close"按钮,关闭"Default Nonlinear Convergence Criteria"对话框,返回"Solution Controls"对话框。单击"OK"按钮,关闭该对话框。

可以采用类似的方法设置位移收敛条件,最后得到修改后的求解收敛条件,如图 8-108 所示。

碰到求解不收敛时,可以适当放松收敛条件。

Ansys 求解时一般采用力和力矩收敛条件求解。

Ansys 默认以力收敛条件求解。

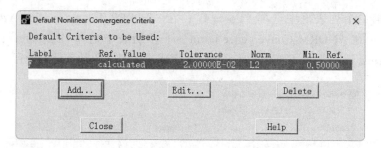

图 8-106 "Default Nonlinear Convergence Criteria"对话框（修改后的力收敛条件）

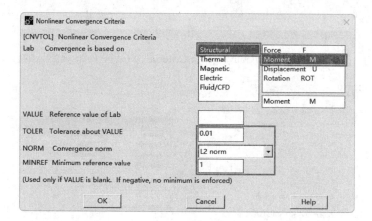

图 8-107 "Nonlinear Convergence Criteria"对话框（设置力矩的收敛条件）

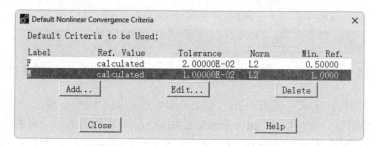

图 8-108 修改后的求解收敛条件

5）选择 Main Menu → Solution → Unabridged Menu，设定牛顿-拉普森选项：Main Menu → Solution → Analysis Type → Analysis Options，弹出"Static or Steady-State Analysis"对话框，如图 8-109 所示。在"Newton-Raphson option"下拉列表中选择"Full N-R"，单击"OK"按钮。

（2）初始应力场模拟

1）设置初始应力求解载荷步结束时间：Main Menu → Solution → Load Step Opts → Time/Frequenc → Time -Time Step，弹出"Time and Time Step Options"对话框，如图 8-110 所示。在"Time at end of load step"文本框中输入"1"，单击"OK"按钮。

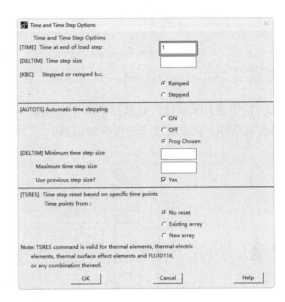

图 8-109 "Static or Steady-State Analysis" 对话框　　图 8-110 "Time and Time Step Options" 对话框

2）杀死锚杆单元和梁单元：Main Menu → Solution → Load Step Opts → Other → Birth & Death → Kill Elements，弹出"Kill Elements"选择对话框。在该对话框中选择"Min,Max,Inc"选项，然后在下面的文本框中输入"1,452,1"，按 Enter 键，选择模型中所有的初期支护锚杆单元和二衬支护梁单元，单击"OK"按钮。

3）进行初始应力求解：Main Menu → Solution → Solve → Current LS，弹出如图 8-111 和图 8-112 所示的对话框。检查信息无误后，单击"OK"按钮，开始求解运算，直到出现一个"Solution is done!"的提示，如图 8-113 所示，表示求解结束。

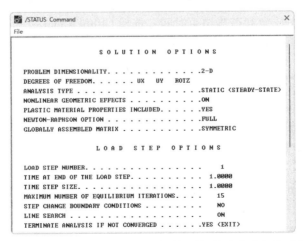

图 8-111 "/STATUS Command" 对话框（初始应力求解选项信息）

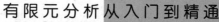

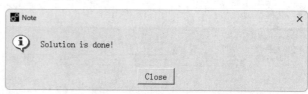

图 8-112 "Solve Current Load Step"对话框　　　图 8-113 初始应力模拟求解结束提示

初始应力求解迭代收敛过程如图 8-114 所示。图中显示了修改后的求解收敛条件（力和力矩收敛条件）在求解迭代过程中的信息。

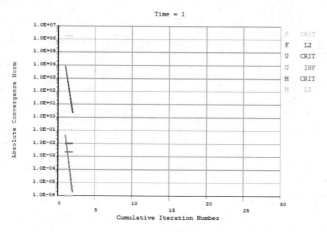

图 8-114 初始应力求解迭代收敛过程

4）保存初始应力模拟求解结果：Utility Menu → File → Save as，弹出"Save Database"对话框。在"Save Database to"下面输入栏中输入文件名"Tunnel-step1.db"，单击"OK"按钮。

5）退出求解器：Main Menu → Finish，退出求解器。

（3）隧道开挖和支护模拟

1）设置开挖和支护求解载荷步结束时间：选择 Utility Menu → Plot → Elements，再选择 Main Menu → Solution → Load Step Opts → Time/Frequenc → Time - Time Step，弹出"Time and Time Step Options"对话框。在"Time at end of load step"文本框中输入"2"，单击"OK"按钮。

2）开挖模拟：Main Menu → Solution → Load Step Opts → Other → Birth & Death → Kill Elements，弹出"Kill Elements"选择对话框，如图 8-115 所示。在该对话框中选择"Min,Max,Inc"选项，然后在下面的文本框中输入"453,702,1"，按 Enter 键，选择模型中所有要挖掉的土体单元，单击"OK"按钮。

3）支护模拟：Main Menu → Solution → Load Step Opts → Other → Birth & Death → Activate Elem，弹出"Activate Elements"选择对话框，如图 8-116 所示。在该对话框中选择"Min,Max,Inc"选项，然后在下面的文本框中输入"1,452,1"，按 Enter 键，选择模型中要激活的所有单元，即激活锚杆单元和梁单元，单击"OK"按钮。

图 8-115 "Kill Elements" 选择对话框　　　图 8-116 "Activate Elements" 选择对话框

4) 进行求解：Main Menu → Solution → Solve → Current LS，弹出如图 8-117 和图 8-112 所示的对话框。检查信息无误后，单击 "OK" 按钮，开始求解运算，直到出现一个 "Solution is done！" 的提示，表示求解结束。

开挖模拟求解迭代收敛过程如图 8-118 所示。图中显示了修改后的求解收敛条件（力和力矩收敛条件）在求解迭代过程中信息。

5) 保存开挖模拟求解结果；Utility Menu → File → Save as，弹出 "Save Database" 对话框。在 "Save Database to" 文本框中输入文件名 "Tunnel-step2.db"，单击 "OK" 按钮。

6) 退出求解器：Main Menu → Finish，退出求解器。

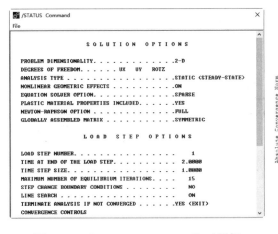 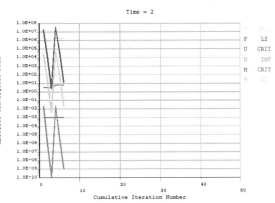

图 8-117 "/STATUS Command" 对话框　　　图 8-118 开挖模拟求解迭代收敛过程
（开挖模拟求解选项信息）

（4）施加列车荷载并求解

1）设置列车荷载求解载荷步结束时间：首先选择 Utility Menu → Plot → Elements 命令，再选择 Main Menu → Solution → Load Step Opts → Time/Frequenc → Time-Time Step，弹出"Time and Time Step Options"对话框。在"Time at end of loadstep"文本框中输入"3"，单击"OK"按钮。

2）施加列车荷载：Main Menu → Solution → Define Loads → Apply → Structural → Force/Moment → On Nodes，弹出如图 8-119 所示的选择对话框。在文本框中输入"6,41"，单击"OK"按钮，弹出如图 8-120 所示的对话框。在"Lab Direction of force/mom"下拉列表中选择"FY"，在"VALUE Force/moment value"文本框中输入"-525000"，单击"OK"按钮。

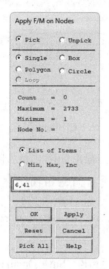
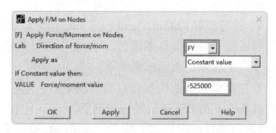

图 8-119　"Apply F/M on Nodes"选择对话框　　图 8-120　"Apply F/M on Nodes"对话框

这里对列车荷载进行简化处理，把列车通过时作用在轨道上的力简化成两个轮子对轨道的集中作用力，正确操作是应该在模型中输入列车荷载波形。

3）求解：Main Menu → Solution → Solve → Current LS，弹出如图 8-121 和图 8-112 所示的对话框。检查信息无误后，单击"OK"按钮，开始求解运算，直到出现一个"Solution is done！"的提示，表示求解结束。

施加列车荷载模拟求解迭收敛过程如图 8-122 所示。图中显示了修改后的求解收敛条件（力和力矩收敛条件）在求解迭代过程中的信息。

4）保存列车荷载模拟求解结果：Utility Menu → File → Save as，弹出"Save Database"对话框。在"Save Database to"文本框中输入文件名"Tunnel-step3.db"，单击"OK"按钮。

5）退出求解器：Main Menu → Finish，退出求解器。

5. 后处理（计算结果分析）

（1）初始应力模拟求解结果分析

1）打开初始应力模拟求解结果数据库文件：Utility Menu → File → Resume from …，弹出"Resume Database"选择对话框，如图 8-123 所示。选择刚才保存的文件"Tunnel-step1"，单击"OK"按钮。

Ansys 隧道工程应用实例分析

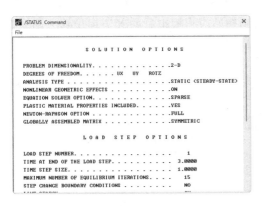

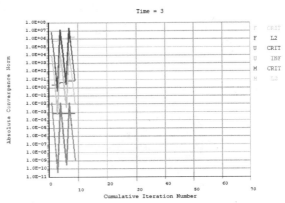

图 8-121 "/STATUS Command" 对话框（列车荷载模拟求解选项信息）

图 8-122 施加列车荷载模拟求解迭代收敛过程

2）再次进行初始应力求解：Main Menu → Solution → Solve → Current LS，弹出如图 8-111 和图 8-112 所示的对话框。检查信息无误后，单击"OK"按钮，开始求解运算，直到出现一个"Solution is done!"的提示栏，表示求解结束。

3）读入最后一个载荷子步：Main Menu → General Postproc → Read Results → Last Set。

4）显示位移云图。

① 显示总位移矢量云图：Main Menu → General Postproc → Plot Results → Contour Plot → Nodal Solu，弹出"Contour Nodal Solution Data"对话框，如图 8-124 所示。选择"Nodal Solution" → "DOF Solution" → "Displacement vector sum"，单击"OK"按钮，得到初始应力模拟后的总位移矢量云图，如图 8-125 所示。

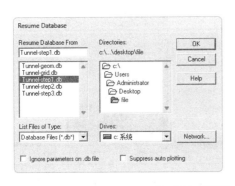

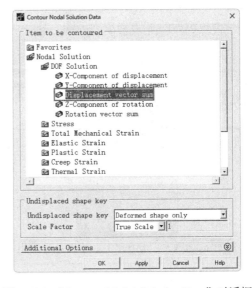

图 8-123 "Resume Database" 选择对话框

图 8-124 "Contour Nodal Solution Data" 对话框

② 显示 X 方向位移云图：在图 8-124 中选择 "Nodal Solution" → "DOF Solution" → "X-Compoment of displacement"，单击 "OK" 按钮，得到初始应力模拟后的 X 方向位移云图，如图 8-126 所示。

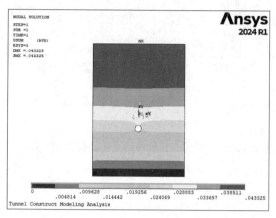

图 8-125 初始应力模拟后的总位移矢量云图　　图 8-126 初始应力模拟后的 X 方向位移云图

③ 显示 Y 方向位移云图：在图 8-124 中选择 "Nodal Solution" → "DOF Solution" → "Y-Compoment of displacement"，单击 "OK" 按钮，得到初始应力模拟后的 Y 方向位移云图，如图 8-127 所示。

5）显示应力云图。

① 显示 X 方向应力云图：Main Menu → General Postproc → Plot Results → Contour Plot → Nodal Solu，弹出 "Contour Nodal Solution Data" 对话框，如图 8-124 所示。选择 "Nodal Solution" → "Stress" → "X-Compoment of stress"，单击 "OK" 按钮，得到如图 8-128 所示的初始应力模拟后的 X 方向应力云图。

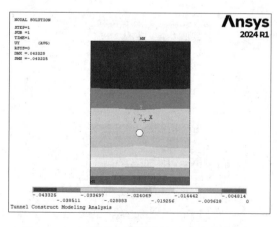 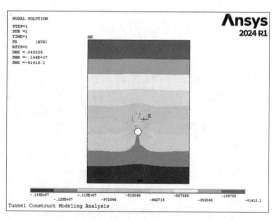

图 8-127 初始应力模拟后的 Y 方向位移云图　　图 8-128 初始应力模拟后的 X 方向应力云图

② 显示 Y 方向应力云图：在图 8-124 中选择"Nodal Solution"→"Stress"→"Y-Compoment of stress"，单击"OK"按钮，得到如图 8-129 所示的初始应力模拟后的 Y 方向应力云图。

③ 显示 Z 方向应力云图：在图 8-124 中选择"Nodal Solution"→"Stress"→"Z-Compoment of stress"，单击"OK"按钮，得到如图 8-130 所示的初始应力模拟后的 Z 方向应力云图。

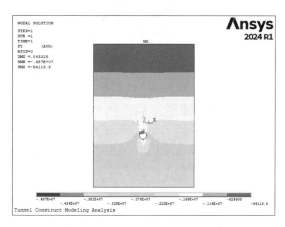 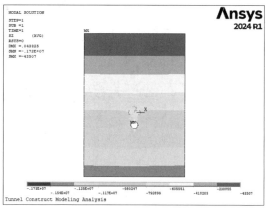

图 8-129　初始应力模拟后的 Y 方向应力云图　　图 8-130　初始应力模拟后的 Z 方向应力云图

④ 显示第 1 主应力云图：在图 8-124 中选择"Nodal Solution"→"Stress"→"1st Principal stress"，单击"OK"按钮，得到如图 8-131 所示的初始应力模拟后的第 1 主应力云图。

⑤ 显示第 2 主应力云图：在图 8-124 中选择"Nodal Solution"→"Stress"→"2nd Principal stress"，单击"OK"按钮，得到如图 8-132 所示的初始应力模拟后的第 2 主应力云图。

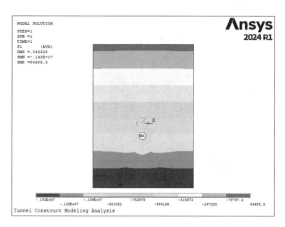 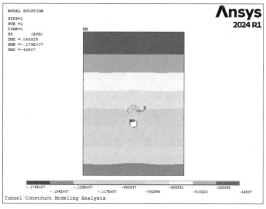

图 8-131　初始应力模拟后的第 1 主应力云图　　图 8-132　初始应力模拟后的第 2 主应力云图

⑥ 显示第 3 主应力云图：在图 8-124 中选择"Nodal Solution"→"Stress"→"3rd Principal stress"，单击"OK"按钮，得到如图 8-133 所示的初始应力模拟后的第 3 主应力云图。

⑦ 显示等效应力云图：在图 8-124 中选择"Nodal Solution"→"Stress"→"von Mises stress"，单击"OK"按钮，得到如图 8-134 所示的初始应力模拟后的等效应力云图。

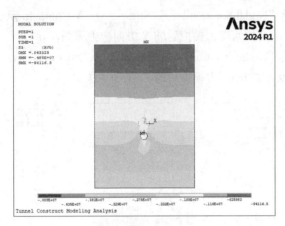
图 8-133　初始应力模拟后的第 3 主应力云图

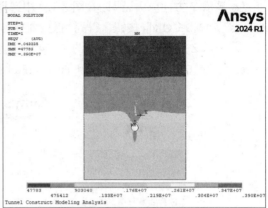
图 8-134　初始应力模拟后的等效应力云图

(2) 开挖模拟求解结果分析

1) 打开开挖模拟求解结果数据库文件：Utility Menu → File → Resume from …，弹出 "Resume Database" 选择对话框。选择刚才保存的文件 "Tunnel-step2"，单击 "OK" 按钮。

2) 再次进行求解：Main Menu → Solution → Solve → Current LS，弹出如图 8-117 和图 8-112 所示的对话框。检查信息无误后，单击 "OK" 按钮，开始求解运算，直到出现一个 "Solution is done!" 的提示，表示求解结束。

3) 读入最后一个载荷子步：Main Menu → General Postproc → Read Results → Last Set。

4) 显示位移云图。

① 显示总位移矢量云图：Main Menu → General Postproc → Plot Results → Contour Plot → Nodal Solu，弹出 "Contour Nodal Solution Data" 对话框，如图 8-124 所示。选择 "Nodal Solution" → "DOF Solution" → "Displacement Vector Sum"，单击 "OK" 按钮，得到的开挖模拟后的总位移矢量云图如图 8-135 所示。

② 显示 X 方向位移云图：在图 8-124 中选择 "Nodal Solution" → "DOF Solution" → "X-Compoment of displacement"，单击 "OK" 按钮，得到的开挖模拟后的 X 方向位移云图如图 8-136 所示。

③ 显示 Y 方向位移云图：在图 8-124 中选择 "Nodal Solution" → "DOF Solution" → Y-Compoment of displacement"，单击 "OK" 按钮，得到的开挖模拟后的 Y 方向位移云图如图 8-137 所示。

5) 显示应力云图。

① 显示 X 方向应力云图：Main Menu → General Postproc → Plot Results → Contour Plot → Nodal Solu，弹出 "Contour Nodal Solution Data" 对话框，如图 8-124 所示。选择 "Nodal Solution" → "Stress" → "X-Compoment of stress"，单击 "OK" 按钮，得到如图 8-138 所示的开挖模拟后的 X 方向应力云图。

② 显示 Y 方向应力云图：在图 8-124 中选择 "Nodal Solution" → "Stress" → "Y-Compoment of stress"，单击 "OK" 按钮，得到如图 8-139 所示的开挖模拟后的 Y 方向应力云图。

Ansys 隧道工程应用实例分析 >>>

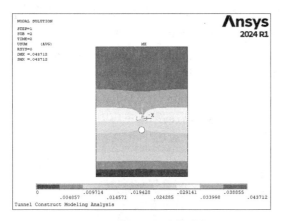

图 8-135　开挖模拟后的总位移矢量云图

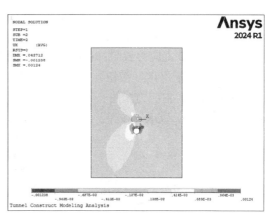

图 8-136　开挖模拟后的 X 方向位移云图

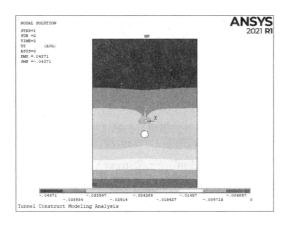

图 8-137　开挖模拟后的 Y 方向位移云图

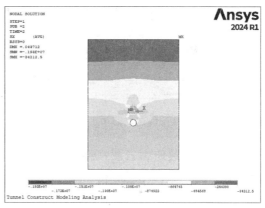

图 8-138　开挖模拟后的 X 方向应力云图

③ 显示 Z 方向应力云图：在图 8-124 中选择 "Nodal Solution" → "Stress" → "Z-Compoment of stress"，单击 "OK" 按钮，得到如图 8-140 所示的开挖模拟后的 Z 方向应力云图。

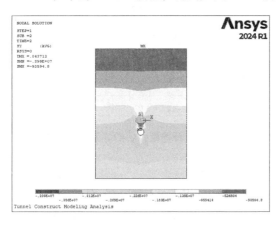

图 8-139　开挖模拟后的 Y 方向应力云图

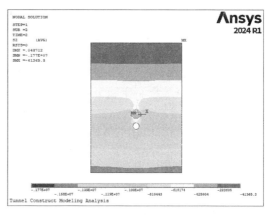

图 8-140　开挖模拟后的 Z 方向应力云图

④ 显示第 1 主应力云图：在图 8-124 中选择"Nodal Solution"→"Stress"→"1st Principal stress"，单击"OK"按钮，得到如图 8-141 所示的开挖模拟后的第 1 主应力云图。

⑤ 显示第 2 主应力云图：在图 8-124 中选择"Nodal Solution"→"Stress"→"2nd Principal stress"，单击"OK"按钮，得到如图 8-142 所示的开挖模拟后的第 2 主应力云图。

⑥ 显示第 3 主应力云图：在图 8-124 中选择"Nodal Solution"→"Stress"→"3rd Principal stress"，单击"OK"按钮，得到如图 8-143 所示的开挖模拟后的第 3 主应力云图。

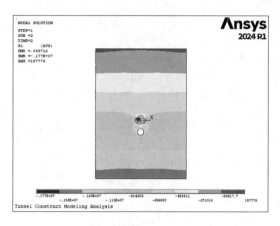

图 8-141 开挖模拟后的第 1 主应力云图

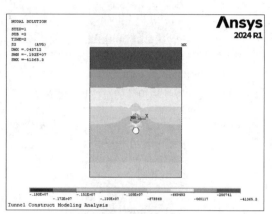

图 8-142 开挖模拟后的第 2 主应力云图

⑦ 显示等效应力云图：在图 8-124 中选择"Nodal Solution"→"Stress"→"von Mises stress"，单击"OK"按钮，得到如图 8-144 所示的开挖模拟后的等效应力云图。

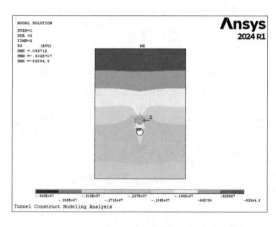

图 8-143 开挖模拟后的第 3 主应力云图

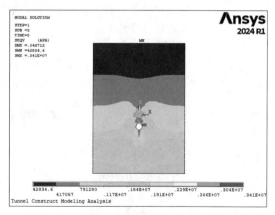

图 8-144 开挖模拟后的等效应力云图

6）显示梁支护内力。

① 选择梁单元：Utility Menu→Select→Entities，弹出"Select Entities"对话框。在第一个下拉列表中选择"Elements"，在第二个下拉列表中选择"By Atrributes"，在列表框中选择"Material num"，在"Min,Max,Inc"文本框输入梁单元材料号"1"，单击"OK"按钮，这就选

择了梁单元。

② 将梁弯矩、剪力、轴力制表：Main Menu → General Postproc → Element Table → Define Table，弹出"Element Table Data"对话框，如图 8-145 所示。单击"Add"按钮，弹出"Define Additional Element Table Items"对话框，如图 8-146 所示。

在图 8-146 中的"User label for item"文本框中输入"IMOMEMT"，在"Item,Comp Results data item"左侧列表框中选择"By sequence num"，在右侧文本框中输入"SMISC,6"，然后单击"Apply"按钮；再次在"User label for item"文本框中输入"IMOMEMT"，在"Item,Comp Results data item"左侧列表框中选择"By sequence num"，在右侧文本框中输入"SMISC,12"，然后单击"Apply"按钮。

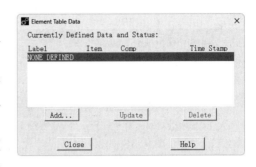

图 8-145 "Element Table Data"对话框（开挖模拟后）

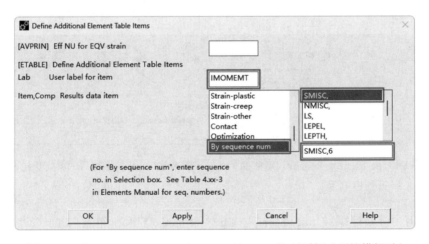

图 8-146 "Define Additional Element Table Items"对话框（开挖模拟后）

采用同样方法依次输入"ISHEAR，2""JSHEAR，8""ZHOULI-I，1""ZHOULI-J，7"，单击"OK"按钮，得到定义好后的单元数据表，如图 8-147 所示；然后单击"Close"按钮，关闭该对话框。

③ 设置弯矩分布标题：Utility Menu → File → Change Title，弹出"Change Title"对话框，如图 8-148 所示。在"Enter new title"文本框中输入文件名"Bending Moment Distribution"，单击"OK"按钮。

④ 绘制梁支护结构弯矩图：Main Menu → General Postproc → Plot Results → Contour Plot → Line Elem Res，弹出如图 8-149 所示的对话框。在"Elem table item at node I"下拉列表中选取"IMOMENT"，在"Elem table item at node J"下拉列表中选取"JMOMENT"，在"Optional scale factor"文本框中输入"–0.5"，在"Items to be plotted on"中选择"Deformed shape"，单击"OK"按钮，得到开挖模拟后的梁支护结构弯矩图，如图 8-150 所示。

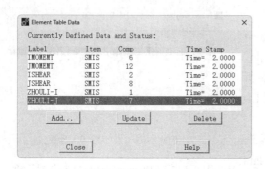

图 8-147　定义好后的单元数据表（开挖模拟后）　　

图 8-148　"Change Title"对话框（设置弯矩分布标题）

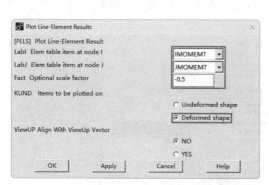

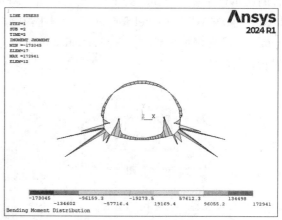

图 8-149　"Plot Line-Element Results"对话框　　图 8-150　开挖模拟后的梁支护结构弯矩图

（开挖模拟后）　　　　　　　　　　　　　（单位：N·m）

⑤ 设置剪力分布标题：Utility Menu → File → Change Title，弹出"Change Title"对话框。在"Enter new title"文本框中输入文件名"Shear Force Distribution"，单击"OK"按钮。

⑥ 梁支护结构剪力图：Main Menu → General Postproc → Plot Results → Contour Plot → Line Elem Res，弹出如图 8-47 所示的对话框。在"Elem table item at node I"下拉列表中选取"ISHEAR"，在"Elem table item at node J"下拉列表中选取"JSHEAR"，在"Optional scale factor"文本框中输入"0.5"，在"Items to be plotted on"中选择"Deformed shape"，单击"OK"按钮，得到开挖模拟后的梁支护结构剪力图，如图 8-151 所示。

⑦ 设置轴力分布标题：Utility Menu → File → Change Title，弹出一个"Change Title"对话框。在"Enter new title"文本框中输入文件名"Zhouli Force Distribution"，单击"OK"按钮。

⑧ 梁支护结构轴力图：Main Menu → General Postproc → Plot Results → Contour Plot → Line Elem Res，弹出"Plot Line-Element Results"对话框。在"Ele table item at node I"下拉列表中选取"ZHOULI-I"，在"Elem table item at node J"下拉列表中选取"ZHOULI-J"，在"Optional scale factor"文本框中输入"0.1"，在"Items to be plotted on"中选择"Deformed shape"，单击"OK"按钮，得到开挖模拟后的梁支护结构轴力图，如图 8-152 所示。

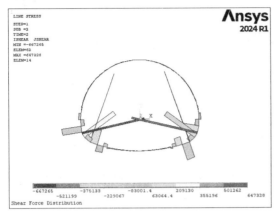 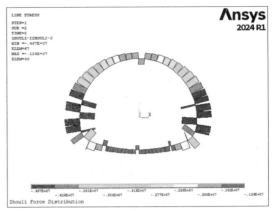

图 8-151　开挖模拟后的梁支护剪力图（单位：N）　　图 8-152　开挖模拟后的梁支护轴力图（单位：N）

7）显示锚杆支护内力。

① 选择锚杆单元：Utility Menu → Select → Entities，弹出"Select Entities"对话框。在第一个下拉列表中选择"Elements"，第二个下拉文本框选择"By Atrributes"，列表框中选择"Material num"，在"Min,Max,Inc"文本框中输入梁单元材料号"4"，单击"OK"按钮，这就选择了锚杆单元。

② 将锚杆轴力和轴向应变制表：Main Menu → General Postproc → Element Table → Define Table，弹出"Element Table Data"对话框，单击"Add"按钮，弹出如图 8-146 所示的对话框。

在图 8-146 中的"User label for item"文本框中输入"ZHOUYINBIAN"，在"Item,Comp Results data item"左侧列表框中选择"LEPEL"，在右侧文本框中输入"SMISC,1"，然后单击"Apply"按钮；再次在"User label for item"文本框中输入"ZHOULI"，在"Item,Comp Results data item"左侧列表框中选择"By sequence num"，在右侧文本框中输入"SMISC,1"，然后单击"OK"按钮，再单击"Close"按钮，关闭该对话框。

③ 设置锚杆轴应变分布标题：Utility Menu → File → Change Title，弹出"Change Title"对话框，如图 8-153 所示。在"Enter new title"文本框中输入文件名"Zhouyinbian Distribution"，单击"OK"按钮。

④ 绘制锚杆轴应变分布图：Main Menu → General Postproc → Plot Results → Contour Plot → Line Elem Res，弹出"Plot Line-Element Results"对话框。在"Elem table item at node I"下拉列表中选取"ZHOUYINBIAN"，在"Elem table item at node J"下拉列表中选取"ZHOUYINBIAN"，在"Optional scale factor"文本框中输入"0.05"，在"Items to be plotted on"中选择"Deformed shape"，单击"OK"按钮，得到开挖模拟后的锚杆轴应变分布图，如图 8-154 所示。

⑤ 设置锚杆轴力分布标题：Utility Menu → File → Change Title，弹出"Change Title"对话框。在"Enter new title"文本框中输入文件名"Zhouli Distribution"，单击"OK"按钮。

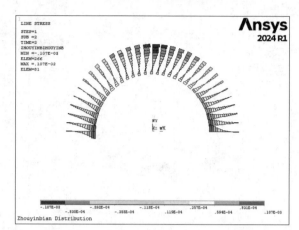

图 8-153 "Change Title"对话框
（设置锚杆轴应变标题）

图 8-154 开挖模拟后的锚杆轴应变分布图

⑥ 绘制锚杆轴力分布图：Main Menu → General Postproc → Plot Results → Contour Plot → Line Elem Res，弹出如图 8-149 所示的对话框。在"Elem table item at node I"下拉列表中选取"ZHOULI"，在"Elem table item at node J"下拉列表中选取"ZHOULI"，在"Optional scale factor"文本框中输入"0.05"，在"Items to be plotted on"中选择"Deformed shape"，单击"OK"按钮，得到开挖模拟后的锚杆轴力分布图，如图 8-155 所示。

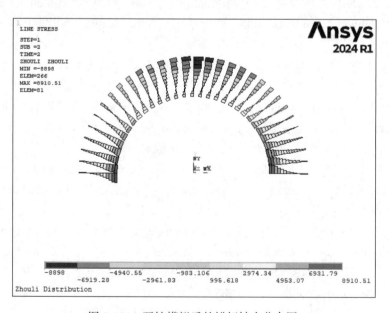

图 8-155 开挖模拟后的锚杆轴力分布图

6. 列车荷载模拟求解结果分析

（1）打开列车荷载模拟求解结果数据库文件　Utility Menu → File → Resume from …，弹

出"Resume Database"对话框，选择刚才保存的文件"Tunnel-step3"，单击"OK"按钮。

（2）再次进行求解　Main Menu → Solution → Solve → Current LS，弹出如图8-121和图8-112所示的对话框。检查信息无误后，单击"OK"按钮，开始求解运算，直到出现一个"Solution is done!"的提示栏，表示求解结束。

（3）读入最后一个载荷子步　Main Menu → General Postproc → Read Results → Last Set。

（4）显示位移云图

1）显示总位移矢量云图：Main Menu → General Postproc → Plot Results → Contour Plot → Nodal Solu，弹出"Contour Nodal Solution Data"对话框，如图8-124所示。选择"Nodal Solution" → "DOF Solution" → "Displacement Vector Sum"，单击"OK"按钮，得到施加列车荷载后的总位移矢量云图，如图8-156所示。

2）显示X方向位移云图：在如图8-124中选择"Nodal Solution" → "DOF Solution" → "X-Compoment of displacement"，单击"OK"按钮，得到施加列车荷载后的X方向位移云图，如图8-157所示。

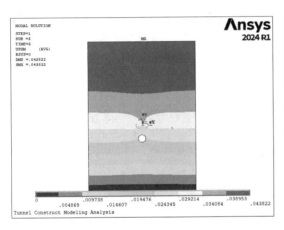

图8-156　施加列车荷载后的总位移矢量云图　　图8-157　施加列车荷载后的X方向位移云图

3）显示Y方向位移云图：在如图8-124中选择"Nodal Solution" → "DOF Solution" → "Y-Compoment of displacement"，单击"OK"按钮，得到施加列车荷载后的Y方向位移云图，如图8-158所示。

（5）显示应力云图

1）显示X方向应力云图：Main Menu → General Postproc → Plot Results → Contour Plot → Nodal Solu，弹出"Contour Nodal Solution Data"对话框，如图8-124所示。选择"Nodal Solution" → "Stress" → "X-Compoment of stress"，单击"OK"按钮，得到如图8-159所示的施加列车荷载后的X方向应力云图。

2）显示Y方向应力云图：在图8-124中选择"Nodal Solution" → "Stress" → "Y-Compoment of stress"，单击"OK"按钮，就得到如图8-160所示的施加列车荷载后的Y方向应力云图。

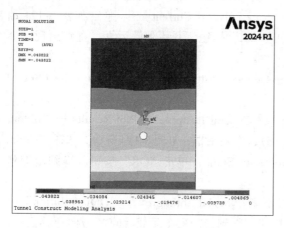

图 8-158 施加列车荷载后的 Y 方向位移云图　　图 8-159 施加列车荷载后的 X 方向应力云图

3）显示 Z 方向应力云图：在图 8-124 中选择"Nodal Solution"→"Stress"→"Z-Compoment of rotation"，单击"OK"按钮，得到如图 8-161 所示的施加列车荷载后的 Z 方向应力云图。

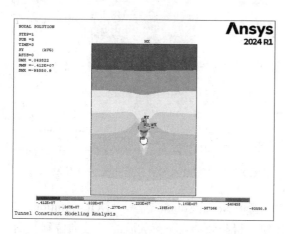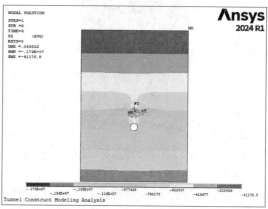

图 8-160 施加列车荷载后的 Y 方向应力云图　　图 8-161 施加列车荷载后的 Z 方向应力云图

4）显示第 1 主应力云图：在图 8-124 中选择"Nodal Solution"→"Stress"→"1st Principal stress"，单击"OK"按钮，得到如图 8-162 所示的施加列车荷载后的第 1 主应力云图。

5）显示第 2 主应力云图：在图 8-124 中选择"Nodal Solution"→"Stress"→"2nd Principal stress"，单击"OK"按钮，得到如图 8-163 所示的施加列车荷载后的第 2 主应力云图。

6）显示第 3 主应力云图：在图 8-124 中选择"Nodal Solution"→"Stress"→"3rd Principal stress"，单击"OK"按钮，得到如图 8-164 所示的施加列车荷载后的第 3 主应力云图。

7）显示等效应力云图：在图 8-124 中选择"Nodal Solution"→"Stress"→"von Mises stress"，单击"OK"按钮，得到如图 8-165 所示的施加列车荷载后的等效应力云图。

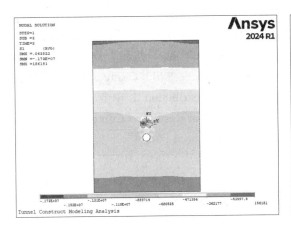

图 8-162 施加列车荷载后的第 1 主应力云图

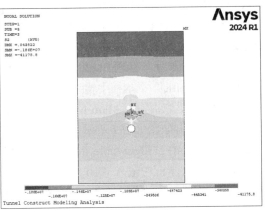

图 8-163 施加列车荷载后的第 2 主应力云图

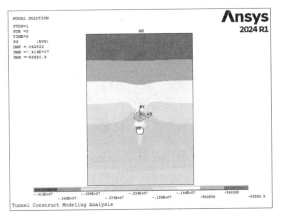

图 8-164 施加列车荷载后的第 3 主应力云图

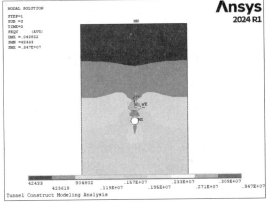

图 8-165 施加列车荷载后的等效应力云图

(6) 显示梁支护内力

1) 选择梁单元：Utility Menu → Select → Entities，弹出"Select Entities"对话框。在第一个下拉列表中选择"Elements"，第二个下拉列表中选择"By Atrributes"，列表框中选择"Material num"，在"Min,Max,Inc"文本框中输入梁单元材料号"1"，单击"OK"按钮，这就选择了梁单元。

2) 将梁弯矩、剪力、轴力制表：Main Menu → General Postproc → Element Table → Define Table，弹出"Element Table Data"对话框。单击"Add"按钮，弹出"Define Additional Element Table Items"对话框，如图 8-146 所示。

在图 8-146 的"User label for item"文本框中输入"IMOMEMT"，在"Item,Comp Results data item"左侧列表框中选择"By sequence num"，在右侧文本框中输入"SMISC，6"，然后单击"Apply"按钮；再次在"User label for item"文本框中输入"JMOMEMT"，在"Item,Comp Results data item"左侧列表框中选择"By sequence num"，在右侧文本框中输入"SMISC，

12",然后单击"Apply"按钮。

采用同样方法依次输入"ISHEAR,2""JSHEAR,8""ZHOULI-I,1""ZHOULI-J,7",最后得到定义好后的单元数据表,如图8-166所示,然后单击"Close"按钮,关闭该对话框。

3)设置弯矩分布标题:Utility Menu → File → Change Title,弹出"Change Title"对话框。在"Enter new title"文本框中输入文件名"Bending Moment Distribution",单击"OK"按钮。

4)绘制梁弯矩图:Main Menu → General Postproc → Plot Results → Contour Plot → Line Elem Res,弹出如图8-167所示的对话框。在"Elem table item at node I"下拉列表框中选取"IMOMENT",在"Elem table item at node J"下拉列表框中选取"JMOMENT",在"Optional scale factor"文本框中输入"-0.5",在"Items to be plotted on"中选择"Deformed shape",单击"OK"按钮,得到施加列车荷载后的梁支护结构弯矩图,如图8-168所示。

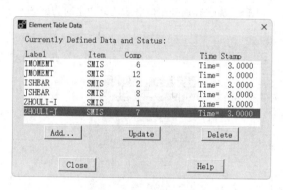

图8-166 定义好后的单元数据表
(施加列车荷载后)

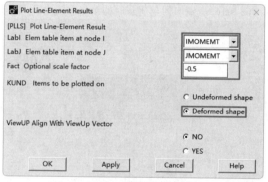

图8-167 "Plot Line-Element Results"对话框
(施加列车荷载后)

5)设置剪力分布标题:Utility Menu → File → Change Title,弹出"Change Title"对话框。在"Enter new title"文本框中输入文件名"Shear Force Distribution",单击"OK"按钮。

6)绘制梁剪力图:Main Menu → General Postproc → Plot Results → Contour Plot → Line Elem Res,弹出如图8-47所示的对话框。在"Elem table item at node I"下拉列表中选取"ISHEAR",在"Elem table item at node J"下拉列表中选取"JSHEAR",在"Optional scale factor"文本框中输入"0.5",在"Items to be plotted on"中选择"Deformed shape",单击"OK"按钮,得到施加列车荷载后的梁支护结构剪力图,如图8-169所示。

7)设置轴力分布标题:Utility Menu → File → Change Title,弹出"Change Title"对话框。在"Enter new title"文本框中输入文件名"Zhouli Force Distribution",单击"OK"按钮。

8)绘制梁轴力图:Main Menu → General Postproc → Plot Results → Contour Plot → Line Elem Res,弹出"Plot Line-Element Results"对话框。在"Elem table item at node I"下拉列表中选取"ZHOULI-I",在"Elem table item at node J"下拉列表中选取"ZHOULI-J",在"Optional scale factor"文本框中输入"0.1",在"Items to be plotted on"中选择"Deformed shape",单击"OK"按钮,得到施加列车荷载后的梁支护结构轴力图,如图8-170所示。

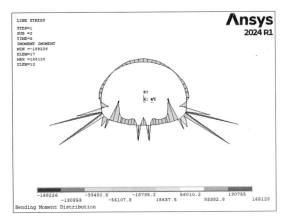
图 8-168 施加列车荷载后的梁支护弯矩图
（单位：N·m）

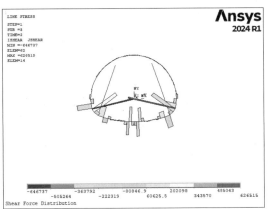
图 8-169 施加列车荷载后的梁支护剪力图
（单位：N）

（7）显示锚杆支护内力

1）选择锚杆单元：Utility Menu → Select → Entities…，弹出"Select Entities"对话框。在第一个下拉列表中选择"Elements"，第二个下拉列表中选择"By Atrributes"，列表框中选择"Material num"，在"Min,Max,Inc"文本框中输入梁单元材料号"4"，单击"OK"按钮，这就选择了锚杆单元。

2）将锚杆轴力和轴向应变制表：Main Menu → General Postproc → Element Table → Define Table，弹出"Element Table Data"对话框。单击"Add"按钮，弹出如图 8-146 所示对话框，在图 8-146 中的"User label for item"文本框中输入"Zhouyingbian"，在"Item,Comp Results data item"左侧的列表框中选择"LEPEL"，在右侧文本框中输入"SMISC,1"，然后单击"Apply"按钮；再次在"User label for item"文本框中输入"Zhouli"，在"Item,Comp Results data item"左侧列表框中选择"By sequence num"，在右侧文本框中输入"SMISC,6"，然后单击"OK"按钮。

3）设置锚杆轴应变分布标题：Utility Menu → File → Change Title，弹出"Change Title"对话框。在"Enter new title"文本框中输入文件名"Zhouyingbian Distribution"，单击"OK"按钮。

4）画锚杆轴应变分布图：Main Menu → General Postproc → Plot Results → Contour Plot → Line Elem Res，弹出"Plot Line-Element Results"对话框。在"Elem table item at node I"下拉列表中选取"ZHOUYINBIAN"，在"Elem table item at node J"下拉列表中选取"ZHOUYINBIAN"，在"Optional scale factor"文本框中输入"0.05"，在"Items to be plotted on"中选择"Deformed shape"，单击"OK"按钮，得到施加列车荷载后的锚杆轴应变分布图，如图 8-171 所示。

5）设置锚杆轴力分布标题：Utility Menu → File → Change Title，弹出"Change Title"对话框。在"Enter new title"文本框中输入文件名"Zhouli Distribution"，单击"OK"按钮。

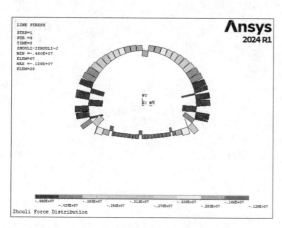
图 8-170　施加列车荷载后的梁支护轴力图（单位：N）

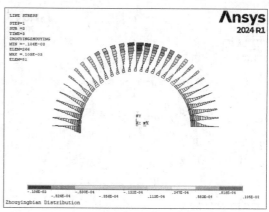
图 8-171　施加列车荷载后的锚杆轴应变分布图

6）绘制锚杆轴力分布图：Main Menu → General Postproc → Plot Results → Contour Plot → Line Elem Res，弹出"Plot Line-Element Results"对话框。在"Elem table item at node I"下拉列表中选取"ZHOULI"，在"Elem table item at node J"下拉列表中选取"ZHOULI"，在"Optional scale factor"文本框中输入"0.05"，在"Items to be plotted on"中选择"Deformed shape"，单击"OK"按钮，得到施加列车荷载后的锚杆轴力分布图，如图 8-172 所示。

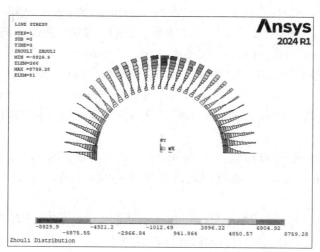
图 8-172　施加列车荷载后的锚杆轴力分布图

8.4.4　命令流方式

略，见随书电子资料文档。

第 9 章　Ansys 边坡工程应用实例分析

本章首先对边坡工程进行了概述，然后介绍了 Ansys 模拟边坡稳定性分析的步骤，最后用实例详细介绍了 Ansys 进行边坡稳定性分析的全过程。

◆ 边坡工程概述
◆ Ansys 边坡稳定性分析步骤
◆ Ansys 边坡稳定性实例分析

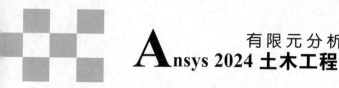

9.1 边坡工程概述

9.1.1 边坡工程

边坡指地壳表部一切具有侧向临空面的地质体，是坡面、坡顶及其下部一定深度坡体的总称。坡面与坡顶面下部至坡脚的岩体称为坡体。

倾斜的地面称为斜坡，铁路、公路建筑施工中，所形成的路堤斜坡称为路堤边坡；开挖路堑所形成的斜坡称为路堑边坡；水利、市政或露天煤矿等工程开挖施工所形成的斜坡也称为边坡；这些对应工程就称为边坡工程。

对边坡工程进行地质分类时，考虑了下述各点：首先，按其物质组成，即按组成边坡的地层和岩性，可以分为岩质边坡和土质边坡（后者包括黄土边坡、砂土边坡、土石混合边坡）。地层和岩性是决定边坡工程地质特征的基本因素之一，也是研究区域性边坡稳定问题的主要依据。其次，再按边坡的结构状况进行分类。因为在岩性相同的条件下，坡体结构是决定边坡稳定状况的主要因素，它直接关系到边坡稳定性的评价和处理方法。最后，如果边坡已经变形，再按其主要变形形式进行划分。因此，边坡类属的称谓顺序是：岩性—结构—变形。

边坡工程对国民经济建设有重要的影响：在铁路、公路与水利建设中，边坡修建是不可避免的，边坡的稳定性严重影响铁路、公路与水利工程的施工安全、运营安全以及建设成本。在路堤施工中，在路堤高度一定的条件下，坡角越大，路基所占面积就越小，反之越大。在山区，坡角越大，则路堤所需填方量越少。因此，很有必要对边坡稳定性进行分析。

9.1.2 边坡变形破坏基本原理

1. 应力分布状态

边坡从其形成开始，就处于各种应力作用（自重应力、构造应力、热应力等）之下。在边坡的发展变化过程中，由于边坡形态和结构的不断改变，以及自然和人为应力的作用，边坡的应力状态也随之调整改变。根据资料及有限元法计算，应力主要发生以下变化：

1）岩体中的主应力迹线发生明显偏转，边坡坡面附近最大主应力方向和坡面平行，而最小主应力方向则与坡面近于垂直，并开始出现水平方向的切应力，其总趋势是由内向外增多，越接近坡脚应力越大，向坡内逐渐恢复到原始应力状态。

2）在坡脚逐渐形成明显的应力集中带。边坡越陡，应力集中越严重，最大主应力与最小主应力的差值也越大。此外，在边坡下边分别形成切向应力减弱带和水平应力紧缩带，而在靠近边坡的表面部所测得的应力值均大于按上覆岩体重量计算的数值。

3）边坡坡面岩体由于侧向应力近于零，实际上变为两向受力。在较陡边坡的坡面和坡顶面，出现拉应力，形成拉应力带。拉应力带的分布位置与边坡的形状和坡面的角度有关。边坡应力的调整和拉应力带的出现，是边坡变形破坏最初始的征兆。例如，坡脚应力的集中，常是坡脚出现挤压破碎带的原因；坡面及坡顶出现拉应力带，常是表层岩体松动变形的原因。

2. 边坡变形破坏基本形式

边坡在复杂的内外地质应力作用下形成，又在各种因素作用下变化发展。所有边坡都在不断变形过程中，通过变形逐步发展至破坏。其变形破坏基本形式主要有松弛张裂、滑动、崩塌、倾倒、蠕动和流动。

9.1.3 影响边坡稳定性的因素

1）边坡材料力学特性参数：包括弹性模量、泊松比、内摩擦角、黏聚力、密度、抗剪强度等。

2）边坡的几何尺寸参数：包括边坡高度、坡面角和边坡边界尺寸以及坡面后方坡体的几何形状，即坡体的不连续面与开挖面的坡度及方向之间的几何关系，它将确定坡体的各个部分是否滑动或塌落。

3）边坡外部荷载：包括地震力、重力场、渗流场、地质构造应力等。

9.1.4 边坡稳定性的分析方法

1. 极限平衡方法

极限平衡方法的基本思想是：以摩尔 - 库仑抗剪强度理论为基础，将滑坡体划分成若干垂直条块，建立作用在垂直条块上的力的平衡方程式，求解安全系数。

这种计算分析方法遵循下列基本假定：

1）遵循库仑定律或由此引申的准则。

2）将滑体作为均质刚性体考虑，认为滑体本身不变形，且可以传递应力。因此，只研究滑动面上的受力大小，不研究滑体及滑床内部的应力状态。

3）将滑体的边界条件大大简化，如将复杂的滑体形态简化为简单的几何形态；将滑面简化为圆弧面、平面或折面；一般将立体问题简化为平面问题，取沿滑动方向的代表性剖面，以表征滑体的基本形态；将均布力简化为集中力，有时还将力的作用点简化为通过滑体重心。

极限平衡方法包括以下几种：

- ◆ 瑞典圆弧滑动法。
- ◆ 简化比肖普法。
- ◆ 简化普通条分法。
- ◆ 摩根斯坦 - 普赖斯法。
- ◆ 不平衡推力传递法。

以上各种方法都假定土体是理想塑性材料，把土体作为一个刚体，按照极限平衡的原则进行力的分析，最大的不同之处在于对相邻土体之间的内力进行何种假定，也就是如何增加已知条件使超静定问题变成静定问题。这些假定的物理意义不一样，所能满足的平衡条件也不相同，计算步骤有繁有简，使用时必须注意它们的适用场合。

极限平衡方法的关键是对滑体的体形和滑面的形态进行分析、正确选用滑面的计算参数以

及正确引用滑体的荷载条件等。因为极限平衡方法完全不考虑土体本身的应力-应变关系，不能真实地反映边坡失稳时的应力场和位移场，因而受到质疑。

2. 数值分析方法

数值分析方法考虑土体应力-应变关系，克服了极限平衡方法完全不考虑土体本身的应力-应变关系缺点，为边坡稳定性分析提供了较为正确和深入的概念。

边坡稳定性数值分析方法主要包含以下几种：

（1）有限元法　有限元法是数值模拟方法在边坡稳定性评价中应用最早的方法，也是目前广泛使用的一种数值方法，可以用来求解弹性、弹塑性、黏弹性、黏塑性等问题。目前，利用有限元法求解边坡稳定性主要有两种方法。

1）有限元滑面搜索法：将边坡体离散为有限单元格，按照施加的荷载及边界条件进行有限元计算，得到每个节点的应力张量；然后假定一个滑动面，用有限元数据给出滑动面任一点的正应力和剪应力，根据摩尔-库仑准则可得该点的抗滑力，由此即能求得滑动面上每个节点的下滑力与抗滑力，再对滑动面上下滑力与抗滑力进行积分，就可以求得每一个滑动面的安全系数。

2）有限元强度折减法：首先选取初始折减系数，将岩土体强度参数进行折减，将折减后的参数作为输入，进行有限元计算，若程序收敛，则岩土体仍处于稳定状态；然后再增加折减系数，直到程序恰好不收敛，此时的折减系数即为稳定系数或安全系数。

（2）自适应有限元法　20世纪70年代，自适应理论被引入有限元计算，主导思想是减少前处理工作量和实现网格离散的客观控制。现已基本建立了一般弹性力学、流体动力学、渗流分析等领域的平面自适应分析系统，能使计算较为快速和准确。

（3）离散单元法　突出功能是它在反映岩块之间接触面的滑移、分离与倾翻等大位移的同时，又能计算岩块内部的变形与应力分布。因此，可以将任意一种岩体材料可引入模型中，如弹性、黏弹性或断裂等均可考虑，故该法对块状结构、层状破裂或一般破裂结构岩体边坡比较合适，并且它利用显式时间差分法（动态差分法）求解动力平衡方程、非线性大位移与动力问题比较容易。

离散单元法在模拟过程中考虑了边坡失稳破坏的动态过程，允许岩土体存在滑动、平移、转动和岩体的断裂及松散等复杂过程，具有宏观上的不连续性和单个岩块体运动的随机性，可以较真实、动态地模拟边坡在形成和开挖过程中应力、位移和状态的变化，预测边坡的稳定性，因此在岩质高边坡稳定性的研究中得到广泛的应用。

（4）连续介质快速拉格朗日元法（FLAC）　为了克服有限元等方法不能求解大变形问题的缺陷，人们根据有限差分法的原理，提出了FLAC数值分析方法。该方法较有限元法能更好地考虑岩土体的不连续和大变形特性，求解速度较快。缺点是计算边界、单元网格的划分带有很大的随意性。

（5）界面元法　界面元法是一种基于累积单元变形于界面的界面应力元法模型，建立适用于分析不连续、非均匀、各向异性和各类非线性问题、场问题，以及能够完全模拟各类锚杆复杂空间布局和开挖扰动的方法。

3. 有限元法用于边坡稳定性分析的优点

有限元法考虑了介质的变形特征，真实地反映了边坡的受力状态。它可以模拟连续介质，也可以模拟不连续介质；能考虑边坡沿软弱结构面的破坏，也能分析边坡的整体稳定破坏。有限元法可以模拟边坡的圆弧滑动破坏和非圆弧滑动破坏，同时它还能适应各种边界条件和不规则几何形状，具有很广泛的适用性。

有限元法应用于边坡工程，有其独特的优越性。与一般解析方法相比，有限元法具有以下优点：

1）考虑了岩体的应力-应变关系，求出每一单元的应力与变形，反映了岩体真实工作状态。

2）与极限平衡方法相比，不需要进行条间力的简化，岩体自始至终处于平衡状态。

3）不需要像极限平衡方法一样事先假定边坡的滑动面，边坡的变形特性、塑性区形成都根据实际应力应变状态"自然"形成。

4）若岩体的初始应力已知，可以模拟有构造应力边坡的受力状态。

5）不但能像极限平衡方法一样模拟边坡的整体破坏，还能模拟边坡的局部破坏，把边坡的整体破坏和局部破坏纳入统一的体系。

6）可以模拟边坡的开挖过程，描述和反应岩体中存在的节理裂隙、断层等构造面。

鉴于有限元法具有如此多的优点，本章借助通用有限元软件 Ansys 来实现对边坡稳定性分析，用具体的边坡工程实例详细介绍应用 Ansys 软件分析边坡稳定性问题。

9.2　Ansys 边坡稳定性分析步骤

9.2.1　创建物理环境

在定义边坡稳定性分析问题的物理环境时，进入 Ansys 预处理器，建立这个边坡稳定性分析的数学仿真模型。

1. 设置 GUI 菜单过滤

如果希望通过 GUI 菜单路径来运行 Ansys，当 Ansys 被激活后，第一件要做的事情就是选择菜单路径：Main Menu → Preferences。执行上述命令后，弹出如图 9-1 所示的对话框。选择 "Structural"，这样 Ansys 会根据所选择的参数来对 GUI 图形界面进行过滤，以便在进行边坡稳定性分析时过滤掉一些不必要的菜单及相应图形界面。

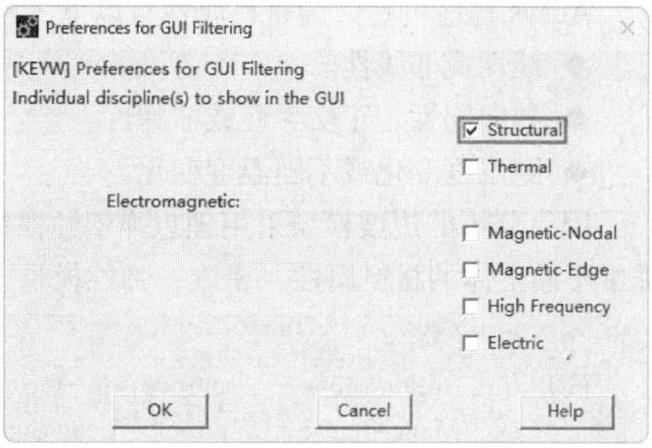

图 9-1　"Preferences for GUI Filtering" 对话框

2. 定义分析标题（/ TITLE）

在进行分析前，可以给所要进行的分析起一个能够代表所分析内容的标题，如 "Slope stability Analysis"，以便能够从标题上与其他相似物理几何模型区分。可采用下列方法定义分析标题。

命令方式：/TITLE。
GUI 方式：Utility Menu → File → Change Title。

3. 定义单元类型及其选项（KEYOPT 选项）

与 Ansys 的其他分析一样，也要进行相应的单元类型选择。Ansys 软件提供了 100 种以上的单元类型，可以用来模拟工程中的各种结构和材料，各种不同的单元组合在一起，成为具体的物理问题的抽象模型。例如，不同材料属性的边坡土体用 PLANE82 单元来模拟。

大多数单元类型都有关键选项（KEYOPTS），这些选项用以修正单元特性。例如，PLANE82 单元有如下 KEYOPTS：

KEYOPT(2)　　包含或抑制过大位移设置。
KEYOPT(3)　　平面应力、轴对称、平面应变或考虑厚度时的平面应力设置。
KEYOPT(9)　　用户子程序初始应力设置。

定义单元类型及其关键选项的方式如下：

命令方式：ET。
　　　　　KEYOPT。
GUI 方式：Main Menu → Preprocessor → Element Type → Add/Edit/Delete。

4. 定义单位

结构分析只有时间单位、长度单位和质量单位 3 个基本单位，所有输入的数据都应当是这 3 个单位组成的表达方式。例如，标准国际单位制下，时间是秒（s），长度是米（m），质量是千克（kg），则导出力的单位是 kg·m/s^2（相当于牛，N），材料的弹性模量单位是 kg/m·s^2（相当于帕，Pa）。

命令方式：/UNITS。

5. 定义材料属性

大多数单元类型在进行程序分析时都需要指定材料属性，Ansys 程序可方便地定义各种材料的属性，如结构材料属性参数、热性能参数、流体性能参数和电磁性能参数等。

Ansys 程序可定义的材料属性有以下 3 种：

◆ 线性或非线性。
◆ 各向同性、正交异性或非弹性。
◆ 随温度变化或不随温度变化。

因为分析的边坡模型采用理想弹塑性模型（D-P 模型），因此边坡稳定性分析中需要定义边坡中不同土体的材料属性：密度、弹性模量、泊松比、黏聚力和内摩擦角。

命令方式：MP。
GUI 方式：Main Menu → Preprocessor → Material Props → Material Models
　　　或　Main Menu → Solution → Load Step Opts → Other → Change Mat Props → Material Models。

进行边坡稳定性分析计算时，采用强度折减法来实现。首先选取初始折减系数 F，然后对边坡土体材料强度系数进行折减，折减后的黏聚力和内摩擦角分别为

$$c' = \frac{c}{F} \qquad (9\text{-}1)$$

$$\tan\varphi' = \frac{\tan\varphi}{F} \quad (9\text{-}2)$$

1) c 和 φ 为边坡土体的初始黏聚力和内摩擦角。
2) 对 c 和 φ 进行折减，输入边坡模型计算，若收敛，则此时边坡是稳定的；继续增大折减系数 F，直到程序恰好不收敛，此时的折减系数即为稳定系数或安全系数。

9.2.2　建立模型和划分网格

创建好物理环境后就可以建立模型。在进行边坡稳定性分析时，需要建立模拟边坡土体的 PLANE82 单元。在建立好的模型各个区域内指定特性（单元类型、选项、实常数和材料性质等）以后，就可以划分有限元网格了。通过 GUI 方式为模型中的各区赋予特性：

1) 选择 Main Menu → Preprocessor → Meshing → Mesh Attributes → Picked Areas。
2) 选择模型中要选定的区域。
3) 在对话框中为所选区域说明材料号、实常数组号、单元类型号和单元坐标系号。
4) 重复以上 3 个步骤，直至处理完所有区域。

通过以下命令为模型中的各区域赋予特性：

◆ ASEL（选择模型区域）。
◆ MAT（说明材料号）。
◆ REAL（说明实常数组号）。
◆ TYPE（指定单元类型号）。
◆ ESYS（说明单元坐标系号）。

9.2.3　施加约束和荷载

在施加边界条件和荷载时，既可以给实体模型（关键点、线、面），也可以给有限元模型（节点和单元）施加边界条件和荷载。在求解时，Ansys 程序会自动将加到实体模型上的边界条件和荷载传递到有限元模型上。

边坡稳定性分析中主要是给边坡两侧和底部施加自由度约束。

命令方式：D。

施加荷载包括自重荷载和边坡开挖荷载。

9.2.4　求解

Ansys 程序根据现有选项的设置，从数据库获取模型和荷载信息并进行计算求解，将结果数据写入结果文件和数据库中。

命令方式：SOLVE。
GUI 方式：Main Menu → Solution → Solve → Current LS。

9.2.5 后处理

后处理的目的是以图和表的形式描述计算结果。对于边坡稳定性分析，重要的一点进入后处理器后，查看边坡变形图和节点的位移、应力和应变。随着强度折减系数的增大，边坡的水平位移增大，塑性应变急剧发展，塑性区发展形成一个贯通区域时，计算不收敛，认为边坡发生了破坏。通过研究位移、应变和塑性区域，综合判断边坡的稳定性。

命令方式：/POST1。
GUI 方式：Main Menu → General Postproc。

9.2.6 补充说明

边坡失稳破坏定义有很多种，对于采用弹塑性计算模型的边坡要综合考虑以下因素：

1）有限元计算的收敛与否作为一个重要的衡量指标，边坡处于稳定状态，计算收敛；边坡破坏时，边坡不收敛。

2）边坡失稳的同时还表现出位移急剧增加。

3）边坡失稳总是伴随着塑性变形的明显增加和塑性区的发展，塑性区的发展状况反映了边坡是否处于稳定状态。

此外，采用弹塑性有限元法进行计算具有独特的优势：

1）弹塑性分析假定岩体为弹塑性材料，岩体在受力初期处于弹性状态，达到一定的屈服准则后处于塑性状态。采用弹塑性模型更能反映岩体的实际工作状态。

2）当岩体所承受的荷载超过材料强度时，就会出现明显的滑移破坏面。因此，弹塑性计算不需要假定破坏面的形状和位置，破坏面根据切应力强度理论自动形成。当整个边坡破坏时，就会出现明显的塑性区。

3）能综合考虑边坡的局部失稳破坏和整体失稳破坏。

9.3 Ansys 边坡稳定性实例分析

9.3.1 实例描述

边坡实例选取国内某矿，该边坡考虑弹性和塑性两种材料，边坡模型如图 9-2 所示。分析的目的是对该边坡进行稳定性计算分析，以判断其稳定性和计算出安全系数。该边坡围岩材料属性见表 9-1。

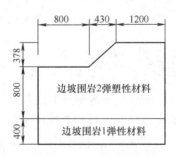

图 9-2 边坡模型（单位：m）

表 9-1　边坡围岩材料属性

类别	弹性模量 /GPa	泊松比 ν	密度 /(kg/m³)	黏聚力 /MPa	内摩擦角 φ/(°)
围岩 2（弹塑性）	30	0.25	2500	0.9	42
围岩 1（弹性）	31	0.24	2700	—	—

对于像边坡这样纵向很长的实体，计算模型可以简化为平面应变问题。假定边坡所承受的外力不随 Z 轴变化，位移和应变都发生在自身平面内。对于边坡变形和稳定性分析，这种平面假设是合理的。实测经验表明，边坡的影响范围在 2 倍坡高范围，因此计算区域为边坡体横向延伸 2 倍坡高，纵向延伸 3 倍坡高。两侧边界水平位移为零，下侧边界竖向位移为零。弹性有限元的计算模型如图 9-2 所示。

采用双层模型，模型上部为理想弹塑性材料，下部为弹性材料，左右边界水平位移为零，下边界竖向位移为零。

1）双层模型考虑了土体的弹塑性变形，其塑性区的发展、应力的分布更符合实际情况。

2）考虑双层模型，塑性区下部的单元可以产生一定的垂直变形和水平变形，基本消除了由于边界效应在边坡下部出现的塑性区，更好地模拟了边坡的变形和塑性区的发展。

9.3.2　GUI 操作方法

1. 创建物理环境

1）在"开始"菜单中选择"所有应用"→"Ansys 2024"→"Mechanical APDL Product Launcher 2024"，得到"2024：Ansys Mechanical APDL Product Launcher"对话框。

2）选择"File Management"，在"Working Directory"文本框中输入工作目录"D:\Ansys\Slope"，在"Job Name"文本框中输入文件名"Slope"。

3）单击"Run"按钮，进入 Ansys 2024 的 GUI 操作界面。

4）过滤图形界面。Main Menu → Preferences，弹出"Preferences for GUI Filtering"对话框。选择"Structural"以对后面的分析进行菜单及相应的图形界面过滤。

5）定义分析标题。Utility Menu → File → Change Title，在弹出的对话框中输入"Slope stability Analysis"，单击"OK"按钮，如图 9-3 所示。

6）定义单元类型。

① 首先选择 Main Menu → Preprocessor，进入预处理阶段；然后定义 PLANE82 单元：在命令行中输入以下命令：

```
ET,1,PLANE82
```

② 设定 PLANE82 单元选项：Main Menu → Preprocessor → Element Type → Add/Edit/Delete，弹出"Element Types"对话框。选择"Type 1 PLANE82"，单击"Options"按钮，弹出"PLANE82 element Type options"对话框，如图 9-4 所示。在"Element behavior K3"下拉列表中选取"Plane strain"，其他的下拉列表采用 Ansys 默认设置就可以，单击"OK"按钮。

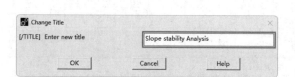

图 9-3 定义分析标题

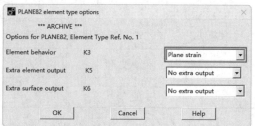

图 9-4 "PLANE82 element type options" 对话框

a. 通过设置 PLANE82 单元选项 "K3" 为 "Plane strain" 来设定本实例分析采取平面应变模型。因为边坡是纵向很长的实体，故计算模型可以简化为平面应变问题。

b. 8 节点 PLANE82 单元的每个节点有 UX 和 UY 两个自由度，比 4 节点 PLANE42 单元具有更高的精确性，对不规则网格适应性更强。

7）定义材料属性。

① 定义边坡围岩 1 材料属性：Main Menu → Preprocessor → Material Props → Material Models，弹出 "Define Material Model Behavior" 窗口，如图 9-5 所示。

在图 9-5 中的右侧列表框中选择 "Structural" → "Linear" → "Elastic" → "Isotropic"，弹出如图 9-6 所示 "Linear Isotropic Properties for Material Number 1" 对话框。在该对话框中的 "EX" 文本框中输入 "3E10"，在 "PRXY" 文本框中输入 "0.25"，单击 "OK" 按钮。再在图 9-5 中的右侧列表框中选择 "Structural" → "Density" 并单击 "OK" 按钮，弹出如图 9-7 所示 "Density for Material Number 1" 对话框。在 "DENS" 文本框中输入围岩 1 材料的密度 "2500"，单击 "OK" 按钮。

再次在图 9-5 中右侧的列表框中选择 "Structural" → "Nonlinear" → "Inelastic" → "Nonmetal Plasticity" → "Drucker" - "Prager"，弹出如图 9-8 所示的对话框。在 "Cohesion" 文本框中输入边坡围岩 1 材料的黏聚力 "0.9E6"，在 "Fric Angle" 文本框中输入边坡内摩擦角 "42.8"，单击 "OK" 按钮。

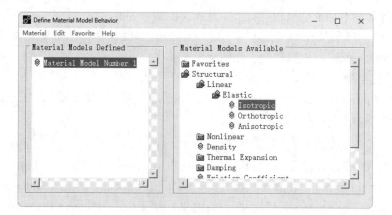

图 9-5 "Define Material Model Behavior" 窗口

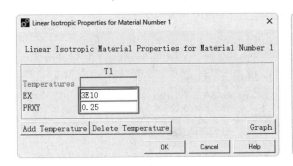

图 9-6 "Linear Isotropic Properties for Material Number 1" 对话框

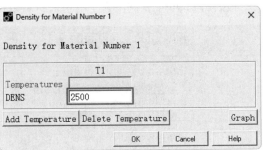

图 9-7 "Density for Material Number 1" 对话框

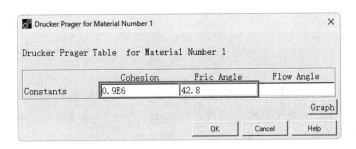

图 9-8 "Drucker Prager for Material Number 1" 对话框

② 定义边坡围岩 2 材料属性：在图 9-5 中选择 "Material" → "New Model⋯"，弹出 "Define Material ID" 对话框。在 "ID" 文本框中输入材料号 "2"，单击 "OK" 按钮，弹出如图 9-5 所示的窗口。在左侧列表框中选择 "Material Model Number 2"，和定义边坡围岩 1 材料一样，在右侧列表框中选择 "Structural" → "Linear" → "Elastic" → "Isotropic"，弹出 "Linear Isotropic Properties for Material Number 2" 对话框。在该对话框中的 "EX" 文本框中输入 "3.2E10"，在 "PRXY" 文本框中输入 "0.24"，单击 "OK" 按钮。再在图 9-5 的左侧列表框中选择 "Structural" → "Density" 并单击 "OK" 按钮，弹出 "Density for Material Number 2" 对话框。在 "DENS" 文本框中输入边坡围岩 2 材料的密度 "2700"，再单击 "OK" 按钮，弹出如图 9-5 所示的窗口。

③ 复制边坡围岩 1 材料性质：在图 9-5 中选择 "Edit" → "Copy⋯."，弹出 "Copy Material Model" 对话框，如图 9-9 所示。在 "from Material number" 下拉列表中选取 "1"，在 "to Material number" 文本框中输入 "3"，单击 "Apply" 按钮，弹出如图 9-9 所示对话框，然后依次在 "to Material number" 文本框中输入 "4、5、6、7、8、9、10、11、12"，每输入一个数值，就单击 "Apply" 按钮一次。

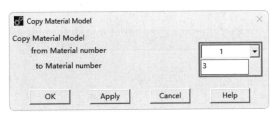

图 9-9 "Copy Material Model" 对话框

最后得到 10 个复制围岩 1 的边坡材料本构模型，如图 9-10 所示。

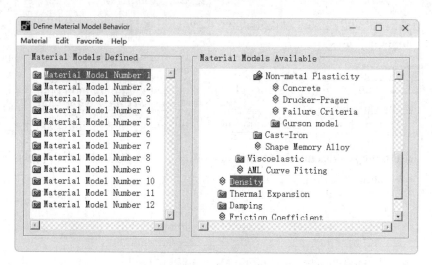

图 9-10 复制围岩 1 的边坡材料本构模型

④ 定义 10 个强度折减后的材料本构模型：首先定义强度折减系数 $F=1.2$ 后的边坡围岩材料模型，在图 9-10 的左侧列表框中选择"Material Model Number 3"，在左侧列表框中选择"Structural"→"Nonlinear"→"Inelastic"→"Non-metal Plasticity"→"Drucker -Prager"，弹出"Drucker- Prager for Material Number 3"对话框，如图 9-11 所示。在"Cohesion"文本框中输入强度折减系数 $F=1.2$ 后边坡围岩材料 1 的黏聚力"0.75E6"，在"Fric Angle"文本框中输入折减后边坡内摩擦角"37.7"，单击"OK"按钮。

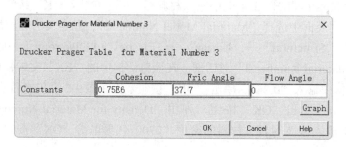

图 9-11 "Drucker Prager for Material Number3"对话框（强度折减系数 $F=1.2$）

采用相同的方法定义强度折减系数分别为 $F=1.4$、$F=1.6$、$F=1.8$、$F=2.0$、$F=2.2$、$F=2.4$、$F=2.6$、$F=2.8$、$F=3.0$ 后的边坡围岩材料本构模型。具体数值如下表：

F	Cohesion	Fric Angle
1.0	9.00E+05	42.80
1.2	7.50E+05	37.70
1.4	6.40E+05	33.50
1.6	5.60E+05	30.00

（续）

F	Cohesion	Fric Angle
1.8	5.00E+05	27.2
2.0	4.50E+05	24.80
2.2	4.09E+05	22.80
2.4	3.60E+05	21.10
2.6	3.46E+05	19.6
2.8	3.2E+05	18.20
3.0	3.00E+05	17.10

a. 定义强度折减后的本构模型的目的是为了分析边坡稳定性。

b. 强度折减就是降低黏聚力和内摩擦角，根据式（9-1）和式（9-2）进行折减。

2. 建立模型和划分网格

（1）创建边坡线模型

1）输入关键点：Main Menu → Preprocessor → Modeling → Create → Keypoints → In Active CS，弹出"Create Keypoints in Active Coordinate System"对话框，如图 9-12 所示。在"NPT keypoint number"文本框中输入"1"，在"X, Y, Z Location in active CS"文本框中输入"0, 0, 0"，单击"Apply"按钮，这样就创建了关键点 1。再依次重复在"NPT keypoint number"文本框中输入"2、3、4、5、6、7、8、9"，在对应的"X, Y, Z Location in active CS"文本框中输入"-800, 0, 0""-800, -800, 0""-800, -1200, 0""1200, -1200, 0""1200, -800, 0""1200, 0, 0""1200, 378, 0""430, 378, 0"，最后单击"OK"按钮。

2）创建坡线模型：Main Menu → Preprocessor → Modeling → Create → Lines → Lines → Straight Line，弹出"Create straight Line"选择对话框。在图形窗口依次选择关键点"1、2"，单击"Apply"按钮，这样就创建了直接 L1。同样，分别连接关键点"2、3""3、4""4、5""5、6""6、7""7、8""8、9""9、1""1、7""3、6"，最后单击"OK"按钮，得到边坡线模型，如图 9-13 所示。

图 9-12 "Create Keypoints in Active Coordinate System"对话框

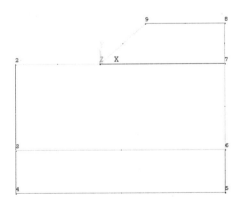

图 9-13 边坡线模型

(2）创建边坡面模型

1）打开线编号显示：Utility Menu → PlotCtrls → Numbering，弹出"Plot Numbering Controls"对话框，如图 9-14 所示。选择"Line numbers"复选框，使后面的文字由"Off"变为"On"，单击"OK"按钮，关闭该对话框。

2）创建边坡面模型：Main Menu → Preprocessor → Modeling → Create → Areas → Arbitrary → By Line，弹出"Create Area by Lines"选择对话框。在图形窗口选取线 L3、L4、L5 和 L11，单击"Apply"按钮，生成边坡弹性材料区域面积 A1；再依次在图形窗口选取线 L1、L2、L11、L6 和 L10，单击"Apply"按钮，生成边坡塑性材料区域面积 A2；再依次在图形窗口选取线 L7、L8、L9 和 L10，单击"OK"按钮，生成边坡开挖掉的区域面积 A3，最后得到边坡面模型，如图 9-15 所示。

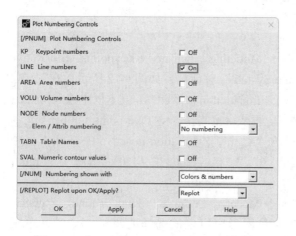 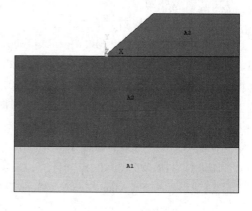

图 9-14 "Plot Numbering Controls"对话框　　　　图 9-15 边坡面模型

(3）划分边坡围岩 1 单元网格

1）给边坡围岩 1 赋予材料特性：Main Menu → Preprocessor → Meshing → MeshTool，弹出"MeshTool"选择对话框，如图 9-16 所示。在"Element Attributes"下拉列表中选择"Areas"，按"Set"按钮，弹出"Area Attributes"选择对话框。在图形窗口选择边坡围岩 A1 区域，单击"OK"按钮，弹出如图 9-17 所示的"Area Attributes"对话框。在"Material number"列表框中选取"2"，在"Element type number"下拉列表中选取"1 PLANE82"，单击"OK"按钮。

2）设置网格划分份数：在图 9-16 的"Size Controls"中单击"Lines"右侧的"Set"，弹出"Line Attributes"选择对话框，在图形窗口选择线 L3 和 L5，弹出"Element Sizes on Picked Lines"，对话框，如图 9-18 所示。在"No. of element division"文本框中输入"5"，单击"Apply"按钮；再选择线 L4 和 L11，弹出图 9-18 所示的对话框。在"No. of element division"文本框中输入"26"，单击"OK"按钮。

3）划分单元网格：在图 9-16 中单击"Mesh"按钮，弹出"Area Attributes"选择对话框。选择面 A1，单击"OK"按钮，生成边坡围岩 1 单元网格。

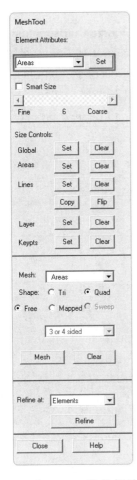
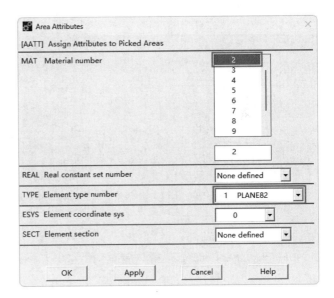

图 9-16 "MeshTool"选择对话框　　　　图 9-17 "Area Attributes"对话框

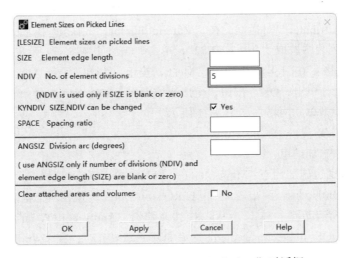

图 9-18 "Element Sizes on Picked Lines"对话框

(4)划分边坡围岩2单元网格

1)设置网格份数：Main Menu → Preprocessor → Meshing → Size Cntrls → ManualSize → Layers → Picked Lines，弹出"Set Layer Controls"选择对话框，如图9-19所示。在图形窗口选取线L1、L2和L6，单击"OK"按钮，弹出"Area Layer-Mesh Controls on Picked Lines"对话框，如图9-20所示。在"No. of line division"文本框中输入"10"，单击"OK"按钮。

采用相同方法设置线L8和L10的分割份数为16；设置线L7和L9的分割份数为12。

 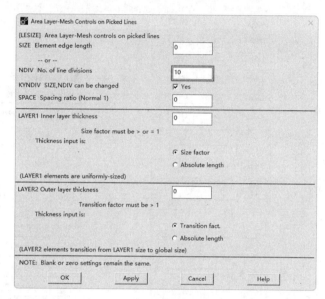

图9-19 "Set Layer Controls"选择对话框　　图9-20 "Area Layer-Mash Controls on Picked Lines"对话框

2)给边坡围岩1赋予材料特性：Main Menu → Preprocessor → Meshing → MeshTool，弹出"MeshTool"选择对话框，如图9-16所示。在"Element Attributes"下拉列表中选择"Areas"，按"Set"按钮，弹出"Area Attributes"选择对话框。在图形窗口选择面A2和A3，单击"OK"按钮，弹出"Area Attributes"对话框。在"Material number"列表框中选取"1"，在"Element type number"下拉列表中选取"1 PLANE82"，单击"OK"按钮。

3)划分单元网格：在图9-16中单击"Mesh"按钮，弹出"Area Attributes"选择对话框，在图形窗口选择围岩，单击"OK"按钮，生成边坡围岩2单元网格。

最后得到边坡模型单元网格，如图9-21所示。

3. 施加约束和荷载

(1)给边坡模型施加约束

1)给边坡模型两边施加约束：Main Menu → Solution → Define Loads → Apply → Structural → Displacement → On Nodes，弹出"Apply U,ROT on Nodes"选择对话框。在图形窗口选取边坡模型两侧边界上所有节点，单击"OK"按钮。弹出"Apply U,ROT on Nodes"对话框，如图9-22所示。在"DOFs to be constrained"列表框中选取"UX"，在"Apply as"下拉列表中选取"Constant value"，在"Displacement value"文本框中输入"0"，然后单击"OK"按钮。

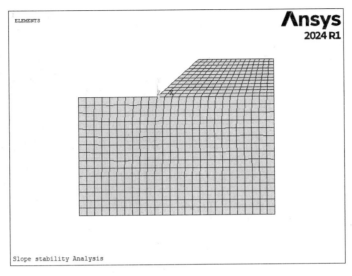

图 9-21 得到的边坡模型单元网格

2）给模型底部施加约束：Main Menu → Solution → Define Loads → Apply → Structural → Displacement → On Nodes，弹出"Apply U,ROT on Nodes"选择对话框。在图形窗口选取边坡模型底部边界上所有节点，单击"OK"按钮，弹出图 9-23 所示的对话框。在"DOFs to be constrained"列表框中选取"UX、UY"，在"Apply as"下拉列表中选取"Constant value"，在"Displacement value"文本框中输入"0"，然后单击"OK"按钮。

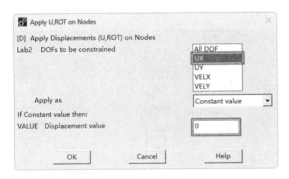

图 9-22 "Apply U,ROT on Nodes"对话框
（给模型两侧施加位移约束）

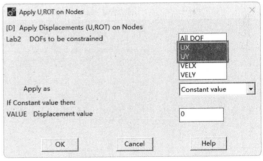

图 9-23 "Apply U,ROT on Nodes"对话框
（给模型底部施加位移约束）

对于节点选择，可以先选择节点上的线，再选择附在线上的节点。

（2）施加重力加速度　Main Menu → Solution → Define Loads → Apply → Structural → Inertia → Gravity → Global，弹出"Apply（Gravitational）Acceleration"对话框，如图 9-24 所示。只需在"Global Cartesian Y-comp"文本框中输入重力加速度 9.8 就可以，单击"OK"按钮，完成重力加速度的施加。

这时，就可以得到施加约束和重力加速度后的边坡有限元模型，如图 9-25 所示。

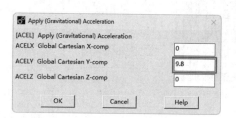

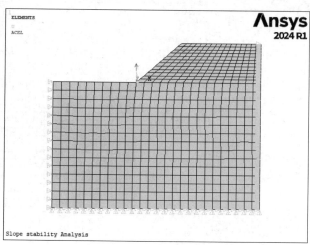

图 9-24 "Apply（Gravitational） Acceleration"对话框

图 9-25 施加约束和重力加速度后的边坡有限元模型

4. 求解

（1）求解设置

1）指定求解类型：Main Menu → Solution → Analysis Type → New Analysis，弹出如图 9-26 所示的对话框。在"Type of analysis"中选择"Static"，单击"OK"按钮。

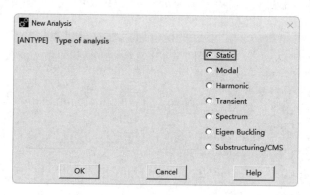

图 9-26 "New Analysis"对话框

2）设置载荷步：Main Menu → Solution → Analysis Type → Sol'n Controls，弹出"Solution Controls"对话框。选择"Basic"选项卡，如图 9-27 所示。在"Number of substeps"文本框中输入"5"，在"Max no. of substeps"文本框中输入"100"，在"Min no. of substeps"文本框中输入"1"，单击"OK"按钮。

3）设置线性搜索：Main Menu → Solution → Analysis Type → Sol'n Controls，弹出"Solution Controls"对话框。选择"Nonlinear"选项卡，如图 9-28 所示。在"Line search"下拉列表中选择"On"，单击"OK"按钮。

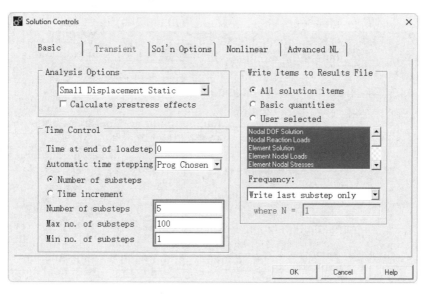

图 9-27 选择"Basic"选项卡

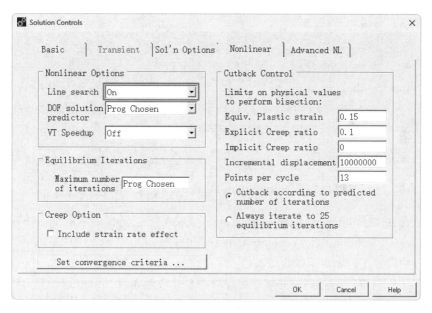

图 9-28 选择"Nonlinear"选项卡

4)设定牛顿-拉普森选项:Main Menu → Solution → Analysis Type → Unabridged Menu → Analysis Options,弹出"Static or Steady-State Analysis"对话框,如图 9-29 所示。在"New-Raphson option"下拉列表中选择"Full N-R",单击"OK"按钮。

5)打开大位移求解:Main Menu → Solution → Analysis Type → Sol'n Controls → Basic,弹出图 9-27 所示对话框。在"Analysis Options"下拉列表中大位移"Large Displacement Static",单击"OK"按钮。

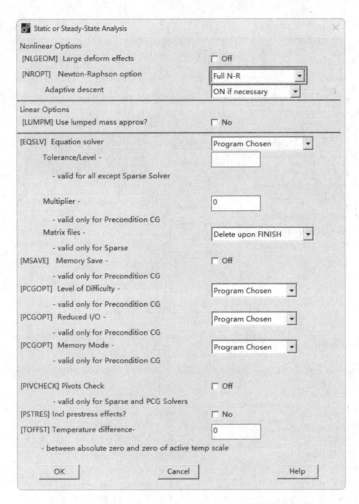

图 9-29 "Static or Steady-State Analysis" 对话框

6）设置收敛条件：Main Menu → Solution → Load Step Opts → Nonlinear → Convergence Crit，弹出 "Default Nonlinear Convergence Criteria"，如图 9-30 所示。图中显示了 Ansys 默认的收敛条件：分别设置了力和力矩的收敛条件。

为了使求解顺利进行和得到较好解，可以修改默认收敛条件，即分别设置力、力矩和位移收敛条件。单击图 9-30 中的 "Replace" 按钮，弹出 "Nonlinear Convergence Criteria" 对话框，如图 9-31 所示。在 "Lab Convergence is based on" 右侧的第一个列表框中选择 "Structural"，第二个列表框中选择 "Force F"；在 "TOLER Tolerance about VALUE" 文本框中输入 "0.005"；在 "NORM Convergence norm" 下拉列表中选择 "L2 norm"；在 "MINREF Minimum reference value" 文本框中输入 "0.5"，单击 "OK" 按钮，这就设置好了求解时的力收敛条件。

单击图 9-31 中的 "OK" 按钮，弹出如图 9-32 所示的对话框。单击 "Add" 按钮，弹出如图 9-33 所示的对话框。在 "Lab Convergenceis based on" 右侧的第一个列表框中选择 "Structural"，第二列表框中选择 "Displacement U"；在 "TOLER Tolerance about VALUE" 文本框中输入

"0.05";在"NORM Convergence norm"下拉列表中选择"L2 norm";在"MINREF Minimum reference value"文本框中输入"1",单击"OK"按钮,这就设置好了求解时的位移收敛条件。这样就修改了求解收敛条件。

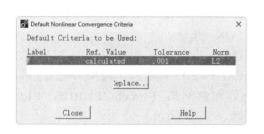

图 9-30 "Default Nonlinear Convergence Criteria"对话框(Ansys 默认收敛条件)

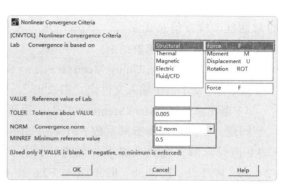

图 9-31 "Nonlinear Convergence Criteria"对话框(设置力收敛条件)

图 9-32 "Default Nonlinear Convergence Criteria"对话框(设置完力收敛条件)

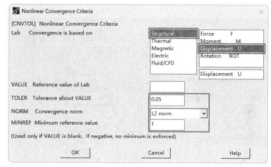

图 9-33 "Nonlinear Convergence Criteria"对话框(设置位移收敛条件)

(2)边坡在强度折减系数 $F=1$ 时求解

1)求解:Main Menu → Solution → Solve → Current LS,弹出如图 8-111 和图 8-112 所示的对话框。检查信息无误后,单击"OK"按钮,开始求解运算,直到出现一个"Solution is done!"的提示,表示求解结束。

2)保存求解结果:Utility Menu → File → Save as,弹出"Save Database"对话框。在"Save Database to"文本框中输入文件名"F1.0.db",单击"OK"按钮。

3)退出求解器:Main Menu → Finish,退出求解器。

(3)边坡在强度折减系数 $F=1.2$ 时求解

1)折减边坡强度:首先选择需要折减的单元,再选择 Main Menu → Solution → Load Step Opts → Other → Change Mat Props → Change Mat Num,弹出"Change Material Number"对话

框，如图 9-34 所示。在"New material number"文本框中输入新材料号"3"，在"Element no. to be modified"文本框中输入"ALL"，表示把刚才选定的单元材料改为 3 号材料，单击"OK"按钮。

2）求解：Main Menu → Solution → Solve → Current LS，弹出如图 8-111 和图 8-112 所示的对话框。检查信息无误后，单击"OK"按钮，开始求解运算，直到出现一个"Solution is done!"的提示，表示求解结束。

3）保存求解结果：Utility Menu → File → Save as，弹出"Save Database"对话框，在"Save Database to"文本框中输入文件名"F1.2.db"，单击"OK"按钮。

4）退出求解器：Main Menu → Finish，退出求解器。

同理，依次对强度折减系数 F=1.4、F=1.6、F=1.8、F=2.0、F=2.2、F=2.4、F=2.6、F=2.8、F=3.0 进行求解，直到求解不收敛为止，并保存各次求解结果：F1.4.db、F1.10.db、F1.8.db、F2.0.db、F2.2.db、F2.4.db、F2.10.db、F2.8.db（见图 9-35）、F3.0.db。

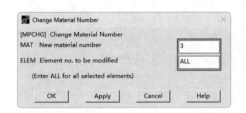

图 9-34 "Change Material Number"对话框
（改变材料号）

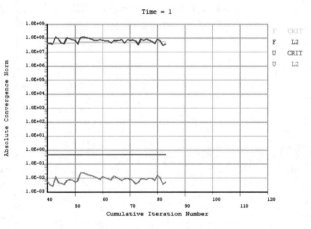

图 9-35 F=2.8 时的求解收敛迭代过程

当强度折减系数 F=3.0 时，求解不收敛，此时求解迭代力和位移不收敛过程如图 9-36 所示。边坡稳定性有限元分析一般采用强度折减方法来求得边坡安全系数。

强度折减根据式 9-1 和式 9-2 来进行折减。

求解不收敛是判断边坡不稳定的一个准则。

5. 后处理

伴随强度折减系数的增加，边坡的塑性应变增大，塑性区也随之扩大，当塑性区发展成一个贯通区域时，边坡就不稳定，此时求解也不收敛。与之同时，边坡水平位移也变大。因此，主要通过观察后处理中边坡塑性应变、塑性区、位移和收敛来判断边坡稳定与否。

（1）强度折减系数 F=1 时的结果分析

1）读入强度折减系数 F=1.0 时的结果数据：Utility Menu → File → Resume from…，弹出"Resume Database"对话框。选择刚才保存的文件"F1.0.db"，单击"OK"按钮。

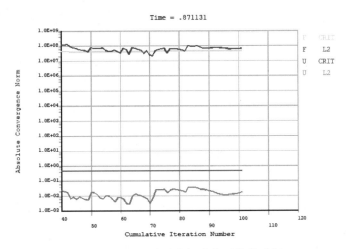

图 9-36 F=3.0 时的求解迭代不收敛过程

2）重新求解：Main Menu → Solution → Solve → Current LS，弹出如图 8-111 和图 8-112 所示的对话框。检查信息无误后，单击"OK"按钮，开始求解运算，直到出现一个"Solution is done!"的提示，表示求解结束。

3）读取最后一个结果：Main Menu → General Postproc → Read Results → Last Set。

4）绘制边坡变形图：Main Menu → General Postproc → Plot Results → Deformed Shape，弹出"Plot Deformed Shape"对话框，如图 9-37 所示。选择"Def +undeformed"，单击"OK"按钮，得到 F=1.0 时的边坡变形图，如图 9-38 所示。

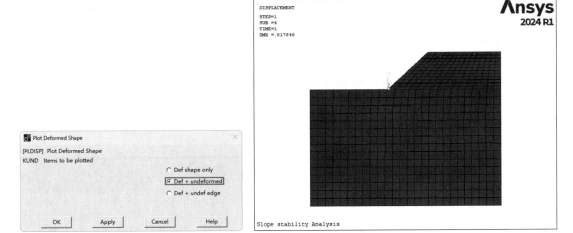

图 9-37 "Plot Deformed Shape"对话框   图 9-38 F=1.0 时的边坡变形图

5）显示边坡 X 方向位移云图：Main Menu → General Postproc → Plot Results → Contour Plot → Nodal Solu，弹出"Contour Nodal Solution Data"对话框，如图 9-39 所示。选择"Nodal Solution" → "DOF Solution" → "X-Compoment of displacement"，单击"OK"按钮，得到

F=1.0 时的边坡 X 方向位移云图，如图 9-40 所示。此时，边坡水平方向最大位移为 58.815mm。

6）显示边坡塑性应变云图：Main Menu → General Postproc → Plot Results → Contour Plot → Nodal Solu，弹出图 9-39 所示对话框。选择"Nodal Solution"→"Plastic Strain"→"von Mises plastic strain"，单击"OK"按钮，得到 F=1.0 时的边坡塑性应变云图，如图 9-41 所示。此时，边坡模型没有塑性应变，没有塑性区，即边坡没有发生塑性变形。

图 9-39 "Contour Nodal Solution Data"对话框　　图 9-40　F=1.0 时的边坡 X 方向位移云图

（2）强度折减系数 F=1.2 时的结果分析

1）读入强度折减系数 F=1.2 时的结果数据：Utility Menu → File → Resume from…，弹出"Resume Database"对话框。选择刚才保存的文件"F1.2.db"，单击"OK"按钮。

2）重新求解：Main Menu → Solution → Solve → Current LS，弹出如图 8-111 和图 8-112 所示的对话框。检查信息无误后，单击"OK"按钮，开始求解运算，直到出现"Solution is done!"的提示，表示求解结束。

3）读取最后一个结果：Main Menu → General Postproc → Read Results → Last Set。

4）绘制边坡变形图：Main Menu → General Postproc → Plot Results → Deformed Shape，弹出"Plot Deform Shape"对话框。选择"Def +undeformed"，单击"OK"按钮，得到 F=1.2 时的边坡变形图，如图 9-42 所示。

5）显示边坡 X 方向位移云图：在图 9-40 中选择"Nodal Solution"→"DOF Solution"→"X-Compoment of displacement"，单击"OK"按钮，得到 F=1.2 时的边坡 X 方向位移云图，如图 9-43 所示。此时，边坡水平方向最大位移为 59.762mm。

6）显示边坡塑性应变云图：在图 9-39 中选择"Nodal Solution"→"Plastic Strain"→"von Mises plastic strain"，单击"OK"按钮，得到 F=1.2 时的边坡塑性应变云图，如图 9-44 所示。此时，边坡模型没有塑性应变，没有塑性区，即边坡没有发生塑性变形。

（3）强度折减系数 F=1.4 时的结果分析

1）读入强度折减系数 F=1.4 时的结果数据：Utility Menu → File → Resume from…，弹出"Resume Database"对话框。选择刚才保存的文件"F1.4.db"，单击"OK"按钮。

Ansys 边坡工程应用实例分析 >>>

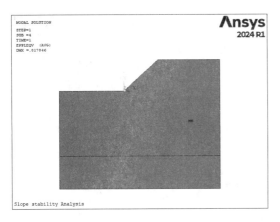

图 9-41　$F=1.0$ 时的边坡模型塑性应变云图

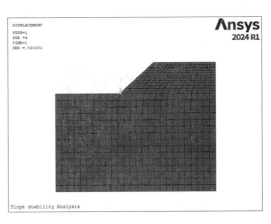

图 9-42　$F=1.2$ 时的边坡变形图

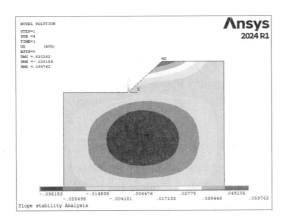

图 9-43　$F=1.2$ 时的边坡 X 方向位移云图

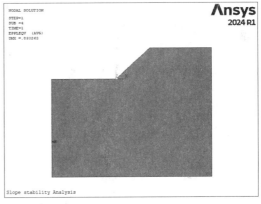

图 9-44　$F=1.2$ 时的边坡模型塑性应变云图

2）重新求解：Main Menu → Solution → Solve → Current LS，弹出如图 8-111 和图 8-112 所示的对话框。检查信息无误后，单击"OK"按钮，开始求解运算，直到出现"Solution is done!"的提示，表示求解结束。

3）读取最后一个结果：Main Menu → General Postproc → Read Results → Last Set。

4）绘制边坡变形图：Main Menu → General Postproc → Plot Results → Deformed Shape，弹出"Plot Deform Shape"对话框。选择"Def +undeformed"，单击"OK"按钮，得到 $F=1.4$ 时的边坡变形图，如图 9-45 所示。

5）显示边坡 X 方向位移云图：在图 9-39 中选择"Nodal Solution"→"DOF Solution"→"X-Compoment of displacement"，单击"OK"按钮，得到 $F=1.4$ 时的边坡 X 方向位移云图，如图 9-46 所示。此时，边坡水平方向最大位移为 59.755mm。

6）显示边坡塑性应变云图：在图 9-39 中选择"Nodal Solution"→"Plastic Strain"→"von Mises plastic strain"，单击"OK"按钮，得到 $F=1.4$ 时的边坡塑性应变云图，如图 9-47 所示。此时，边坡模型有塑性应变，其值为 0.194E-05，在坡脚处开始出现塑性区。

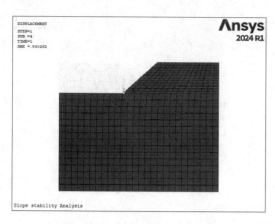

图 9-45　$F=1.4$ 时的边坡变形图　　　　图 9-46　$F=1.4$ 时的边坡 X 方向位移云图

（4）强度折减系数 $F=1.6$ 时的结果分析

1）读入强度折减系数 $F=1.6$ 时的结果数据：Utility Menu → File → Resume from…，弹出 "Resume Database" 对话框。选择刚才保存的文件 "F1.6.db"，单击 "OK" 按钮。

2）重新求解：Main Menu → Solution → Solve → Current LS，弹出如图 8-111 和图 8-112 所示的对话框。检查信息无误后，单击 "OK" 按钮，开始求解运算，直到出现 "Solution is done!" 的提示，表示求解结束。

3）读取最后一个结果：Main Menu → General Postproc → Read Results → Last Set。

4）绘制边坡变形图：Main Menu → General Postproc → Plot Results → Deformed Shape，弹出 "Plot Deform Shape" 对话框。选择 "Def +undeformed"，单击 "OK" 按钮，得到 $F=1.6$ 时的边坡变形图，如图 9-48 所示。

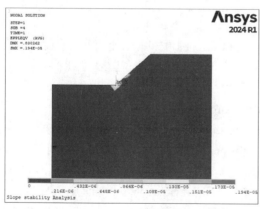
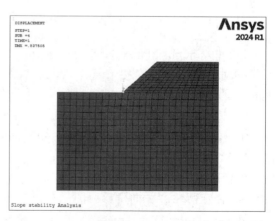

图 9-47　$F=1.4$ 时的边坡模型塑性应变云图　　　图 9-48　$F=1.6$ 时的边坡变形图

5）显示边坡 X 方向位移云图：在图 9-39 中选择 "Nodal Solution" → "DOF Solution" → "X-Compoment of displacement"，单击 "OK" 按钮，得到 $F=1.6$ 时的边坡 X 方向位移云图，如图 9-49 所示。此时，边坡水平方向最大位移为 61.828mm。

6）显示边坡塑性应变云图：在图 9-39 中选择 "Nodal Solution" → "Plastic Strain" → "von Mises plastic strain"，单击 "OK" 按钮，得到 $F=1.6$ 时的边坡塑性应变云图，如图 9-50 所示。此时，边坡模型有塑性应变，其值为 0.277E-04，在坡脚处塑性区向上扩展。

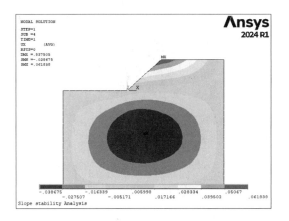
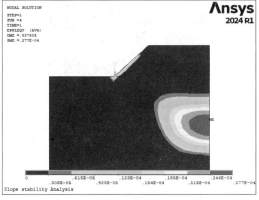

图 9-49　$F=1.6$ 时的边坡 X 方向位移云图　　　图 9-50　$F=1.6$ 时的边坡模型塑性应变云图

（5）强度折减系数 $F=2.2$ 时的结果分析

1）读入强度折减系数 $F=2.2$ 时的结果数据：Utility Menu → File → Resume from…，弹出一个 "Resume Database" 对话框。选择刚才保存的文件 "F2.2.db"，单击 "OK" 按钮。

2）重新求解：Main Menu → Solution → Solve → Current LS，弹出如图 8-111 和图 8-112 所示的对话框。检查信息无误后，单击 "OK" 按钮，开始求解运算，直到出现 "Solution is done!" 的提示，表示求解结束。

3）读取最后一个结果：Main Menu → General Postproc → Read Results → Last Set。

4）绘制边坡变形图：Main Menu → General Postproc → Plot Results → Deformed Shape，弹出 "Plot Deform Shape" 对话框。选择 "Def +undeformed"，单击 "OK" 按钮，得到 $F=2.2$ 时的边坡变形图，如图 9-51 所示。

5）显示边坡 X 方向位移云图：在图 9-39 中选择 "Nodal Solution" → "DOF Solution" → "X-Compoment of displacement"，单击 "OK" 按钮，得到 $F=2.2$ 时的边坡 X 方向位移云图，如图 9-52 所示。此时，边坡水平方向最大位移为 74.426mm。

6）显示边坡塑性应变云图：在图 9-39 中选择 "Nodal Solution" → "Plastic Strain" → "von Mises plastic strain"，单击 "OK" 按钮，得到 $F=2.2$ 时的边坡塑性应变云图，如图 9-53 所示，此时，边坡模型有塑性应变，其值为 2.37E-04，模型中塑性区扩展。

（6）强度折减系数 $F=2.4$ 时的结果分析

1）读入强度折减系数 $F=2.4$ 时的结果数据：Utility Menu → File → Resume from…，弹出 "Resume Database" 对话框。选择刚才保存的文件 "F2.4.db"，单击 "OK" 按钮。

2）重新求解：Main Menu → Solution → Solve → Current LS，弹出如图 8-111 和图 8-112 所示的对话框。检查信息无误后，单击 "OK" 按钮，开始求解运算，直到出现 "Solution is done!" 的提示，表示求解结束。

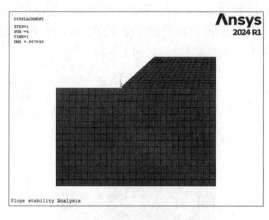

图 9-51　$F=2.2$ 时的边坡变形图　　　　图 9-52　$F=2.2$ 时的边坡 X 方向位移云图

3）读取最后一个结果：Main Menu → General Postproc → Read Results → Last Set。

4）绘制边坡变形图：Main Menu → General Postproc → Plot Results → Deformed Shape，弹出"Plot Deform Shape"对话框。选择"Def +undeformed"，单击"OK"按钮，得到 $F=24$ 时的边坡变形图，如图 9-54 所示。

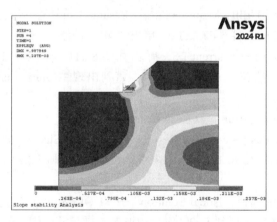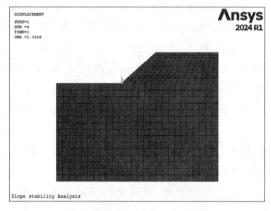

图 9-53　$F=2.2$ 时的边坡模型塑性应变云图　　　图 9-54　$F=2.4$ 时的边坡变形图

5）显示边坡 X 方向位移云图：在图 9-39 中选择"Nodal Solution"→"DOF Solution"→"X-Compoment of displacement"，单击"OK"按钮，得到 $F=2.4$ 时的边坡 X 方向位移云图，如图 9-55 所示。此时，边坡水平方向最大位移为 71.064mm。

6）显示边坡塑性应变云图：在图 9-39 中选择"Nodal Solution"→"Plastic Strain"→"von Mises plastic strain"，单击"OK"按钮，得到 $F=2.4$ 时的边坡塑性应变云图，如图 9-56 所示，此时，边坡模型有塑性应变，其值为 4.30E-04，模型中塑性区逐渐扩大。

（7）强度折减系数 $F=2.6$ 时的结果分析

1）读入强度折减系数 $F=2.6$ 时的结果数据：Utility Menu → File → Resume from…，弹出"Resume Database"对话框。选择刚才保存的文件"F2.6.db"，单击"OK"按钮。

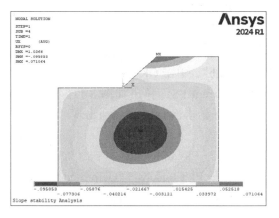
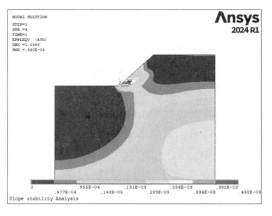

图 9-55　$F=2.4$ 时的边坡 X 方向位移云图　　图 9-56　$F=2.4$ 时的边坡模型塑性应变云图

2）重新求解：Main Menu → Solution → Solve → Current LS，弹出如图 8-111 和图 8-112 所示的对话框。检查信息无误后，单击"OK"按钮，开始求解运算，直到出现"Solution is done!"的提示栏，表示求解结束。

3）读取最后一个结果：Main Menu → General Postproc → Read Results → Last Set。

4）绘制边坡变形图：Main Menu → General Postproc → Plot Results → Deformed Shape，弹出"Plot Deform Shape"对话框。选择"Def +undeformed"，单击"OK"按钮，得到 $F=2.6$ 时的边坡变形图，如图 9-57 所示。

5）显示边坡 X 方向位移云图：在图 9-39 中选择"Nodal Solution"→"DOF Solution"→"X-Compoment of displacement"，单击"OK"按钮，得到 $F=2.6$ 时的边坡 X 方向位移云图，如图 9-58 所示。此时，边坡水平方向最大位移为 60.788mm。

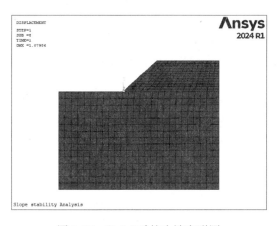
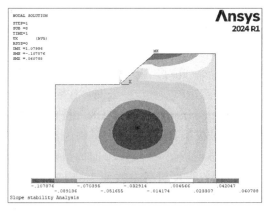

图 9-57　$F=2.6$ 时的边坡变形图　　图 9-58　$F=2.6$ 时的边坡 X 方向位移云图

6）显示边坡塑性应变云图：在图 9-39 中选择"Nodal Solution"→"Plastic Strain"→"von Mises plastic strain"，单击"OK"按钮，得到 $F=2.6$ 时的边坡塑性应变云图，如图 9-59 所

示。此时，边坡模型有塑性应变，其值为 8.05E-04，模型中塑性区逐渐扩大。

（8）强度折减系数 $F=2.8$ 时的结果分析

1）读入强度折减系数 $F=2.8$ 时的结果数据：Utility Menu → File → Resume from…，弹出"Resume Database"对话框。选择刚才保存的文件"F2.8.db"，单击 OK 按钮。

2）重新求解：Main Menu → Solution → Solve → Current LS，弹出如图 8-111 和图 8-112 所示的对话框。检查信息无误后，单击"OK"按钮，开始求解运算，直到出现"Solution is done!"的提示，表示求解结束。

3）读取最后一个结果：Main Menu → General Postproc → Read Results → Last Set。

4）绘制边坡变形图：Main Menu → General Postproc → Plot Results → Deformed Shape，弹出"Plot Deform Shape"对话框。选择"Def +undeformed"，单击"OK"按钮，得到 $F=2.8$ 时的边坡变形图，如图 9-60 所示。

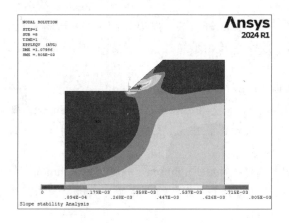 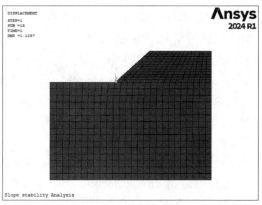

图 9-59　$F=2.6$ 时的边坡模型塑性应变云图　　　图 9-60　$F=2.8$ 时的边坡变形图

5）显示边坡 X 方向位移云图：在图 9-39 中选择"Nodal Solution"→"DOF Solution"→"X-Compoment of displacement"，单击"OK"按钮，得到 $F=2.8$ 时的边坡 X 方向位移云图，如图 9-61 所示。此时，边坡水平方向最大位移为 50.933mm。

6）显示边坡塑性应变云图：在图 9-39 中选择"Nodal Solution"→"Plastic Strain"→"von Mises plastic strain"，单击"OK"按钮，得到 $F=2.8$ 时的边坡塑性应变云图，如图 9-62 所示。此时，边坡模型有塑性应变，其值为 12.58E-04，模型中塑性区逐渐扩大，很快要贯通到坡顶。

（9）强度折减系数 $F=3.0$ 时的结果分析

1）读入强度折减系数 $F=3.0$ 时的结果数据：Utility Menu → File → Resume from…，弹出"Resume Database"对话框。选择刚才保存的文件"F3.0.db"，单击"OK"按钮。

2）重新求解：Main Menu → Solution → Solve → Current LS，弹出如图 8-111 和图 8-112 所示的对话框。检查信息无误后，单击"OK"按钮，开始求解运算，当求解时间为 0.871131s 时求解不收敛。

3）读取最后一个结果：Main Menu → General Postproc → Read Results → Last Set。

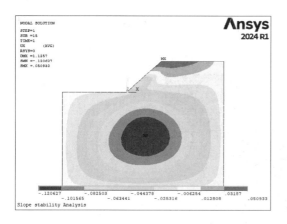
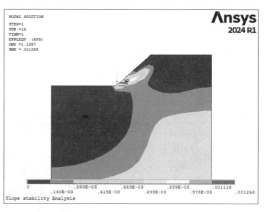

图 9-61　F=2.8 时的边坡 X 方向位移云图　　图 9-62　F=2.8 时的边坡模型塑性应变云图

4）绘制边坡变形图：Main Menu → General Postproc → Plot Results → Deformed Shape，弹出"Plot Deform Shape"对话框。选择"Def +undeformed"，单击"OK"按钮，得到 F=3.0 时的边坡变形图，如图 9-63 所示。

5）显示边坡 X 方向位移云图：在图 9-39 中选择"Nodal Solution"→"DOF Solution"→"X-Compoment of displacement"，单击"OK"按钮，得到 F=3.0 时的边坡 X 方向位移云图，如图 9-64 所示。此时，边坡水平方向最大位移为 34.382mm，水平位移急剧下降，说明边坡已经破坏。

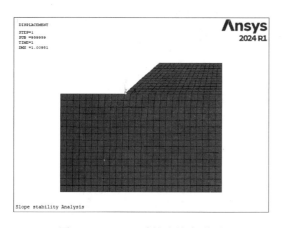
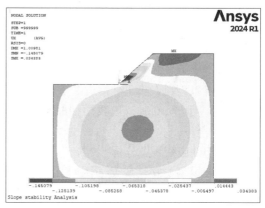

图 9-63　F=3.0 时的边坡变形图　　图 9-64　F=3.0 时的边坡 X 方向位移云图

F=3.0 时，解不收敛。

6）显示边坡塑性应变云图：在图 9-39 中选择"Nodal Solution"→"Plastic Strain"→"von Mises plastic strain"，单击"OK"按钮，得到 F=3.0 时的边坡塑性应变云图，如图 9-65 所示。此时，边坡模型有塑性应变，其值为 22.53E-04，模型中塑性区逐渐扩大，并贯通到坡顶，说明此时边坡已经不稳定，即边坡已经发生破坏。

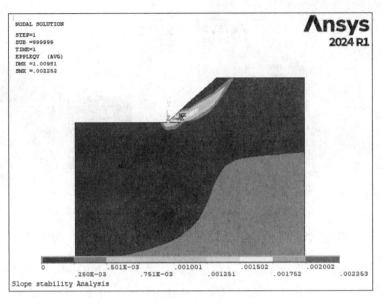

图 9-65　$F=3.0$ 时的边坡模型塑性应变云图

9.3.3　计算结果分析

1. 从边坡变形图分析

从边坡变形图看，随着强度折减系数 F 的增加，边坡变形加大。当 $F=3.0$ 时，解不收敛。从图 9-63 所示的边坡变形图可看出，此时边坡破坏面近似圆弧型，说明边坡已经不安全。

2. 从边坡水平方向位移云图分析

边坡水平方向位移随强度折减系数 F 的增加而发生很大波动。刚开始，随 F 增加，水平位移慢慢增大，当 $F=2.2$ 时，边坡模型的水平位移开始减小；当 $F=2.8$ 时，水平方向位移开始急剧下降；当 $F=3.0$ 时，边坡模型的水平方向位移下将到 38.382mm，表明此时边坡已经发生破坏。

3. 从塑性应变云图分析

从边坡模型的塑性应变云图看，随着强度折减系数 F 的增加，塑性应变从无到逐渐增大，塑性区也从无到逐渐增大，当 $F=3.0$ 时，塑性区贯通到坡顶，并且此时解不收敛，表明边坡已经破坏。因此，该边坡的模型的安全系数应该是 2.9。

还可以从边坡垂直方向位移和关键点位移（如坡脚和坡顶）来判断边坡稳定性。

9.3.4　命令流方式

略，见随书电子资料文档。

第 10 章 Ansys 水利工程应用实例分析

本章导读

本章首先概述了水利工程 Ansys 应用，其次介绍了 Ansys 重力坝抗震性能分析步骤，最后用实例详细介绍了 Ansys 重力坝抗震性能分析过程。

学习要点

- ◆ Ansys 重力坝抗震性能分析步骤
- ◆ Ansys 重力坝抗震性能实例分析

10.1 水利工程概述

水利工程中各种建筑物按其在水利枢纽中所起的作用，可以分为以下几类：

1）挡水建筑物，用以拦截河流，形成水库，如各种坝和水闸以及抵御洪水所用的堤防等。

2）泄水建筑物，用以宣泄水库（或渠道）在洪水期间或其他情况下的多余水量，以保证坝（或渠道）的安全，如各种溢流坝、溢流道、泄洪隧道和泄洪涵管等。

3）输水建筑物，为灌溉、发电或供水，从水库（或河道）向库外（或下游）输水用的建筑物，如引水隧道、引水涵管、渠道和渡槽等。

4）取水建筑物，是输水建筑物的首部建筑，如为灌溉、发电、供水而建的进水闸、扬水站等。

5）整治建筑物，用以调整水流与河床、河岸的相互作用，以及防护水库、湖泊中的波浪和水流对岸坡的冲刷，如丁坝、顺坝、导流堤、护底和护岸等。

由于破坏后果的灾难性，大型水利工程建设的首要目标是安全可靠，其次才是经济合理。所以，研究大坝等水利工程建筑物的安全分析、评价和监控，是工程技术人员需要解决的课题，正确分析大坝性态已经成为当务之急。

当前，对各种水利工程评价主要采用有限元分析法，借助各种有限元软件对这些水利工程建筑物进行安全评价，其中应用比较广泛的是 Ansys 软件。目前，Ansys 软件在水利工程中主要应用于以下几个方面：

1. 应用于各种坝体工程的设计和施工

利用 Ansys 软件，模拟各种坝体施工过程，以及坝体在使用阶段受到各种荷载（如水位变化对坝体的压力、地震荷载等）下结构的安全性能进行评价，模拟坝体的温度场和应力场，借助模拟结果修改设计或对坝体采取加固措施。

2. 应用于各种引水隧道、引水涵管等设计和施工

利用 Ansys 软件，模拟这些工程开挖、支护、浇注、回填过程，分析结构在荷载作用下的变形情况、结构的安全可靠度，以及衬砌支护结构在水压、温度发生变化后产生的变形情况和结构内力，依靠 Ansys 模拟结果对结构安全性进行评价。

3. 应用于各种水库闸门的设计和施工

水库闸门在上游水作用下将发生弯曲、扭转、剪切和拉压等组合变形，利用 Ansys 中的 SHELL181 单元来模拟闸门，利用大型结构有限元分析程序 Ansys，对闸门结构进行三维有限元分析，根据分析结果进行强度校核。

10.2 Ansys 重力坝抗震性能分析步骤

重力坝是一种古老而重要的坝型，主要依靠坝体自身重力来维持坝身的稳定。岩基上重力坝的基本剖面呈三角形，上游面通常是垂直的或稍倾向下游的三角形断面。

重力坝的优点：

1）安全可靠，但剖面尺寸较大，抵抗水的渗漏、洪水漫顶、地震或战争破坏的能力都比较强，因而失事率较低。

2）对地形、地质条件适应性强，坝体作用于地基面上的压应力不高，所以对地质条件的要求也较低，低坝甚至可修建在土基上。

3）枢纽泄洪容易解决，便于枢纽布置。

4）施工方便，便于机械化施工。

5）结构作用明确，应力计算和稳定计算比较简单。

因此，它得到了广泛应用。

但是，许多大坝都是建在地震多发和高烈度地区，并且坝体还要承受重力、水压力等长期荷载的作用，为确保工程和人民生命财产在偶发地震荷载作用下的安全，需对大坝进行抗震安全分析。

重力坝抗震性能分析一般分以下 5 个步骤。

10.2.1 创建物理环境

在定义坝体抗震性能分析问题的物理环境时，进入 Ansys 预处理器，建立坝体抗震性能分析的数学仿真模型。

1. 设置 GUI 菜单过滤

如果希望通过 GUI 菜单路径来运行 Ansys，当 Ansys 被激活后，第一件要做的事情就是选择菜单路径：Main Menu → Preferences。执行上述命令后，弹出如图 10-1 所示的对话框。选择"Structural"，这样 Ansys 会根据所选择的参数对 GUI 图形界面进行过滤，以便在进行坝体抗震性能分析时过滤掉一些不必要的菜单及相应图形界面。

2. 定义分析标题（/TITLE）

在进行分析前，可以给所要进行的分析起一个能够代表所分析内容的标题，如"Dam stability Analysis"，以便能够从标题上与其他相似物理几何模型区分，可采用下列方法定义分析标题：

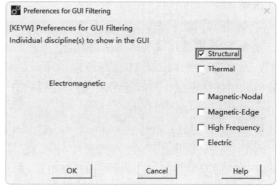

图 10-1 "Preferences for GUI Filtering"对话框

命令方式：/TITLE。
GUI 方式：Utility Menu → File → Change Title。

3. 定义单元类型及其选项（KEYOPT 选项）

与 Ansys 的其他分析一样，也要进行相应的单元类型选择。Ansys 软件提供了 100 种以上的单元类型，可用来模拟工程中的各种结构和材料，各种不同的单元组合在一起，成为具体物理问题的抽象模型。坝体用 PLANE182 单元来模拟。

大多数单元类型都有关键选项（KEYOPTS），这些选项用以修正单元特性。例如，PLANE182 单元有如下 KEYOPTS：

KEYOPT（2）包含或抑制过大位移设置

KEYOPT（3）平面应力、轴对称、平面应变或考虑厚度时的平面应力设置

KEYOPT（5）解输出控制

定义单元类型及其关键选项的方式如下：

命令方式：ET。
　　　　　KEYOPT。
GUI 方式：Main Menu → Preprocessor → Element Type → Add/Edit/Delete。

4. 定义单位

结构分析只有时间单位、长度单位和质量单位 3 个基本单位，所有输入的数据都应当是这 3 个单位组成的表达方式。例如，标准国际单位制下，时间是秒（s），长度是米（m），质量是千克（kg），则导出力的单位是 $kg \cdot m/s^2$（相当于牛，N），材料的弹性模量单位是 $kg/m \cdot s^2$（相当于帕，Pa）。

命令方式：/UNITS

5. 定义材料属性

大多数单元类型在进行程序分析时都需要指定材料属性，Ansys 程序可方便地定义各种材料的属性，如结构材料属性参数、热性能参数、流体性能参数和电磁性能参数等。

Ansys 程序可定义的材料属性有以下 3 种：

◆ 线性或非线性。

◆ 各向同性、正交异性或非弹性。

◆ 随温度变化或不随温度变化。

因为进行坝体抗震性能分析时，Ansys 默认谱分析将忽略材料非线性，因此坝体抗震性能分析采用弹性模型，只需要定义坝体材料属性中的容重（密度）、弹性模量、泊松比。

命令方式：MP。
GUI 方式：Main Menu → Preprocessor → Material Props → Material Models。
　　　　或 Main Menu → Solution → Load Step Opts → Other → Change Mat Props → Material Models。

坝体静力分析时可考虑材料的非线性，但进行抗震性能分析时，需要将非线性参数内摩擦角和黏聚力删除。

10.2.2 建立模型和划分网格

创建好物理环境后就可以建立模型。在进行坝体抗震性能分析时，需要建立模拟坝体的 PLANE183 单元。在建立好的模型中指定特性（单元类型、选项和材料性质等）以后，就可以划分有限元网格了。

通过 GUI 方式为模型中的各区赋予特性：

1）选择 Main Menu → Preprocessor → Meshing → Mesh Attributes → Picked Areas

2）选择模型中要选定的区域。

3）在对话框中为所选定的区域说明材料号、实常数组号、单元类型号和单元坐标系号。

通过命令为模型中的各区赋予特性：

◆ ASEL（选择模型区域）。

◆ MAT（说明材料号）。

◆ TYPE（指定单元类型号）。

1）建立大坝模型时，对坝体和地基赋予不同材料属性，本文只进行坝体抗震性能分析。

2）进行大坝 3-D 模拟分析时，用 SOLID185 模拟混凝土单元和岩石单元的；进行 2-D 模拟分析时，只需用一个 PLANE182 单元即可。

10.2.3 施加约束和荷载

在施加边界条件和载荷时，既可以给实体模型（关键点、线、面），也可以给有限元模型（节点和单元）施加边界条件和载荷。在求解时，Ansys 程序会自动将加到实体模型上的边界条件和荷载转递到有限元模型上。

重力坝抗震性能分析中主要是给坝体底部施加自由度约束。

命令方式：D。

作用在重力坝上的荷载包含水压力、冰压力、泥沙压力、地震力及坝体自重荷载等。

1）自重荷载。由坝体体积和材料的容重算出。

2）静水压力。作用在坝面上的静水压力可根据静水力学原理计算，分为水平分力及垂直分力。

水平分力：
$$P_{sp} = \frac{1}{2}\gamma H_1^2 \quad (10\text{-}1)$$

垂直分力：
$$P_{cz} = \frac{1}{2}\gamma n H_1^2 \quad (10\text{-}2)$$

式中，γ 为水容重；H_1 是上游水深；n 是上游坝面坡度系数。

同理，可求得下游坝面的总静水压力的水平向分力及垂直分力。

3）扬压力。重力坝坝体混凝土或浆砌石砌体不是绝对不透水的，它们的表面及内部存在着无数微小的孔隙，坝基岩石本身孔隙虽然很少，但也存在着节理、裂隙。重力坝建成挡水后，在上下游水位差的长期作用下，上游的水将通过这些孔隙及坝体和坝基的接触面、坝基的节理、裂隙等向下游渗透，从而使得坝体内和坝底面产生渗透水压力。

4）动水压力。在溢流面上作用有动水压力，坝顶曲线和下游面直线段上的动水压力很小，可忽略不计，只计算反弧段上的动水压力。

5）冰压力。在寒冷地区，水库表面冬季结成冰盖，当气温回升时，冰盖发生膨胀，因而对挡水建筑物上游面产生冰压力。

6）泥沙压力。水库蓄水后，入库水流挟带泥沙，逐年淤积在坝前，对坝面产生泥沙压力。

7）浪压力。浪压力与风速和水库吹程有关，但在荷载中所占比重较小，通常忽略。

8）地震荷载。主要是由建筑物质量引起的地震惯性力、地震动水压力和动土压力。

10.2.4 求解

1. 静力求解

首先对重力坝进行静力求解：Ansys 程序根据现有选项的设置，从数据库获取模型和荷载信息并进行计算求解，将结果数据写入结果文件和数据库中，得到坝体在静力荷载作用下的位移场与应力，了解坝体在设计条件下的工作形态，对混凝土重力坝方案的可靠性进行评价。

命令方式：SOLVE。
GUI 方式：Main Menu → Solution → Solve → Current LS。

2. 动力分析求解

由于地震时的地面运动以水平方向为主，在地震力作用下，结构的振动也以水平振动为主，故本次分析只考虑水平方向的地震荷载的作用。对重力坝抗震性能计算分析可以采用以下几种方法：

1）拟静力法：它是一种把地震的影响用一种折算的静荷载来表示，求出这种地震荷载后，按照常规的静力法进行坝体的各项应力、位移的抗震分析方法。它是假定地震时以与地面加速度相同的加速度作用在坝体各部位，求出地震时的惯性力，然后根据惯性力来评价大坝的安全性。

根据拟静力分析方法，大坝的水平地震惯性力可简化为：

$$Q_H = K_H C_Z F W \qquad (10\text{-}3)$$

式中，K_H 是水平方向地震系数，为地面最大水平加速度代表值与重力加速度的比值；C_Z 是综合影响系数，重力坝取为 1/4；F 是地震惯性力系数；W 是产生惯性力的建筑物的总重量。

采用拟静力法计算重力坝的地震作用效应时，水深 h 处的地震动水压力的代表值的计算：

$$P_W(h) = a_h \xi \phi(h) \rho_W H_0 \qquad (10\text{-}4)$$

式中，$P_W(h)$ 是作用在直立迎水坝面水深 h 处的动水压力代表值；a_h 是水平方向地震加速度的代表值，地震烈度为 8 时对应的值是 $0.2g$；ξ 是地震作用效应折减系数，除非另有规定，取 0.25；$\phi(h)$ 是水深 h 处的地震动水压力分布系数；ρ_W 是水体质量密度的标准值；H_0 是水总深度。

与水平面夹角为 θ 的倾斜迎水坝面，按式（5-4）计算的动水压力代表值乘以折减系数：

$$\eta_C = \theta / 90 \qquad (10\text{-}5)$$

2）反应谱分析法：它是以单质点弹性体系在实际地震过程中的反应为基础来进行结构反应的分析，通过反应谱巧妙地将动力问题静力化，使复杂的结构地震反应计算变得简单易行。按照这一理论，应用地震谱曲线，就可以根据实际地面运动来计算建筑物的反应。反应谱是单点弹性体系对实际地面运动的最大反应和体系自振周期的函数。对于复杂的结构，可以简化为若干振型的叠加，每个振型又可转化为一个单质点来考虑。使用已经确定的设计反应谱计算重力坝在地震作用下的反应，就归结为寻求坝体的自振特性。

地震产生的破坏，与受力大小和受频谱的最大振动的持续时间都有关系。在进行反应谱分析计算前，首先要计算大坝的自振特性。模态分析用于确定结构的振动特性，即结构的固有频率和振型，它们是结构承受动态荷载设计中的重要参数，也是更详细的动力分析的基础。

模态分析计算中采用了子空间迭代法提取模态。水深 h 处的地震动水压力的作用按式（10-6）转化为相应的坝面附加质量。

$$P_W(h) = \frac{7}{8} a_h \rho_W \sqrt{H_0 h} \qquad (10\text{-}6)$$

根据图 10-2 所示的大坝设计反应谱曲线，可得大坝反应谱曲线方程：

$$\beta = \begin{cases} 1+10T(\beta_{\max}-1) & 0<T\leq 0.1 \\ \beta_{\max} & 0.1<T\leq T_g \\ \left(\dfrac{T_0}{T}\right)^{0.9}\beta_{\max} & T_g<T \end{cases} \qquad (10\text{-}7)$$

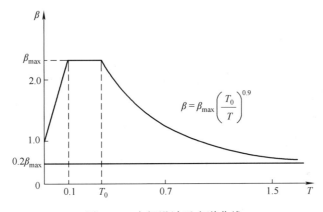

图 10-2　大坝设计反应谱曲线

在本次重力坝抗震性能分析中，$\beta_{\max}$ 取为 2，T_g 取为 0.2，特征周期 T_0 取为 0.2s。

3）时程分析法：时程分析方法是将地震动记录或人工波作用在结构上，直接对结构运动方程进行积分，求得结构任意时刻地震反应的分析方法，所以动态时程分析法也称为直接积分法。

本次大坝抗震性能实例分析采用反应谱分析法。

10.2.5　后处理

后处理的目的是以图和表的形式描述计算结果。对于大坝抗震性能分析，重要的一点是进入后处理器后，查看大坝变形图和节点的位移和应力。通过研究大坝的变形、位移和应力情况，综合判断大坝的抗震性能及安全性能。

命令方式：/POST1。
GUI 方式：Main Menu → General Postproc。

首先查看大坝静力分析求解结果，然后查看大坝动力分析求解结果。

10.3　Ansys 重力坝抗震性能实例分析

10.3.1　实例介绍

实例选取应用非常广泛的重力坝，断面结构如图 10-3 所示。坝高 120m，坝底宽为 76m，坝顶为 10m，上游坝面坡度和下游坝面坡度如图 10-3 所示。

因为重力坝结构比较简单，垂直于长度方向的断面结构受力分布情况也基本相同，并且大坝的纵向长度远大于其横断面，因此大坝抗震性能分析选用单位断面进行平面应变分析是可行的。

大坝抗震性能分析的计算条件如下：

1）假设大坝的基础是嵌入到基岩中，地基是刚性的。

2）大坝采用的材料参数为：弹性模量 $E=35\text{GPa}$，泊松比 $\nu=0.2$，密度 $\gamma=2500\text{kg/m}^3$。

3）计算分析大坝水位为 120m。

4）水的质量密度 1000kg/m^3。

5）大坝设防地震烈度为 8，水平方向地震加速度为 $0.2g$。

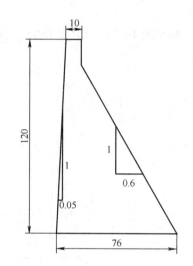

图 10-3　重力坝断面结构（单位：m）

10.3.2　GUI 操作方法

1. 创建物理环境

1）在"开始"菜单中依次选择"所有应用"→"Ansys 2024"→"Mechanical APDL Product Launcher 2024"，得到"2024：Ansys Mechanical APDL Product Launcher"对话框。

2）选择"File Management"，在"Working Directory"文本框中输入工作目录"D：\Ansys\Dam"，在"Job Name"文本框中输入文件名"Dam"。

3）单击"RUN"按钮，进入 Ansys 2024 的 GUI 操作界面。

4）过滤图形界面。Main Menu → Preferences，弹出"Preferences for GUI Filtering"对话框。选择"Structural"以对后面的分析进行菜单及相应的图形界面过滤。

5）定义分析标题。Utility Menu → File → Change Title，在弹出的对话框中输入"Dam seismic Analysis"，单击"OK"按钮，如图 10-4 所示。

6）定义单元类型。

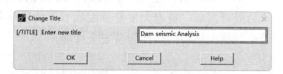

图 10-4　定义分析标题

① 定义 PLANE182 单元：Main Menu → Preprocessor → Element Type → Add/Edit/Delete，弹出"Element Types"对话框。单击"Add"按钮，弹出如图 10-5 所示的对话框。在该对话框左侧列表框中选择"Solid"，在右侧列表框中选择"Quad 4 node 182"，单击"OK"按钮，完成"Type 1 PLANE182"的添加。

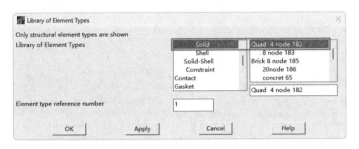

图 10-5 "Library of Element Types"对话框

② 设定 PLANE182 单元选项：在"Element Types"对话框中选择"Type 1 PLANE182"，单击"Options"按钮，弹出"PLANE182 element type options"对话框，如图 10-6 所示。在"Element technology K1"下拉列表中选取"Simple Enhanced Strn"，在"Element behavior K3"下拉列表中选取"Plane strain"，其他下拉列表采用 Ansys 默认设置就可以，单击"OK"按钮。

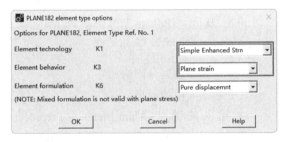

图 10-6 "PLANE182 element type options"对话框

通过设置 PLANE182 单元选项"K3"为"Plane strain"来设定本实例分析采取平面应变模型。因为大坝是纵向很长的实体，故计算模型可以简化为平面应变问题。

7）定义材料属性。Main Menu → Preprocessor → Material Props → Material Models，弹出"Define Material Model Behavior"窗口，如图 10-7 所示。

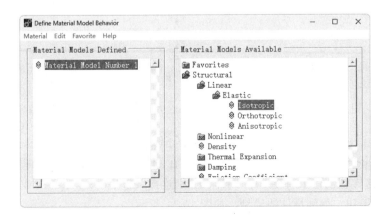

图 10-7 "Define Material Model Behavior"窗口

在图10-7中的右侧列表框中选择"Structural"→"Linear"→"Elastic"→"Isotropic",弹出如图10-8所示"Linear Isotropic Properties for Material Number 1"对话框。在该对话框中的"EX"文本框中输入"3.5E10",在"PRXY"文本框中输入"0.2",单击"OK"按钮。再图10-7中的右侧列表框中选择"Structural"→"Density"并单击"OK"按钮,弹出如图10-9所示"Density for Material Number 1"对话框。在"DENS"文本框中输入大坝材料的密度"2500",单击"OK"按钮。

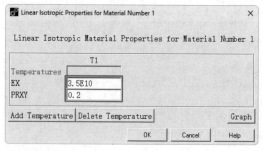
图10-8 "Linear Isotropic Properties for Material Number 1"对话框

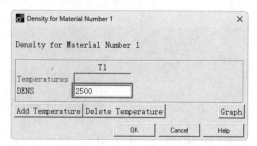
图10-9 "Density for Material Number 1"对话框

2. 建立模型和划分网格

(1) 创建大坝线模型

1) 输入关键点: Main Menu → Preprocessor → Modeling → Create → Keypoints → In Active CS, 弹出"Create Keypoints in Active Coordinate System"对话框, 如图10-10所示。在"NPT Keypoint number"文本框中输入"1", 在"X,Y,Z Location in active CS"文本框中输入(0,0,0), 单击"Apply"按钮, 这样就创建了关键点1。再依次重复在"NPT Keypoint number"文本框中输入"2、3、4、5", 在对应的"X,Y,Z Location in active CS"文本框中输入"76,0,0""15.6,104.1,0""15.6,120,0""5.6,120,0", 最后单击"OK"按钮。

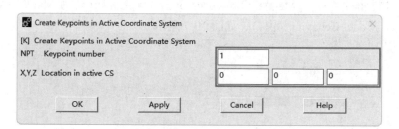
图10-10 "Create Keypoints in Active Coordinate System"对话框

2) 创建坝体线模型: Main Menu >Preprocessor> Modeling → Create → Lines → Lines → Straight Line, 弹出"Create Straight Line"选择对话框。在图形窗口依次选择关键点"1、2", 单击"Apply"按钮, 这样就创建了直接L1。同样, 分别连接关键点"2、3""3、4""4、5""5、1", 最后单击"OK"按钮, 得到坝体线模型, 如图10-11所示。

Ansys 水利工程应用实例分析

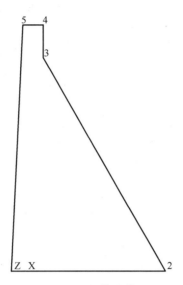

图 10-11 坝体线模型

（2）创建坝体面模型

1）打开关键点编号显示：Utility Menu → PlotCtrls → Numbering，弹出"Plot Numbering Controls"对话框，如图 10-12 所示。选择"Keypoint Numbers"复选框，使其由"Off"变为"On"，单击"OK"按钮，关闭该对话框。

2）创建坝体面模型：Main Menu → Preprocessor → Modeling → Create → Areas → Arbitrary → Through KPs，弹出"Create Area thru KPs"选择对话框。在图形窗口选取关键点 1、2、3、4 和 5，单击"OK"按钮，得到坝体模型的面模型，如图 10-13 所示。

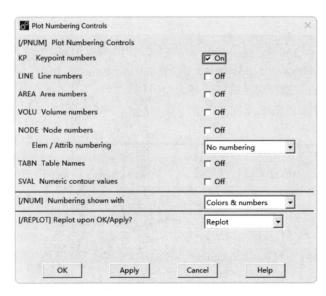

图 10-12 "Plot Numbering Controls"对话框

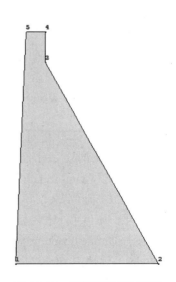

图 10-13 坝体模型的面模型

（3）划分坝体单元网格

1）设置网格份数：Main Menu → Preprocessor → Meshing → Size Cntrls → ManualSize → Layers → Picked Lines，弹出"Set Layer Controls"选择对话框，如图10-14所示。在图形窗口选取线L1，单击"OK"按钮，弹出"Area Layer-Mesh Controls on Picked Lines"对话框，如图10-15所示。在"No. of line division"文本框中输入"20"，单击"OK"按钮。

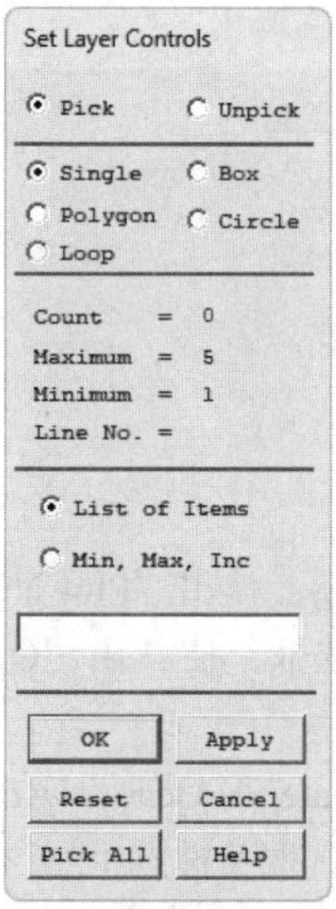

图 10-14 "Set Layer Controls"选择对话框

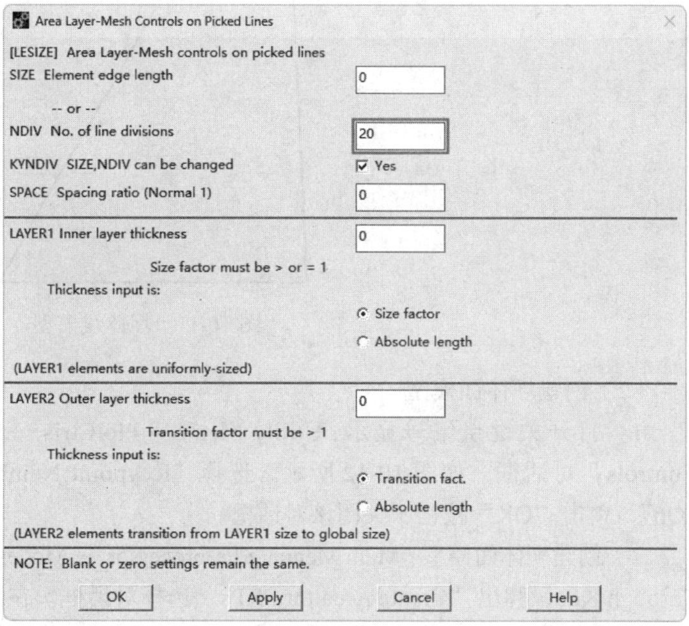

图 10-15 "Area Layer-Mash Controls on Picked Lines"对话框

采用相同方法设置线L2的分割份数为32；设置线L3、L4和L5线的分割份数分别为6、4、40。

2）划分单元网格：Main Menu → Preprocessor → Meshing → Mesh → Area → Free，弹出"Area Attributes"选择对话框。选择图形中的面，单击"OK"按钮，得到坝体模型单元网格，如图10-16所示。

（4）保存坝体单元网格 Utility Menu → File → Save as，弹出"Save Database"对话框，在"Save Database to"文本框中输入文件名"dam-grid.db"，单击"OK"按钮。

3. 施加约束和荷载

1）给坝体模型底部施加位移约束：Main Menu → Solution → Define Loads → Apply → Structural → Displacement → On Nodes，弹出"Apply U, ROT on Nodes"选择对话框。在图形窗口选择坝体模型底面边界上的所有节点，单击"OK"按钮，弹出"Apply U, ROT on Nodes"对话框，如图10-17所

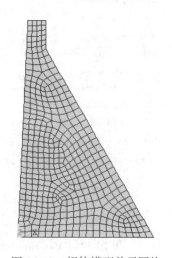

图 10-16 坝体模型单元网格

示。在"DOFS to be constrained"列表框中选取"ALL DOF",在"Apply as"下拉列表中选取"Constant value",在"Displacement value"文本框中输入"0",然后单击"OK"按钮。

2)施加重力加速度:Main Menu → Solution → Define Loads → Apply → Structural → Inertia → Gravity → Global,弹出"Apply(Gravitational)Acceleration"对话框,如图10-18所示。在"Global Cartesian Y-comp"文本框中输入重力加速度9.8就可以,单击"OK"按钮,完成重力加速度的施加。

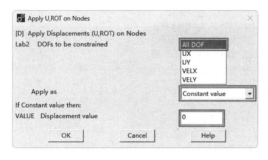 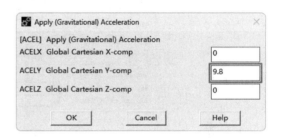

图10-17 "Apply U,ROT on Nodes"对话框   图10-18 "Apply(Gravitational)Acceleration"对话框

3)施加水压力荷载:Main Menu → Solution → Define Loads → Apply → Structural → Pressure → On Lines,弹出"Apply PRES on Lines"选择对话框。在图形窗口选择线L5,单击"OK",弹出"Apply PRES on lines"对话框,如图10-19所示。在相应文本框中分别输入"0"和"1101370",单击"OK"按钮,完成水压力荷载的施加。

本次施加的荷载是水深为120m时作用在坝上的水压力,迎水面坡度是87°。

4.求解

(1)静力分析求解

1)求解设置。

① 指定求解类型:Main Menu → Solution → Analysis Type → New Analysis,弹出如图10-20所示的对话框。在"Type of analysis"中选择"Static",单击"OK"按钮。

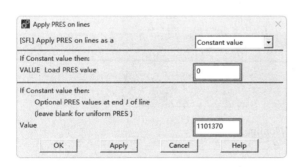 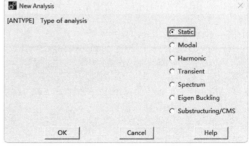

图10-19 "Apply PRES on lines"对话框   图10-20 "New Analysis"(静力分析)对话框

② 设置载荷步:Main Menu → Solution → Analysis Type → Sol'n Controls,弹出"Solution Controls"对话框。选择"Basic"选项卡,如图10-21所示。在"Number of substeps"文本框

中输入"5",在"Max no. of substeps"文本框中输入"100",在"Min no. of substeps"文本框中输入"1",单击"OK"按钮。

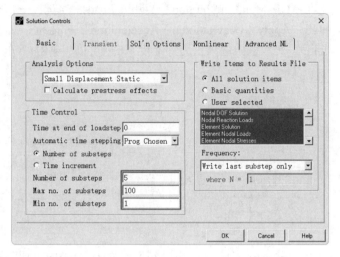

图 10-21 选择"Basic"选项卡

③ 设置线性搜索:Main Menu → Solution → Analysis Type → Sol'n Controls,弹出"Solution Controls"对话框。选择"Nonlinear"选项卡,如图 10-22 所示。在"Line search"下拉列表选择"On",单击"OK"按钮。

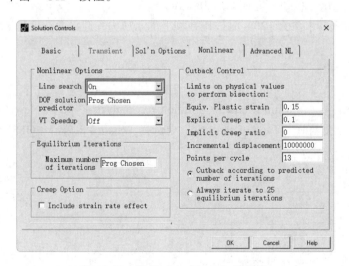

图 10-22 选择"Nonlinear"选项卡

2)静力求解。

① 求解:Main Menu → Solution → Solve → Current LS,弹出如图 8-111 和图 8-112 所示的对话框。检查信息无误后,单击"OK"按钮,开始求解运算,直到出现"Solution is done!"的提示,表示求解结束。

② 保存求解结果：Utility Menu → File → Save as，弹出"Save Database"对话框。在"Save Database to"文本框中输入文件名"Dam-static.db"，单击"OK"按钮。

③ 退出求解器：Main Menu → Finish，退出求解器。

（2）抗震性能分析求解

1）模态分析求解。

① 设置分析类型：Main Menu → Solution → Analysis Type → New Analysis，弹出如图10-20所示的对话框。在"Type of analysis"中选择"Modal"，单击"OK"按钮。

② 设置模态分析选项：Main Menu → Solution → Analysis Type → Analysis Options，弹出如图10-23所示的对话框。在"Mode extraction method"中选择"Subspace"，在"No. of modes to be extract"文本框中输入"18"，在"Expand mode shapes"复选框选择"Yes"，单击"OK"按钮，弹出"Subspace Modal Analysis"对话框，如图10-24所示。按图中设置后，单击"OK"按钮。

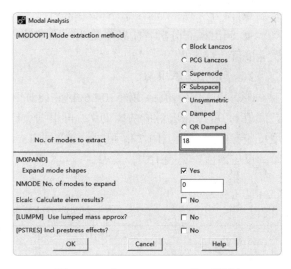

图10-23 "Modal Analysis"对话框

③ 模态分析求解：Main Menu → Solution → Solve → Current LS，弹出如图10-25和图8-112所示的对话框。检查信息无误后，单击"OK"按钮，开始求解运算，直到出现一个"Solution is done!"的提示，表示求解结束。

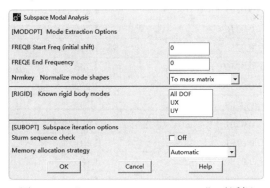

图10-24 "Subspace Modal Analysis"对话框

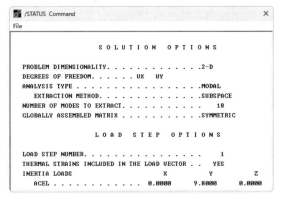

图10-25 "/STATUS Command"对话框（模态求解选项信息）

④ 保存求解结果：Utility Menu → File → Save as，弹出"Save Database"对话框。在"Save Database to"文本框中输入文件名"Dam-modal.db"，单击"OK"按钮。

⑤ 调出模态分析各阶频率：Main Menu → General Postproc → Results Summary，弹出如

图 10-26 所示的对话框。

⑥ 退出求解器：Main Menu → Finish，退出求解器。

◆ 动力求解和静力求解的模型相同，约束条件也相同。

◆ 谱分析时，Ansys 忽略材料非线性。

◆ 调出模态分析各阶频率是为后面求解反应谱值。

2）反应谱分析求解。

① 求出反应谱值：由图 10-26 中前 18 阶频率值 f，可以算出对应的周期 T，再根据大坝反应谱曲线方程（10-7），可以计算出前 18 阶的反应谱值，见表 10-1。

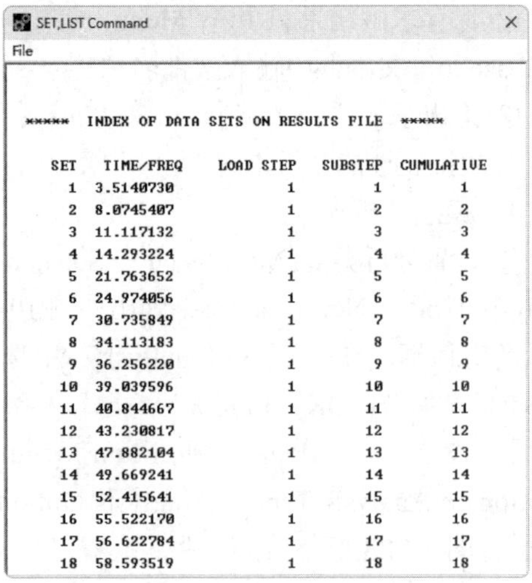
SET,LIST Command
File

***** INDEX OF DATA SETS ON RESULTS FILE *****

SET	TIME/FREQ	LOAD STEP	SUBSTEP	CUMULATIVE
1	3.5140730	1	1	1
2	8.0745407	1	2	2
3	11.117132	1	3	3
4	14.293224	1	4	4
5	21.763652	1	5	5
6	24.974056	1	6	6
7	30.735849	1	7	7
8	34.113183	1	8	8
9	36.256220	1	9	9
10	39.039596	1	10	10
11	40.844667	1	11	11
12	43.230817	1	12	12
13	47.882104	1	13	13
14	49.669241	1	14	14
15	52.415641	1	15	15
16	55.522170	1	16	16
17	56.622784	1	17	17
18	58.593519	1	18	18

图 10-26 “SET，LIST Command”对话框（模态分析各阶频率）

表 10-1 大坝动力计算前 18 阶振动频率及反应谱值

振型	振动频率 /Hz	振动周期 T/s	反应谱值
1	3.5138	0.2846	1.456
2	8.0730	0.1239	2.0
3	11.118	0.0899	1.899
4	14.30	0.0699	1.699
5	21.776	0.0459	1.459
6	24.980	0.0400	1.400
7	30.734	0.0325	1.325
8	34.119	0.0293	1.293
9	36.263	0.0276	1.276
10	39.043	0.0256	1.256
11	40.852	0.0245	1.245
12	43.237	0.0231	1.231
13	47.907	0.0209	1.209
14	49.639	0.0201	1.201
15	52.449	0.0191	1.191
16	55.521	0.0180	1.180
17	56.661	0.0176	1.176
18	58.613	0.0171	1.171

② 设置反应谱分析求解选项。

a. 设置分析类型：Main Menu → Solution → Analysis Type → New Analysis，弹出如图 10-27 所示的对话框。在“Type of analysis”中选择“Spectrum”，单击“OK”按钮。

b. 设置反应谱分析选项：Main Menu → Solution → Analysis Type → Analysis Options，弹出"Spectrum Analysis"对话框，如图 10-28 所示。在"Type of spectrum"中选择"Single-pt resp"，在"No. of modes for solu"文本框中输入"18"，在"Calculate elem stresses?"中选择"Yes"，单击"OK"按钮。

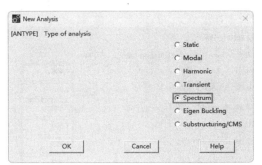
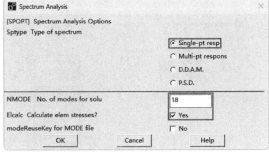

图 10-27 "New Analysis"对话框（反应谱分析） 　　图 10-28 "Spectrum Analysis"对话框

c. 设置反应谱单点分析选项：Main Menu → Solution → Load Step Opts → Spectrum → Single Point → Settings，弹出"Settings for Single-Point Response Spectrum"对话框，如图 10-29 所示。在"Type of response spectrum"下拉列表选择"Seismic accel"，在"SEDX，SEDY，SEDZ"文本框中依次输入"0、1、0"，单击"OK"按钮。

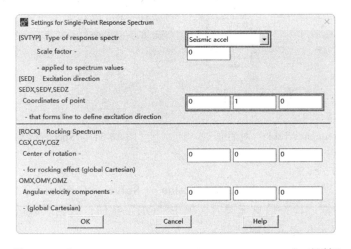

图 10-29 "Settings for Single-Point Response Spectrum"对话框

d. 定义反应谱分析频率表：Main Menu → Solution → Load Step Opts → Spectrum → Single Point → Freq Table，弹出"Frequency Table"对话框，如图 10-30 所示。根据表 10-1 依次输入大坝的前 18 阶振动频率。

e. 定义反应谱值：Main Menu → Solution → Load Step Opts → Spectrum → Single Point → Spectrum Values，弹出"Spectrum Values Damping Ration"对话框，单击"OK"按钮。弹出

"Spectrum Values"对话框，如图10-31所示。根据表10-1依次输入大坝的前18阶反应谱值。

输入的振动频率必须按升序排列。

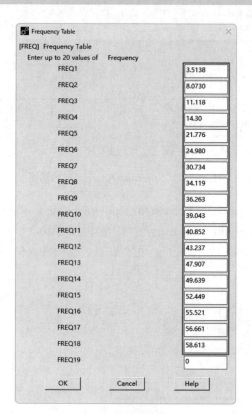

图10-30 "Frequency Table"对话框 　　图10-31 "Spectrum Values"对话框

FREQ1必须大于零。

③ 反应谱分析求解：Main Menu → Solution → Solve → Current LS，弹出如图10-25和图8-112所示的对话框。检查信息无误后，单击"OK"按钮，开始求解运算，直到出现"Solution is done!"的提示，表示求解结束。

④ 保存求解结果：Utility Menu → File → Save as，弹出"Save Database"对话框。在"Save Database to"文本框中输入文件名"Dam-spectrum.db"，单击"OK"按钮。

⑤ 退出求解器：Main Menu → Finish，退出求解器。

3）模态扩展分析求解。

① 设置分析类型：Main Menu → Solution → Analysis Type → New Analysis，弹出"New Analysis"对话框。在"Type of analysis"中选择"Modal"，单击"OK"按钮。

② 设置模态扩展分析求解选项。

a. 定义模态扩展分析：Main Menu → Solution → Analysis Type → Expansion Pass，弹出"Expansion Pass"对话框，如图 10-32 所示。选择"Expansion Pass"复选框，使其后面的文字由"Off"变为"On"，单击"OK"按钮，关闭该对话框。

b. 设置模态扩展分析：Main Menu → Preprocessor → Loads → Load Step Opts → Expansion Pass → Single Expand → Expand Modes，弹出"Expand Modes"对话框，如图 10-33 所示。在"No. of modes to expand"文本框中输入"18"，其他选项如图中设置，单击"OK"按钮。

图 10-32 "Expansion Pass"对话框

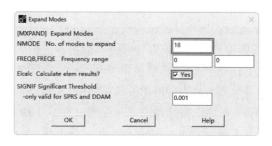
图 10-33 "Expand Modes"对话框

③ 模态扩展分析求解：Main Menu → Solution → Solve → Current LS，弹出如图 10-25 和图 8-112 所示的对话框。检查信息无误后，单击"OK"按钮，开始求解运算，直到出现"Solution is done!"的提示，表示求解结束。

④ 保存求解结果：Utility Menu → File → Save as，弹出"Save Database"对话框。在"Save Database to"文本框中输入文件名"Dam-expand.db"，单击"OK"按钮。

⑤ 退出求解器：Main Menu → Finish，退出求解器。

4）合并模态分析求解。

① 设置分析类型：Main Menu → Solution → Analysis Type → New Analysis，弹出"New Analysis"对话框。在"Type of analysis"中选择"Spectrum"，单击"OK"按钮。

② 按平方和方根法进行组合：Main Menu → Solution → Load Step Opts → Spectrum → Single Point → Mode Combine → SRSS Method，弹出"SRSS Mode Combination"对话框，如图 10-34 所示。在"Significant threshold"文本框中输入"0.1"，在"Type of output"下拉列表选取"Displacement"，单击"OK"按钮。

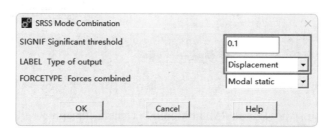
图 10-34 "SRSS Mode Combination"对话框

③ 合并模态分析求解：Main Menu → Solution → Solve → Current LS，弹出如图 10-25 和

图 8-112 所示的对话框。检查信息无误后，单击"OK"按钮，开始求解运算，直到出现一个"Solution is done!"的提示，表示求解结束。

④ 保存求解结果：Utility Menu → File → Save as，弹出"Save Database"对话框。在"Save Database to"文本框中输入文件名"Dam-combination.db"，单击"OK"按钮。

⑤ 退出求解器：Main Menu → Finish，退出求解器。

5. 后处理

通过对重力坝进行静力有限元分析，可以知道坝体在静力荷载作用下的位移场和应力场，从而可以了解坝体的安全性能。通过对重力坝进行抗震性能有限元分析，可以了解大坝在地震荷载作用下的动力响应特性，从而可以评价大坝在地震荷载作用下的安全性能。

（1）静力分析求解结果

1）读入静力分析求解结果数据：Utility Menu → File → Resume from…，弹出"Resume Database"对话框。选择刚才保存的文件"Dam-static.db"，单击"OK"按钮。

2）重新求解：Main Menu → Solution → Solve → Current LS，弹出如图 8-111 和图 8-112 所示的对话框。检查信息无误后，单击"OK"按钮，开始求解运算，直到出现"Solution is done!"的提示，表示求解结束。

3）读取最后一个结果：Main Menu → General Postproc → Read Results → First Set。

4）绘制坝体变形图：Main Menu → General Postproc → Plot Results → Deformed Shape，弹出"Plot Deformed Shape"对话框，如图 10-35 所示。选择"Def +undeformed"，单击"OK"按钮，得到坝体变形图，如图 10-36 所示。

图 10-35 "Plot Deformed Shape"对话框

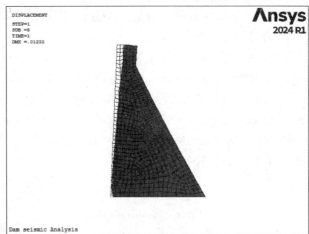

图 10-36 坝体变形图

5）显示坝体 X 方向位移云图：Main Menu → General Postproc → Plot Results → Contour Plot → Nodal Solu，弹出"Contour Nodal Solution Data"对话框，如图 10-37 所示。选择"Nodal Solution" → "DOF Solution" → "X-Compoment of displacement"，单击"OK"按钮，得到坝体 X 方向位移云图，如图 10-38 所示。此时，坝体水平方向最大位移为 12.109mm，发生在坝顶。

Ansys 水利工程应用实例分析 >>>

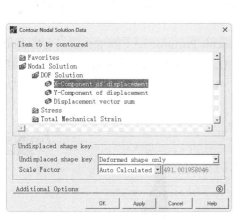

图 10-37 "Contour Nodal Solution Data"对话框

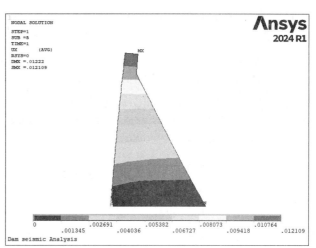

图 10-38 坝体 X 方向位移云图

6）显示坝体 Y 方向位移云图：Main Menu → General Postproc → Plot Results → Contour Plot→Nodal Solu，弹出"Contour Nodal Solution Data"对话框，如图 10-37 所示。选择"Nodal Solution"→"DOF Solution"→"Y-Compoment of displacement"，单击"OK"按钮，得到坝体 Y 方向位移云图，如图 10-39 所示。此时，坝体垂直方向最大位移为 0.439mm，发生在坝腹处。

7）显示坝体 X 方向应力云图：Main Menu → General Postproc → Plot Results → Contour Plot→Nodal Solu，弹出"Contour Nodal Solution Data"对话框，如图 10-37 所示。选择"Nodal Solution"→"Stress"→"X-Compoment of stress"，单击"OK"按钮，得到坝体 X 方向应力云图，如图 10-40 所示。

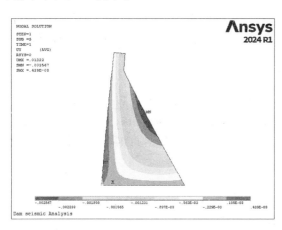

图 10-39 坝体 Y 方向位移云图

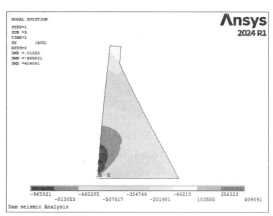

图 10-40 坝体 X 方向应力云图

8）显示坝体 Y 方向应力云图：Main Menu → General Postproc → Plot Results → Contour

Plot→Nodal Solu,弹出"Contour Nodal Solution Data"对话框,如图10-37所示。选择"Nodal Solution"→"Stress"→"Y-Compoment of stress",单击"OK"按钮,得到坝体Y方向应力云图,如图10-41所示。

9)显示坝体第一主应力云图:Main Menu→General Postproc→Plot Results→Contour Plot→Nodal Solu,弹出一个"Contour Nodal Solution Data"对话框,如图10-37所示。选择"Nodal Solution"→"Stress"→"1st Principal stress",单击"OK"按钮,得到坝体第一主应力云图,如图10-42所示。

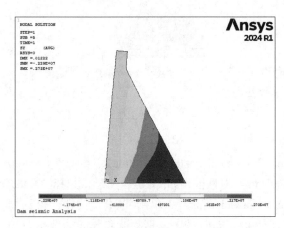 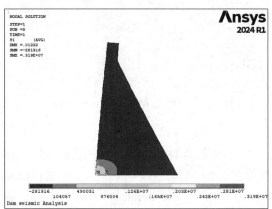

图10-41 坝体Y方向应力云图　　　　　图10-42 第一主应力云图

(2)抗震性能分析求解结果

1)绘制坝体振型图。

① 读入模态分析分析求解结果数据:Utility Menu→File→Resume from…,弹出"Resume Database"对话框。选择刚才保存的文件"Dam-modal.db",单击"OK"按钮。

② 重新求解:Main Menu→Solution→Solve→Current LS,弹出如图10-25和图8-112所示的对话框。检查信息无误后,单击"OK"按钮,开始求解运算,直到出现"Solution is done!"的提示,表示求解结束。

③ 绘制坝体第1阶振型。

a. 读入第1阶数据:Main Menu→General Postproc→Read Results→First set。

b. 绘制坝体第1阶振型:Main Menu→General Postproc→Plot Results→Deformed Shape,弹出"Plot Deformed Shape"对话框。选择"Def +undeformed",单击"OK"按钮,得到坝体第1阶振型,如图10-43所示。

④ 绘制坝体第2阶振型。

a. 读入第2阶数据:Main Menu→General Postproc→Read Results→Next set。

b. 绘制坝体第2阶振型:Main Menu→General Postproc→Plot Results→Deformed Shape,弹出"Plot Deformed Shape"对话框。选择"Def +undeformed",单击"OK"按钮,得到坝体第2阶振型,如图10-44所示。

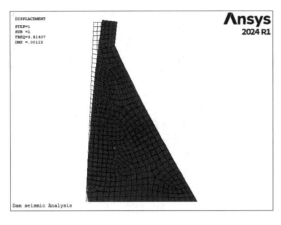

图 10-43　坝体第 1 阶振型

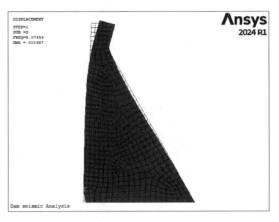

图 10-44　坝体第 2 阶振型

依次重复执行步骤③，就可以依次绘出坝体第 3~18 阶振型，如图 10-45 ~ 图 10-60 所示。

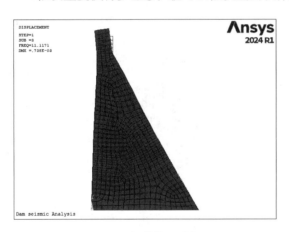

图 10-45　坝体第 3 阶振型

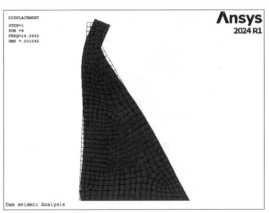

图 10-46　坝体第 4 阶振型

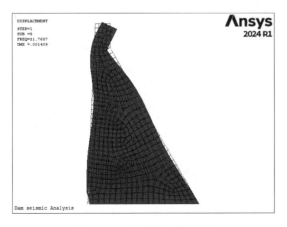

图 10-47　坝体第 5 阶振型

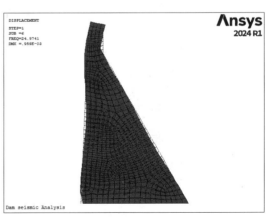

图 10-48　坝体第 6 阶振型

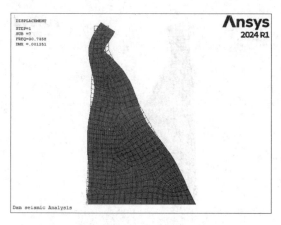
图 10-49　坝体第 7 阶振型

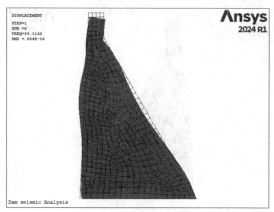
图 10-50　坝体第 8 阶振型

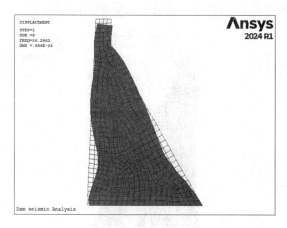
图 10-51　坝体第 9 阶振型

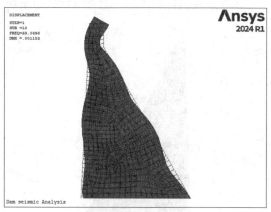
图 10-52　坝体第 10 阶振型

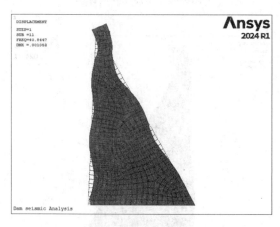
图 10-53　坝体第 11 阶振型

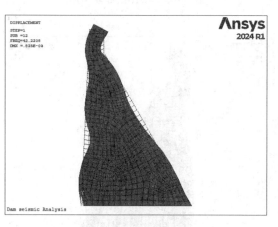
图 10-54　坝体第 12 阶振型

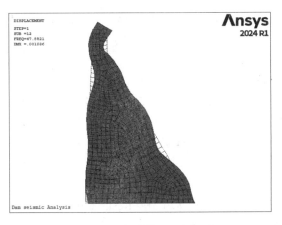
图 10-55　坝体第 13 阶振型

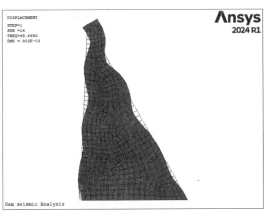
图 10-56　坝体第 14 阶振型

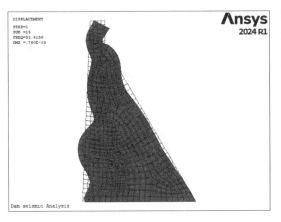
图 10-57　坝体第 15 阶振型

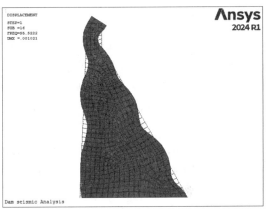
图 10-58　坝体第 16 阶振型

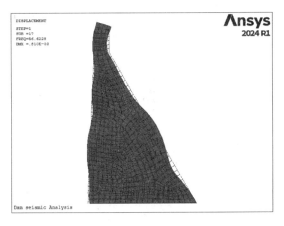
图 10-59　坝体第 17 阶振型

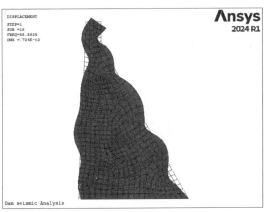
图 10-60　坝体第 18 阶振型

⑤ 调出模态分析结果的固有频率和振型：Main Menu → General Postproc → Read Summary，弹出如图 10-26 所示的对话框。

2）绘制坝体真实位移云图。

① 读入模态扩展分析求解结果数据：Utility Menu → File → Resume from…，弹出"Resume Database"对话框。选择刚才保存的文件"Dam-expand.db"，单击"OK"按钮。

② 重新求解：Main Menu → Solution → Solve → Current LS，弹出如图 10-25 和图 8-112 所示的对话框。检查信息无误后，单击"OK"按钮，开始求解运算，直到出现"Solution is done!"的提示，表示求解结束。

③ 退出求解器：Main Menu → Finish，退出求解器。

④ 读入抗震性能分析最终求解结果数据：Utility Menu → File → Resume from…，弹出"Resume Database"对话框。选择刚才保存的文件"Dam-comination.db"，单击"OK"按钮。

⑤ 重新求解：Main Menu → Solution → Solve → Current LS，弹出如图 10-25 和图 8-112 所示的对话框。检查信息无误后，单击"OK"按钮，开始求解运算，直到出现"Solution is done!"的提示，表示求解结束。

⑥ 绘制合并模态求解后坝体真实位移云图：因为反应谱分析是在频域内进行的，结构动力特性依赖于频率而变化，因此在模态分析后要进行模态合并求解，才能得到坝体结构真实的总体效应。合并模态求解后，得到坝体在各阶频率的真实位移云图。

a. 读入第 1 阶数据：Main Menu → General Postproc → Read Results → First set。

b. 绘制坝体第 1 阶真实位移云图：Main Menu → General Postproc → Plot Results → Contour Plot → Nodal Solu，弹出"Contour Nodal Solution Data"对话框。选择"Nodal Solution" → "DOF Solution" → "X-Compoment of displacement"，得到坝体第 1 阶 X 方向真实位移云图，如图 10-61 所示。同样，选择"Nodal Solution" → "DOF Solution" → "Y-Compoment of displacement"，得到坝体第 1 阶 Y 方向真实位移云图，如图 10-62 所示。

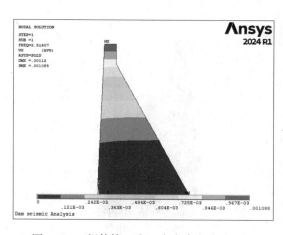

图 10-61　坝体第 1 阶 X 方向真实位移云图

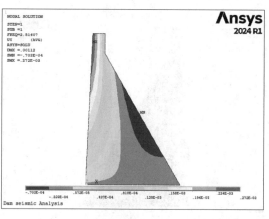

图 10-62　坝体第 1 阶 Y 方向真实位移云图

c. 读入下一阶数据：Main Menu → General Postproc → Read Results → Next set。

d. 绘制坝体下一阶位移云图：Main Menu → General Postproc → Plot Results → Contour Plot → Nodal Solu，弹出"Contour Nodal Solution Data"对话框。选"Nodal Solution"→"DOF Solution"→"X-Compoment of displacement"，得到坝体下一阶 X 方向真实位移云图，如图 10-63 所示。同样，选择"Nodal Solution"→"DOF Solution"→"Y-Compoment of displacement"，得到坝体下一阶阶 Y 方向真实位移云图，如图 10-64 所示。重复读入下一个数据，可绘制出合并模态求解后的坝体真实位移云图，如图 10-65～图 10-72 所示。

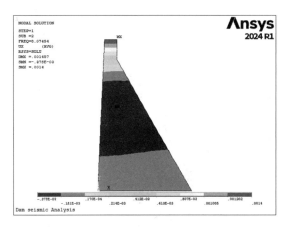

图 10-63　坝体第 2 阶 X 方向真实位移云图

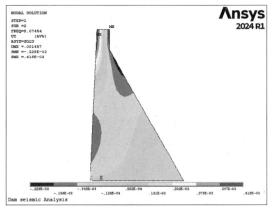

图 10-64　坝体第 2 阶 Y 方向真实位移云图

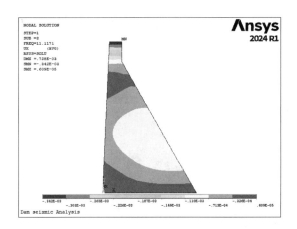

图 10-65　坝体第 3 阶 X 方向真实位移云图

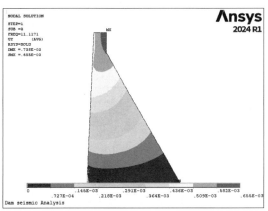

图 10-66　坝体第 3 阶 Y 方向真实位移云图

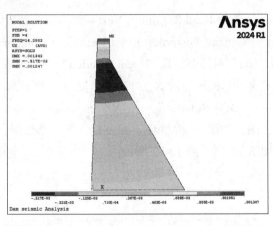
图 10-67　坝体第 4 阶 X 方向真实位移云图

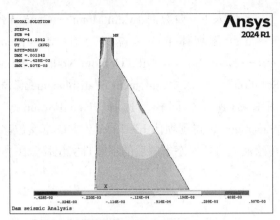
图 10-68　坝体第 4 阶 Y 方向真实位移云图

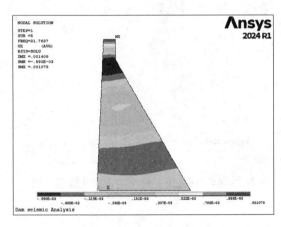
图 10-69　体第 5 阶 X 方向真实位移云图

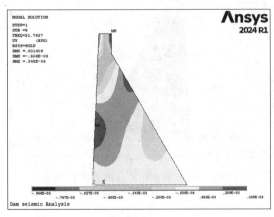
图 10-70　坝体第 5 阶 Y 方向真实位移云图

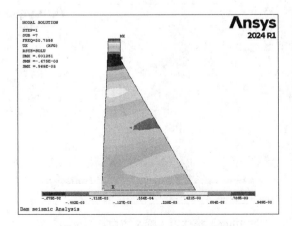
图 10-71　坝体第 7 阶 X 方向真实位移云图

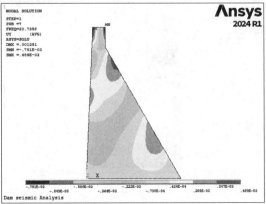
图 10-72　坝体第 7 阶 Y 方向真实位移云图

3）绘制坝体应力/应变云图。

① 读入第1阶数据：Main Menu → General Postproc → Read Results → First set。

② 绘制坝体第1阶应力云图：Main Menu → General Postproc → Plot Results → Contour Plot → Nodal Solu，弹出"Contour Nodal Solution Data"对话框。选择"Nodal Solution"→"Stress"→"X-Compoment of stress"，得到坝体第1阶X方向应力云图，如图10-73所示。同样，选择"Nodal Solution"→"Stress"→"Y-Compoment of stress/1st Principal stress"，得到坝体第1阶Y方向应力/第1主应力云图，如图10-74和图10-75所示。

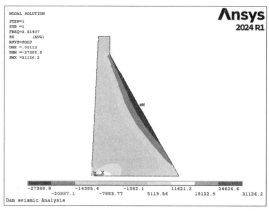 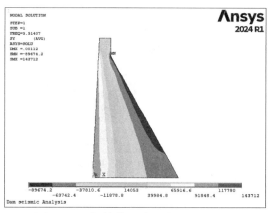

图 10-73　坝体第1阶X方向应力云图　　　图 10-74　坝体第1阶Y方向应力云图

③ 绘制坝体第1阶主应变云图：Main Menu → General Postproc → Plot Results → Contour Plot → Nodal Solu，选择"Nodal Solution"→"Elastic Strain"→"1st principal elastic strain"，得到坝体第1阶第1主应变云图，如图10-76所示。

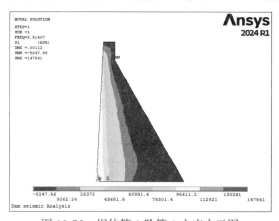 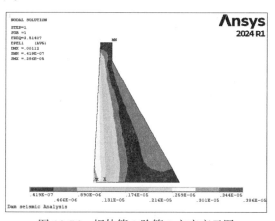

图 10-75　坝体第1阶第1主应力云图　　　图 10-76　坝体第1阶第1主应变云图

④ 读入下一阶数据：Main Menu → General Postproc → Read Results → Next set。

⑤ 绘制坝体下一阶应力/应变云图：与绘制第1阶一样，可以绘制出下一阶坝体应力/应变云图。重复读入下一个数据，可绘制出合并模态求解后的坝体应力/应变云图，如图10-77~图10-96所示。

> 进行模态求解时并没有同时进行模态扩展，而是在获得谱解后又单独进行了扩展模态求解。这样，有明显意义的模态为 1，2，3，4，5 和 7 阶模态。

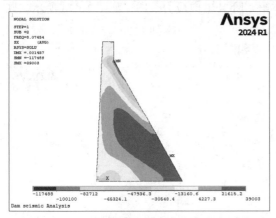

图 10-77　坝体第 2 阶 X 方向应力云图

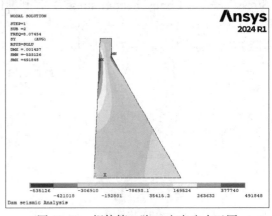

图 10-78　坝体第 2 阶 Y 方向应力云图

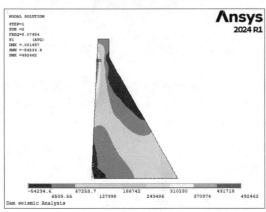

图 10-79　坝体第 2 阶第 1 主应力云图

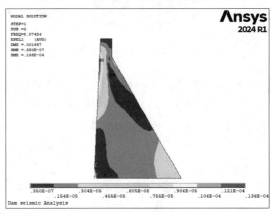

图 10-80　坝体第 2 阶第 1 主应变云图

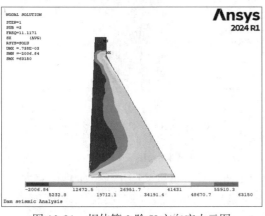

图 10-81　坝体第 3 阶 X 方向应力云图

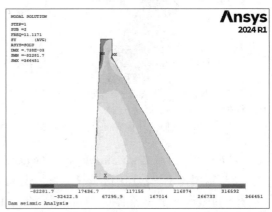

图 10-82　坝体第 3 阶 Y 方向应力云图

大坝水平方向最大位移发生在坝顶。

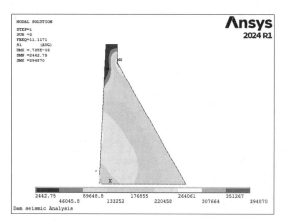

图 10-83　坝体第 3 阶第 1 主应力云图

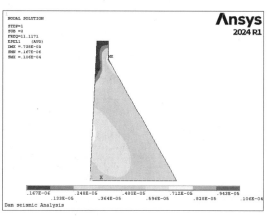

图 10-84　坝体第 3 阶第 1 主应变云图

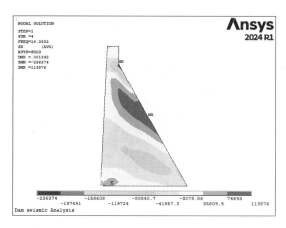

图 10-85　坝体第 4 阶 X 方向应力云图

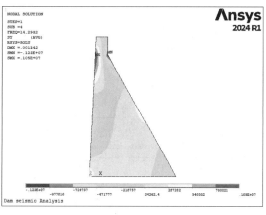

图 10-86　坝体第 4 阶 Y 方向应力云图

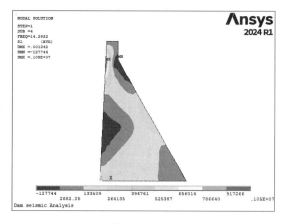

图 10-87　坝体第 4 阶第 1 主应力云图

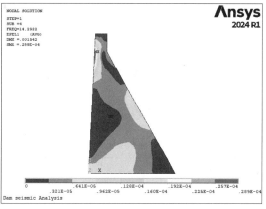

图 10-88　坝体第 4 阶第 1 主应变云图

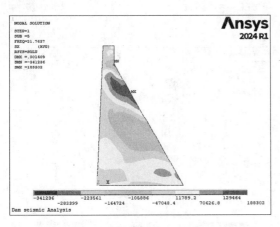
图 10-89　坝体第 5 阶 X 方向应力云图

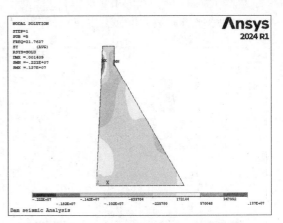
图 10-90　坝体第 5 阶 Y 方向应力云图

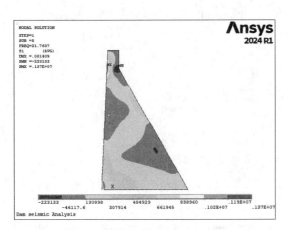
图 10-91　坝体第 5 阶第 1 主应力云图

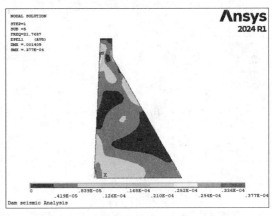
图 10-92　坝体第 5 阶第 1 主应变云图

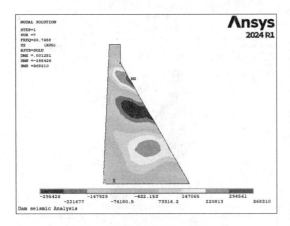
图 10-93　坝体第 7 阶 X 方向应力云图

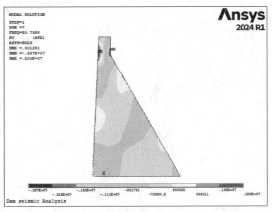
图 10-94　坝体第 7 阶 Y 方向应力云图

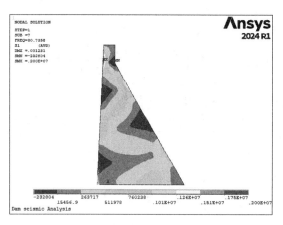 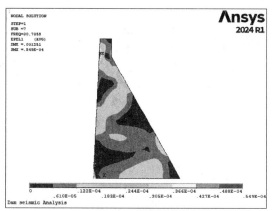

图 10-95　坝体第 7 阶第 1 主应力云图　　　图 10-96　坝体第 7 阶第 1 主应变云图

10.3.3　命令流方式

略，见随书电子资料文档。

第 11 章 Ansys 桥梁工程应用实例分析

本章介绍桥梁结构的模拟分析。桥梁是一种重要的工程结构,精确分析桥梁结构在各种受力方式下的响应有较大的工程价值。模拟不同类型的桥梁需要不同的建模方法,分析内容包括静力分析、动荷载响应分析、施工过程分析等。

- ◆ 典型桥梁分析模拟过程
- ◆ 钢桁架桥静力受力分析
- ◆ 钢桁架桥模态分析

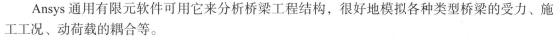

11.1 桥梁分析概述

Ansys 通用有限元软件可用它来分析桥梁工程结构，很好地模拟各种类型桥梁的受力、施工工况、动荷载的耦合等。

Ansys 软件具有丰富的单元库和材料库，可以模拟出绝大多数形式的桥梁。在静力分析中，它可以较精确地反映出结构的变形、应力分布、内力情况等；在动力分析中，它也可精确地表达结构的自振频率、振型、荷载耦合、时间历程响应等特性。利用有限元软件对桥梁结构进行全桥模拟分析，可以得出较准确的分析结果。

桥梁的种类繁多，如梁桥、拱桥、刚构桥、悬索桥、斜拉桥等，不同类型的桥梁可以采用不同的建模方法。桥梁的分析内容又包括静力分析、施工过程模拟、动荷载响应分析等。可以看出，桥梁的整体分析过程比较复杂。总体上来说，主要的模拟分析过程如下：

1) 根据计算数据，选择合适的单元和材料，建立准确的桥梁有限元模型。
2) 施加静力或动力荷载，选择适当的边界条件。
3) 根据分析问题的不同，选择合适的求解器进行求解。
4) 在后处理器中观察计算结果。
5) 如有需要，调整模型或荷载条件，重新分析计算。

桥梁的种类和分析内容众多，不同类型桥梁的分析过程有所不同，分析的侧重点也不一样。这里仅给出大致的分析过程，具体内容还要看具体实例的情况。

11.2 典型桥梁分析模拟过程

11.2.1 创建物理环境

建立桥梁模型前，必须对工作环境进行一系列的设置。进入 Ansys 预处理器，按照以下 6 个步骤建立物理环境：

1. 设置 GUI 菜单过滤

如果希望通过 GUI 菜单路径来运行 Ansys，当 Ansys 被激活后，第一件要做的事情就是选择菜单路径：Main Menu → Preferences。执行上述命令后，弹出如图 11-1 所示的对话框。选择 "Structural"，这样 Ansys 会根据所选择的参数对 GUI 图形界面进行过滤，以便在进行结构分析时过滤掉一些不必要的菜单及相应图形界面。

2. 定义分析标题

在进行分析前，可以给所要进行的分析起一个能够代表所分析内容的标题，如 "truss bridge"，以便能够从标题上与其他模型区分。可采用下列方法定义分析标题。

命令：/TITLE。

GUI 方式：Utility Menu → File → Change Title，如图 11-2 所示。

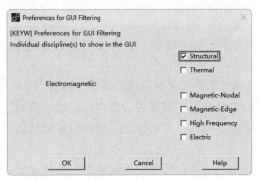

图 11-1 "Preferences for GUI Filtering" 对话框

图 11-2 定义分析标题

3. 定义单元类型及其选项（KEYOPT 选项）

与 Ansys 的其他分析一样，结构分析也要进行相应的单元类型选择。Ansys 软件提供了 100 种以上的单元类型，可用来模拟工程中的各种结构和材料，各种不同的单元组合在一起，成为具体物理问题的抽象模型。在桥梁结构模拟分析中，最常用的单元是梁单元，梁单元可模拟不同截面的钢梁、混凝土梁等；壳单元和杆单元也很常用，壳单元可以模拟桥面板箱梁等薄壁结构，杆单元可以模拟预应力钢筋和桁架等（见表 11-1）。定义好不同的单元类型及其选项（KEYOPTS）后，就可以建立有限元模型。可以采用线性或非线性的结构单元。

表 11-1 桥梁分析常见单元

单元	维数	形状和自由度	特性
LINK180	3-D	线性，2 节点，3 自由度	用于桁架、钢索、连杆和弹簧等。此三维杆单元能承受拉伸或压缩荷载。可支持仅受拉力（线缆）和仅受压力（gap）的情况。在销钉连接结构中，可以不考虑单元的弯曲。包括塑性、蠕变、旋转、大变形和大应变等特性
BEAM188	3-D	线性，2 节点，6 或 7 个自由度	三维弹性梁单元，适于分析从细长到中等粗短的梁结构，该单元基于铁木辛哥梁结构理论，并考虑了剪切变形的影响，非常适合线性、大角度转动和非线性大应变问题
BEAM189	3-D	线性，2 节点，6 或 7 个自由度	适于分析从细长至中等粗短的梁结构。该单元基于铁木辛哥结构理论，并考虑了剪切变形的影响。非常适于分析线性，大角度转动或非线性大应变问题
SHELL181	3-D	四边形或三角形（不推荐），4 节点，6 自由度	三维弹性壳单元，可用于定义其节点处的厚度、刚度、初始弯曲曲率

单元类型及其关键选项的方式如下：

命令：ET。
　　　　KEYOPT。

GUI 方式：Main Menu → Preprocessor → Element Type → Add/Edit/Delete，如图 11-3 和图 11-4 所示。

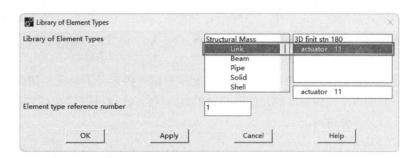

图 11-3　GUI 添加单元类型　　　　图 11-4　GUI 选择单元类型

4. 设置实常数和单位制

单元实常数和单元类型密切相关，可用 R 族命令（如"R，RMODIF"等）或其相应 GUI 菜单路径来说明。例如，在结构分析中，可以用实常数定义梁单元的横截面积、惯性矩和高度等。当定义实常数时，要遵守如下两个规则：

1）必须按次序输入实常数。

2）对于多单元类型模型，每种单元采用独立的实常数组（即不同的 REAL 参考号）。但是，一个单元类型也可同时注明几个实常数组。

命令：R。

GUI 方式：Main Menu → Preprocessor → Real Constants → Add/Edit/Delete，如图 11-5 和图 11-6 所示。

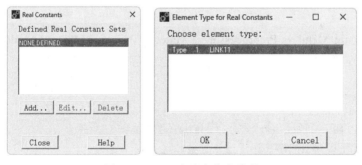

图 11-5　GUI 方式定义实常数

图 11-6　GUI 定义 LINK11 实常数

在桥梁结构分析中，系统没有设置单位制，可以根据自己的需要选用各种单位制。本章中的所有实例都采用国际单位制，即 m、N、kg、s、Pa、Hz 等。

5. 创建截面

在桥梁结构分析中，采用梁单元一般都需要定义梁单元的截面。在 Ansys 中，既可以建立一般的截面（即标准的几何形状和单一的材料），也可以建立自定义截面（即截面形状任意，也可以是多种材料）。

命令：SECTYPE。
　　　SECDATA。
　　　SECOFFSET。
GUI 方式：Main Menu → Preprocessor → Sections → Beam → Common Sections。

也可以由用户定义网格建立自定义截面，此时必须建立用户网格文件。首先要建立一个 2D 实体模型，然后保存。

命令：SECWRITE。
GUI 方式：Main Menu → Preprocessor → Sections → Beam → Write Sec Mesh。

6. 定义材料属性

桥梁几何模型中可以有一种或多种材料，包括各种性质的钢、混凝土、地基土和刚臂等。对于每种材料，都要定义相应的材料属性。

Ansys 软件材料库中有一些已定义好材料属性的材料，可以直接使用，也可以修改成需要的形式再使用。在桥梁工程分析中，使用的材料比较简单，基于线性分析得的桥梁结构，基本选择线弹性材料（Linear 线性、Isotropic 各向同性）。定义材料属性方式如下：

命令：MP。

GUI 方式：Main Menu → Preprocessor → Material Props → Material Models → Structural → Linear → Isotropic，如图 11-7 所示。

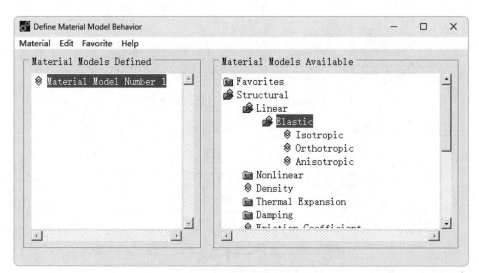

图 11-7　GUI 设置材料属性

在材料属性中需要输入的数据有弹性模量（EX）、泊松比（PRXY）、密度（Density）、材料阻尼（Damping）等。

对于非线性材料，可以选择 Nonlinear，如图 11-8 所示。

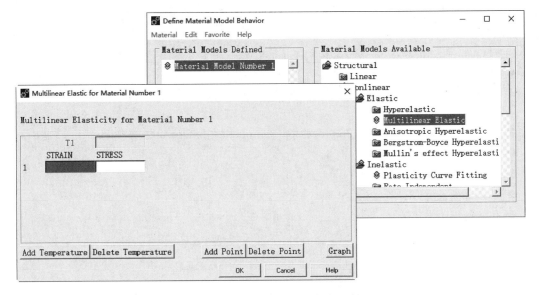

图 11-8　GUI 设置非线性材料属性

1）必须按照形式定义刚度（如弹性模量 EX、超弹性系数等）。

2）对于惯性荷载（重力），必须定义质量计算所需的数据，如密度 DENS。

3）对于温度荷载，必须定义热膨胀系数 ALPX。

11.2.2　建模、指定特性、分网

在 Ansys 结构分析中，有两种建立有限元模型的方法：第一种方法是直接建立节点和单元，形成有限元模型，可自行控制每一个单元，不需要程序划分单元，这种方法可用来建立结构比较简单、形式单一的桥梁模型；第二种方法是先建立几何模型，然后利用软件将几何模型划分成网格单元，从而形成有限元模型，这种方法适用于结构复杂的桥梁。

1. 第一种方法

命令：N。
GUI 方式：Main Menu → Preprocessor → Modeling → Create → Nodes。
命令：E。
GUI 方式：Main Menu → Preprocessor → Modeling → Create → Elements。

2. 第二种方法

命令：K。
GUI 方式：Main Menu → Preprocessor → Modeling → Create → Keypoints。
命令：L。
GUI 方式：Main Menu → Preprocessor → Modeling → Create → Lines。
命令：A。
GUI 方式：Main Menu → Preprocessor → Modeling → Create → Areas。
命令：V
GUI 方式：Main Menu → Preprocessor → Modeling → Create → Volumes。

几何模型操作：

- GUI 方式：Main Menu → Preprocessor → Modeling → Operate。
- Extrude：拉伸。
- Extend Line：延长线。
- Booleans：布尔操作。
- Intersect：相交截取交集。
- Add：相加。
- Subtract：相减。
- Divide：分割。
- Glue：粘贴。
- Overlap：搭接。
- Partition：分成多个小区域。
- Scale：梯度。

合理利用以上操作，可以建立出非常精确的结构体几何模型，然后就可以对几何模型进行网格划分，形成有限元模型。划分单元的具体操作如下：

命令：LSEL（选择要划分的线单元）。
　　　TYPE（选择单元类型）。
　　　MAT（选择材料属性）。
　　　REAL（选择实常数）。
　　　ESYS（选择单元坐标系）。
　　　MSHAPE（选择单元形状）。
　　　MSHKEY（选择单元划分方式）。
　　　LMESH（开始划分线单元）。
GUI 方式：Main Menu → Preprocessor → Meshing → MeshTool。

在划分单元之前，首先要对单元大小、形状等进行适当的控制，否则可能出现意想不到的划分结果。现在以"MeshTool"选择对话框（见图 11-9）为例，说明划分单元的方法。

Element Attributes：在其下拉列表中可以选择单元类型、材料属性、实常数、单元坐标系、截面号。

- Smart Size：用于控制模型细部单元精细度。
- Size Controls：通过给定几何体分段的大小或数量控制各个几何体上的单元数量与大小。

Ansys 桥梁工程应用实例分析 >>>

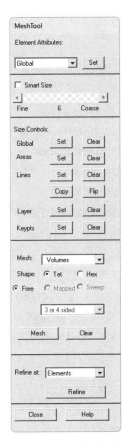

图 11-9 "MeshTool" 选择对话框

◆ Mesh：用于划分单元（点、线、面、体）。单元形状分为三角形或四面体（Tet）、四边形或六面体（Hex）；划分方式分为自由划分、影射划分和扫掠划分。

1）应力或应变急剧变化的区域（通常是感兴趣的区域），需要比应力或应变近乎常数的区域较密的网格。

2）在考虑非线性的影响时，要用足够的网格来得到非线性效应。例如，塑性分析需要相当的积分点密度，因而在高塑性变形梯度区需要较密的网格。

11.2.3 施加边界条件和荷载

在施加边界条件和荷载时，既可以给实体模型（关键点、线、面），也可以给有限元模型（节点和单元）施加边界条件和荷载。在求解时，Ansys 程序会自动将加到实体模型上的边界条件和荷载传递到有限元模型上。

在 GUI 方式中，可以通过一系列级联菜单实现所有的加载操作，如图 11-10 所示。GUI 菜单路径如下：

GUI 方式：Main Menu → Solution → Define Loads → Apply → Structural。

这时，Ansys 程序将列出结构分析中所有的边界条件和荷载类型，然后根据实际情况选择合理的边界条件或荷载。

例如，要施加均布荷载到桥面板单元上，GUI 菜单路径如下：

GUI 方式：Main Menu → Preprocessor → Define Loads → Apply → Structural → Pressure → On Elements/On Areas，也可以通过 Ansys 命令来输入荷载。几种常见的结构分析荷载如下：

1. 位移（UX、UY、UZ、ROTX、ROTY、ROTZ）

这些自由度约束往往施加到模型边界上，用以定义刚性支撑点，也可用于指定对称边界条件和已知运动的点。例如，一个有三个自由度的二维简支梁单元，边界条件即为：i 端点约束 UX、UY 方向位移，j 端点约束 UY 方向位移。在桥梁结构分析中，位移约束一般加载于桥墩基础处、主梁支座处、梁端等处。位移约束可以施加在点、线、面、节点上，最终都会转化为施加在节点上的约束。由标号指定的方向是按照节点坐标系定义的。

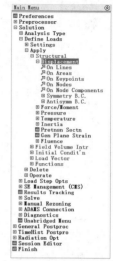

图 11-10　施加荷载菜单

命令：D。
GUI 方式：Main Menu → Preprocessor → Define Loads → Apply → Structural → Displacement or Potential。
GUI 方式：Main Menu → Solution → Define Loads → Apply → Structural → Displacement。

2. 力（FX、FY、FZ）/力矩（MX、MY、MZ）

这些集中力通常在模型的外边界上指定，其方向是按节点坐标系定义的。集中力或弯矩可以模拟桥梁上的集中力荷载。例如，当车辆行驶于桥梁上面时，轴重简化为一组集中力作用于梁上，用于计算梁的受力情况。集中力或弯矩只能施加在关键点或节点上。

命令：F。
GUI 方式：Main Menu → Preprocessor → Define Loads → Apply → Structural → Force/Moment。
Main Menu → Solution → Define Loads → Apply → Structural → Force/Moment。

3. 压力荷载（PRES）

这是表面荷载，通常作用于模型外部。正压力为指向单元面（起到压缩的效果）。均布荷载和梯度荷载都属于压力荷载，在桥梁结构分析中会经常施加压力荷载。例如，在桥面板上施加均布的人群荷载，就需要选择桥面板单元，然后在选择的单元或面上面施加压力。值得注意的是，在三维的面上施加压力时，要注意面的方向与压力的方向。压力荷载可以施加在线、面、节点、单元、梁上。

命令：SF。
GUI 方式：Main Menu → Preprocessor → Define Loads → Apply → Structural → Pressure。
Main Menu → Solution → Define Loads → Apply → Structural → Pressure。

4. 惯性力荷载（用来加载重力、旋转等）

在 Ansys 结构分析中，一般通过施加惯性力来施加结构的重力。同时也可以用来施加加速度。用来加载重力的惯性力与重力加速的方向相反。定义惯性荷载之前必须定义密度。例如，重力方向为 Y 轴的负方向，则施加的惯性力应该为 Y 轴的正方向。

命令：ACEL。
GUI 方式：Main Menu → Preprocessor → Define Loads → Apply → Structural → Inertia → Gravity。
Main Menu → Solution → Define Loads → Apply → Structural → Inertia → Gravity。

11.2.4 求解

结构分析的求解种类比较多，应根据不同的需要选择不同的求解方式。基本的求解过程如下：

1. 定义分析类型

在定义分析类型和分析将用的方程求解器前，要先进入 SOULUTION 求解器。

命令：/SOLU。
GUI 方式：Main Menu → Solution。

选择分析类型。

命令：ANTYPE。
GUI 方式：Main Menu → Solution → Analysis Type → New Analysis，如图 11-11 所示。

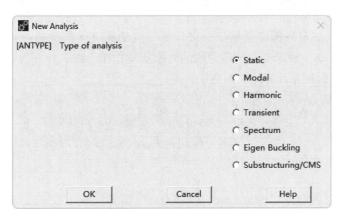

图 11-11　GUI 选择分析类型

桥梁结构常用的分析类型有：

（1）静力分析　静力分析是桥梁结构分析中的重要环节，静力分析结果必须满足设计要求。通过静力分析计算，可以求解结构的位移、内力、应力分布、变形形状、稳定性等。

命令：ANTYPE,STATIC,NEW。
GUI 方式：Main Menu → Solution → Analysis Type → New Analysis。

选择"Static"选项，单击"OK"按钮。

如果是需要重启一个分析（施加了另外的激励），先前分析的结果文件 Jobname.EMAT，Jobname.ESAV 和 Jobname.DB 还可用，使用命令 ANTYPE，STATIC，REST。

（2）模态分析　通过模态分析，可以求解结构的自振频率和各阶振型，同时也可求解每阶频率的参与质量等。在谱分析之前，必须进行模态分析。

命令：ANTYPE,MODAL,NEW。
GUI 方式：Main Menu → Solution → Analysis Type → New Analysis。

选择"Modal"选项，单击"OK"按钮。

模态分析由 4 个主要步骤组成：

1）建模。

2）加载及求解。除了零位移约束之外的其他类型的荷载，如力、压力、加速度等可以在模态分析中指定，但在模态提取时将被忽略；求解输出内容主要有固有频率、参与系数表等。

3）扩展模态。指将振型写入结果文件，得到完整的振型；在扩展处理前必须明确地离开求解器（FINISH），并且重新进入求解器。

4）观察结果。模态分析结果包括固有频率、扩展振型、相对应力和力分布。在 POST1 中观察结果。

在模态分析中，只有线性行为是有效的，如果指定了非线性单元，它将被看作是线性的；在模态分析中，必须指定弹性模量 EX 和密度 DENS。

（3）瞬态分析　瞬态分析经常用于分级计算结构受到突然加载的荷载时的响应情况。例如，在桥梁结构分析中，桥梁受到地震激励的时间历程作用，或者计算桥墩受到突然撞击的情况，都可以选择瞬态分析来计算结构响应。

命令：ANTYPE,TRANS,NEW。
GUI 方式：Main Menu → Solution → Analysis Type → New Analysis。

选择"Transient"选项，单击"OK"按钮，弹出如图 11-12 所示的对话框。选择适当的求解方式，单击"OK"按钮。

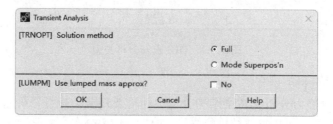

图 11-12　"Transient Analysis"对话框

（4）谱分析　谱分析是一种将模态分析结果与一个已知的谱联系起来计算模型的位移和应力的分析技术。谱分析可以替代时间-历程分析，主要用于确定结构对随机荷载或随时间变化荷载（如地震、风载、波浪等）的动力响应情况。在结构分析中，谱分析常用于计算结构受到振动激励情况下的响应。最常用的就是地震反应谱。注意，在谱分析之前要先进行模态分析。

命令：ANTYPE,SPECTR,NEW。
GUI方式：Main Menu → Solution → Analysis Type → New Analysis。

选择"Spectrum"选项，单击"OK"按钮。

谱分析的全过程包括以下几步：

◆ 建立模型。
◆ 模态分析。注意只有Block法、Subspace法和Reduced法对谱分析有效。
◆ 谱分析。输入反应谱，有加速反应谱、位移反应谱、速度反应谱、力反应谱等。
◆ 扩展模态。扩展振型后才能在后处理器中观察结果。
◆ 合并模态。模态的组合方式在桥梁结构设计规范中规定选择SRSS方式，即先求平方和再求平方根的方式。
◆ 观察结果。

2. 定义分析选项

定义好分析类型后，就可以定义分析选项。每种分析选项的对话框各不相同。

（1）静力分析

命令：EQSLV。
GUI方式：Main Menu → Solution → Analysis Type → Sol'n Controls。

在图11-13所示的"Basic"选项卡中列出了静力分析选项。

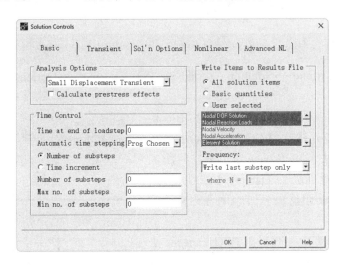

图11-13 "Basic"选项卡

"Basic"选项卡中的静力分析选项：

◆ Small Displacement Static（小位移静力分析）。
◆ Large Displacement Static（大位移静力分析）。
◆ Small Displacement Transient（小位移瞬态分析）。

- Large Displacement Transient（大位移瞬态分析）。
- Calculate prestress effect（计算预应力效应）。
- Time at end of loadstep（最后一个载荷步的时间）。
- Number of substeps（通过载荷子步控制）。
- Time increment（通过时间增量控制）。
- Write Items to Results File（结果文件输出设置）。

"Basic"选项卡中提供了分析中所需的最少数据。一旦"Basic"选项卡中的设置满足以后，就不需要设置其他选项卡中的选项，除非因为要进行高级控制而修改其他默认设置。

当执行 ANTYPE 和 NLGEOM 命令时，若需要进行一个新的分析并忽略大变形效应（如大挠度、大转角、大应变），可选择"Small Displacement Static"选项。若预期有大挠度（如弯曲的长细杆）或大应变，则选择"Large Displacement Static"选项。如果想重启动一个失败的非线性分析，或者已经进行了完整的静力分析，而想指定其他荷载，则选择"Restart Current Analysis"选项。

当执行 TIME 命令时，记住这个载荷步选项指定该载荷步结束的时间，默认值为 1。对于后继的载荷步，默认值为 1 加上前一个载荷步指定的时间。

当执行 OUTERS 命令时，记住，默认时只有 1000 个结果集记录到结果文件中，如果超过这一数目，程序将出错停机。可以通过 /CONFIG, NRES 命令来增大这一限值。

（2）模态分析

命令：EQSLV。

GUI 方式：Main Menu → Solution → Analysis Type → Analysis Options，弹出如图 11-14 所示的对话框。

模态分析方法一共有 7 种，分别为：Block-Lanczos（分块 Lanczos 法）、PCG Lanczos 法、Supernode 法（超节点法）、Subspace 法（子空间法）、Unsymmetric 法（非对称法）、Damped 法（阻尼法）和 QR Damped 法（QR 阻尼法），前 4 种是最常用的模态提取方法。

桥梁结构分析计算中一般采用 PCG Lanczos 法和子空间法。常用选项的意义如下：

- No. of modes to extract（提取模态数）：除缩减法以外的其他模态提取时，该选项都是必须设置的。
- Expand mode shapes（是否扩展模态）：如果准备在谱分析之后进行模态扩展，该选项应该设置为"No"。

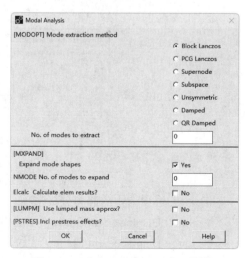

图 11-14 "Modal Analysis"对话框

◆ No. of modes to expand（扩展模态数）：该选项只在采用缩减法、非对称法和阻尼法时要求设置。

◆ Calculate elem results？（是否计算单元结果）：如果想得到单元求解结果，该选项应该设置为"Yes"。

◆ Incl prestress effects？（是否包括预应力效应）：该选项用于确定是否考虑预应力对结构振动的影响。默认分析过程不包括预应力效应，即结构处于无预应力状态。

当选择 PCG Lanczos 法时，单击"OK"按钮，弹出如图 11-15 所示的对话框。在该对话框中输入起始频率（FREQB）和截止频率（FREQE），也就是给出一定的频率范围，则程序最后计算出的自振频率结果在所给频率范围之内。

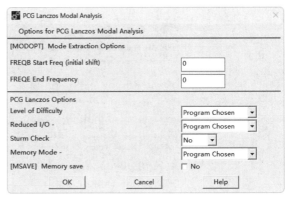

图 11-15 "PCG Lanczos Modal Analysis"对话框

PCG Lanczos 法用于提取大模型的多阶模态（40 阶以上），模型中包含形状较差的实体和壳单元时建议采用此法，它最适合用于由壳或壳与实体组成的模型，计算速度快。对内存要求中，存储要求低。

（3）瞬态分析

命令：EQSLV。

GUI 方式：Main Menu → Solution → Analysis Type → Analysis Options。

弹出的对话框如图 11-16 所示。其中的选项设置与静力分析相同。

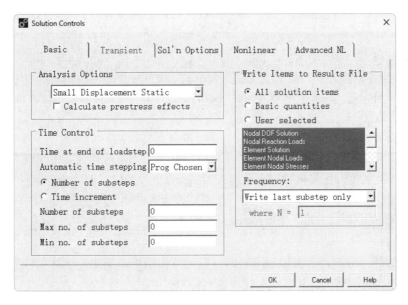

图 11-16 "Solution Controls"对话框

（4）谱分析

命令：EQSLV。
GUI 方式：Main Menu → Solution → Analysis Type → Analysis Options。

在如图 11-17 所示的对话框中选择谱分析类型。

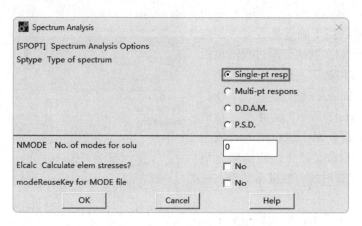

图 11-17 "Spectrum Analysis" 对话框

- Single-pt resp（单点反应谱分析）。
- Multi-pt respons（多点反应谱分析）。
- D.D.A.M（动力设计分析）。
- P.S.D（功率谱密度分析）。

桥梁结构分析常采用单点反应谱分析。

在谱分析中，必须进行模态扩展，模态扩展要重新回到模态分析中进行模态扩展。可先执行以下命令。

命令：ANTYPE,MODAL,NEW。
GUI 方式：Main Menu → Solution → Analysis Type → New Analysis。

然后选择"Modal"选项，单击"OK"按钮，在图 11-17 中选择"Single-pt resp"，并确定求解所需的模态数。

3. 备份数据库

用 Ansys 工具条中的"SAVE DB"命令备份数据库，如果计算过程中出现差错，可以方便地恢复需要的模型数据。恢复模型时需重新进入 Ansys，可采用下面的命令：

命令：RESUME。
GUI 方式：Utility Menu → File → Resume Jobname.db。

4. 开始求解

对于简单的静力分析，一次加载求解即可以计算出结果。例如，计算在自重作用下钢梁的挠度变形时，施加荷载后只需求解一次便可得到结果。

对于动荷载来说，加载方式比较复杂，而且要经过多次求解才能得出最终结果。例如，计算钢梁在一段地震波作用下的响应时，就需要将地震波加速度按时间分成小段，一次一次地加载到结构上,并且每加载一次都要求解一次,最终才能得到钢梁在地震波作用下的时间历程响应。对于复杂动荷载,往往采用命令流输入方式,而菜单方式输入比较烦琐。

用下面方式进行静力求解:

命令:SOLVE。
GUI方式:Main Menu → Solution → Solve → Current LS。

检查弹出的求解信息文档,确认没有错误后,单击如图11-18所示对话框中的"OK"按钮。

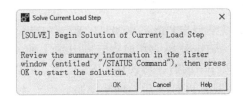

图11-18 "Solve Current Load Step"对话框

5. 完成求解

命令:FINISH。
GUI方式:Main Menu → Finish。

11.2.5 后处理

Ansys程序将计算结果存储在结果文件Jobname.rmg中,其中包括:

1. 基本解

节点位移(UX、UY、UZ、ROTX、ROTY、ROTZ)。

2. 导出解

1)节点和单元应力。
2)节点和单元应变。
3)单元力。
4)节点反力。

可以在通用后处理器POST1或时间历程后处理器POST26中观看处理结果。

命令:/POST1。
GUI方式:Main Menu → General Postproc。
命令:/POST26。
GUI方式:Main Menu → TimeHist Postproc。

若希望在POST1和POST26后处理器中查看结果,数据库中必须包括与求解相同的模型。同时,结果文件Jobname.RST也必须存在。

检查结果数据,方式如下:
1. 从数据库文件中读入数据

命令:RESUME。
GUI 方式:Utility Menu → File → Resume from。

2. 读入适当的结果集

用载荷步、子步或时间来区分结果数据库集。若指定的时间值不存在相应的结果,Ansys 会将全部数据通过线性插值得到该时间点上的结果。

命令:SET。
GUI 方式:Main Menu → General Postproc → Results → Read Result → By Load Step。

如果模型不在数据库中,需用 RESUME 命令后再用 SET 命令或其等效 GUI 菜单路径读入需要的数据集。要观察结果文件中的解,可使用 LIST 选项。可以分别查看不同载荷步及子步或不同时间的结果数据集。典型的 POST1 后处理操作如下:

1. 显示变形图

命令:PLDISP。
GUI 方式:Main Menu → General Postproc → Plot Results → Deformed Shape。

PLDISP 命令中的 KUND 参数使用户可以在原始图上叠加变形图。

2. 列出反力和反力矩

命令:PRESOL。
GUI 方式:Main Menu → General Postproc → List Results → Reaction Solu。

为了显示反力,执行"/PBC,RFOR,1",然后显示所需节点或单元(NPLOY 或 EPLOYT)。如果要显示反力矩,则用 RMOM 代替 RFOR。

3. 列出节点力和力矩

命令:PRESOL,F(或 M)。
GUI 方式:Main Menu → General Postproc → List Results → Element Solution。

也可以列出所选择节点集的所有节点力和力矩。首先选择节点,然后列出作用于这些节点上的所有力。

命令:FSUM。
命令方式:Total Force Sum。

也可以在选择的节点上检查所有力和力矩。对于处于平和状态的实体,除荷载作用点和存在反力的节点以外的所有点,其荷载总和为 0。

GUI 方式:Main Menu → General Postproc → Nodal Calcs → Sum @ Each Node。
Main Menu → General Postproc → Options for Outpt,指明检查方向:

◆ 全部(默认)。
◆ 静力分量。
◆ 阻尼分量。
◆ 惯性力分量。

对于处于平衡状态的实体,除荷载作用点或存在反力荷载的节点外,其他所有节点的总载荷为 0。

4. 线单元结果

对于线单元,可以得到应力、应变等导出数据,结果数据用一个标号和一个序列号组合,或者用元件名来区别。

命令:ETABLE。
GUI 方式:Main Menu → General Postproc → Element Table → Define Table。

定义好单元数据表后,可以显示线单元结果,即可显示弯矩图、剪力图、轴力图。

命令:PLLS。
GUI 方式:Main Menu>General Postproc → Plot Results → Contour Plot-Line Elem。

5. 误差评估

在实体和壳单元的线性静力分析中,通过误差评估列出网格离散误差的评估值。这个命令按结构能量模(SEPC)计算和列出误差百分比,代表一个特定的网格离散的相对误差。

命令:PRERR。
GUI 方式:Main Menu → General Postproc → List Results → Percent Error。

6. 等值线显示

绝大多数结果项都可以显示为等值线,如应力(SX、SY、SZ 等)、应变(EPELX、EPELY、EPELZ 等)和位移(UX、UY、UZ 等)。PLNSOL 和 PLESOL 命令的 KUND 域可以在原始结构上叠加显示。

命令:PLNSOL。
　　　　PLESOL。
GUI 方式:Main Menu → General Postproc → Plot Results → Contour Plot → Nadal Solu。
　　　　　Main Menu → General Postproc → Plot Results → Contour Plot → Element Solu。

显示单元表数据和线单元数据:

命令:PLETAB。
　　　　PLLS。
GUI 方式:Main Menu → General Postproc → Element Table Plot → Elem Table。
　　　　　Main Menu → General Postproc → Plot Results → Contour Plot → Line Elem Res。

7. 矢量显示

若需要观察矢量,如位移(DISP)、转角(ROT)、主应力(S1、S2、S3),矢量显示(不要与矢量模态混淆)是一种有效的办法。

显示矢量:

命令:PLVECT。
GUI 方式:Main Menu >General Postproc → Plot Results → Vector Plot → Predefined。

矢量列表:

命令:PRVECT。
GUI 方式:Main Menu → General Postproc → List Results → Vector Data。

8. 表格列示

在列表之前，要进行数据排列：

命令：NSORT。
　　　ESORT。
GUI 方式：Main Menu → General Postproc → List Results → Sorted Listing → Sort Nodes。
　　　　　Main Menu → General Postproc → List Results → Sorted Listing → Sort Elems。

表格列示：

命令：PRNSOL（节点结果）。
　　　PRESOL（单元 - 单元之间结果）。
　　　PRRSOL（反力）等。
GUI 方式：Main Menu → General Postproc → List Results → Solution Option。

9. 列表显示所有频率

在模态分析中，可以列表显示结构的所有频率。

命令：SET,LIST。
GUI 方式：Main Menu → General Postproc → List Results → Results Shape。

10. 列表显示主自由度

在模态分析中，可以列表显示结构的主自由度。

命令：MIST,ALL。
GUI 方式：Main Menu → Solution → Master DOFs → List ALL。

11.3　钢桁架桥静力受力分析

本节对一架钢桁架桥进行具体静力受力分析，分别采用 GUI 和命令流方式。

11.3.1　问题描述

如图 11-19 所示，已知下承式简支钢桁架桥桥长 72m，每个节段 12m，桥宽 10m，高 16m。设桥面板为 0.3m 厚的混凝土板。钢桁架桥杆件规格有 3 种，见表 11-2。

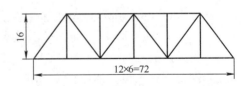

图 11-19　钢桁架桥简图（单位：m）

表 11-2　钢桁架桥杆件规格

杆件	截面号	形状	规格（mm）
端斜杆	1	工字形	400 × 16 × 16
上下弦	2	工字形	400 × 12 × 12
横向连接梁	2	工字形	400 × 12 × 12
其他腹杆	3	工字形	300 × 12 × 12

所用材料属性见表 11-3。

表 11-3　所用材料属性

参数	钢材	混凝土
弹性模量 EX/Pa	2.1×10^{11}	3.5×10^{10}
泊松比 PRXY	0.3	0.1667
密度 DENS/（kg/m³）	7850	2500

11.3.2　GUI 操作方法

1. 创建物理环境

1）过滤图形界面。GUI：Main Menu → Preferences，弹出"Preferences for GUI Filtering"对话框。选择"Structural"，以对后面的分析进行菜单及相应的图形界面过滤。

2）定义分析标题。GUI：Utility Menu → File → Change Title，在弹出的对话框中输入"Truss Bridge Static Analysis"，单击"OK"按钮，如图 11-20 所示。

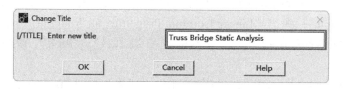

图 11-20　定义分析标题

3）指定工作名。GUI：Utility Menu → File → Change Jobname，弹出一个对话框。在"Enter new jobname"文本框中输入"Structural"，单击"OK"按钮。如图 11-21 所示。

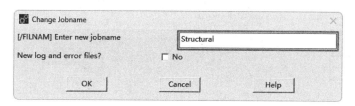

图 11-21　指定工作名

4）定义单元类型和选项。GUI：Main Menu → Preprocessor → Element Type → Add/Edit/Delete，弹出"Element Types"对话框。单击"Add"按钮，弹出"Library of Element Types"对话框，如图 11-22 所示。在该对话框左列表框中选择"Structural"→"Beam"，在右列表框中选择"2 node 188"，单击"OK"按钮，完成 BEAM188 单元的定义。继续单击"Add"按钮，弹出"Library of Element Types"对话框。在该对话框左列表框中选择"Structural"→"Shell"，在右列表框中选择"3D 4node 181"，单击"OK"按钮，完成 SHELL181 单元的定义。在"Element Types"对话框（见图 11-23）中选择"BEAM188"单元，单击"Options..."按钮，弹出

"BEAM188 element type options"对话框。将其中的"K3"设置为"Cubic Form",单击"OK"按钮。在图11-23中选择"BEAM181"单元,单击"Options..."按钮,弹出"BEAM181 element type options"对话框。将其中的"K3"设置为"Full w/incompatible",单击"OK"按钮,最后单击"Close"按钮,关闭"Element Types"对话框。

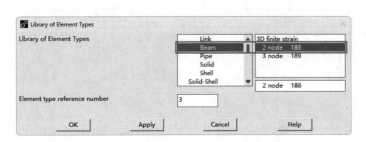 

图11-22 "Library of Element Types"对话框　　图11-23 "Element Types"对话框

5)定义材料属性。GUI:Main Menu → Preprocessor → Material Props → Material Models,弹出"Define Material Model Behavior"窗口。在右列表框中选择"Structural" → "Linear" → "Elastic" → "Isotropic",弹出"Linear Isotropic Properties for Material Number 1"对话框,如图11-24所示。在该对话框中的"EX"文本框输入"2.1e11","PRXY"文本框输入"0.3",单击"OK"按钮。

在"Define Material Model Behavior"窗口右侧列表框中选择"Structural" → "Density",弹出"Density for Material Number 1"对话框,如图11-25所示。在该对话框中的"DENS"文本框中输入"7850",单击"OK"按钮。

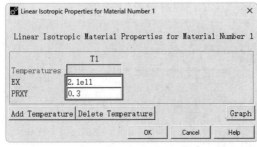 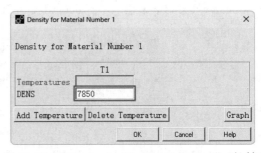

图11-24 "Linear Isotropic Properties for Material 　图11-25 "Density for Material Number 1"对话框
　　　　　Number 1"对话框

设置好第一种材料之后,还要设置第二种混凝土桥面板材料。在"Define Material Model Behavior"窗口的"Material"菜单中选择"New Model",按照默认的材料编号,单击"OK"按钮,这时"Define Material Model Behavior"窗口左侧列表框中出现"Material Model Number 2"。同第一种材料的设置方法一样,在图11-24中的"EX"文本框中输入"3.5e10","PRXY"文本框中输入"0.1667"。在图11-25中的"DENS"文本框中输入"2500",单击"OK"按钮,返回如图 11-26 所示的 "Define Material Model Behavior" 窗口，最后关闭该窗口。

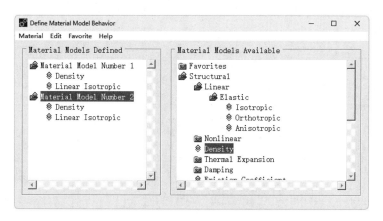

图 11-26 "Define Material Model Behavior" 窗口

6）定义梁单元截面。GUI：Main Menu → Preprocessor → Sections → Beam → Common Sections，弹出 "Beam Tool" 对话框。按图 11-27a 所示填写，然后单击 "Apply" 按钮；按图 11-27b 所示填写，然后单击 "Apply" 按钮，按图 11-27c 所示填写，最后单击 "OK" 按钮。

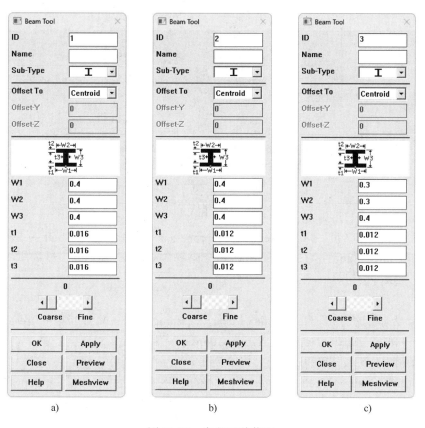

a)   b)   c)

图 11-27 定义三种截面

每次定义好截面之后，单击"Preview"可以观察截面特性。在本模型中，三种工字型钢的截面形状及截面特性如图 11-28 所示。

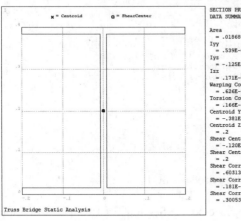
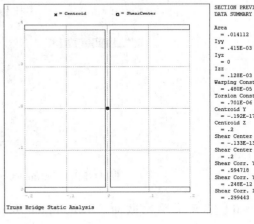
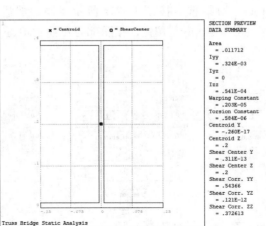

图 11-28　三种工字型钢的截面形状及截面特性

7）定义壳单元厚度。Main Menu → Preprocessor → Sections → Shell → Lay-up → Add/Edit，弹出如图 11-29 所示的"Create and Modify Shell Sections"对话框。设置"Thickness"为"0.3"，单击"OK"按钮。

2. 建立有限元模型

（1）生成半跨桥的节点　GUI：Utility Menu → Preprocessor → Modeling → Create → Nodes → In Active CS，弹出"Create Nodes in Active Coordinate System"对话框。在"X，Y，Z"输入："0，0，-5"，单击"OK"按钮，如图 11-30 所示。

GUI：Utility Menu → Preprocessor → Modeling → Copy → Nodes → Copy，在"Copy nodes"选择对话框中单击"Pick All"按钮，在弹出的对话框中按图 11-31 所示填写。

Ansys 桥梁工程应用实例分析

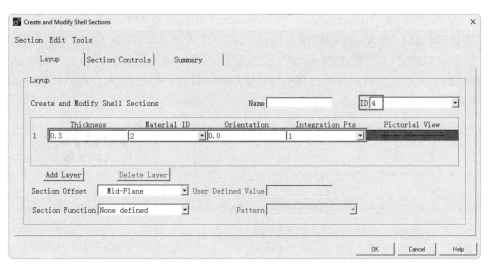

图 11-29 "Create and Modify Shell Sections" 对话框

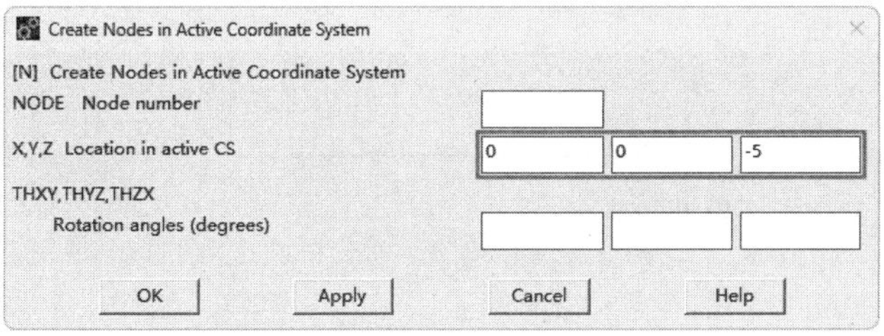

图 11-30 建立节点

图 11-31 复制节点（1）

GUI：Utility Menu → Preprocessor → Modeling → Copy → Nodes → Copy，在"Copy nodes"选择对话框中单击"Pick All"按钮，在弹出的对话框中按图 11-32 所示填写。

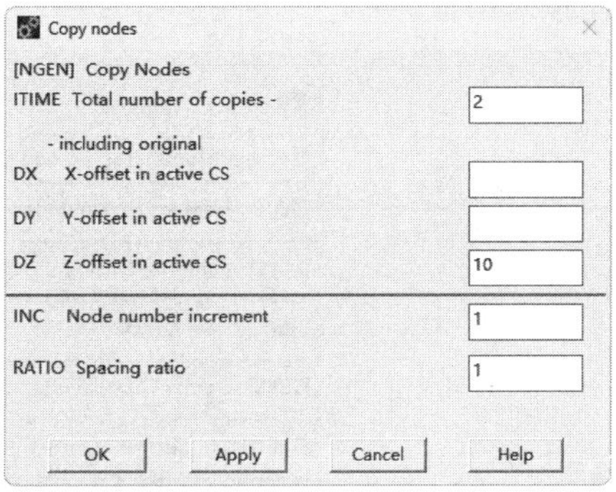

GUI：Utility Menu → Preprocessor → Modeling → Copy → Nodes → Copy，弹出"Copy nodes"选择对话框。在 Ansys 图形窗口中选择 2、6、10 号节点，单击"OK"按钮，在弹出的对话框中，"ITIME"文本框中输入"2"，"DY"文本框中输入"16"，"INC"文本框中输入"1"，"RATIO"文本框中输入"1"，其他选项采用默认设置，单击"OK"按钮。

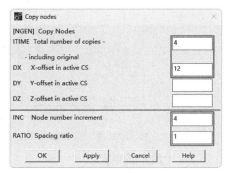

图 11-32 复制节点（2）

GUI：Utility Menu → Preprocessor → Modeling → Copy → Nodes → Copy，弹出"Copy nodes"选择对话框。在 Ansys 图形窗口选择 3、7、11 号节点，单击"OK"按钮，在弹出的对话框中的"ITIME"文本框中输入"2"，"DZ"文本框中输入"-10"，"INC"文本框中输入"1"，"RATIO"文本框中输入"1"，其他选项采用默认设置，单击"OK"按钮，最终 Ansys 图形窗口中显示如图 11-33 所示的半桥模型节点。

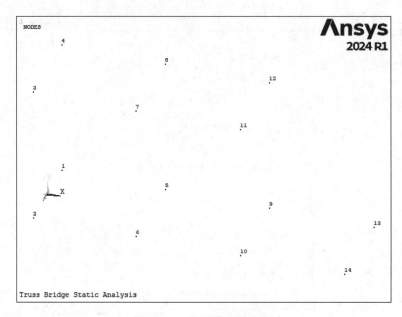

图 11-33　半桥模型的节点

（2）生成半桥单元。

1）选择第一种单元属性。GUI：Utility Menu → Preprocessor → Modeling → Create → Elements → Elem Attributes，弹出"Element Attributes"对话框，如图 11-34 所示。单击"OK"按钮，关闭该对话框。

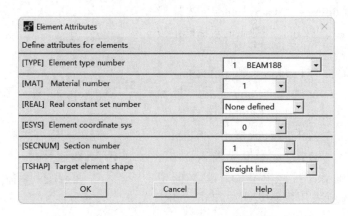

图 11-34　"Element Attributes"对话框

2）建立端斜杆梁单元。GUI：Utility Menu → Preprocessor → Modeling → Create → Elements → Auto Numbered → Thru Nodes，弹出"Elements from Nodes"选择对话框。在图形窗口选择 11 和 14 号节点，单击"Apply"按钮。再选择 12 和 13 号节点，单击"OK"按钮，建立端斜杆梁单元，如图 11-35 所示。

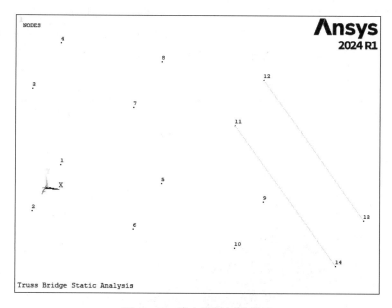

图 11-35　建立端斜杆梁单元

3）选择第二种单元属性。GUI：Utility Menu → Preprocessor → Modeling → Create → Elements → Elem Attributes，弹出"Element Attributes"对话框。在"SECNUM"下拉列表中选择"2"，其他选项不变，单击"OK"按钮，关闭该对话框。

4）建立上下弦杆和横梁杆梁单元 1。GUI：Utility Menu → Preprocessor → Modeling → Create → Elements → Auto Numbered → Thru Nodes，弹出"Elements from Nodes"选择对话框。分别在 2 和 6 号节点、6 和 10 号节点、10 和 14 号节点、1 和 5 号节点、5 和 9 号节点、9 和 13 号节点、3 和 7 号节点、7 和 11 号节点、4 和 8 号节点、8 和 12 号节点、1 和 2 号节点、3 和 4 号节点、5 和 6 号节点、7 和 8 号节点、9 和 10 号节点、11 和 12 号节点、13 和 14 号节点建立单元，单击"OK"按钮，关闭该选择对话框。

5）选择第三种单元属性。GUI：Utility Menu → Preprocessor → Modeling → Create → Elements → Elem Attributes，弹出"Element Attributes"对话框。在"SECNUM"下拉列表中选择"3"，其他选项不变，单击"OK"按钮，关闭该对话框。

6）建立上下弦杆和横梁杆梁单元 2：Utility Menu → Preprocessor → Modeling → Create → Elements → Auto Numbered → Thru Nodes，弹出"Elements from Nodes"选择对话框。分别在 3 和 6 号节点、6 和 11 号节点、4 和 5 号节点、5 和 12 号节点、2 和 3 号节点、1 和 4 号节点、6 和 7 号节点、5 和 8 号节点、10 和 11 号节点、9 和 12 号节点建立单元，单击"OK"按钮，关闭该选择对话框。

7)选择第四种单元属性。GUI：Utility Menu → Preprocessor → Modeling → Create → Elements → Elem Attributes，弹出"Element Attributes"对话框。在"TYPE"下拉列表选择"2 SHELL181"，"MAT"下拉列表选择"2"，"SECNUM"下拉列表中选择"4"，"TSHAP"下拉列表选择"4 node quad"，其他选项不变，单击OK按钮，关闭该对话框。

8)建立桥面板单元。GUI：Utility Menu → Preprocessor → Modeling → Create → Elements → Auto Numbered → Thru Nodes，弹出"Elements from Nodes"选择对话框。在图形窗口依次选择1、2、6、5号节点，5、6、10、9号节点，9、10、14、13号节点建立三个壳单元。单击"OK"按钮生成半桥单元如图11-36所示。

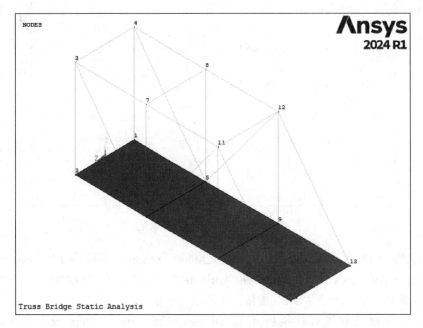

图11-36 半桥单元

(3)生成全桥单元

1)生成对称节点。GUI：Main Menu → Preprocessor → Modeling → Reflect → Nodes，弹出"Reflect Nodes"选择对话框。单击"Pick All"；在弹出的对话框中选择"Y-Z plane"，在"INC"文本框中输入"14"，单击"OK"按钮，关闭对话框。

2)生成对称单元。GUI：Main Menu → Preprocessor → Modeling → Reflect → Elements → Auto Numbered，弹出"Reflect Elems Auto-Num"选择对话框。单击"Pick All"，在弹出的对话框中的"NINC"文本框中输入"14"，单击"OK"按钮，生成全桥单元，如图11-37所示。

(4)合并重合节点和单元及压缩编号

1)合并重合节点和单元。GUI：Main Menu → Preprocessor → Numbering Ctrls → Merge Items，弹出"Merge Coincident or Equivalently Defined Items"对话框。在"Label"下拉列表中选择"All"，单击"OK"按钮，如图11-38所示。

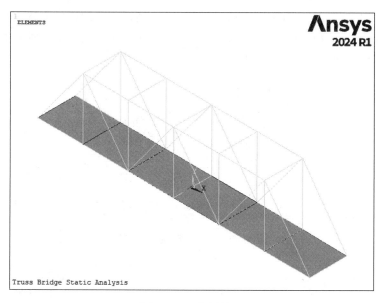

图 11-37 全桥单元

2）压缩编号。GUI：Main Menu → Preprocessor → Numbering Ctrls → Compress Numbers，弹出"Compress Numbers"对话框。在"Label"下拉列表中选择"All"，单击"OK"按钮，如图 11-39 所示。

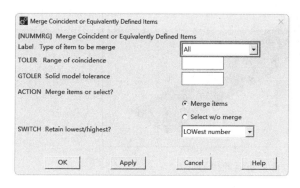

图 11-38 合并重合节点和单元

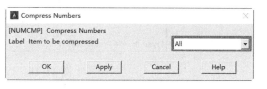

图 11-39 压缩编号

（5）保存模型文件　Utility Menu → File → Save as，弹出"Save Database"对话框。在"Save Database to"文本框中输入文件名"Structural_model.db"，单击"OK"按钮。

3.施加边界条件和荷载

1）施加位移约束。在简支梁的支座处要约束节点的自由度，以达到模拟铰支座的目的。假定梁左端为固定支座，右侧为滑动支座。

GUI：Main Menu → Solution → Define Losads → Apply → Structual → Displacement → On Nodes，弹出"Apply U，ROT on Nodes"选择对话框。在图形窗口选择 23 和 24 号节点，单击"OK"按钮，弹出"Apply U，ROT on Nodes"对话框。在"DOFs to be constrained"列表框中，

选择"UX,UY,UZ",单击"OK"按钮,如图11-40所示。以同样的方法,在13和14号节点施加位移约束,选择13、14号节点后,在"DOFs to be constrained"列表框中选择"UY,UZ",单击"OK"按钮,施加位移约束后的模型如图11-41所示。

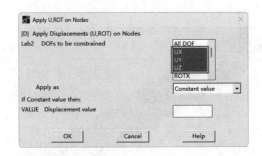

图11-40 设置节点位移约束

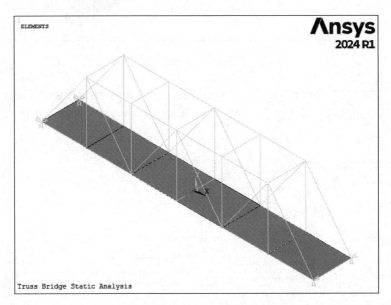

图11-41 施加位移约束后的模型

2)施加集中力荷载。在跨中两节点处施加集中力荷载。

GUI:Main Menu → Solution → Define Losads → Apply → Structual → Force/Moment → On Nodes,弹出"Apply F/M on Nodes"选择对话框。在图形窗口选择1和2号节点,单击"OK"按钮,弹出"Apply F/M no Nodes"对话框。在"Lab"下拉列表中选择"FY",在"VALUE"文本框中输入"-100000",单击"OK"按钮,设置集中力荷载,如图11-42所示。

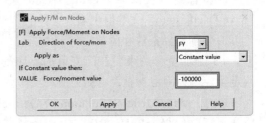

图11-42 设置集中力荷载

3）施加重力。GUI：Main Menu → Solution → Define Losads → Apply → Structual → Inertia → Gravity → Global，弹出"Apply Acceleration"对话框。在"ACELY"文本框中输入"10"，单击"OK"按钮。

施加所有荷载后的模型如图 11-43 所示。

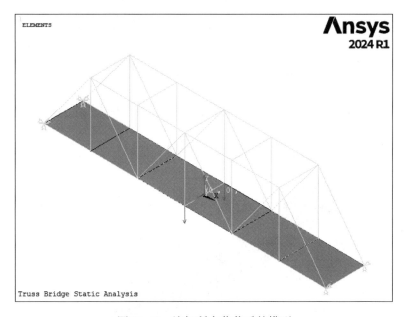

图 11-43　施加所有荷载后的模型

4. 求解

1）选择分析类型。GUI：Main Menu → Solution → Analysis Type → New Analysis，在弹出的"New Analysis"对话框中选择"Static"选项，单击"OK"按钮，关闭该对话框。

2）开始求解。GUI：Main Menu → Solution → Solve → Current LS，弹出"/STATUS Command"对话框，如图 11-44 所示。检查无误后，单击"Close"按钮，在弹出"Solve Current Load Step"对话框中单击"OK"按钮开始求解运算，直到出现"Solution is done!"的提示，表示求解结束。

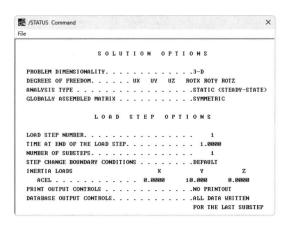

图 11-44　"/STATUS Command"对话框

5. 查看计算结果

（1）读取结果　选择 GUI：Main Menu > General Postproc > Read Results > First Set，读取第一步结果。

（2）查看结构变形结果　GUI：Main Menu → General Postproc → Plot Results → Deformed

Shape，弹出如图 11-45 所示的对话框。单击"OK"按钮，结构变形结果如图 11-46 所示。

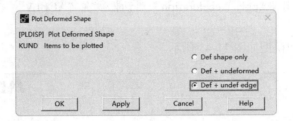

图 11-45 "Plot Deformed Shape"对话框

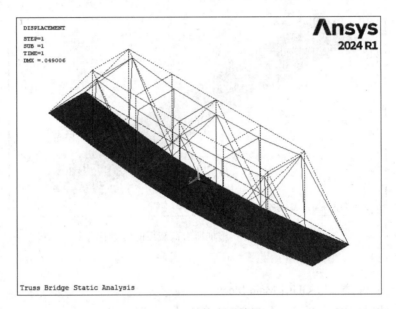

图 11-46 结构变形结果

（3）云图显示位移　GUI：Main Menu → General Postproc → Plot Results → Contour Plot → Nodal Solu，弹出如图 11-47 所示的对话框。选择"Nodal Solution"→"DOF Solution"后面的选项，其中包括 X、Y、Z 各个方向的位移和总体位移矢量，以及 X、Y、Z 各个方向的转角及总体转角矢量。单击"OK"按钮，显示相应云图。各节点总体位移云图如图 11-48 所示。

（4）矢量显示节点位移　GUI：Main Menu → General Postproc → Plot Results → Vector Plot → Predefined，弹出"Vector Plot

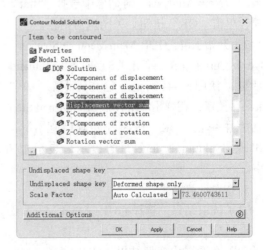

图 11-47 "Contour Nodal Solution Data"对话框

of Predefined Vectors"对话框。在"PLVECT"中选取"DOF solution"和"Translation U",单击"OK"按钮,矢量显示节点位移,如图11-49所示。

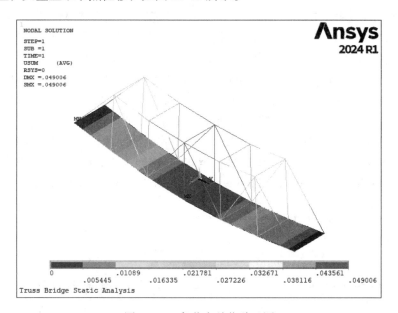

图11-48　各节点总位移云图

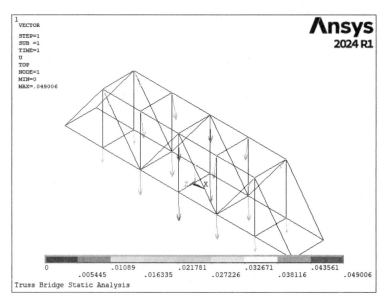

图11-49　矢量显示节点位移

(5)显示结构内力图

1)定义单元表。GUI：Main Menu → General Postproc → Element Table → Define Table,

弹出"Element Table Data"对话框。单击"Add"按钮，弹出"Define Additional Element Table Items"对话框，如图 11-50 所示。在"Lab"文本框中输入"zhou_i"（定义单元 i 节点轴力名称），左侧列表框中选择"By sequence num"，右侧列表框中选择"SMISC"，在右侧下方文本框中输入"SMISC, 1"，单击"Apply"按钮，继续定义单元 j 节点轴力。在"Lab"文本框中输入"zhou_j"，在右侧下方文本框中输入"SMISC, 7"，单击"Apply"按钮，继续定义单元 i 节点剪力。在"Lab"文本框中输入"jian_i"，在右侧下方文本框中输入"SMISC, 2"，单击 Apply 按钮，继续定义单元 j 节点剪力。在"Lab"文本框中输入"jian_j"，在右侧下方文本框中输入"SMISC, 8"，单击 Apply 按钮，继续定义单元 i 节点弯矩。在"Lab"文本框中输入"wan_i"，在右侧下方文本框中输入"SMISC,6"，单击 Apply 按钮，继续定义单元 j 节点轴力。在"Lab"文本框中输入"wan_j"，在右侧下方文本框中输入"SMISC,12"，单击"OK"按钮，关闭图 11-50 所示的对话框。单击"Close"按钮，关闭"Element Table Data"对话框。

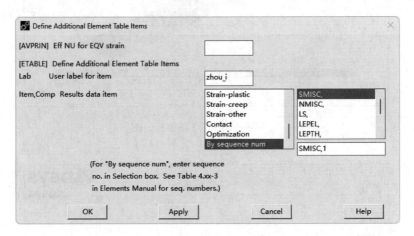

图 11-50 "Defined Additional Element Table Items"对话框

2）列表显示单元节点内力。GUI：Main Menu → General Postproc → Element Table → List Elem Table，弹出"List Element Table Data"对话框。选择刚才定义的内力名称"ZHOU_I、ZHOU_J、JIAN_I、JIAN_J、WAN_I、WAN_J"，单击"OK"按钮，弹出"PRETAB Command"对话框，显示了每个单元的节点内力，如图 11-51 所示。

列表的最后还列出了每项最大值和最小值，以及它们所在的单元。

3）显示线单元结果。GUI：Main Menu → General Postproc → Plot Results → Contour Plot → Line Elem Res，弹出"Plot Line-Element Results"对话框。在"LabI、LabJ"下拉列表中分别选择"ZHOU_I"和"ZHOU_J"，在"Fact"文本框中设置显示比例（默认值是 1），在"KUND"中选择是否显示变形，单击"OK"按钮，显示轴力图，如图 11-52 所示。重新执行显示线单元结果操作，在"LabI、LabJ"下拉列表中分别选择"JIAN_I"和"JIAN_J"，显示剪力图。重新执行显示线单元结果操作，在"LabI、LabJ"下拉列表中分别选择"WAN_I"和"WAN_J"，显示剪力图。由于本算例中的结构属于桁架杆系结构，杆件的剪力与弯矩很小，结果不做重点考虑。

PRETAB Command

File

PRINT ELEMENT TABLE ITEMS PER ELEMENT

***** POST1 ELEMENT TABLE LISTING *****

STAT ELEM	CURRENT ZHOU_I	CURRENT ZHOU_J	CURRENT JIAN_I	CURRENT JIAN_J	CURRENT WAN_I	CURRENT WAN_J
1	-0.16965E+007	-0.43228E-003	4325.3	0.38242E-004	-10534.	-0.11835E-004
2	-0.16965E+007	-0.43228E-003	-4325.3	-0.38242E-004	-10534.	-0.11835E-004
3	0.10127E+006	0.34172E-004	-140.49	-0.16137E-005	-6588.4	-0.97997E-005
4	55162.	0.18614E-004	105.04	0.12065E-005	-5766.4	-0.85770E-005
5	54208.	0.18292E-004	-954.74	-0.10966E-004	-8532.4	-0.12691E-004
6	0.10127E+006	0.34172E-004	140.49	0.16137E-005	-6588.4	-0.97997E-005
7	55162.	0.18614E-004	-105.04	-0.12065E-005	-5766.4	-0.85770E-005
8	54208.	0.18292E-004	954.74	0.10966E-004	-8532.4	-0.12691E-004
9	-0.16580E+007	-0.55946E-003	97.090	0.11152E-005	-7159.4	-0.10649E-004
10	-0.16576E+007	-0.55935E-003	-324.04	-0.37219E-005	-5179.8	-0.77044E-005
11	-0.16580E+007	-0.55946E-003	-97.090	-0.11152E-005	-7159.4	-0.10649E-004
12	-0.16576E+007	-0.55935E-003	324.04	0.37219E-005	-5179.8	-0.77044E-005
13	-18066.	-0.60963E-005	0.46797E-008	0.53746E-016	-5539.0	-0.82180E-005

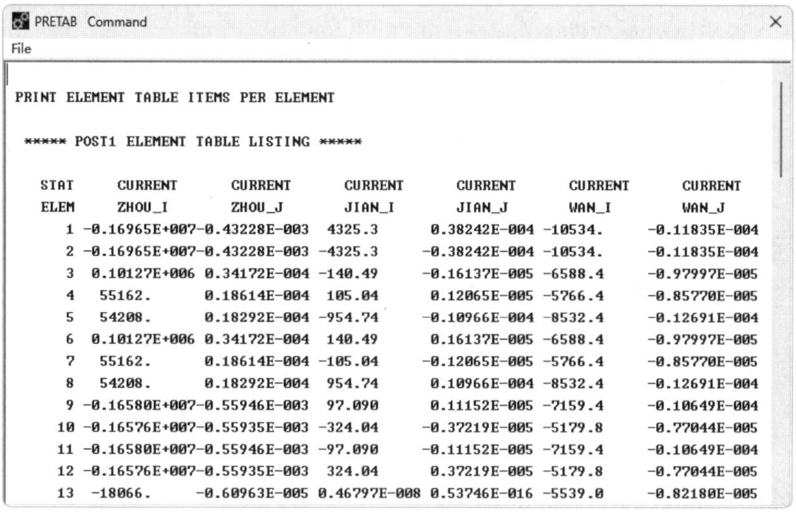

图 11-51　单元节点内力

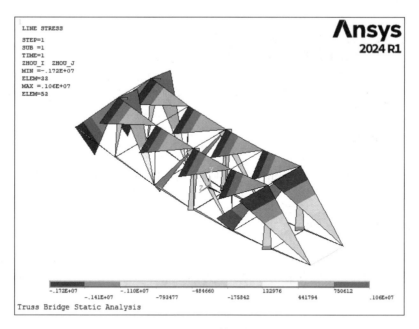

图 11-52　轴力图

（6）列表显示节点结果　GUI：Main Menu → General Postproc → List Results → Nodal Solution，弹出“List Nodal Solution”对话框。选择“Nodal Solution”→“DOF Solution”→“Displacement vector sum”，单击“OK”按钮，弹出每个节点的位移列表文本，其中包括每个节点的 X、Y、Z 方向位移和总位移矢量，最后还列有每项最大值及出现最大值的节点。

6. 退出程序

单击工具条上的"Quit",弹出如图 11-53 所示的"Exit"对话框。选取一种保存方式,单击"OK"按钮,退出 Ansys 软件。

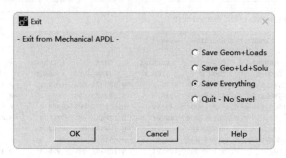

图 11-53 "Exit"对话框

11.3.3 命令流方式

略,见随书电子资料文档。

11.4 钢桁架桥模态分析

本节对 11.3 节介绍的钢桁架桥进行模态分析,分别采用 GUI 方式和命令流方式。

11.4.1 问题描述

已知下承式简支钢桁架桥尺寸如图 11-19 所示。杆件规格及材料属性见表 11-2 及表 11-3。

11.4.2 GUI 操作方法

建模过程与 11.3.2 节所述的建模过程相同,施加的位移约束相同,但不需要施加荷载(除了零位移约束之外的其他类型荷载——力、压力、加速度等可以在模态分析中指定,但在模态提取时将被忽略)。

1. 求解

1)选择分析类型。GUI:Main Menu → Solution → Analysis Type → New Analysis,在弹出的"New Analysis"对话框中选择"Model"选项,单击"OK"按钮,关闭该对话框。

2)设置分析选项。GUI:Main Menu → Solution → Analysis Type → Analysis Option,弹出"Model Analysis"对话框。按图 11-54 所示填写,单击"OK"按钮,弹出"PCG Lanczos Modal Analysis"对话框。在"FREQE End Frequency"文本框中输入"100",如图 11-55 所示。

Ansys 桥梁工程应用实例分析

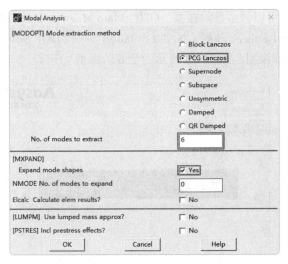

图 11-54　选择模态求解方式

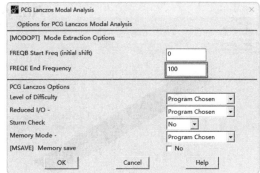

图 11-55　设置子空间求解法

3）开始求解。GUI：Main Menu → Solution → Solve → Current LS，弹出"/STATUS Command"的对话框，如图 11-56 所示。检查无误后，单击"Close"按钮。在弹出"Solve Current Load Step"对话框中单击"OK"按钮，开始求解，直到出现"Solution is done！"的提示，表示求解结束。

2. 查看结算结果

（1）列表显示频率　GUI：Main Menu → General Postproc → Results Summary，弹出频率结果文本列表，如图 11-57 所示。

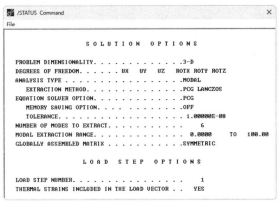

图 11-56　"/STATUS Command"对话框

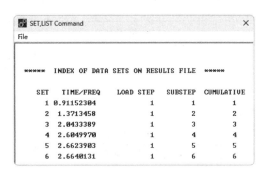

图 11-57　频率结果文本列表

（2）显示各阶频率振型图

1）读取载荷步。GUI：Main Menu → General Postproc → Read Results → First Set，菜单中 First Set（第一步）、Next Set（下一步）、Previous Set（前一步）、Last Set（最后一步）、By Pick（任意选择步数）等可以任意选择以读取载荷步，每一步代表一阶模态。

2）显示振型。每次读取一阶模态之后，就可以显示该阶振型。GUI：Main Menu → General Postproc → Plot Results → Contour Plot → Nodal Solu，选择"Nodal Solution" → "DOF Solution" → "Displacement vector sum"，就可以显示振型。图 11-58 所示为前 6 阶振型。

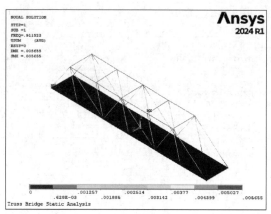
第1阶振型

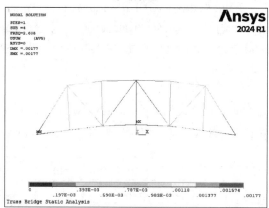
第2阶振型

第3阶振型

第4阶振型

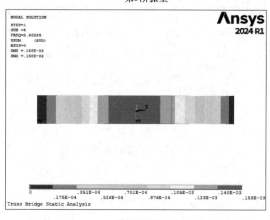
第5阶振型

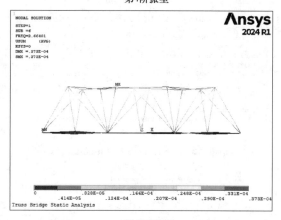
第6阶振型

图 11-58　前 6 阶振型

（3）查看模态求解信息　在 Ansys Output Window 中可以查看模态计算时的求解信息。如果想把求解信息保存下来，则需要在求解（solve）前，将输出信息写入文本中。操作如下：在进行求解前执行 GUI：Utility Menu → File → Switch Output to → File，弹出"Switch Output to File"对话框。定义文件名，选择保存路径后，单击"OK"按钮创建文件，然后求解。求解结束后，执行 GUI：Utility Menu → File → Switch Output to → Output Window，使信息继续在输出窗口中显示，不再保存到创建的文件中。完整的求解信息中主要包含：总质量，结构在各方向的总转动惯量，各种单元质量，各阶频率、周期、参与因数、参与比例、有效质量、有效质量积累因数等。

各阶模态参与因数计算见表 11-4。

表 11-4　各阶模态参与因数计算

模态	频率/Hz	周期/s	参与因数	参与比例	有效质量/kg	有效质量积累/kg
X 方向参与因数计算						
1	1.20835	0.82757	4.51E−03	0.00006	2.04E−05	3.47E−09
2	1.66921	0.59908	2.65E−04	0.000004	7.01E−08	3.48E−09
3	2.30789	0.4333	−2.13E−03	0.000029	4.56E−06	4.25E−09
4	2.43382	0.41088	−16.577	0.221531	274.783	4.68E−02
5	3.96078	0.25248	1.14E−02	0.000152	1.29E−04	4.68E−02
6	3.9914	0.25054	74.827	1	5599.12	1
					总质量：5873.90kg	
Y 方向参与因数计算						
1	1.20835	0.82757	6.14E−03	0.000009	3.76E−05	8.16E−11
2	1.66921	0.59908	−4.54E−05	0	2.06E−09	8.16E−11
3	2.30789	0.4333	−4.27E−03	0.000006	1.82E−05	1.21E−10
4	2.43382	0.41088	679.15	1	461241	0.99999
5	3.96078	0.25248	−2.23E−02	0.000033	4.97E−04	0.99999
6	3.9914	0.25054	2.1269	0.003132	4.52367	1
					总质量：461246kg	
Z 方向参与因数计算						
1	1.20835	0.82757	218.62	1	47799.6	0.999624
2	1.66921	0.59908	−3.245	0.014843	10.53	0.999844
3	2.30789	0.4333	2.6971	0.012337	7.27422	0.999996
4	2.43382	0.41088	−3.79E−04	0.000002	1.44E−07	0.999996
5	3.96078	0.25248	0.4391	0.002008	0.192808	1
6	3.9914	0.25054	−8.20E−03	0.000038	6.73E−05	1
					总质量：47813.6kg	

（续）

			RX 方向参与因数计算				
1	1.20835	0.82757	3038.8	1	9.23E+06	0.998889
2	1.66921	0.59908	8.9082	0.002932	79.3561	0.998898
3	2.30789	0.4333	−100.92	0.033212	10189.4	1
4	2.43382	0.41088	2.15E−02	0.000007	4.63E−04	1
5	3.96078	0.25248	1.2935	0.000426	1.67321	1
6	3.9914	0.25054	−0.10188	0.000034	1.04E−02	1
					总质量：9244300kg	
			RY 方向参与因数计算				
1	1.20835	0.82757	−62.423	0.018844	3896.61	3.52E−04
2	1.66921	0.59908	3312.6	1	1.10E+07	0.992069
3	2.30789	0.4333	−17.912	0.005407	320.826	0.992098
4	2.43382	0.41088	7.48E−03	0.000002	9.60E−05	0.992098
5	3.96078	0.25248	−299.71	0.089266	87442.2	1
6	3.9914	0.25054	1.14E−02	0.000003	1.30E−04	1
					总质量：11065200kg	
			RZ 方向参与因数计算				
1	1.20835	0.82757	2.76E−02	1.00E−05	7.60E−04	9.10E−11
2	1.66921	0.59908	−7.66E−03	3.00E−06	9.87E−05	9.80E−11
3	2.30789	0.4333	1.01E−02	4.00E−06	1.03E−04	1.10E−10
4	2.43382	0.41088	17.11	0.005921	292.763	3.51E−05
5	3.96078	0.25248	2.40E−03	1.00E−06	9.76E−06	3.51E−05
6	3.9914	0.25054	2889.7	1	8.35E+06	1
					总质量：8350830kg	

3. 退出程序

单击工具条上的"QUIT"，弹出如图 11-59 所示的"Exit"对话框。选取一种保存方式，单击"OK"按钮，退出 Ansys 软件。

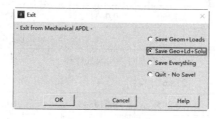

图 11-59 "Exit"对话框

11.4.3 命令流方式

略，见随书电子资料文档。

第 12 章 Ansys 房屋建筑工程应用实例分析

本章介绍房屋建筑结构的有限元分析方法。当今的建筑结构向着复杂化发展，对各种结构模拟分析的要求也越来越高。Ansys 程序可以模拟多种复杂的房屋建筑体系，对结构进行受力分析也能达到相当精准的程度，它在分析结构的动力特性和非线性方面有着强大的优势。

学习要点

- ◆ 建筑结构分析模拟过程
- ◆ 两跨三层框架结构地震响应分析
- ◆ 框架结构模拟建模

12.1 房屋建筑结构分析概述

对于房屋建筑结构而言，有多种常用的有限元分析软件。Ansys 有限元软件在分析房屋建筑结构方面有着强大的优势，它能够对复杂的建筑结构进行静力分析、动力分析、线性与非线性性能分析、稳定性分析、可靠性分析等，为设计者带来很大方便。

Ansys 程序的单元库和材料库非常丰富，可以模拟出绝大多数形式的建筑结构，可以较精确地反映结构的变形、应力分布、内力、自振频率、振型、荷载耦合、时间历程响应等特性。

本章介绍房屋建筑结构的有限元分析。房屋建筑结构的形式多种多样，主要有砌体结构、框架结构、剪力墙结构、框-剪结构、网架结构、框架结构等。Ansys 的单元与材料种类繁多，可以很好地模拟各种形式的结构。

所有形式的房屋建筑结构的分析内容基本相同。对结构进行静力分析时，要施加多种荷载，对荷载进行各种组合；对结构进行动力分析时，一般要分析结构在地震作用下或其他动荷载作用下的响应。房屋建筑结构和桥梁结构分析内容与过程较为相似，总体上来说，主要的模拟分析过程如下：

1）根据条件，选择合适的单元和材料，建立结构的有限元模型。
2）施加静力或动力荷载，施加适当的边界条件。
3）选择合适的求解器进行求解。
4）在后处理器中观察求解结果。

12.2 房屋建筑结构分析模拟过程

12.2.1 创建物理环境

建立房屋建筑结构模型前，要对工作环境进行设置。进入 Ansys 预处理器，按照以下步骤建立物理环境：

1. 设置 GUI 菜单过滤

若要通过 GUI 菜单路径来运行 Ansys，当 Ansys 被激后，首先要选择菜单路径：Main Menu → Preferences。执行上述命令后，弹出如图 12-1 所示的对话框。选择"Structural"，这样 Ansys 会根据所选择的参数来对 GUI 图形界面进行过滤，以便在进行结构分析时过滤掉一些不必要的菜单及相应图形界面。房屋建

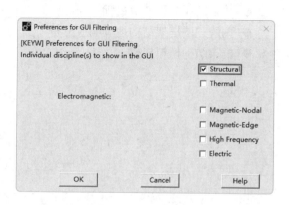

图 12-1 "Preferences for GUI Filtering"对话框

筑结构分析和桥梁结构分析一样，属于结构分析，所以要选择"Structural"选项。

2. 定义分析标题

在进行分析前，可以给所要进行的分析起一个能够代表所分析内容的标题，如"roof"，以便能够从标题上与其他模型区分。下面是定义分析标题的方法。

> 命令：/TITLE。
> GUI 方式：Utility Menu → File → Change Title。

可以使用 /STITLE 命令加副标题，副标题将出现在输出结果中，而在图形中不显示。

3. 定义单元类型及其选项（KEYOPT 选项）

结构分析首先要进行单元类型的选择。Ansys 单元库中有超过 150 种不同的单元类型，可以用来模拟工程中的各种结构和材料，各种不同的单元组合在一起，成为具体物理问题的抽象模型。在房屋建筑结构模拟分析中，常用的单元有梁单元、壳单元、实体单元、杆单元。例如，梁单元可模拟框架柱，壳单元可以模拟屋面板，实体单元可以模拟大体积混凝土，杆单元可以模拟预应力钢筋等。单元可以是线性的，也可以是非线性的。定义好不同的单元及其选项（KEYOPTS）后，就可以建立有限元模型。房屋建筑结构分析常见单元见表 12-1。

表 12-1 房屋建筑结构分析常见单元

单元	维数	形状和自由度	特性
LINK180	3-D	线性，2 节点，3 自由度	用于桁架、钢索、连杆和弹簧等。此三维杆单元能承受拉伸或压缩荷载。可支持仅受拉力（线缆）和仅受压力（gap）的情况。在销钉连接结构中，可以不考虑单元的弯曲。包括塑性、蠕变、旋转、大变形和大应变等特性
BEAM188	3-D	线性，2 节点，6 或 7 个自由度	三维弹性梁单元，适于分析从细长到中等粗短的梁结构，该单元基于铁木辛柯梁结构理论，并考虑了剪切变形的影响，非常适合线性、大角度转动和非线性大应变问题
SHELL181	3-D	四边形或三角形（不推荐），4 节点，6 自由度	三维弹性壳单元，用来模拟板壳等。可定义其节点的处厚度、刚度、初始弯曲曲率等
SOLID185	3-D	六面体或四面体，8 节点，3 自由度	三维结构实体单元，用来模拟钢筋混凝土和块状实体。可定义材料、体积率、钢筋方向等；不需要设置实常数

设置单元及其关键选项的方式如下：

> 命令：ET。
> KEYOPT。

GUI 方式：Main Menu → Preprocessor → Element Type → Add/Edit/Delete，在"Element Type"对话框中单击"Add"按钮，添加单元类型。添加好单元后单击"Options"按钮，定义单元选项；单击"Delete"按钮，删除选择的单元，如图 12-2 所示。

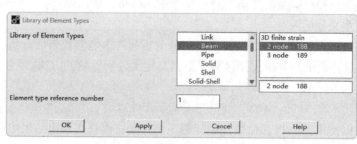

GUI添加单元类型　　　　　　　　　　　　GUI选择单元类型

图 12-2　设置单元及其关键选项对话框

4. 设置实常数和单位制

单元实常数和单元类型密切相关，不同单元定义的实常数意义不同。可用 R 命令或其相应 GUI 菜单路径来说明。例如，在结构分析中，可以用实常数定义梁单元的横截面积、惯性矩和高度；定义板单元的厚度等。一般来说，每种单元类型都有自己的实常数，而且同一种单元类型可以拥有多种实常数。如果多个单元类型参考相同的实常数号，Ansys 会发出一个警告信息。

图 12-3 所示为如何定义 LINK11 单元的实常数。

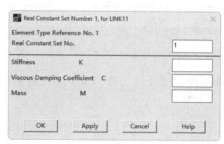

图 12-3　定义 LINK11 单元的实常数

命令方式：R。
GUI 方式：Main Menu → Preprocessor → Real Constants → Add/Edit/Delete。

在房屋建筑结构分析中 Ansys 软件没有指定单位制，除了磁场分析，可以使用任意一种单位制，只要保证输入的所有数据都是使用同一单位制中的单位即可。在本章中，所有实例都采用国际单位制，即 m、N、kg、s、Pa、Hz 等。

5. 定义材料属性

房屋建筑结构模型中可以有一种或多种材料，包括各种性质的钢材、混凝土、地基土等。对于每种材料，都要定义相应的材料属性。材料属性大多数为线性材料属性，可以是常数也可以与温度相关，各向同性或正交异性。在建筑工程分析中，使用的材料常常基于线性分析的结构，一般选择线弹性材料（线性、各向同性）。定义材料属性方式如下：

命令方式：MP。
GUI 方式：Main Menu → Preprocessor → Material Props → Material Models → Structural → Linear → Isotropic，如图 12-4a 所示。

Ansys 房屋建筑工程应用实例分析 >>>

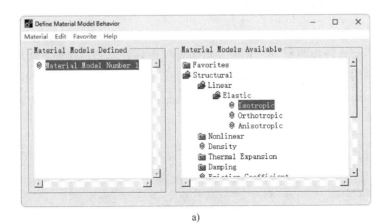

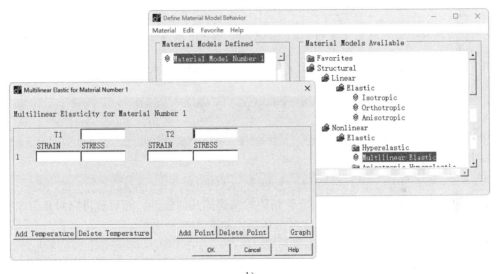

图 12-4 GUI 设置材料属性选项

在材料属性中，需要输入的主要数据有弹性模量（EX）、泊松比（PRXY）、密度（Density）、材料阻尼（Damping）等。

对于非线性材料，可以选择"Nonlinear"，如图 12-4b 所示。

1）必须按照形式定义刚度（如弹性模量 EX、超弹性系数等）。
2）对于惯性荷载（重力），必须定义质量计算所需的数据，如密度 DENS。
3）对于温度荷载，必须定义热膨胀系数 ALPX。

12.2.2 建模、指定特性、分网

在 Ansys 结构分析中，有两种建立有限元模型的方法：第一种方法是直接建立节点和单元，形成有限元模型，可自行控制每一个单元，不需要程序划分单元，这种方法可用来建立结构比较简单、形式单一的房屋建筑模型；第二种方法是先建立几何模型，然后利用软件将几何模型划分成网格单元，从而形成有限元模型，这种方法适用于结构复杂无规则的房屋建筑。

1. 第一种方法

命令：N。
GUI 方式：Main Menu → Preprocessor → Modeling → Create → Nodes。
命令：E。
GUI 方式：Main Menu → Preprocessor → Modeling → Create → Elements。

2. 第二种方法

命令：K。
GUI 方式：Main Menu → Preprocessor → Modeling → Create → Keypoints。
命令：L。
GUI 方式：Main Menu → Preprocessor → Modeling → Create → lines。
命令：A。
GUI 方式：Main Menu → Preprocessor → Modeling → Create → Areas。
命令：V。
GUI 方式：Main Menu → Preprocessor → Modeling → Create → Volumes。

几何模型操作：

GUI 方式：Main Menu → Preprocessor → Modeling → Operate。

合理利用以上操作，可以建立出非常精确的结构体几何模型，然后就可以对几何模型进行网格划分，形成有限元模型。划分单元的具体操作如下：

命令：LSEL（选择要划分的线单元）。
　　　TYPE（选择单元类型）。
　　　MAT（选择材料属性）。
　　　REAL（选择实常数）。
　　　ESYS（选择单元坐标系）。
　　　MSHAPE（选择单元形状）。
　　　MSHKEY（选择单元划分方式）。
　　　LMESH（开始划分线单元）。
GUI 方式：Main Menu → Preprocessor → Meshing → MeshTool。

在划分单元之前，首先要对单元大小、形状等进行适当的控制，否则可能出现意想不到的划分结果。"MeshTool"选择对话框的具体应用见第 11.2.2 节中的相关内容。

12.2.3 施加边界条件和荷载

在施加边界条件和荷载时，既可以给实体模型（关键点、线、面），也可以给有限元模型

（节点和单元）施加边界条件和荷载。在求解时，Ansys 程序会自动将加到实体模型上的边界条件和荷载传递到有限元模型上。在 Ansys 程序中，荷载分成 6 类，即 DOF 约束、力、表面分布荷载、体积荷载、惯性荷载和耦合场荷载。与荷载相关的两个术语是载荷步、子步。载荷步仅指可求得解的荷载配置，如在结构分析中，可将风载荷施加于第一个载荷步，第二个载荷步施加重力；子步是在一个载荷步中增加的步数，主要是为了瞬态分析或非线性分析中提高分析精度和收敛，子步还称为时间步，代表一段时间。

> **注意**
>
> Ansys 程序在瞬态分析和静态分析中使用时间的概念。瞬态分析中，时间代表实际时间，用秒、分、小时表示；静态分析中，时间仅作为计数器以标识载荷步和子步。

在 GUI 方式中，可以通过一系列级联菜单，实现加载操作。GUI 菜单路径如下：

GUI：Main Menu → Solution → Define Loads → Apply → Structural-。
GUI：Main Menu → Preprocessor → Define Loads → Apply → Structural-。

这时，Ansys 程序将列出结构分析中所有的边界条件和荷载类型，然后根据实际情况选择合理的边界条件或荷载。主要的荷载有 Displacement、Force/Moment、Pressure、Inertia 等。

例如，要施加均布荷载到屋面板上，GUI 菜单路径如下：

GUI：Main Menu → Preprocessor → Define Loads → Apply → Structural → Pressure → On Elements/On Areas，然后选择屋面板所在的几何面，就可以将局部压力施加到屋面板单元上。

也可以通过 Ansys 命令输入荷载，几种常见的结构分析荷载如下：

1. 位移约束（UX、UY、UZ、ROTX、ROTY、ROTZ）

命令：D。

2. 力（FX、FY、FZ）/力矩（MX、MY、MZ）

命令：F。

3. 压力（PRES）

命令：SF。

4. 温度（TEMP）

命令：BF、BFK、BFL、BFA、BFV、BFE

5. 惯性力荷载（用来加载重力、旋转等）

命令：ACEL。
GUI：Main Menu → Preprocessor → Define Loads → Apply → Structural → Inertia → Gravity。
Main Menu → Solution → Define Loads → Apply → Structural → Inertia → Gravity。

在瞬态动力学分析中，除了惯性荷载，其他荷载都可以施加到模型上。

12.2.4 求解

房屋建筑结构的基本求解过程如下：

1. 定义分析类型

首先进入 SOULUTION 求解器。

命令：/SOLU。
GUI 方式：Main Menu → Solution。

然后选择分析类型。

命令方式：ANTYPE。

GUI 方式：Main Menu → Solution → Anslysis Type → New Analysis，如图 12-5 所示。

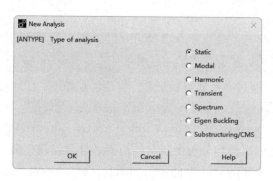

图 12-5　GUI 选择分析类型

在结构分析中常用的分析类型有：

（1）静力分析　静力分析在结构分析中占有重要的地位，结构的设计验算首先要满足静力要求。通过静力分析计算，可以求解结构的位移、内力、应力分布、变形形状、稳定性等。

命令：ANTYPE,STATIC,NEW。
GUI 方式：Main Menu → Solution → Analysis Type → New Analysis。

然后选择"static"选项，单击"OK"按钮。

（2）模态分析　通过模态分析，可以求解结构的自振频率和各阶振型，同时也可求解每阶频率的参与质量等。在谱分析之前，必须进行模态分析。

命令：ANTYPE,MODAL,NEW。
GUI 方式：Main Menu → Solution → Analysis Type → New Analysis。

然后选择"Modal"选项，单击"OK"按钮。

（3）瞬态分析　瞬态分析经常用于分级计算结构受到突然加载的荷载时的响应情况。例如，在房屋建筑结构分析中，房屋受到地震激励的时间历程作用，或者计算承重结构受到突然撞击的情况，都可以选择瞬态分析来计算结构响应。

瞬态动力学分析可采用 3 种方法，即完全法（Full）、缩减法（Reduced）和模态叠加法。

完全法是 3 种方法中功能最强的，其优点是容易使用，不必关心选择主自由度；允许包括各类非线性特征；不涉及质量矩阵近似；一次分析就能得到所有的位移和应力；允许施加所有类型的荷载；允许在实体模型上施加荷载。但是，这种方法的开销很大。完全法的分析步骤：

1）建造模型。可使用线性或非线性单元，必须指定弹性模量 EX 和密度 DENS。

2）建立初始条件。即第一个载荷步，零时刻的情况。

3）设置求解控制。定义分析类型、分析选项、载荷步设置。

4）设置其他求解选项。

5）施加荷载。可施加位移约束、力、面荷载、体荷载、惯性荷载。

6）存储当前载荷步的荷载设置。针对荷载-时间曲线的每个拐点进行施加荷载并存储荷载配置到各自的载荷步文件。

7）重复步骤3）~6），定义其他每个载荷步。

8）备份数据库。命令：SAVE。GUI：Utility Menu → File → Save as。

9）开始瞬态分析。命令：LSSOLVE。GUI：Main Menu → Solution → Solve → Form LS Files。

10）退出求解器。命令：FINISH

11）观察结果。POST1用于观察指定时间点整个模型的结果；POST26用于观察模型中指定点随时间变化的结果。

模态叠加法的优点是计算最快、开销最小；可将模态分析中施加的单元荷载引入瞬态分析中；允许考虑模态阻尼。缺点是分析过程中时间步长必须保持恒定，不允许采用自动时间步长；只允许点点接触非线性；不能施加非零位移。模态叠加法的分析步骤：

1）建立模型。

2）获取模态解。具体见前面章中有关模态分析的介绍。

3）获取模态叠加法瞬态分析解。利用程序从模态分析得到的振型来计算瞬态响应。

4）扩展模态叠加法。

5）观察结果。用POST1和POST26观察结果。

缩减法的优点是计算速度较快、开销小。缺点是初始解只计算主自由度位移，第二步进行扩展；不能施加单元荷载；限制在实体模型上加载；只允许点点接触非线性。缩减法的分析步骤：

1）建立模型。

2）获取缩减解。需要定义主自由度。

3）观察缩减法求解结果。只能用POST26观察结果。

4）扩展解。在关键的时间点上进行。

5）观察已扩展的结果。用POST1和POST26观察结果。

命令：ANTYPE,TRANS,NEW。

GUI方式：Main Menu → Solution → Analysis Type → New Analysis。

然后选择"Transient"选项，单击"OK"按钮。弹出如图12-6所示的对话框。选择适当的分析方法，单击"OK"按钮。

（4）谱分析　谱分析是一种将模态分析结果与一个已知的谱联系起来计算模型的位移和应力的分析技术。谱分析可以替代时间-历程分析，主要用于确定结构对随机荷载或随时间变化荷载（如地震、风载、波浪等）的动力响应情况。在结构分析中，谱分析常用于计算结构受到振动激励情况下的响应。最常用的就是地震反应谱。注意，在谱分析之前要先进行模态分析。

Analysis 谱分析分为应谱分析、动力设计分析和随机振动分析，Ansys的反应谱分为单点反应谱（SPRS）和多点反应谱（MPRS），这里主要介绍单点反应谱分析。

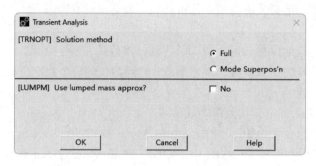

图 12-6 "Transient Analysis" 对话框

单点反应谱分析的全过程包括以下几步：

1）建立模型。只有线性行为才有效，必须定义材料的弹性模量 EX 和密度 DENS。

2）模态分析。注意只有 Block 法、Subspace 法和 Reduced 法对谱分析有效，模态分析时先不要进行模态扩展。

3）谱分析。输入反应谱，有加速的反应谱、位移反应谱、速度反应谱、力反应谱等。

4）扩展模态。扩展振型后才能在后处理器中观察结果。将 "Expansion Pass dialog box" 对话框中的 "Expansion pass option" 选项设置为 "Yes"，"Model Analysis Option" 对话框中 "Mode Expansion" 选项设置为 "On"，把模态扩展作为一个独立求解过程。

5）合并模态。合并模态是一个独立的求解阶段，包括：①进入求解器；②指定分析类型（新分析、谱分析）；③选择模态合并方式（模态的组合方式在结构设计规范中规定选择 SRSS 方式，即先求平方和再求平方根）；④开始求解；⑤退出求解器。

6）观察结果。使用 POST1 观察结果。最终得到结构的总响应，包括总位移、总应力、总应变、总反作用力。

命令：ANTYPE,SPECTR,NEW。
GUI 方式：Main Menu → Solution → Analysis Type → New Analysis。

然后选择 "Spectrum" 选项，单击 "OK" 按钮。

2. 定义分析选项

定义好分析类型后，就可以定义分析选项。分析选项对话框各不相同。

（1）静力分析

命令：EQSLV。
GUI 方式：Main Menu → Solution → Analysis Type → Sol'n Controls。

在图 12-7 所示的 "Basic" 选项卡中列出了静力分析选项。

"Basic" 选项卡中，提供了分析中所需的最少数据。一旦 "Basic" 选项卡中的设置满足以后，就不需要设置其他标签中的选项，除非因为要进行高级控制而修改其他默认设置。

（2）模态分析

命令：EQSLV。

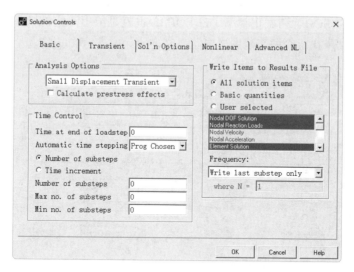

图 12-7 "Basic"选项卡

GUI 方式:Main Menu → Solution → Analysis Type → Analysis Options,弹出如图 12-8 所示的对话框。

模态分析方法一共有 7 种分别为 BlockLanczos(分块 Lanczos 法)、PCG Lanczos 法、supernode 法(超节点法)、Subspace 法(子空间法)、Unsymmetric 法(非对称法)、Damped 法(阻尼法)和 QR Damped 法(QR 阻尼法),前 4 种是最常用的模态提取方法。

房屋建筑结构分析计算中一般采用 PCG Lanczos 法和子空间法。常用选项的意义如下:

◆ No. of modes to extract(提取模态数):除缩减法以外的其他模态提取时,该选项都是必须设置的。

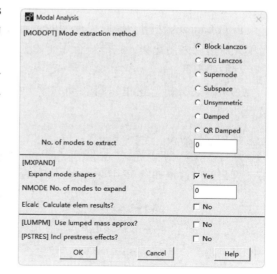

图 12-8 "Modal Analysis"对话框

◆ Expand mode shapes(是否扩展模态):如果准备在谱分析之后进行模态扩展,该选项应该设置为"No"。

◆ No. of modes to expand(扩展模态数):该选项只在采用缩减法、非对称法和阻尼法时要求设置。

◆ Calculate elem results?(是否计算单元结果):如果想得到单元求解结果,该选项应该设置为"Yes"。

◆ Incl prestress effects?(是否包括预应力效应):该选项用于确定是否考虑预应力对结构振动的影响。默认分析过程不包括预应力效应,即结构处于无预应力状态。

◆ 当选择 PCG Lanczos 法时,单击"OK"按钮,弹出如图 12-9 所示对话框。在该对话框中输入起始频率（FREQB）和截止频率（FREQE），也就是给出一定的频率范围，则程序最后计算出的自振频率结果在所给频率范围之内。

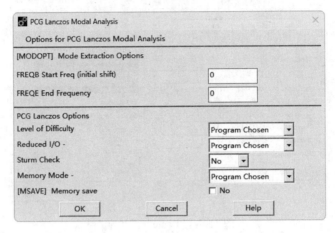

图 12-9 "PCG Lanczos Modal Analysis" 对话框

PCG Lanczos 法用于提取大模型的多阶模态（40 阶以上），模型中包含形状较差的实体和壳单元时建议采用此法，它最适合用于由壳或壳与实体组成的模型，计算速度快。对内存要求中，存贮要求低。

（3）瞬态分析　这里以瞬态动力学分析中的完全法（Full）为例，详细讲解分析选项的设置。

命令：EQSLV。
GUI 方式：Main Menu → Solution → Analysis Type → Sol'n Controls。

弹出的对话框如图 12-10 所示。其中的选项设置与静力分析相同。

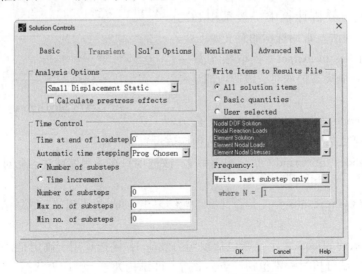

图 12-10 "Solution Controls" 对话框

关于"Basic"选项卡的几点说明：

当执行 ANTYPE 和 NLGEOM 命令时，若需要进行一个新的分析并忽略大变形效应（如大挠度、大转角、大应变），可选择"Small Displacement Static"选项。若预期有大挠度（如弯曲的长细杆）或大应变，则选择"Large Displacement Static"选项。如果想重启动一个失败的非线性分析，或者用户已经进行了完整的静力分析，而想指定其他荷载，则选择"Restart Current Analysis"若项。

1）当执行 AUTOTS 命令时，记住该载荷步选项基于结构的响应增大或减小的积分步长。对于大多数问题，建议打开自动时间步长与积分时间步长的上下限。通过 DELTIM 和 NSUBST 指定积分步长上下限，有助于限制时间步长的波动范围。

2）DELTIM 和 NSUBST 命令于指定瞬态分析积分时间步长。积分时间步长是运动方程时间积分中的时间增量。时间积分增量可以直接或间接指定（即通过子步数）。时间步长的大小决定求解精度。

3）当执行 OUTERS 命令时，记住在完全法瞬态动力分析中，默认时只有最后子步（时间点）写入结果文件中。为了写入所有子步，需要设置所有子步的写入频率。同时，默认时只有 1000 的结果序列能够写入结果文件，如果超过这一数目，程序将出错停机。可以通过 /CONFIG, NRES 命令来增大这一限值。

关于"Transint"选项卡的几点说明：

TIMINT 是动力载荷步选项，用于指定是否打开时间积分效应[TIMINT]。对于需要考虑惯性和阻尼效应的分析，必须打开时间积分效应（否则当作静力进行求解），所以默认值为打开时间积分效应。

1）ALPHAD 和 BETAD 是动力载荷步选项，用于指定阻尼。大多数结构中都存在某种形式的阻尼，必须在分析中予以考虑。

2）TINTP 是动力载荷步选项，用于指定瞬态积分参数。瞬态积分参数控制 Netmark 时间积分技术，默认值为采用恒定的平均值加速度积分算法。

（4）谱分析

命令：EQSLV。
GUI 方式：Main Menu → Solution → Analysis Type → Analysis Options。

在如图 12-11 所示的对话框中定义分析类型和分析选项。

1）定义分析类型和分析选项：

◆ Single-pt resp（单点反应谱分析）。
◆ Multi-pt respons（多点反应谱分析）。

◆ D.D.A.M（动力设计分析）。
◆ P.S.D（功率谱密度分析）。

房屋建筑结构分析常采用单点反应谱分析。在谱分析中，必须进行模态扩展，模态扩展要重新回到模态分析中进行模态扩展。可先执行以下命令。

命令：ANTYPE,MODAL,NEW。
GUI 方式：Main Menu → Solution → Analysis Type → New Analysis。

然后选择"Modal"选项，单击"OK"按钮，在如图 12-11 所示的对话框中选择"Single-pt resp"，并确定求解所需的模态数。

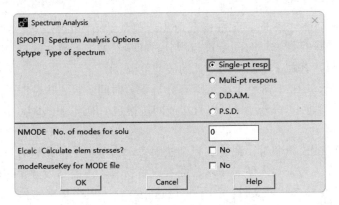

图 12-11　"Spectrum Analysis"对话框

2）定义载荷步选项：
① 反应谱类型。

命令：SVTYPE。
GUI 方式：Main Menu → Solution → Load Step Opts → Spectrum → Single Point → Settings。

谱的类型可以是位移、速度、加速度、力。除了力谱，所有的谱都是地震反应谱，即它们都是假定作用于结构的基础上。

② 激励方向。

命令：SED。
GUI 方式：Main Menu → Solution → Load Step Opts → Spectrum → Single Point → Settings。

③ 谱值 - 频率曲线。

命令：FREQ,SV。
GUI 方式：Main Menu → Solution → Load Step Opts → Spectrum → Single Point → Freq Table。
GUI 方式：Main Menu → Solution → Load Step Opts → Spectrum → Single Point → Spectr Values。

FREQ 和 SV 用来定义谱曲线，可以定义一系列不同阻尼比的谱曲线。用 STAT 命令列表显示当前谱曲线的对应值。

3）开始求解：SOLVE。

3. 备份数据库

用 Ansys 工具条中的"SAVE DB"命令备份数据库，如果计算过程中出现差错，可以方便地恢复需要的模型数据。恢复模型时需重新进入 Ansys，可采用下面的命令：

  命令：RESUME。
  GUI 方式：Utility Menu → File → Resume Jobname.db。

4. 开始求解

对于动荷载来说，加载方式比较复杂，而且要经过多次求解才能得出最终结果。例如，计算房屋承重结构在一段地震波作用下的响应，就需要将地震波加速度按时间分成小段，一次一次地加载到结构上，并且每加载一次都要求解一次，最终才能得到其在地震波作用下的时间力程响应。对于复杂动荷载，往往采用命令流输入方式，而菜单方式输入比较烦琐。

用下面方式进行求解：

  命令：SOLVE。
  GUI 方式：Main Menu → Solution → Solve → Current LS。
  命令：LSSOLVE。
  GUI 方式：Main Menu → Solution → Solve → Form LS Files。

检查弹出的求解信息文档，确认没有错误后，单击如图 12-12 所示对话框中的"OK"按钮。

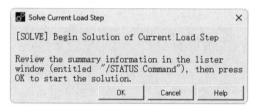

图 12-12 "Solve Current Load Step"对话框

5. 完成求解

  命令：FINISH。

12.2.5 后处理

Ansys 程序将计算结果存储在结果文件 Jobname.rmg 中，其中包括：

1. 基本解

节点位移（UX、UY、UZ、ROTX、ROTY、ROTZ）。

2. 导出解

- 节点和单元应力。
- 节点和单元应变。
- 单元力。
- 节点反力。

可以在通用后处理器 POST1 或时间历程后处理器 POST26 中观看处理结果。POST1 用于观察指定时间整个模型的结果；POST26 用于观察模型中指定点随时间变化的结果。观察结果时，在数据库中必须包括与求解相同的模型。同时，结果文件Jobname.RST也必须存在。

命令：/POST1。
GUI方式：Main Menu → General Postproc。
命令：/POST26。
GUI方式：Main Menu → TimeHist Postpro。

检查结果数据，方式如下：

1. 从数据库文件中读入数据

命令：RESUME。
GUI方式：Utility Menu → File → Resume from

2. 读入适当的结果集

用载荷步、子步或时间来区分结果数据库集。若指定的时间值不存在相应的结果，Ansys会将全部数据通过线性插值得到该时间点上的结果。

命令：SET。
GUI方式：Main Menu → General Postproc → Results → Read Result → By Load Step。

如果模型不在数据库中，需用RESUME命令后再用SET命令或其等GUI菜单效路径读入需要的数据集。要观察结果文件中的解，可使用LIST选项。可以分别看不同载荷步及子步或不同时间的结果数据集。

POST1通用后处理操作主要有以下几种：

◆ 显示变形图（PLDISP）。
◆ 列出反力和反力矩（PRESOL）。
◆ 列出节点力和力矩（PRESOL，F或M）。
◆ 线单元结果（ETABLE、PLLS）。
◆ 等值线显示（PLNSOL、PLESOL）。
◆ 矢量显示（PLVECT）。
◆ 表格列示（PRNSOL、PRESOL、PRRSOL）。
◆ 列表显示所有频率（SET，LIST）。
◆ 列表显示主自由度（MIST，ALL）。

下面介绍POST26的使用。

POST26要用到结果项-时间关系表，即variables（变量）。每一个变量都有一个参考号，1号变量被内定为时间。

1. 定义变量

命令：NSOL（基本数据，即节点位移）。
　　　ESOL（派生数据，即单元解数据，如应力）。
　　　RFORCE（反作用力数据）。
　　　FORCE（合力或合力的静力分量、阻尼分量、惯性力分量）。
　　　SOLU（时间步长、平衡迭代次数、响应频率等）。
GUI方式：Main Menu → TimeHist Postpro → Define Variables。

2. 绘制变量曲线或列出变量值

通过观察完整模型关心点的时间历程结果，就可以确定需要用 POST1 后处理器进一步处理的临界时间点。

命令：PLVAR（绘制变量变化曲线）。
　　　PLVAR、EXTREM（变量值列表）。
GUI 方式：Main Menu → TimeHist Postpro → Graph Variables。
　　　　　Main Menu → TimeHist Postpro → List Variables。
　　　　　Main Menu → TimeHist Postpro → List Extremes。

POST26 还可以使用许多其他后处理功能，如在变量间进行数学运算，将变量值传递给数组元素，将数组元素传递给变量等。

12.3 两跨三层框架结构地震响应分析

本节对一简单的两跨三层框架结构进行地震响应分析，分别采用 GUI 方式和命令流方式。

12.3.1 问题描述

计算两跨三层框架结构（见图 12-13）在 Y 方向的地震位移反应谱作用下的响应情况，频率 - 谱值见表 12-2，其他数据如下：

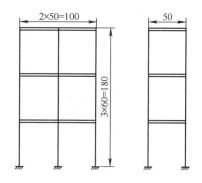

图 12-13 两跨三层框架结构简图（单位：m）

表 12-2 频率 - 谱值

反应谱	
频率 /Hz	位移 /10^{-3}m
0.5	1.0
1.0	0.5
2.4	0.9
3.8	0.8
17	1.2
18	0.75
20	0.86
32	0.2

材料是 Q235 钢，弹性模量为 $2E11N/m^2$，泊松比为 0.3，密度为 $7.8e3kg/m^3$。
板壳厚度为 2e-3m。
梁几何性质：截面面积为 $1.6E-5m^2$，惯性矩为 $64/3E-12m^4$，宽度为 4E-3m，高度为 4E-3m。

12.3.2 GUI 操作方法

1. 创建物理环境

1）过滤图形界面。GUI：Main Menu → Preferences，弹出"Preferences for GUI Filtering"

对话框。选择"Structural",以对后面的分析进行菜单及相应的图形界面过滤。

2)定义分析标题。GUI:Utility Menu → File → Change Title,在弹出的对话框中输入"Single-Point Response Analysis",单击"OK"按钮,如图12-14所示。

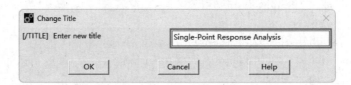

图12-14 定义分析标题

3)定义单元类型。GUI:Main Menu → Preprocessor → Element Type → Add/Edit/Delete,弹出"Element Types"对话框。单击"Add"按钮,弹出"Library of Element Types"对话框,如图12-15所示。

在该对话框左列表框中选择"Structural"→"Shell",在右列表框中选择"3D 4node 181",完成SHELL181单元的定义。单击"Apply"按钮,弹出"Library of Element Types"对话框。在该对话框左列表框中选择"Structural"→"Beam",在右列表框中选择"2 node 188",单击"OK"按钮,完成"BEAM188"单元的定义。在"Element Types"对话框中选择"SHELL181"单元,单击"Options..."按钮弹出"SHELL181 element type options"对话框。将其中的"K3"设置为"Full w/incompatible",单击"OK"按钮。

选择"BEAM188"单元,单击"Options..."按钮,弹出"BEAM188 element type options"对话框。将其中的"K3"设置为"Cubic Form",单击"OK"按钮,最后单击"Close"按钮,关闭"Element Types"对话框,如图12-16所示。

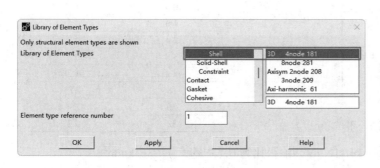 

图12-15 "Library of Element Types"对话框   图12-16 "Element Types"对话框

4)定义材料属性。GUI:Main Menu → Preprocessor → Material Props → Material Models,弹出"Define Material Model Behavior"窗口,在右侧列表框中选择"Structural"→"Linear"→"Elastic"→"Isotropic",弹出"Linear Isotropic Properties for Material Number 1"对话框,如图12-17所示。在该对话框中的"EX"文本框中输入"2E11","PRXY"文本框中输入"0.3",单击"OK"按钮。

继续在"Define Material Model Behavior"窗口，右侧列表框中选择"Structural"→"Density"，弹出"Density for Material Number 1"对话框，如图 12-18 所示。在该对话框中的"DENS"文本框中输入"7800"，单击"OK"按钮，返回如图 12-19 所示的"Define Material Model Behavior"窗口，最后关闭该窗口。

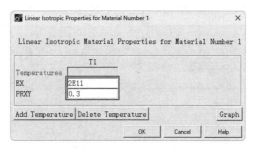 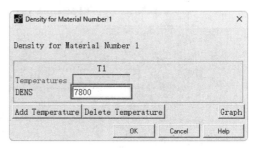

图 12-17　"Linear Isotropic Properties for Material Number 1"对话框　　图 12-18　"Density for Material Number 1"对话框

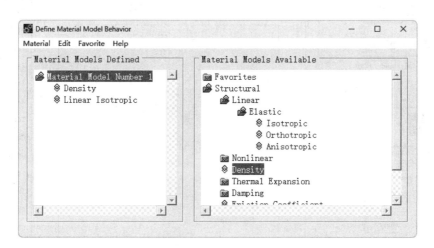

图 12-19　"Define Material Model Behavior"窗口

5）定义壳单元厚度。Main Menu → Preprocessor → Sections → Shell → Lay-up → Add/Edit，弹出如图 12-20 所示的"Create and Modify Shell Sections"对话框。设置"Thickness"为"2E-3"，单击"OK"按钮。

6）定义梁单元截面。GUI：Main Menu → Preprocessor → Sections → Beam → Common Sections，弹出"Beam Tool"对话框。按图 12-21 所示填写，然后单击"Apply"按钮，最后单击"OK"按钮。

每次定义好截面之后，单击"Preview"可以观察截面特性。在本模型中，梁单元的截面形状及截面特性如图 12-22 所示。

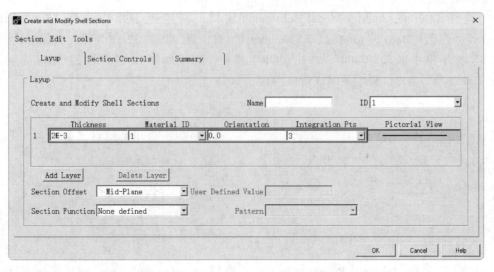

图 12-20 "Create and Modify Shell Sections" 对话框

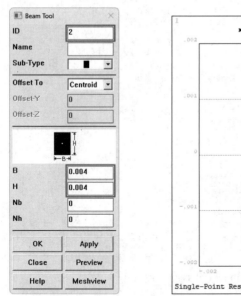

图 12-21 定义截面

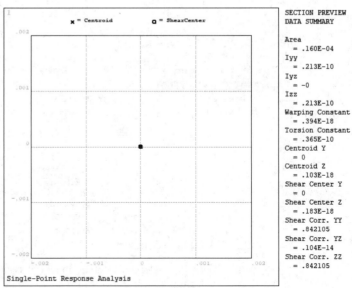

图 12-22 梁单元的截面形状及截面特性

2. 建立有限元模型

1）建立框架柱。GUI：Main Menu → Preprocessor → Modeling → Create → Keypoits → In Active CS，弹出"Create Keypoits in Active CS"对话框。在"NPT"文本框中输入"1"，在"X,Y,Z"文本框输入"0、0、0"，单击"Apply"按钮，在"NPT"文本框中输入"2"，在"X,Y,Z"文本框中输入"0、0.6、0"，单击"Apply"按钮，输入"3""0,1.2,0"，单击"Apply"按钮，继续输入"4""0,1.8,0"，单击"OK"按钮，建立节点，如图 12-23a 所示。

GUI：Main Menu → Preprocessor> Modeling → Create → Lines → Lines → Straight Line，分别选择点 1 和点 2、点 2 和点 3、点 3 和点 4，单击"OK"按钮，绘制直线，如图 12-23b 所示。

GUI：Main Menu → Preprocessor → Meshing → Mesh Attributes → Default Attribs，在"Meshing Attributes"对话框中的"TYPE"下拉列表中选择"2 BEAM188"，"MAT"下拉列表中选择"1"，"SECNUM"下拉列表中选择"2"，单击"OK"按钮。

GUI：Main Menu → Preprocessor → Meshing → Size Cntrls → ManualSize → Lines → All Lines，在"NDIV"文本框中输入"6"，单击"OK"按钮，复制节点，如图 12-23c 所示。

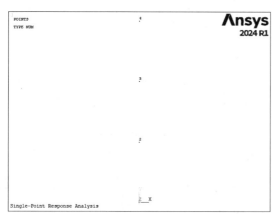

a）建立节点

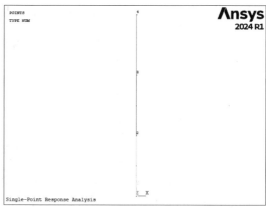

b）绘制直线

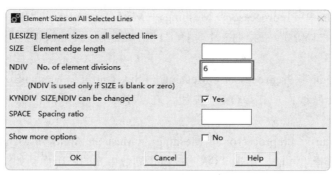

c）复制节点

图 12-23　建立有限元模型

GUI：Main Menu → Preprocessor → Meshing → Mesh → Lines，在选择对话框中单击"Pick All"按钮。

GUI：Main Menu → Preprocessor → Modeling → Copy → Lines，在弹出选择线对话框中单击"Pick All"按钮，弹出"Copy Lines"对话框。在"ITIME"文本框中输入"2"，在"DZ"文本框中输入"0.5"，单击"Apply"按钮，再单击"Pick All"按钮，弹出"Copy Lines"对话框。在"ITIME"文本框中输入"3"，在"DX"文本框中输入"0.5"，单击"OK"按钮，建立框架柱模型节点，如图 12-24 所示。

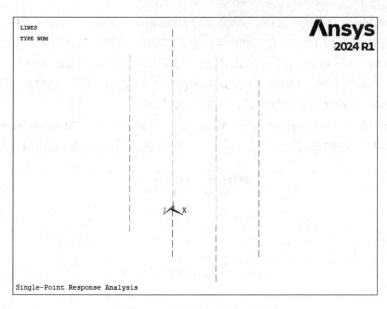

图 12-24 建立框架柱模型节点

2）建立层板。GUI：Main Menu → Preprocessor → Modeling → Create → Areas → Arbitrary → Thtough KPs，按顺序选择 2、6、14、10 号节点，单击"OK"按钮，形成一个矩形面。

GUI：Main Menu → Preprocessor > Meshing → Mesh Attributes → All Areas，在"MAT"下拉列表中选择"1"，"TYPE"下拉列表中选择"1 SHELL181"，"SECT"下拉列表中选择 1，单击"OK"按钮。

GUI：Utility Menu → Preprocessor > Meshing → Size Cntrls → ManualSize → Lines → Picked Lines，选择 20、22 号线，单击"OK"按钮，在"NDIV"文本框中输入"5"，单击"OK"按钮。

GUI：Main Menu → Preprocessor → Meshing → Mesh → Areas → Mapped → 3 or 4 sided，弹出选择对话框。选择 1 号面，单击"OK"按钮，划分单元的一个面，如图 12-25 所示。

GUI：Main Menu → Preprocessor > Modeling → Copy → Areas，选择 1 号面，单击"OK"按钮，弹出"Copy Areas"对话框。在"ITIME"文本框中输入"2"，在"DX"文本框中输入"0.5"，单击"Apply"按钮；在弹出选择对话框中单击"Pick All"按钮，弹出"Copy Areas"对话框。在"ITIME"文本框中输入"3"，在"DY"文本框中输入"0.6"，单击"OK"按钮，划分单元结构，如图 12-26 所示。

GUI：Main Menu → Preprocessor → Numbering Ctrls → Merge Items，弹出"Merge Coincident or Equivalently Defined Items"对话框。在"Label"下拉列表中选择"All"，单击"OK"按钮，如图 12-27 所示。

GUI：Main Menu → Preprocessor → Numbering Ctrls → Compress Number，弹出"Compress Numbers"对话框。在"Label"文本框中选择"All"，单击"OK"按钮。

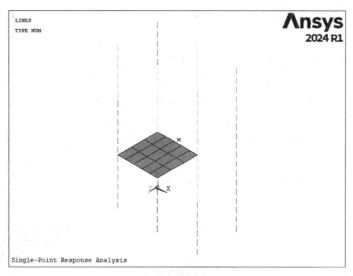

图 12-25 划分单元的一个面

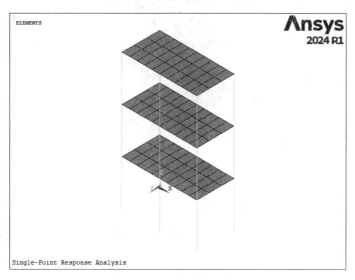

图 12-26 划分单元结构

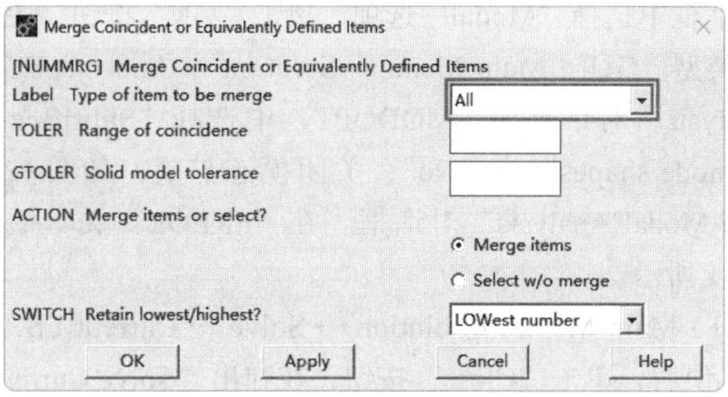

图 12-27 合并重合节点和单元

3）施加位移约束。假设此结构与地面接触的柱脚处为固接。

GUI：Main Menu → Solution → Define Losads → Apply → Structual → Displacement → On Nodes，弹出"Apply U，ROT on Nodes"选择对话框。在图形窗口柱脚处的 6 个节点，弹出"Apply U，ROT Nodes"对话框。在"DOFs to be constrained"列表框中选择"All DOF"，单击"OK"按钮，如图 12-28 所示。施加约束后的模型如图 12-29 所示。

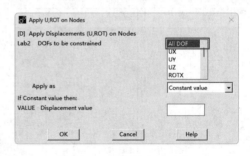

图 12-28　施加节点自由度

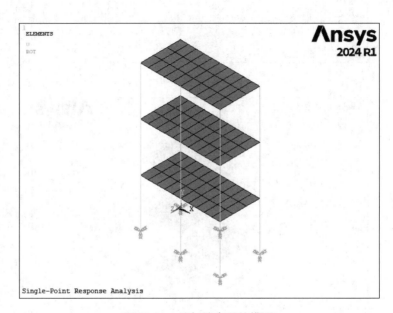

图 12-29　施加约束后的模型

3. 模态求解

1）选择分析类型。GUI：Main Menu → Solution → Analysis Type → New Analysis，在弹出的"New Analysis"对话框中选择"Modal"选项，单击"OK"按钮，关闭该对话框。

2）选择模态分析类型。GUI：Main Menu → Solution → Analysis Type → Analysis Options，在弹出的"Modal Analysis"对话框的"MODOPT"中选择"Subspace"选项，提取前 10 阶模态，设置"Expand mode shapes"为"No"，关闭模态扩展，如图 12-30 所示。单击"OK"按钮，弹出"Subspace Modal Analysis"对话框。在"FREQE"文本框中输入"1000"，单击"OK"按钮，如图 12-31 所示。

3）开始求解。GUI：Main Menu → Solution → Solve → Current LS，弹出"/STATUS Command"对话框。检查无误后，单击"Close"按钮，在弹出"Solve Current Load Step"对话框中单击"OK"按钮开始求解。求解结束后，关闭"Note"对话框。

Ansys 房屋建筑工程应用实例分析 >>>

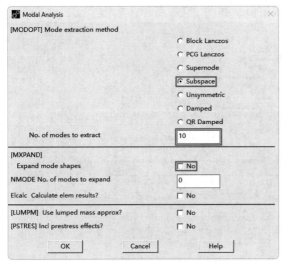

图 12-30　选择模态分析类型　　　　图 12-31　设置子空间

4. 获得谱解

1) 关闭主菜单中求解器菜单，再重新打开。

GUI：Main Menu >Finish。

GUI：Main Menu → Solution → Analysis Type → New Analysis，在弹出的"New Analysis"对话框中选择"Spectrum"选项，单击"OK"按钮，关闭该对话框。

2) 选择谱分析类型　GUI：Main Menu → Solution → Analysis Type → Analysis Options，在弹出的"Spectrum Analysis"对话框中"SPOPT"中选择"Single-pt resp"选项，在"NMODE"文本框中输入"10"，"Elcalc"指定为"Yes"，如图 12-32 所示，单击"OK"按钮。

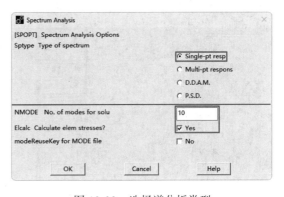

图 12-32　选择谱分析类型

3) 设置反应谱。GUI：Main Menu → Solution → Load Step Opts → Spectrum → Single Point → Setting，在弹出的"Setting for Single-Point Response Spectrum"对话框中的"SVTYP"下拉列表中选择"Seismic displac"，在"Scale factor"文本框中输入"1"，在激励方向"SED"文本框中输入"0、0、1"，如图 12-33 所示，单击"OK"按钮。

GUI：Main Menu → Solution → Load Step Opts → Spectrum → Single Point → Freq Table，弹出"Frequency Table"对话框。按照表 12-2 依次输入频率值，如图 12-34 所示，单击"OK"按钮。

GUI：Main Menu → Solution → Load Step Opts → Spectrum → Single Point → Spectr Values，弹出"Spectrum Values for Damping Ratio"对话框。直接单击"OK"按钮，此时设置为默

427

认状态，即无阻尼，然后依次对应上述频率输入谱值，如图 12-35 所示。单击"OK"按钮，关闭该对话框。

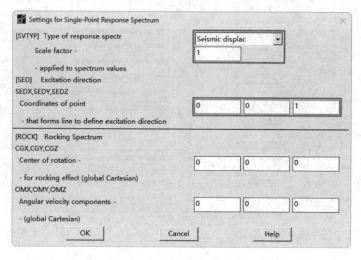

图 12-33　设置单点反应谱

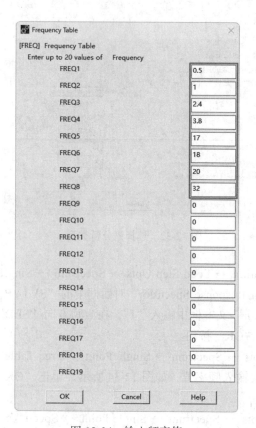

图 12-34　输入频率值

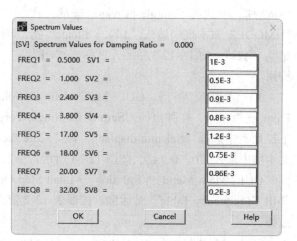

图 12-35　输入谱值

GUI：Main Menu → Solution → Load Step Opts → Spectrum → Single Point → Show Status，弹出频率-谱值列表，检查无误后关闭列表。

4）开始求解。GUI：Main Menu → Solution → Solve → Current LS，弹出"/STATUS Command"对话框。检查无误后，单击"Close"按钮，在弹出的"Solve Current Load Step"对话框中单击"OK"按钮开始求解。求解结束后，关闭"Note"对话框。

5.扩展模态

1）关闭主菜单中求解器菜单，再重新打开。

GUI：Main Menu >Finish。

GUI：Main Menu → Solution → Analysis Type → New Analysis，在弹出的"New Analysis"对话框中选择"Modal"选项，单击"OK"按钮，关闭该对话框。

GUI：Main Menu → Solution → Analysis Type → ExpansionPass，弹出"Expansion Pass"对话框，如图12-36所示。将"EXPASS"设置为"On"，单击"OK"按钮。

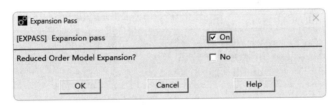

图12-36 "Expansion Pass"对话框

2）模态扩展设置。GUI：Main Menu → Solution → Load Step Opts → ExpansionPass → Single Expand → Expand Modes，弹出"Expand Modes"对话框。在"NMODE"文本框中输入"10"，"SIGNIF"文本框中输入"0.005"，将"Elcalc"设置为"Yes"，如图12-37所示。单击"OK"按钮，关闭该对话框。

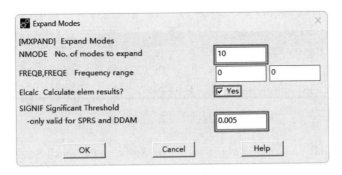

图12-37 设置扩展模态

3）开始求解。GUI：Main Menu → Solution → Solve → Current LS，弹出"/STATUS Command"对话框。检查无误后，单击"Close"按钮，在弹出的"Solve Current Load Step"对话框中单击"OK"按钮，开始求解。求解结束后，关闭"Note"对话框。

6. 模态叠加

1）关闭主菜单中求解器菜单，再重新打开。

GUI：Main Menu >Finish。

GUI：Main Menu → Solution → Analysis Type → New Analysis，在弹出的"New Analysis"对话框中选择"Spectrum"选项，单击"OK"按钮，关闭该对话框。

GUI：Main Menu → Solution → Analysis Options，选择默认设置，如图 12-38 所示，单击"OK"按钮。

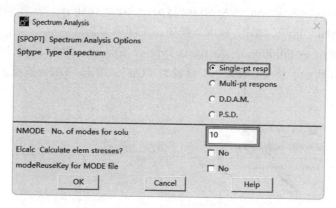

图 12-38　选择谱分析类型

2）模态叠加。GUI：Main Menu → Solution → Load Step Opts → Spectrum → Single Point → Mode Combine > SRSS Method，弹出"SRSS Mode Combination"对话框。在"SIGNIF"文本框中输入"0.15"，"Type of output"选择"Displacement"，如图 12-39 所示，单击"OK"按钮。

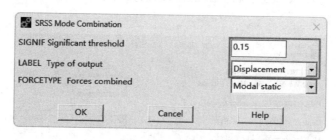

图 12-39　设置合并模态

3）开始求解。GUI：Main Menu → Solution → Solve → Current LS，弹出"/STATUS Command"对话框。检查无误后，单击"Close"按钮，在弹出的"Solve Current Load Step"对话框中单击"OK"按钮开始求解。求解结束后，关闭"Note"对话框。

7. 查看结果

1）查看 SET 列表。GUI：Main Menu → General Postproc → List Results → Detailed Summary，弹出 Set 命令列表，如图 12-40 所示，浏览后关闭。

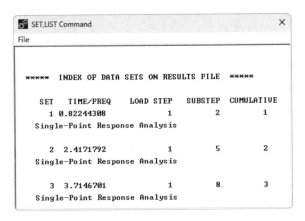

图 12-40　SET 命令列表

2）读取结果文件。GUI：Utility Menu → File → Read Input from，在"Read File"对话框右侧列表框中，选择包含结果文件的路径；在左侧列表框中，选择"Structural.mcom"文件，单击"OK"按钮，关闭该对话框。

3）列表显示节点结果。GUI：Main Menu → General Postproc → List Results → Nodal Solution，在"List Nodal Solution"对话框中选择"Nodal Solution"→"DOF Solution"→"Displacement vector sum"，单击"OK"按钮，弹出节点位移列表，如图 12-41 所示，浏览后关闭。

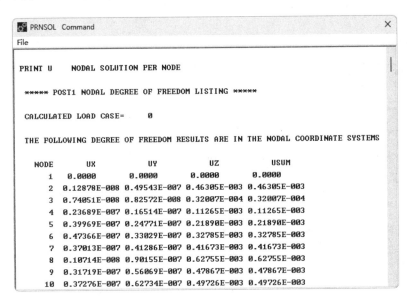

图 12-41　节点位移列表

4）列表显示单元结果。GUI：Main Menu → General Postproc → List Results → Element Solution，在"List Element Solution"对话框中选择"Element Solution"→"All Available force items"，单击"OK"按钮。弹出单元结果列表，如图 12-42 所示，浏览后关闭。

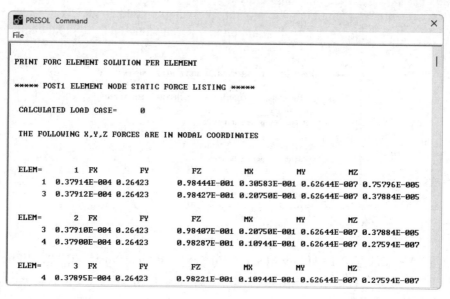

图 12-42 单元结果列表

5）列表显示反力。GUI：Main Menu → General Postproc → List Results → Reaction Solu，在"List Reaction Solution"对话框中选择"All items"，单击"OK"按钮，弹出被约束的节点反力列表，如图 12-43 所示，浏览后关闭。

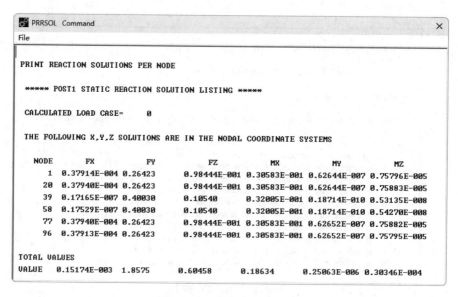

图 12-43 节点支反力列表

8. 退出程序

执行工具条上的"Quit"命令，弹出"Exit"对话框。选取一种保存方式，单击"OK"按钮，退出 Ansys 软件。

12.3.3 命令流方式

略,见随书电子资料文档。

12.4 框架结构模拟建模

本节针对一个框架结构进行模拟建模分析,分别采用 GUI 方式和命令流方式。

12.4.1 问题描述

已知框架结构的平面图、立面图和侧面图,如图 12-44 所示。楼板和屋盖厚度为 200mm,框架柱截面尺寸为 0.5m×0.5m,横梁截面尺寸为 0.3m×0.6m。

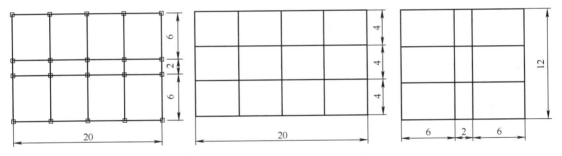

图 12-44 框架结构的平面图、立面图和侧面图(单位:m)

12.4.2 GUI 操作方法

1. 创建物理环境

1)过滤图形界面。GUI:Main Menu → Preferences,弹出"Preferences for GUI Filtering"对话框。选择"Structural",以对后面的分析进行菜单及相应的图形界面过滤。

2)定义分析标题。GUI:Utility Menu → File → Change Title,在弹出的对话框中输入"Frame construction analysis",单击"OK"按钮。

3)定义单元类型。GUI:Main Menu → Preprocessor → Element Type → Add/Edit/Delete,弹出"Element Types"对话框。单击"Add"按钮,弹出"Library of Element Types"对话框。在该对话框左侧列表框中选择"Structural Solid",在右侧列表框中选择"Brick 8 node 185",单击"OK"按钮,完成 SOLID185 单元的定义。在"Element Types"对话框中选择"SOLID185"单元,单击"Options..."按钮,弹出"SOLID185 element type options"对话框。将其中的"K2"设置为"Simple Enhanced Strn",单击"OK"按钮,最后单击"Close"按钮,关闭"Element Types"对话框。本模型只用这一种实体单元类型。

4）定义单元实常数。由于 SOLID 单元没有实常数，所以不必添加实常数。

5）指定材料属性。GUI：Main Menu → Preprocessor → Material Props → Material Models，弹出"Define Material Model Behavior"窗口，在右侧列表框中选择"Structural"→"Linear"→"Elastic"→"Isotropic"，弹出"Linear Isotropic Properties for Material Number 1"对话框，如图 12-45 所示。在该对话框中的"EX"文本框中输入"3E10"，"PRXY"文本框中输入"0.1667"，单击"OK"按钮。

如图 12-46 所示，继续在"Define Material Model Behavior"窗口右侧列表框中选择"Structural"→"Density"，弹出"Density for Material Number 1"对话框，如图 12-47 所示。在该对话框中的"DENS"文本框中输入"2500"，单击"OK"按钮。

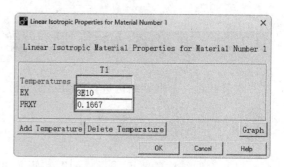

图 12-45 "Linear Isotropic Properties for Material Number 1"对话框

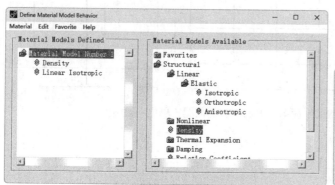

图 12-46 "Define Material Model Behavior"窗口

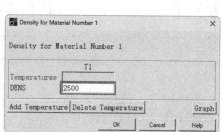

图 12-47 "Density for Material Number 1"对话框

2. 建立实体模型

1）建立框架柱。GUI：Main Menu → Preprocessor → Modeling → Create → Keypoints → In Active CS，弹出"Create Keypoints in Active Coordinate System"对话框。在"X,Y,Z"文本框中输入 8 个关键点，分别为 1、2、3、4、5、6、7、8，坐标分别为"1.25,0,0.25""1.25,0,-0.25""0.75,0,0.25""0.75,0,-0.25""1.25,12,0.25""1.25,12,-0.25""0.75,12,0.25""0.75,12,-0.25"，单击"OK"按钮。

GUI：Main Menu → Preprocessor → Modeling → Create → Volumes → Arbitrary → Through KPs，依次选择 1、2、4、3、5、6、8、7 号节点，单击"OK"按钮，建立一个框架柱，如图 12-48 所示。

GUI：Main Menu → Preprocessor → Modeling → Copy → Volumes，选择刚建立的框架柱，

单击"OK"按钮,弹出"Copy Volumes"对话框。在"ITIME"文本框中输入"2","DX"文本框中输入"6",如图 12-49 所示,单击"Apply"按钮。

继续单击"PickAll"按钮弹出"Copy Volumes"对话框。在"ITIME"文本框中输入"5","DZ"文本框中输入"5",单击"OK"按钮。

图 12-48　建立一个框架柱

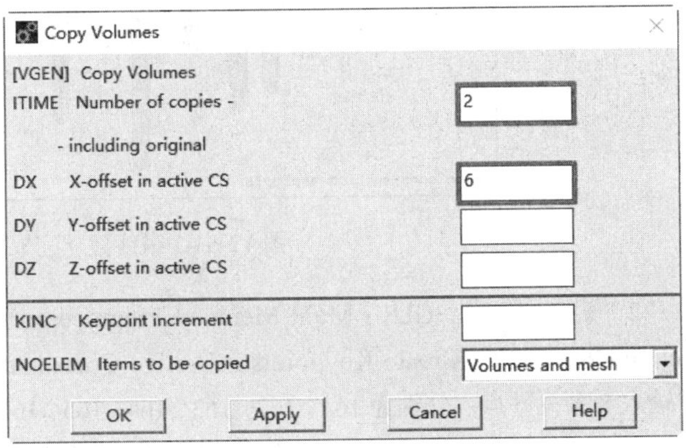

图 12-49　复制框架柱

GUI:Main Menu → Preprocessor> Modeling → Reflect → Volumes,单击"PickAll"按钮弹出"Reflect Volumes"对话框。在"VSYMM"中选择"Y-Z plane",如图 12-50 所示,单击"OK"按钮。

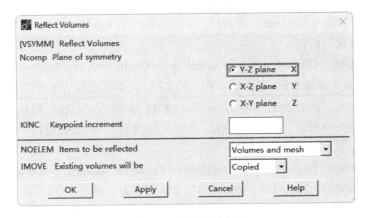

图 12-50　镜像体设置

最终建立完成的框架柱如图 12-51 所示。

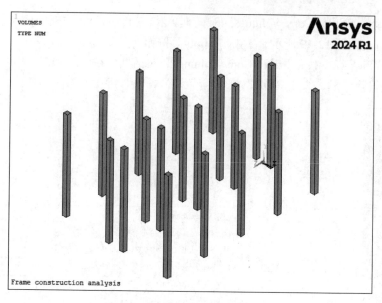

图 12-51　最终建立完成的框架柱

2）建立横梁。GUI：Main Menu → Preprocessor → Modeling → Create → Keypoints → In Active CS，弹出"Create Keypoints in Active Coordinate System"对话框。在"X,Y,Z"文本框中输入 8 个关键点，分别为 161、162、163、164、165、166、167、168 号节点，坐标分别为"0.75,3.4, –0.11""0.75,3.4,0.11""0.75,4,0.11""0.75,4,–0.11""–0.75,3.4,–0.11""–0.75,3.4,0.11""–0.75,4,0.11" "–0.75,4,–0.11"，单击"OK"按钮。

GUI：Main Menu → Preprocessor → Modeling → Create → Volumes → Arbitrary → Through KPs，依次选择 161、162、163、164、165、166、167、168 号节点，单击"OK"按钮，建成一根横梁。

GUI：Main Menu → Preprocessor → Modeling → Copy → Volumes，选择 21 号体，单击"OK"按钮，弹出"Copy Volumes"对话框。在"ITIME"文本框中输入"5"，"DZ"文本框中输入"5"，单击"OK"按钮。

GUI：Main Menu → Preprocessor → Modeling → Create → Keypoints → In Active CS，弹出"Create Keypoints in Active CS"对话框。在"X,Y,Z"文本框中输入 8 个关键点，分别为 201、202、203、204、205、206、207、208 号节点，坐标分别为"1.25,3.4,–0.11""1.25,3.4,0.11" "1.25,4,0.11""1.25,4,–0.11""6.75,3.4,–0.11""6.75,3.4,0.11""6.75,4,0.11""6.75,4,–0.11"单击"OK"按钮。

GUI：Main Menu → Preprocessor → Modeling → Create → Volumes → Arbitrary → Through KPs，依次选择 201、202、203、204、205、206、207、208 号节点，单击"OK"按钮，建成横梁。

GUI：Main Menu → Preprocessor → Modeling → Copy → Volumes，选择 26 号体，单击"OK"按钮，弹出"Copy Volumes"对话框。在"ITIME"文本框中输入"5"，"DZ"文本框中输入"5"，单击"OK"按钮。

GUI：Main Menu → Preprocessor → Modeling → Reflect → Volumes，选择 26~30 号体，弹出"Reflect Volumes"对话框。在"VSYMM"中选择"Y-Z plane"，单击"OK"按钮。

GUI：Main Menu → Preprocessor → Modeling → Copy → Volumes，选择 21~35 号体，单击"OK"按钮，弹出"Copy Volumes"对话框。在"ITIME"文本框中输入 3，"DY"文本框中输入"4"，单击"OK"按钮，建立完成的框架柱和部分横梁如图 12-52 所示。

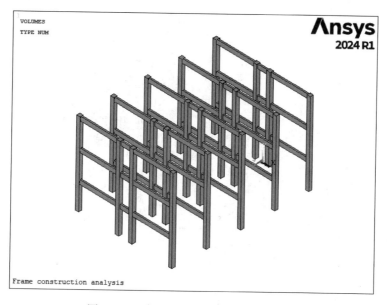

图 12-52　建立完成的框架柱和部分横梁

GUI：Main Menu → Preprocessor → Modeling → Create → Keypoints → In Actinve CS，弹出"Create Keypoints in Active Coordinate System"对话框。在"X,Y,Z"文本框中输入 8 个关键点，分别为 521、522、523、524、525、526、527、528 号节点，坐标分别为"0.89,3.4,0.25""1.11,3.4,0.25""1.11,4,0.25""0.89,4,0.25""0.89,3.4,4.75""1.11,3.4,4.75""1.11,4,4.75""0.89,4,4.75"，单击"OK"按钮。

GUI：Main Menu → Preprocessor → Modeling → Create → Volumes → Arbitrary → Through KPs，依次选择 521、522、523、524、525、526、527、528 号节点，单击"OK"按钮，建成横梁。

GUI：Main Menu → Preprocessor → Modeling → Copy → Volumes，选择 66 号体，单击"OK"按钮，弹出"Copy Volumes"对话框。在"ITIME"文本框中输入"4"，"DZ"文本框中输入"5"，单击"OK"按钮。

GUI：Main Menu → Preprocessor → Modeling → Copy → Volumes，选择 66~69 号体，单击"OK"按钮，弹出"Copy Volumes"对话框。在"ITIME"文本框中输入"2"，"DX"文本框中输入"6"，单击"OK"按钮。

GUI：Main Menu → Preprocessor → Modeling → Reflect → Volumes，选择 66~73 号体，弹出"Reflect Volumes"对话框。在"VSYMM"中选择"Y-Z plane"，如图 12-50 所示，单击"OK"按钮。

GUI：Main Menu → Preprocessor → Modeling → Copy → Volumes，选择 66～81 号体，单击"OK"按钮，弹出"Copy Volumes"对话框。在"ITIME"文本框中输入"3"，"DY"文本框中输入"4"，单击"OK"按钮，建立完成的所有横梁和框架柱如图 12-53 所示。

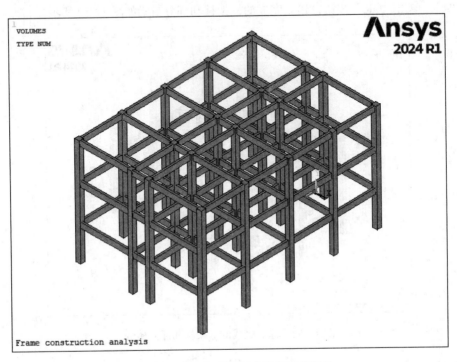

图 12-53　建立完成的所有横梁和框架柱

3）建立楼板。GUI：Main Menu → Preprocessor → Modeling → Create → Keypoints → In Active CS，弹出"Create Keypoints in Active Coordinate System"对话框。在"X，Y，Z"文本框中输入 8 个关键点，分别为 905、906、907、908、909、910、911、912 号节点，坐标分别为"-7.25，3.8，-0.25""-7.25，3.8，20.25""7.25，3.8，20.25""7.25，3.8，-0.25""-7.25，4，-0.25""-7.25，4，20.25""7.25，4，20.25""7.25，4，-0.25"，单击"OK"按钮。

GUI：Main Menu → Preprocessor → Modeling → Create → Volumes → Arbitrary → Through KPs，依次选择 905、906、907、908、909、910、911、912 号节点，单击"OK"按钮，建立一层楼板。

GUI：Main Menu → Preprocessor → Modeling → Copy → Volumes，选择 114 号体，单击"OK"按钮，弹出"Copy Volumes"对话框。在"ITIME"文本框中输入"3"，"DY"文本框中输入"4"，单击"OK"按钮。

4）搭接几何体。GUI：Main Menu → Preprocessor → Modeling → Operate → Booleans → Overlap → Volumes，单击 Pick All 按钮。

建成的框架结构实体模型，如图 12-54 所示。

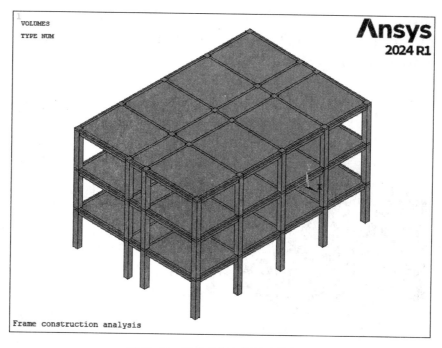

图 12-54　建成的框架结构实体模型

3. 划分单元

1）定义单元属性。GUI：Main Menu → Preprocessor → Meshing → Mesh Attributes → Default Attributes，在"Meshing Attributes"对话框的"TYPE"文本框中选择"1 SOLID185"，"MAT"文本框中选择"1"，如图 12-55 所示，单击"OK"按钮。

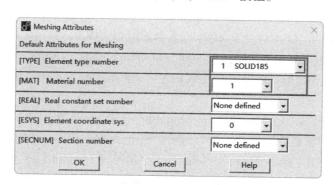

图 12-55　定义单元属性

2）控制网格大小。GUI：Main Menu → Preprocessor → Meshing → Size Cntrls → ManualSize → Lines → All Lines，在"Element Sizes on All Selected Lines"对话框中的"SIZE"文本框中输入"1"，代表每条线都被按 1m 长分段，单击"OK"按钮。

3）划分单元。GUI：Main Menu → Preprocessor → Meshing → Mesh → Volumes → Free，单击"Pick All"按钮，开始划分单元。创建的框架结构有限元模型如图 12-56 所示。

4. 施加荷载

1）施加位移约束。GUI：Utility Menu → Select → Entities，弹出"Select Entities"对话框。按图12-57填写，单击"OK"按钮。

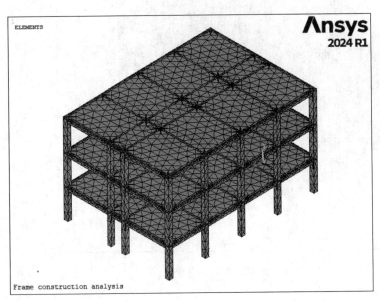

图12-56 创建的框架结构有限元模型

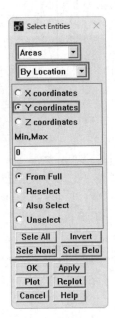

图12-57 选择面

GUI：Main Menu → Solution → Define Losads → Apply → Structual → Displacement → On Areas，单击"Pick All"按钮，弹出"Apply U, ROT on Areas"对话框。选择"All DOF"，单击"OK"按钮，给选择的柱脚处面施加零位移约束。

GUI：Utility Menu → Select → Everything，选择所有实体。

2）施加重力。GUI：Main Menu → Solution → Define Losads → Apply → Structual → Inertia → Gravity → Global，在弹出的对话框中的"ACELY"文本框中输入"10"，单击"OK"按钮。

5. 静力求解

1）选择分析类型。GUI：Main Menu → Solution → Analysis Type → New Analysis，在弹出的"New Analysis"对话框中选择"Static"选项，单击"OK"按钮，关闭该对话框。

2）开始求解。GUI：Main Menu → Solution → Solve → Current LS，弹出"/STATUS Command"文本框。检查无误后，单击"Close"按钮，在弹出的"Solve Current Load Step"对话框中单击"OK"按钮，开始求解。求解结束后，关闭"Note"对话框。

6. 查看结算结果

1）读取结果。GUI：Main Menu → General Postproc → Read Results → First Set，读取第一步结果。

2）显示位移云图。GUI：Main Menu → General Postproc → Plot Results → Contour Plot → Nodal Solution，选择"Nodal Solution" → "DOF Solution" → "Displacement vector sum"，单

击"OK"按钮，显示结构位移云图，如图 12-58 所示。

3）显示主应力云图。GUI：Main Menu → General Postproc → Plot Results → Contour Plot → Nodal Solution，选择"Nodal Solution" → "Stress" → "3rd Principal stress"，单击"OK"按钮，显示结构第三主应力云图，如图 12-59 所示。

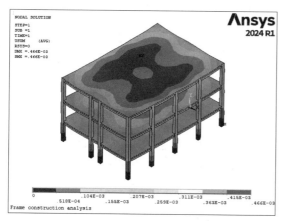

图 12-58　结构位移云图　　　　　　　　图 12-59　结构第三主应力云图

可以根据需要在后处理器中显示或列表显示其他结果，这里不再一一介绍。

7. 退出程序

执行工具条上的"QUIT"命令，弹出"Exit"对话框。选取一种保存方式，单击"OK"按钮，退出 Ansys 软件。

12.4.3　命令流方式

略，见随书电子资料文档。